AutoCAD 2022 中文版
室内装潢设计制图快速入门实例教程

胡仁喜　孟培　等编著

机械工业出版社

本书以 Auto CAD 2022 为软件平台，介绍了利用 CAD 进行室内设计制图的基本方法，包括室内装饰设计基本知识，Auto CAD 2022 入门，二维绘图命令，基本绘图工具，编辑命令，文本、表格与尺寸标注，模块化设计工具，居室室内设计实例，会议室室内设计实例等内容。

全书解说翔实，图文并茂，语言简洁，思路清晰。本书可以作为初学者的入门教材，也可作为室内设计工程技术人员的参考工具书。

为了方便广大读者更加形象、直观地学习本书，随书配送了电子资料包，其中包含了全书实例操作过程录屏讲解 AVI 文件、实例源文件、AutoCAD 操作技巧集锦，以及 AutoCAD 建筑设计、电气设计、机械设计的相关操作实例的录屏讲解 AVI 文件，总时长达 3000min。

图书在版编目（CIP）数据

AutoCAD 2022 中文版室内装潢设计制图快速入门实例教程/胡仁喜等编著.—北京：机械工业出版社，2021.8
　ISBN 978-7-111-68432-9

　Ⅰ．①A… Ⅱ．①胡… Ⅲ.①室内装饰设计－计算机辅助设计－AutoCAD软件－教材 Ⅳ.①TU238.2-39

中国版本图书馆 CIP 数据核字(2021)第 110366 号

机械工业出版社（北京市百万庄大街 22 号　邮政编码 100037）
策划编辑：曲彩云　　　责任编辑：曲彩云
责任校对：张　薇　　　责任印制：李　昂
北京中兴印刷有限公司印刷
2021 年 7 月第 1 版第 1 次印刷
184mm×260mm・21.5 印张・530 千字
标准书号：ISBN 978-7-111-68432-9
定价：75.00 元

电话服务　　　　　　　　网络服务
客服电话：010-88361066　机工官网：www.cmpbook.com
　　　　　010-88379833　机工官博：weibo.com/cmp1952
　　　　　010-68326294　金 书 网：www.golden-book.com
封底无防伪标均为盗版　机工教育服务网：www.cmpedu.com

前　言

室内设计与人们的生活关系非常密切，室内设计水平的高低直接反映了居住与工作环境质量的好坏。为了使人们在室内环境中能舒适地生活和活动，室内设计要整体考虑环境和用具的布置。室内设计的根本目的在于创造满足物质与精神两方面需要的空间环境。与满足物质需要相比，更重要的是要满足精神需求，室内设计就是要创造意境和情趣来满足人们的审美要求。

随着时代的进步，计算机辅助设计（CAD）技术取得了巨大的成就，已由传统的专业化、单一化的操作方式逐渐向简单明了的可视化、多元化的方向发展，以满足设计者在设计过程中尽情发挥个性设计技巧和创新灵感、表现个人创作风格的需求。CAD 软件有多种，其中比较出色的 CAD 软件之一是美国 Autodesk 公司的 AutoCAD。AutoCAD 自问世以来已进行了 20 多次升级，每次升级都使其功能得到大幅提升。

AutoCAD 不仅具有强大的二维平面绘图功能，而且具有出色的、灵活可靠的三维建模功能，是进行室内装饰图形设计有力的工具之一。使用 AutoCAD 绘制建筑室内装饰图形，不仅可以利用人机交互界面进行实时的修改，快速地把各人的意见反映到设计中去，而且可以感受到修改后的效果，从多个角度任意进行观察。

对一个室内设计师或技术人员来说，熟练掌握和运用 AutoCAD 创建建筑装饰图形是非常必要的。本书就是以 AutoCAD 2022 为设计软件，结合各种建筑装饰工程的特点，介绍了在现代室内空间装饰设计中使用 AutoCAD 绘制各种建筑室内空间的平面图、地面图、顶棚图和立面图等装饰图的方法与技巧。

本书所论述的知识和案例内容既翔实、细致，又丰富、典型。本书密切结合工程实际，具有很强的操作性和实用性，十分适合建筑设计、室内外装潢设计、环境设计、房地产等相关专业的设计师、工程技术人员和在校师生使用。在介绍室内设计的各种方法和技巧的同时，由浅入深地介绍了 AutoCAD 2022 室内设计的各个功能。书中使用了编者多年积累的各种不同的建筑图库，这些图库能大大提高制图效率。

本书配套的电子资料中包含了全书所有实例的源文件和操作过程录音讲解动画。为了开阔读者的视野，促进读者学习，编者还免费赠送了多年积累的AutoCAD工程案例学习录音讲解动画教程和相应的实例源文件，以及凝结编者多年心血的AutoCAD使用技巧集锦电子书和各种实用的 AutoCAD 工程设计图库，读者可以登录百度网盘地址：https://pan.baidu.com/s/1Vj2VJBig3SRshWxMgHNn5w，密码：swsw进行下载。

本书面向初、中级用户以及对建筑制图比较了解的工程技术人员，旨在帮助读者用较短的时间快速而熟练地掌握使用 AutoCAD 2022 进行室内设计的各种应用技巧，并提高室内装潢设计水平。

本书既适合作为中、高等院校的 CAD 或室内设计课程的教材，也适用于读者自学或作为室内设计专业人员的参考工具书。

虽然编者几易其稿，但由于水平有限，书中不足之处在所难免，恳请广大读者联系714491436@qq.com 给予指正，也欢迎加入三维书屋图书学习交流群（QQ：597056765）交流探讨。

编　者

目　录

第1章 室内装潢设计基本知识

 **导读**

　　本章简要介绍了室内装潢及其装饰图设计的一些基本知识，包括室内设计的内容、室内设计的特点以及室内设计的创意与思路等，同时还介绍了室内设计的不同绘图方法。此外，对国内外室内设计的方法与发展进行了论述。

学 习 要 点

◎ 室内装潢设计创意和思路

◎ 室内设计制图的要求及规范

◎ 室内设计制图的内容

1.1 关于室内装潢设计

室内装潢是现代工作生活空间环境中比较重要的组成部分。了解室内装潢的特点和要求，对学习使用 AutoCAD 进行装潢设计是十分必要的。

1.1.1 室内装潢设计概述

室内是指建筑物的内部，即建筑物的内部空间。室内设计就是对建筑物的内部空间进行设计。所谓"装潢"，即"装点、美化、打扮"之义。关于室内设计的特点与专业范围的说法很多，但把室内设计简单地称为"装潢设计"是不够准确的。诚然，在室内设计工作中含有装潢设计的内容，但它又不完全是单纯的装潢问题。要深刻地理解室内设计的含义，只有对历史文化、技术水平、城市文脉、环境状况、经济条件、生活习俗和审美要求等因素做出综合的分析，才能掌握室内设计的内涵和其应有的特色。在具体的创作过程中，室内设计不同于雕塑、绘画等造型艺术形式，它只能运用自身的特殊手段，如空间、体型、细部、色彩、质感等形成的综合整体效果，表达出各种抽象的意味，如宏伟、壮观、粗放、秀丽、庄严、活泼、典雅等气氛，这是因为室内设计的创作、构思过程是受各种制约条件限定的，只能沿着一定的轨迹，运用形象的思维逻辑，创造出美的艺术形式。

室内设计是建筑创作不可割裂的组成部分，其焦点是如何为人们创造出良好的物质与精神上的生活环境，所以室内设计不是一项孤立的工作，确切地说，它是建筑构思中的深化、延伸和升华，因而既不能人为地将它从完整的建筑总体构思中划分出去，也不能抹杀掉室内设计的相对独立性，更不能把室内外空间界定得那么准确。这是因为室内空间的创意是相对于室外环境和总体设计架构而存在的，它们之间只能是相互依存、相互制约、相互渗透和相互协调的有机关系。忽视或有意割断这种内在的联系，将会使创作的女人成为空中楼阁，犹如无源之水，无本之木。失掉了构思的依据，必然导致创作思路的枯竭，使得作品苍白、落套而缺乏新意。显然，当今室内设计发展的特征是更多地强调尊重人们自身的价值观、深层的文化背景、民族的形式特色及宏观的时代新潮。通过装潢设计，可以使得室内环境更加优美，更加适宜人们的工作和生活。图 1-1 和图 1-2 所示为住宅居室中的客厅装潢前后的效果对比。

现代室内设计作为一门新兴的学科，尽管只有短短的数十年，但是人们有意识地对自己生活、生产活动的室内进行安排布置，甚至美化装潢，却早已从人类文明伊始就存在了。我国的各类民居，如北京的四合院、四川的山地住宅以及上海的里弄建筑等，在体现地域文化的建筑形体和室内空间组织、在建筑装潢的设计与制作等许多方面都有极为宝贵的可供借鉴的成果。随着经济的发展，从公共建筑、商业建筑，乃至涉及千家万户的居住建筑，在室内设计和建筑装潢方面都有了蓬勃的发展。现代社会是一个经济、信息、科技、文化等各方面都高速发展的社会，人们对社会的物质生活和精神生活不断提出新的要求，相应地人们对自身所处的生产、生活活动环境的质量也一定会提出更高的要求，这就需要设计师从实践到理论认真学习、钻研和探索，努力创造出安全、健康、适用、美观、能满足现代室内综合要求、具有文化内涵的室内环境。

从风格上划分，室内设计有中式风格、西式风格和现代风格，再进一步细分，可分为地中海风格、北美风格等。

图 1-1　客厅装潢前效果　　　　　　　　　图 1-2　客厅装潢后效果

1.1.2　室内装潢设计创意和思路

室内设计即根据建筑物的使用性质、所处环境和相应标准，运用物质技术手段和建筑美学原理，创造功能合理、舒适优美、满足人们物质和精神生活需要的室内环境。设计构思时，需要运用物质技术手段，即各类装潢材料和设施设备等，还需要遵循建筑美学原理，这是因为室内设计的艺术性除了有与绘画、雕塑等艺术之间共同的美学法则之外，作为"建筑美学"，更需要综合考虑使用功能、结构施工、材料设备、造价标准等多种因素。

如果从设计者的角度来分析，则室内设计的方法主要有以下几点：

1．总体与细部深入推敲

总体推敲即应考虑室内设计的几个基本观点，有一个设计的全局观念。细处着手是指具体进行设计时，必须根据室内的使用性质，深入调查、收集信息，掌握必要的资料和数据，从最基本的人体尺度、人流动线、人体活动范围和特点、家具与设备等的尺寸和使用它们必需的空间等着手。

2．里外、局部与整体协调统一

室内环境需要与建筑整体的性质、标准、风格以及与室外环境协调统一，它们之间有着相互依存的密切关系，设计时需要从里到外或从外到里多次反复协调，使其更趋完善合理。

3．立意与构思

设计的立意、构思至关重要。可以说，一项设计没有立意就等于没有"灵魂"，设计的难度也往往在于要有一个好的构思。一个较为成熟的构思，往往需要足够的信息量和思考的时间，在才能设计前期和出方案过程中使立意、构思逐步明确。

对于室内设计来说，正确、完整、富有表现力地表达出室内环境设计的构思和意图，使建设者和评审人员能够通过图样、模型、说明等全面地了解设计意图也是非常重要的。

室内设计根据设计的进程，通常可以分为 4 个阶段：

1）设计准备阶段。主要的工作是接受委托任务书，签订合同，并且明确设计任务和要求，如室内设计任务的使用性质、功能特点、设计规模、等级标准、总造价以及所需创造的室内环境氛围、文化内涵或艺术风格等。

2）方案设计阶段。主要的工作是在设计准备阶段的基础上，进一步收集、分析、运用与设计任务有关的资料和信息，构思立意，设计初步方案，进行方案的分析与比较；然后确定设计方案，提供设计文件，如平面图、立面图、透视图、室内装潢材料实样版面等。初步设计方案需要经审定后才可进行施工图设计。图 1-3 所示为某个住宅装潢方案效果图。

3）施工图设计阶段。主要的工作是提供有关平面图、立面图、构造节点大样图以及设备管线图等施工图。如图 1-4 所示为某个住宅装潢平面施工图。施工图设计是室内装潢从图样、文字效果转为实物效果的关键环节。

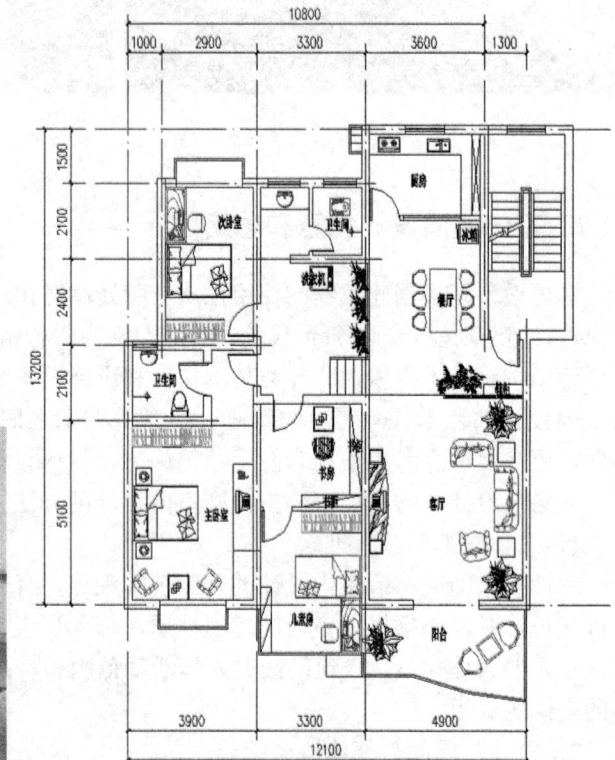

图 1-3 住宅装潢方案效果图　　　　　　　图 1-4 住宅装潢平面施工图

4）设计实施阶段。也就是工程的施工阶段。室内工程在施工前，设计人员应向施工单位进行设计意图说明及图样的技术交底；在工程施工期间，需按图样要求核对施工实况，有时还需根据现场实况提出对图样的局部修改或补充；在施工结束时，会同质检部门和建设单位进行工程验收。

为了使设计取得预期效果，室内设计人员必须抓好设计各阶段的每个环节，充分重视设计、施工、材料、设备等各个方面，并熟悉与原建筑物的建筑设计、设施设计的衔接，同时还须协调好与建设单位和施工单位之间的相互关系，在设计意图和构思方面取得共识。

1.2 室内设计制图基本知识

室内设计图样是交流设计思想、传达设计意图的技术文件，是室内装潢施工的依据，所以应该遵循统一的制图规范，必须按照正确的制图理论及方法来完成。因此，即使当今大量采用计算机绘图，作为设计人员仍然有必要掌握基本绘图知识。考虑到部分读者未经过正规的制图训练，本节将对制图基本知识做一简单介绍，已掌握该部分内容的读者可略过本节。

1.2.1 室内设计制图概述

1. 室内设计制图的概念

室内设计图是室内设计人员用来表达设计思想、传达设计意图的技术文件，是室内装潢施工的依据。

室内设计制图就是根据正确的制图理论及方法，按照国家统一的室内制图规范将室内空间六个面上的设计情况在二维图面上表现出来，它包括室内平面图、室内顶棚平面图、室内立面图、室内细部节点详图等。《房屋建筑制图统一标准》（GB/T 50001—2017）和《建筑制图标准》（GB/T 50104—2010）是室内设计中手工制图和计算机制图的依据。

2. 室内设计制图的方式

室内设计制图有手工制图和计算机制图两种方式。手工制图又分为徒手绘制和工具绘制两种。

手工制图应该是设计师必须掌握的技能，也是学习 AutoCAD 2022 软件或其他计算机绘图软件的基础。尤其是徒手绘图，更是体现设计师素养和能力的闪光点。采用手工绘图的方式可以绘制全部的图样文件，但是需要花费大量的精力和时间。计算机制图是指操作绘图软件在计算机上画出所需图形，并形成相应的图形文件，再通过绘图仪或打印机将图形义件输出，形成具体的图样。一般情况下，手绘方式多用于方案构思设计阶段，计算机制图多用于施工图设计阶段，这两种方式同等重要，不可偏废。本书重点讲解的是应用 AutoCAD 2022 绘制室内设计图，对于手绘不做具体介绍。

3. 室内设计制图程序

室内设计制图的程序是与室内设计的程序相对应的。室内设计制图一般分为方案设计阶段和施工图设计阶段。方案设计阶段形成方案图（有的资料将该阶段细分为构思分析阶段和方案图阶段），施工图设计阶段形成施工图。方案图包括平面图、顶棚图、立面图、剖面图及透视图等，一般要进行色彩表现，它主要用于向业主或招标单位进行方案展示和汇报，所以其重点在于形象地表现设计构思。施工图包括平面图、顶棚图、立面图、剖面图、节点构造详图及透视图，它是施工的主要依据，因此它需要详细、准确地表示出室内布置、各部分的形状、大小、材料、构造做法、相互关系等内容。

1.2.2 室内设计制图的要求及规范

1. 图幅、图标及会签栏

图幅即图面的大小。国家标准中按图面的长和宽规定了图幅的等级。室内设计常用的图幅有 A0（也称 0 号图幅，其余类推）、A1、A2、A3 及 A4，每种图幅的长宽尺寸见表 1-1，表中的尺寸代号含义如图 1-5 和图 1-6 所示。

表 1-1　图幅及图框标准　　　　　　　　　　（单位：mm）

尺寸代号 ＼ 图幅代号	A0	A1	A2	A3	A4
b×l	841×1189	594×841	420×594	297×420	210×297
c	10			5	
a	25				

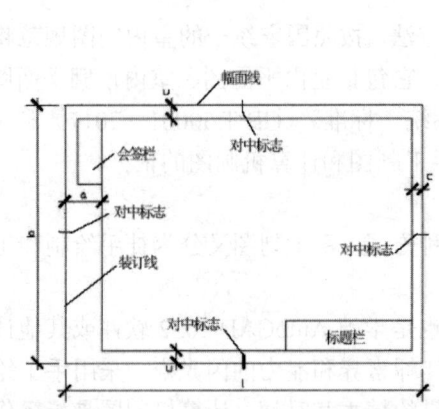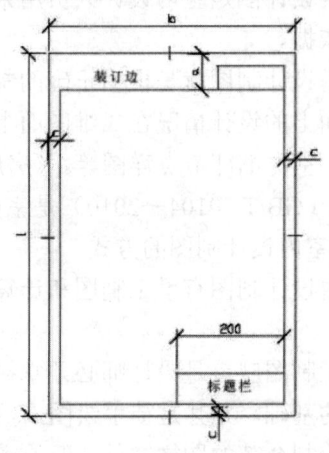

图 1-5　A0～A3 图幅格式

标题栏包括设计单位名称、工程名称、签字、图名及图号等内容。一般标题栏格式如图 1-7 所示。现在有些设计单位采用自己个性化的标题栏格式，但是必须包括上述这几项内容。

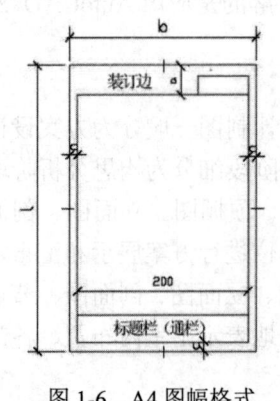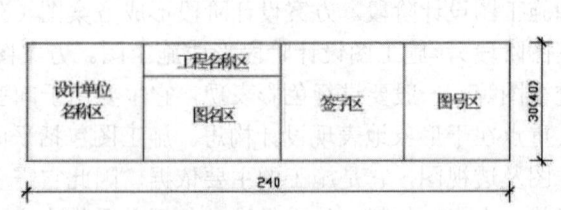

图 1-6　A4 图幅格式　　　　　图 1-7　标题栏格式

会签栏是为各工种负责人审核后签名用的表格，它包括专业、姓名、日期等内容，具体内容根据需要设置，图1-8所示为其中一种格式。对于不需要会签的图样，可以不设此栏。

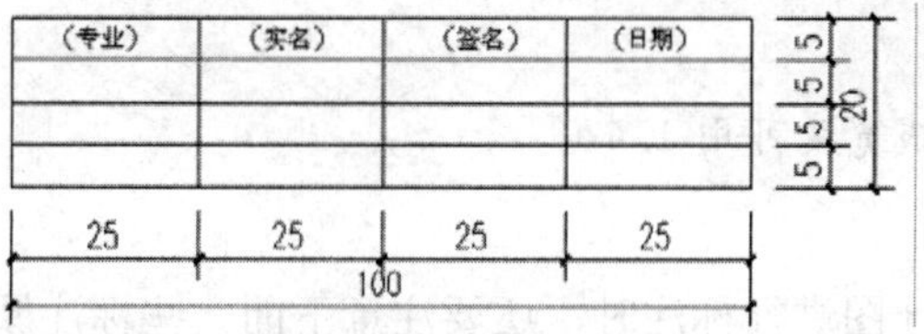

图1-8　会签栏格式

2．线型要求

室内设计图主要由各种线条构成，不同的线型表示不同的对象和不同的部位，代表着不同的含义。为了图面能够清晰、准确、美观地表达设计思想，工程实践中采用了一套常用的线型，并规定了它们的使用范围，常用线型见表1-2。在AutoCAD 2022中，可以通过"图层"中"线型"和"线宽"的设置来选定所需线型。

表1-2　常用线型

名　称		线　　型	线宽	适　用　范　围
实　线	粗		b	1.平面图、剖面图中被剖切的主要建筑构造(包括构配件)的轮廓线 2.建筑立面图或室内立面图的外轮廓线 3.建筑构造详图中被剖切的主要部分的轮廓线 4.建筑构配件详图中的外轮廓线 5.平面图、立面图、剖面图的剖切符号
	中粗		$0.7b$	1.平面、剖面图中被剖切的次要建筑构造(包括构配件)的轮廓线 2.建筑平面图、立面图、剖面图中建筑构配件的轮廓线 3.建筑构造详图及建筑构配件详图中的一般轮廓线
	中		$0.5b$	小于0.7b的图形线、尺寸线、尺寸界限、索引符号、标高符号、详图材料做法引出线、粉刷线、保温层线、地面、墙面的高差分界线等
	细		$0.25b$	图例填充线、家具线、纹样线等
虚　线	中粗		$0.7b$	1.建筑构造详图及建筑构配件图中不可见的轮廓线 2.平面图中的梁式起重机(吊车)轮廓线 3.拟建、扩建建筑物轮廓线
	中		$0.5b$	投影线、小于0.5b的不可见轮廓线
	细		$0.25b$	图例填充线、家具线等
单点画线	细		$0.25b$	轴线、构配件的中心线、对称线等
折断线	细		$0.25b$	省画图样时的断开界限
波浪线	细		$0.25b$	构造层次的断开界线，有时也表示省略画出时的断开界限

注意：

地平线宽度可用 1.4b。

3．尺寸标注

具体在对室内设计图进行标注时，还要注意下面一些标注原则：

1）尺寸标注应力求准确、清晰、美观大方。同一张图样中，标注风格应保持一致。

2）尺寸线应尽量标注在图样轮廓线以外，从内到外依次标注从小到大的尺寸，不能将大尺寸标在内，而小尺寸标在外，如图 1-9 所示。

3）最内一道尺寸线与图样轮廓线之间的距离不应小于 10mm，两道尺寸线之间的距离一般为 7～10mm。

4）尺寸界线朝向图样的端头距图样轮廓的距离应不小于 2mm，不宜直接与之相连。

5）在图线拥挤的地方应合理安排尺寸线的位置，但不宜与图线、文字及符号相交；可以考虑将轮廓线用作尺寸界线，但不能作为尺寸线。

6）对于连续相同的尺寸，可以采用"均分"或"（EQ）"字样代替，如图 1-10 所示。

4．文字说明

在一幅完整的图样中，用图线方式表现得不充分和无法用图线表示的地方，就需要进行文字说明，如材料名称、构配件名称、构造做法、统计表及图名等。文字说明是图样内容的重要组成部分，制图规范对文字标注中的字体、字的大小以及字体字号搭配等方面做了一些具体规定。

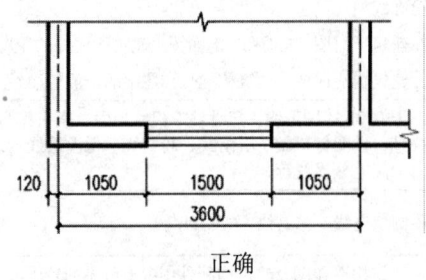
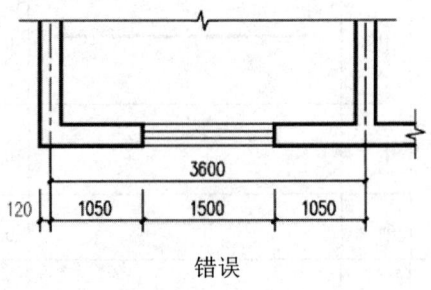

图 1-9　尺寸标注正误对比

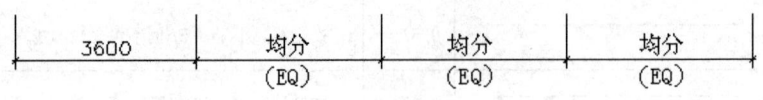

图 1-10　标注连续相同的尺寸

1）一般原则：字体端正，排列整齐，清晰准确，美观大方，避免过于个性化的文字标注。

2）字体：一般标注推荐采用仿宋字，标题可用楷体、隶书、黑体字等。例如：

仿宋：室内设计（小四）室内设计（四号）室内设计（二号）

黑体：**室内设计（四号）室内设计（小二）**

楷体：室内设计（四号）室内设计（二号）

隶书：**室内设计（三号）室内设计（一号）**

字母、数字及符号：0123456789abcdefghijk％ @ 或

0123456789abcdefghijk％@

3）字的大小：标注的文字高度要适中，同一类型的文字采用同一大小的字。较大的字用于较概括性的说明内容，较小的字用于较细致的说明内容。

4）字体及大小的搭配注意体现层次感。

5．常用图示标志

（1）详图索引符号及详图符号 室内平面图、立面图、剖面图中，在需要另设详图表示的部位标注一个索引符号，以表明该详图的位置，这个索引符号就是详图索引符号。详图索引符号采用细实线绘制，圆圈直径为10mm，如图1-11所示。其中，图1-11d～g用于索引剖面详图，当详图就在本张图纸上时采用图1-11a的形式，详图不在本张图纸上时采用图1-11b～g的形式。

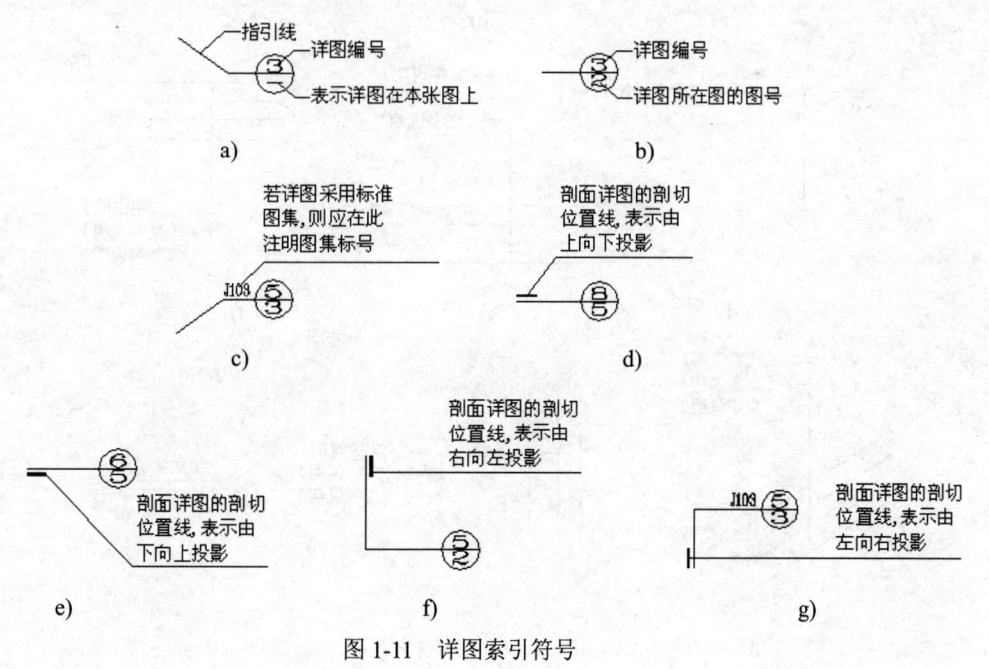

图1-11 详图索引符号

详图符号即详图的编号，用粗实线绘制，圆圈直径为 14mm，如图 1-12 所示。

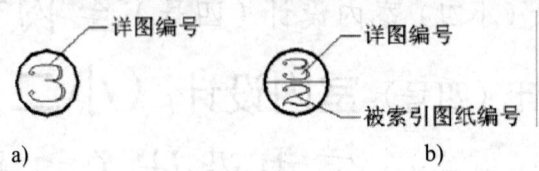

图 1-12　详图符号

（2）引出线　由图样引出一条或多条线段指向文字说明，该线段就是引出线。引出线与水平方向的夹角一般采用 0°、30°、45°、60°、90°，常见的引出线形式如图 1-13 所示。其中图 1-13a～d 所示为普通引出线，图 1-13e～h 所示为多层构造引出线。使用多层构造引出线时，应注意构造分层的顺序要与文字说明的分层顺序一致。文字说明可以放在引出线的端头（见图 1-13a～h），也可放在引出线水平段之上（见图 1-13i）。

（3）内视符号　在房屋建筑中，一个特定的室内空间总会存在竖向分隔（隔断或墙体），因此，根据具体情况，就需要绘制一个或多个立面图来表达隔断、墙体及家具、构配件的设计情况。内视符号标注在平面图中，其包含了视点位置、方向和编号三个信息，用于建立平面图和室内立面图之间的联系。内视符号的形式如图 1-14 所示，图中立面图编号可用英文字母或阿拉伯数字表示，黑色的箭头指向表示立面的方向；图 1-14a 所示为单向内视符号，图 1-14b 所示为双向内视符号，图 1-14c 所示为四向内视符号，其中 A、B、C、D 顺时针标注。

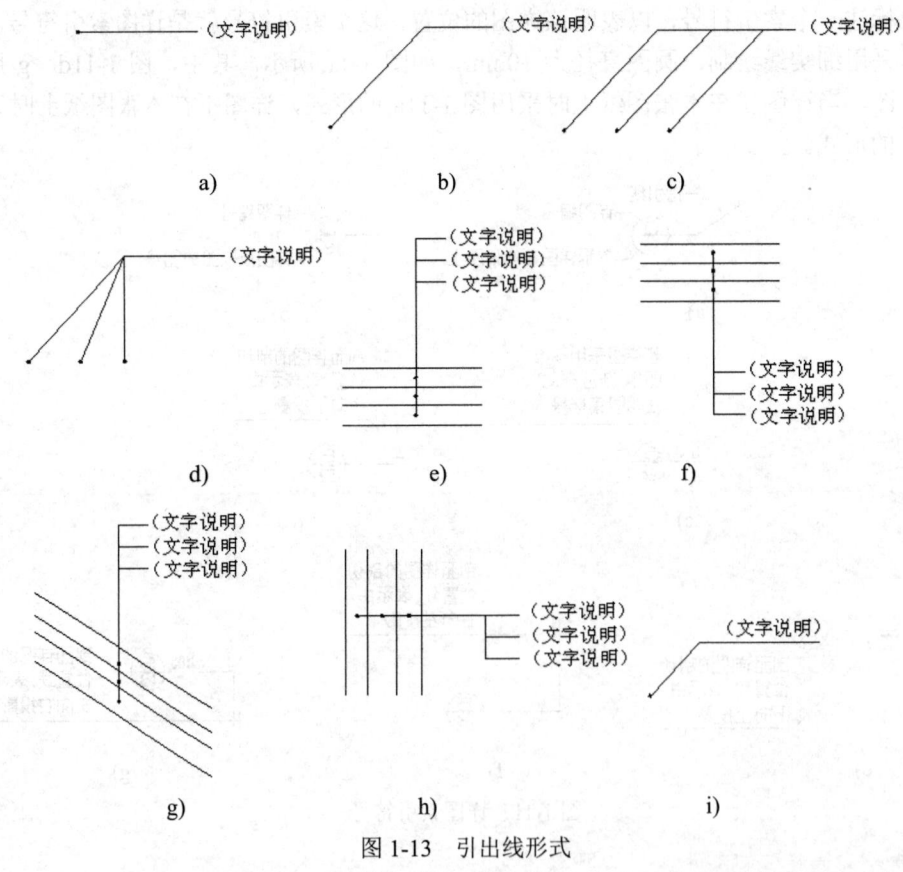

图 1-13　引出线形式

a)

b)

c)

图 1-14 内视符号

室内设计图常用符号图例见表 1-3。

6. 常用材料符号

室内设计图中经常应用材料图例来表示材料，在无法用图例表示的地方，也采用文字说明。常用材料图例见表 1-4。

表 1-3 室内设计图常用符号图例

符　　号	说　　明	符　　号	说　　明
3.600 ▽ / 3.600 ▽	标高符号，线上数字为标高值，单位为 m 下面的符号在标注位置比较拥挤时采用	i=5%	表示坡度
1 ⌐ ⌐ 1	标注剖切位置的符号，标数字的方向为投影方向，"1"与剖面图的编号"1—1"对应	2 ── 2	标注绘制断面图的位置，标数字的方向为投影方向，"2"与断面图的编号"2—2"对应
	对称符号。在对称图形的中轴位置画此符号，可以省画另一半图形		指北针
	楼板开方孔		楼板开圆孔
@	表示重复出现的固定间隔，如"双向木格栅@500"	φ	表示直径，如 φ30
平面图 1:100	图名及比例	① 1：5	索引详图名及比例
	单扇平开门		旋转门

（续）

符　号	说　明	符　号	说　明
	双扇平开门		卷帘门
	子母门		单扇推拉门
	单扇弹簧门		双扇推拉门
	四扇推拉门		折叠门
	窗		首层楼梯
	顶层楼梯		中间层楼梯

7. 常用绘图比例

下面列出了常用绘图比例，用户可根据实际情况灵活使用。

1）平面图：1:50、1:100 等。

2）立面图：1:20、1:30、1:50、1:100 等。

3）顶棚图：1:50、1:100 等。

4）构造详图：1:1、1:2，1:5、1:10、1:20 等。

表 1-4   常用材料图例

材 料 图 例	说 明	材 料 图 例	说 明
	自然土壤		夯实土壤
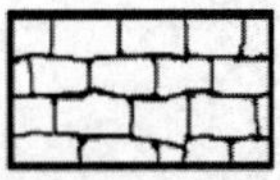	毛石砌体	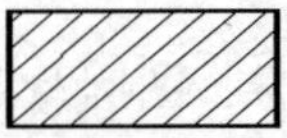	普通砖
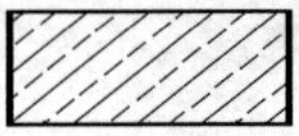	石材	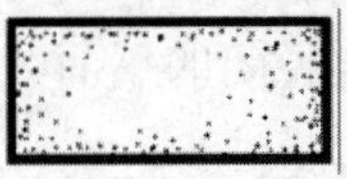	砂、灰土
	空心砖	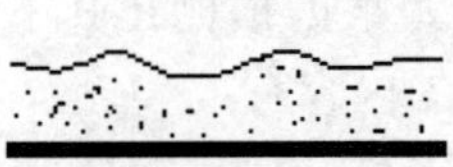	松散材料
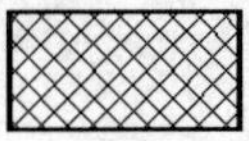	多孔材料	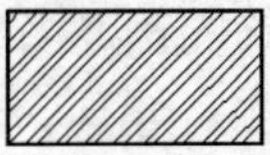	金属
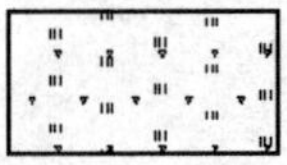	矿渣、炉渣	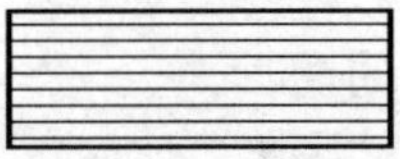	玻璃
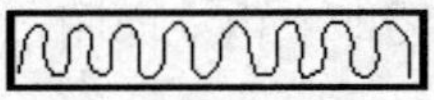	纤维材料		防水材料 上下两种根据绘图比例大小选用
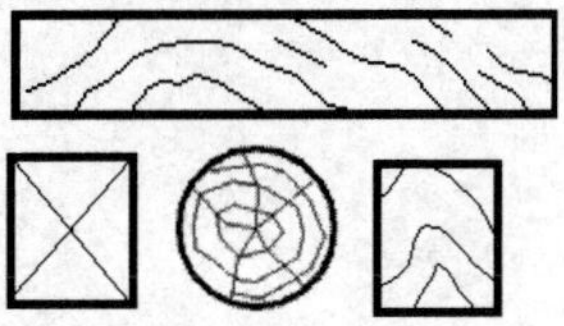	木材	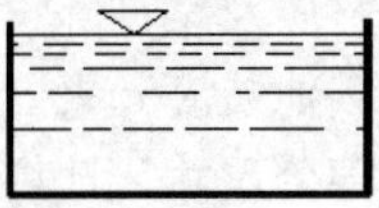	液体，须注明液体名称
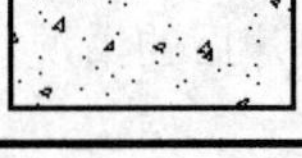	混凝土	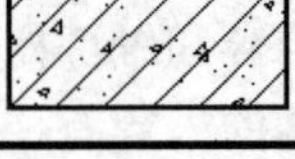	钢筋混凝土

1.2.3   室内设计制图的内容

一套完整的室内设计图一般包括平面图、顶棚图、立面图、构造详图和透视图。下面简述各种图样的概念及内容。

1. 平面图

室内平面图是以平行于地面的切面在距地面 1.5mm 左右的位置将上部切去而形成的正投影图。室内平面图中应表达的内容有：

1）墙体、隔断及门窗、各空间大小及布局、家具陈设、人流交通路线、室内绿化等；

若不单独绘制地面材料平面图，则应该在平面图中表示地面材料。

2）标注各房间尺寸、家具陈设尺寸及布局尺寸，对于复杂的公共建筑，则应标注轴线编号。

3）注明地面材料名称及规格。

4）注明房间名称、家具名称。

5）注明室内地坪标高。

6）注明详图索引符号、图例及立面内视符号。

7）注明图名和比例。

8）若需要辅助文字说明的平面图，还要注明文字说明、统计表格等。

2．顶棚图

室内设计顶棚图是根据顶棚在其下方假想的水平镜面上的正投影绘制而成的镜像投影图。顶棚图中应表达的内容有：

1）顶棚的造型及材料说明。

2）顶棚灯具和电器的图例、名称规格等说明。

3）顶棚造型尺寸标注、灯具、电器的安装位置标注。

4）顶棚标高标注。

5）顶棚细部做法的说明。

6）详图索引符号、图名、比例等。

3．立面图

以平行于室内墙面的切面将前面部分切去后，剩余部分的正投影图即室内立面图。室内立面图的主要内容有：

1）墙面造型、材质及家具陈设在立面上的正投影图。

2）门窗立面及其他装潢元素立面。

3）立面各组成部分尺寸、地坪吊顶标高。

4）材料名称及细部做法说明。

5）详图索引符号、图名、比例等。

4．构造详图

为了放大个别设计内容和细部做法，多以剖面图的方式表达局部剖开后的情况，这就是构造详图。构造详图表达的内容有：

1）以剖面图的绘制方法绘制出各材料断面、构配件断面及其相互关系。

2）用细线表示出剖视方向上看到的部位轮廓及相互关系。

3）标出材料断面图例。

4）用指引线标出构造层次的材料名称及做法。

5）标出其他构造做法。

6）标注各部分尺寸。

7）标注详图编号和比例。

5．透视图

透视图是根据透视原理在平面上绘制出能够反映三维空间效果的图形，它与人的视觉空间感受相似。室内设计常用的绘制方法有一点透视、两点透视（成角透视）、鸟瞰图三种。

透视图可以通过人工绘制，也可以应用计算机绘制，它能直观表达设计思想和效果（故也称作效果图或表现图），是一个完整的设计方案不可缺少的部分。鉴于本书重点是介绍应用 AutoCAD 2022 绘制二维图形，因此本书中不包含这部分内容。

1.2.4　室内设计制图的计算机应用软件简介

1．二维图形的制作

这里的二维图形是指绘制室内设计平面图、立面图、剖面图、顶棚图、详图的矢量图形。在工程实践中应用较多的软件是美国 AutoDesk 公司开发的 AutoCAD 软件，它的新版本也就是本书介绍的 AutoCAD 2022。AutoCAD 是一个功能强大的矢量图形制作软件，它适用于建筑、机械、汽车、服装等诸多行业，并且它为二次开发提供了良好的平台和接口。为了方便建筑设计及室内设计绘图，国内有些公司开发了一些基于 AutoCAD 的二次开发软件，如天正、圆方软件等。

2．三维图形的制作

三维图形的制作实际上分为两个步骤：一是建模，二是渲染。这里的建模指的是通过计算机建立建筑、室内空间的虚拟三维模型和灯光模型。渲染指的是应用渲染软件对模型进行渲染。

1）建模软件。常见的建模软件有美国 AutoDesk 公司开发的 AutoCAD、3DS MAX、3DS VIZ 等。应用 AutoCAD 可以进行准确建模，但是它的渲染效果较差，一般需要导入 3DS MAX 或 3DS VIZ 中赋予材质、设置灯光，而后渲染，而且还要处理好导入前后的接口问题。3DS MAX 和 3DS VIZ 都是功能强大的三维建模软件，二者的界面基本相同，不同的是 3DS MAX 面向普遍的三维动画制作，而 3DS VIZ 是 AutoDesk 公司专门为建筑、机械等行业定制的三维建模及渲染软件，取消了建筑、机械行业不必要的功能，增加了门窗、楼梯、栏杆、树木等造型模块和环境生成器，3DS VIZ 4.2 以上的版本还集成了 Lightscape 的灯光技术，弥补了 3DS MAX 的灯光技术的欠缺。

2）渲染软件。常用的渲染软件有 3DS MAX、3DS VIZ 和 Lightscape 等。Lightscape 出色的是它的灯光技术，如它不但能计算直射光产生的光照效果，而且能计算光线在界面上发生反射以后形成的环境光照效果，尤其是在室内效果图制作中与真实情况更接近，渲染效果比较好。3DS MAX、3DS VIZ 不断推出新版本，它们的灯光技术越来越完善。

3．后期制作

模型渲染以后一般都需要进行后期处理，Adobe 公司开发的 Photoshop 就是一个功能强大的平面图像后期处理软件。若需将设计方案做成演示文稿进行方案汇报，则可以根据具体情况选择 Powerpoint、Flash 及其他影音制作软件。

第 2 章　AutoCAD 2022 入门

本章将介绍 AutoCAD 2022 绘图的基本知识，包括如何设置系统、建立新的图形文件、打开已有文件的方法等。

◎ 操作界面

◎ 文件管理

◎ 基本输入操作

2.1　操作界面

　　AutoCAD 的操作界面是 AutoCAD 显示、编辑图形的区域。启动 AutoCAD 2022 后的默认界面如图 2-1 所示，这个界面是 AutoCAD 2009 以后出现的新界面风格，为了便于学习和使用过 AutoCAD 2009 及以前版本的用户学习，本书将采用 AutoCAD 草图与注释的界面展开介绍。

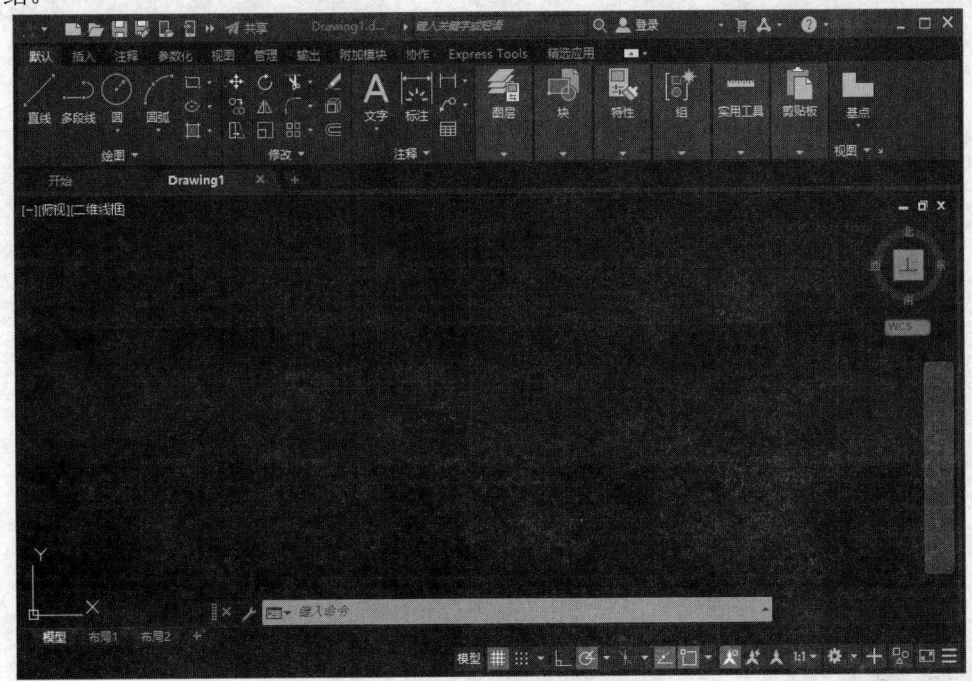

图 2-1　默认界面

　　转换操作界面方法是：单击默认界面右下角的"切换工作空间"按钮 ⚙ ▾ ，在弹出的菜单中选择"草图与注释"命令，如图 2-2 所示，系统将转换到如图 2-3 所示的操作界面。

　　一个完整的 AutoCAD 操作界面包括标题栏、绘图区、十字光标、坐标系图标、命令行窗口、状态栏、布局标签、功能区、快速访问工具栏、导航栏等。

注意：

　　安装 AutoCAD 2022 后，默认的界面如图 2-1 所示。在绘图区中右击鼠标，弹出快捷菜单，如图 2-4 所示。选择"选项"命令❶，弹出"选项"对话框，如图 2-5 所示，选择"显示"选项卡，在"窗口元素"选项组中对应的"颜色主题"❷设置为"明"。单击"窗口元素"选项组中的"颜色"按钮，打开如图 2-6 所示的"图形窗口颜色"对话框，单击"图形窗口颜色"对话框中的"颜色"下拉箭头❸，在打开的下拉列表中选择白色，如图 2-6 所示。单击"应用并关闭"按钮，然后单击"确定"按钮，退出对话框。

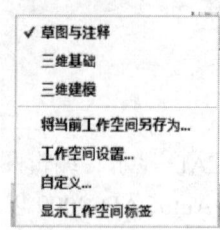

图 2-2 工作空间转换

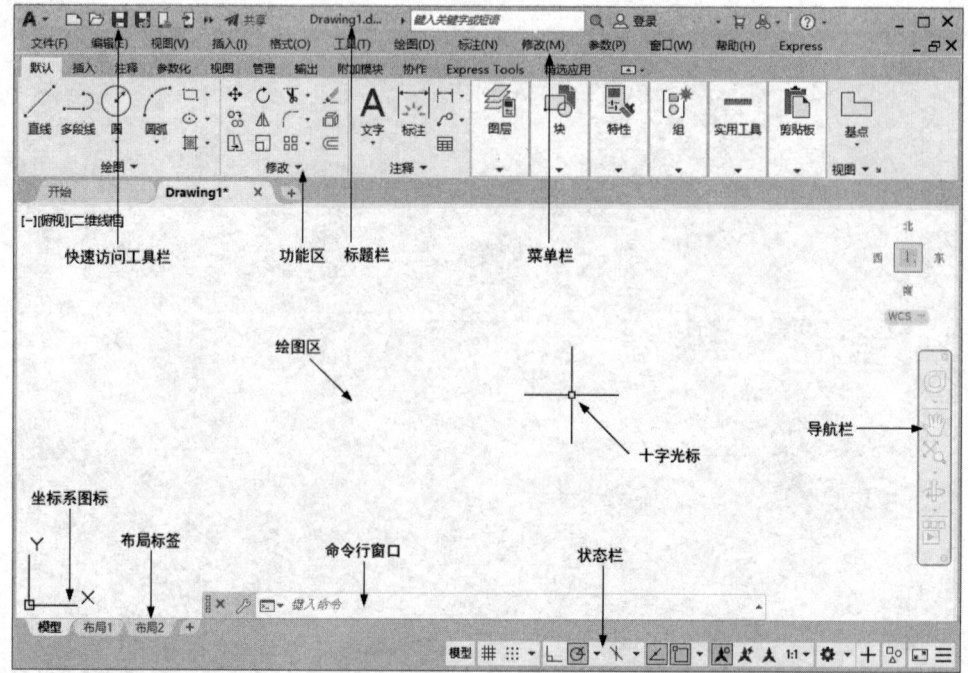

图 2-3 AutoCAD 2022 中文版的操作界面

图 2-4 快捷菜单

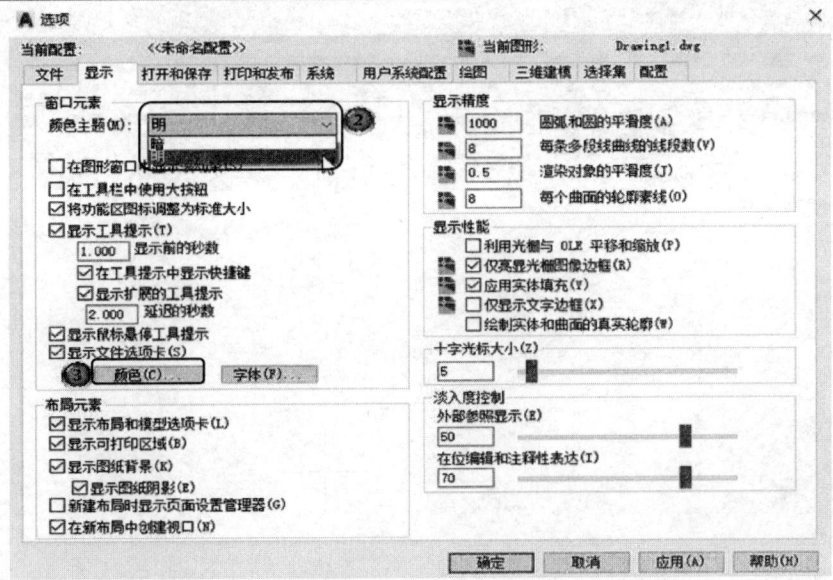

图 2-5　"选项"对话框

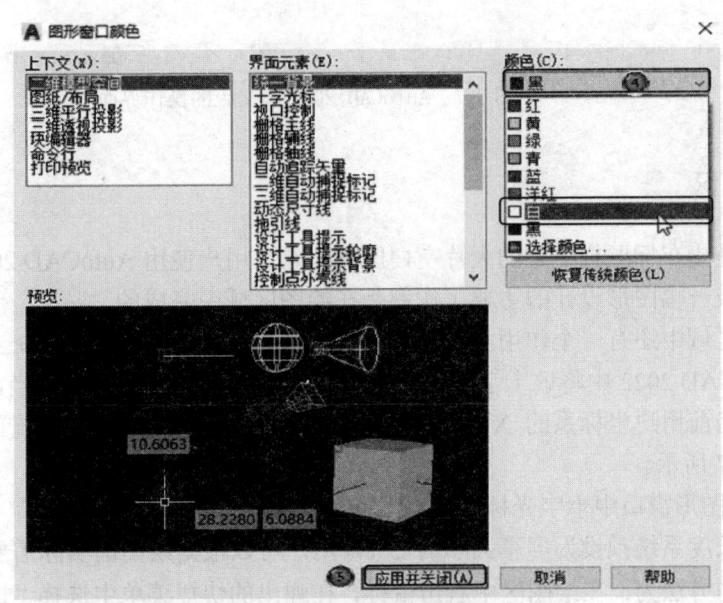

图 2-6　"图形窗口颜色"对话框

2.1.1　标题栏

在 AutoCAD 2022 中文版绘图窗口的最上端是标题栏。在标题栏中显示了系统当前正在
运行的应用程序（AutoCAD 2022 和用户正在使用的图形文件）。在用户第一次启动 AutoCAD
时，在 AutoCAD 2022 绘图窗口的标题栏中将显示 AutoCAD 2022 在启动时创建并打开的图
形文件的名字 Drawing1.dwg，如图 2-7 所示。

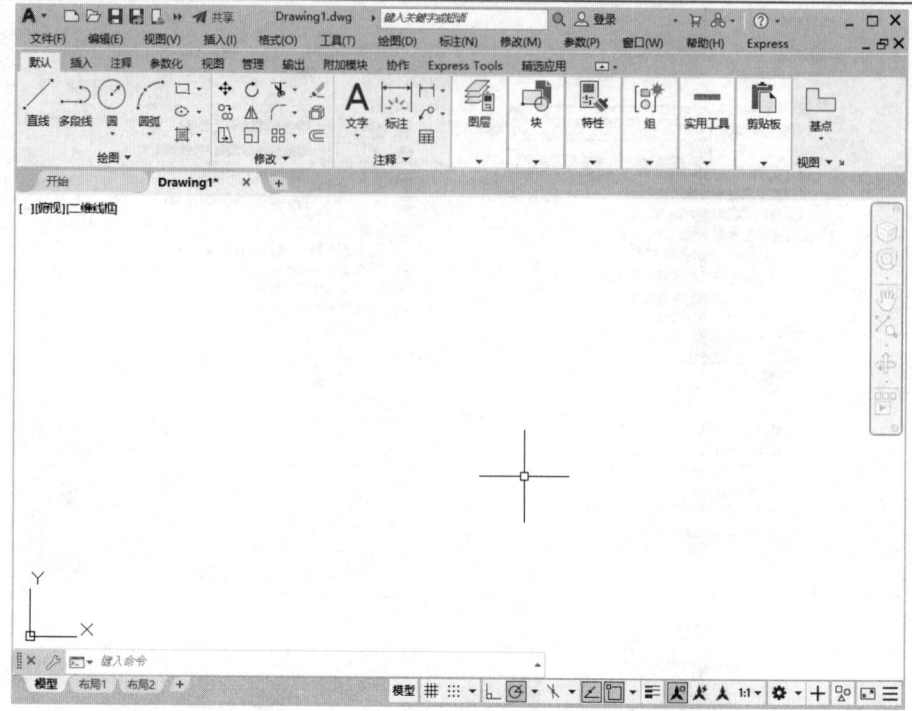

图 2-7　AutoCAD 2022 中文版的操作界面

2.1.2　绘图区

绘图区是指在标题栏下方的大片空白区域，它是用户使用 AutoCAD 2022 绘制图形的区域，用户完成一幅图形设计的主要工作都是在绘图区域中完成的。

在绘图区域中还有一个作用类似光标的十字线，其交点反映了光标在当前坐标系中的位置。在 AutoCAD 2022 中将该十字线称为光标，AutoCAD 通过光标显示当前点的位置。十字线的方向与当前用户坐标系的 X 轴、Y 轴方向平行，十字线的长度系统预设为屏幕大小的 5%，如图 2-7 所示。

1. 修改图形窗口中十字光标的大小

光标的长度系统预设为屏幕大小的 5%，用户可以根据绘图的实际需要更改其大小。改变光标大小的方法为：在绘图区中右击鼠标，在弹出的快捷菜单中选择"选项"命令❶，屏幕上将弹出"选项"对话框。选择"显示"选项卡❷，在"十字光标大小"❸的编辑框中直接输入数值，或者拖动编辑框后的滑块，即可对十字光标的大小进行调整，如图 2-8 所示。

此外，还可以通过设置系统变量 CURSORSIZE 的值，实现对其大小的更改。方法是在命令行输入：

命令：CURSORSIZE✓
输入 CURSORSIZE 的新值 <5>：
在提示下输入新值即可。

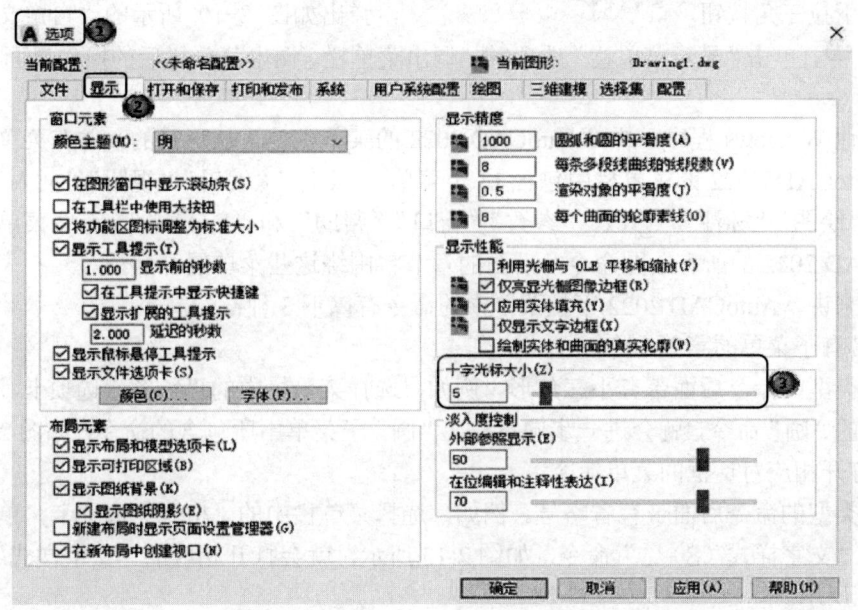

图 2-8 "选项"对话框中的"显示"选项卡

2. 修改绘图窗口的颜色

在默认情况下，AutoCAD 2022 的绘图窗口是黑色背景、白色线条，这不符合绝大多数用户的习惯，因此修改绘图窗口颜色是大多数用户都需要进行的操作，通常按视觉习惯选择白色为窗口颜色。

2.1.3 坐标系图标

在绘图区域的左下角有一个直线图标，称之为坐标系图标，表示用户绘图时正使用的坐标系形式。图 2-3 所示坐标系图标的作用是为点的坐标确定一个参照系。根据工作需要，用户可以选择将其关闭，方法是单击 "视图"选项卡"视口工具"面板中的"UCS 图标"按钮，将其以灰色状态显示，如图 2-9 所示。

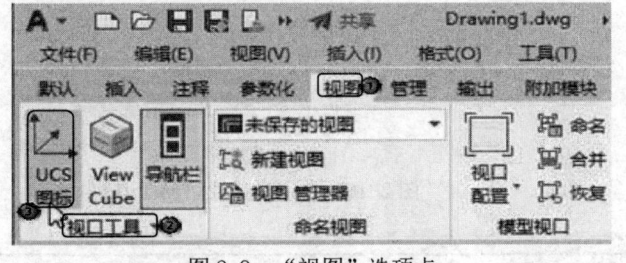

图 2-9 "视图"选项卡

2.1.4 菜单栏

在 AutoCAD 2022 默认的"草图与注释"界面中不显示菜单栏，可以单击快速访问工具栏后面的下拉三角按钮 ，弹出如图 2-10 所示的"自定义快速访问工具栏" ①，单击"显示菜单栏"选项②，调出菜单栏。调出菜单栏后的操作界面如图 2-11 所示。

同其他 Windows 程序一样，AutoCAD 2022 的菜单也是下拉形式的，并在菜单中包含子菜单。AutoCAD 2022 的菜单栏中包含 13 个菜单："文件""编辑""视图""插入""格式""工具""绘图""标注""修改""参数""窗口""帮助"和"Express"。这些菜单几乎包含了 AutoCAD 2022 的所有绘图命令，后面的章节将围绕这些菜单展开介绍。

一般来讲，AutoCAD 2022 下拉菜单中的命令有以下 3 种：

1. 带有子菜单的菜单命令

这种类型的命令后面带有小三角形。例如，选择菜单栏中的"绘图"选项卡，单击其下拉菜单中的"圆"命令，就会进一步向下拉出"圆"子菜单中所包含的命令，如图 2-12 所示。

2. 打开相应对话框的菜单命令

这种类型的命令后面带有省略号。例如，选择菜单栏中的"格式"选项卡，单击其下拉菜单中的"文字样式（S）…"命令，如图 2-13 所示，就会打开相应的"文字样式"对话框，如图 2-14 所示。

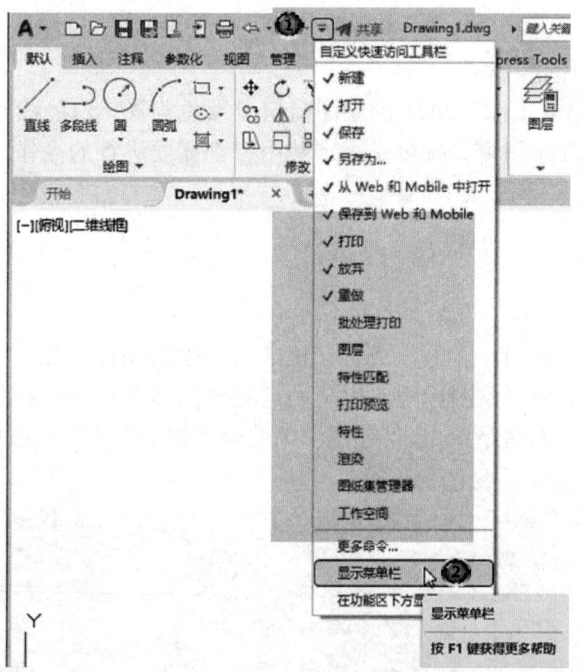

图 2-10　自定义快速访问工具栏

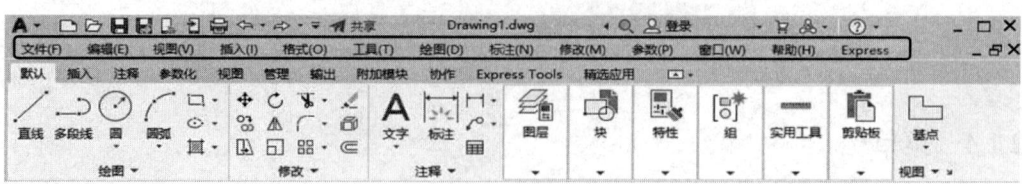

图 2-11　菜单栏

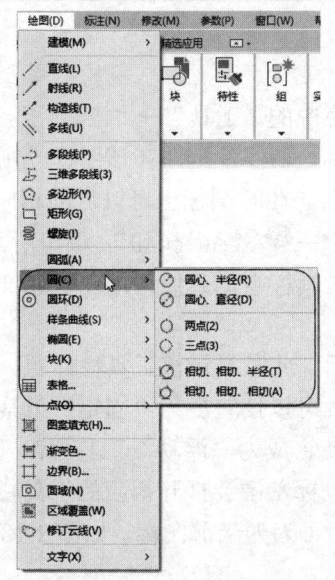

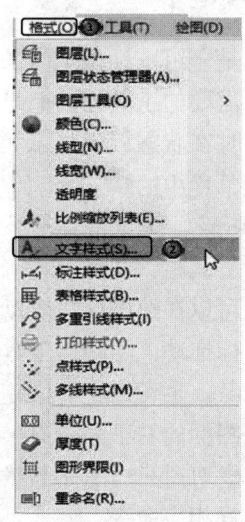

图 2-12 带有子菜单的菜单命令   图 2-13 打开相应对话框的菜单命令

3. 直接操作的菜单命令

这种类型的命令将直接进行相应的绘图或其他操作。例如，选择"视图"选项卡中的"重画"命令，系统将直接对屏幕图形进行重生成，如图 2-15 所示。

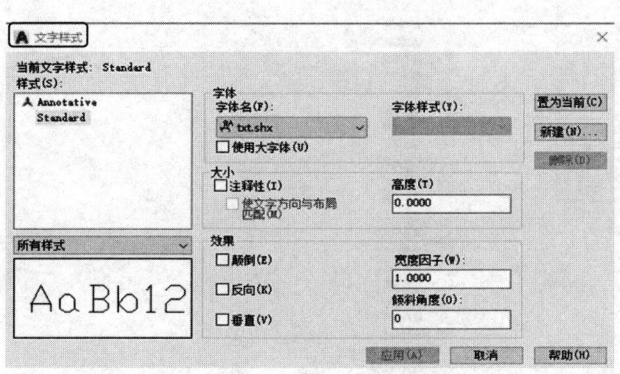

图 2-14 "文字样式"对话框   图 2-15 直接执行的菜单命令

2.1.5 工具栏

工具栏是一组图标型工具的集合，选择菜单栏中的"工具"→"工具栏"→"AutoCAD"，即可调出所需要的工具栏，把光标移动到某个图标，稍停片刻即在该图标一侧显示相应的工具提示，同时在状态栏中显示相应的说明和命令名。此时图标也可以启动相应命令。

选择菜单栏中的❶"工具"→❷"工具栏"→❸"AutoCAD"，调出所需要的工具栏，如图 2-16 所示。❹单击某一个未在界面打开的工具栏名，系统自动在界面打开该工具栏。反之，关闭工具栏。

工具栏可以在绘图区"浮动"，如图 2-17 所示。此时显示该工具栏标题，并可关闭该工具栏，用鼠标拖动"浮动"工具栏到图形区边界，可以使它变为"固定"工具栏，此时该工具栏标题隐藏。也可以把"固定"工具栏拖出，使它成为"浮动"工具栏。

在有些图标的右下角带有一个小三角，按住鼠标左键会打开相应的工具栏，按住鼠标左键，将光标移动到某一图标上然后松手，该图标即可为为当前图标，如图 2-18 所示。单击当前图标，执行相应命令。

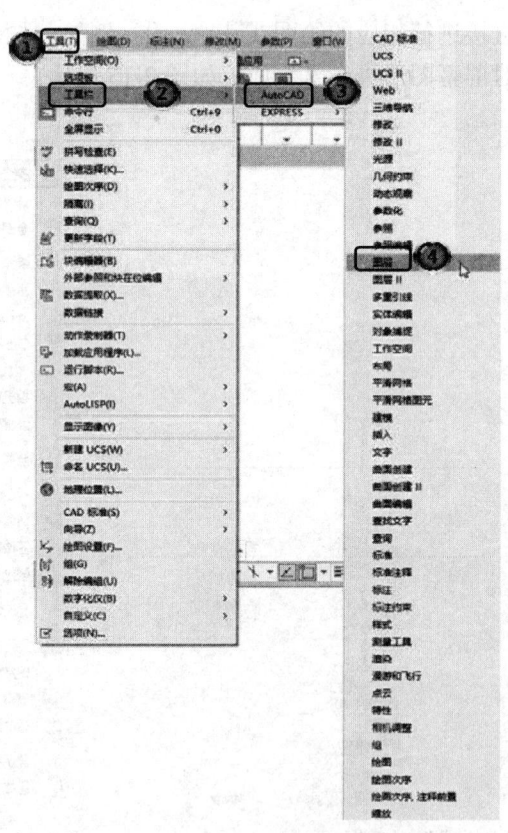

图 2-16　工具栏图标

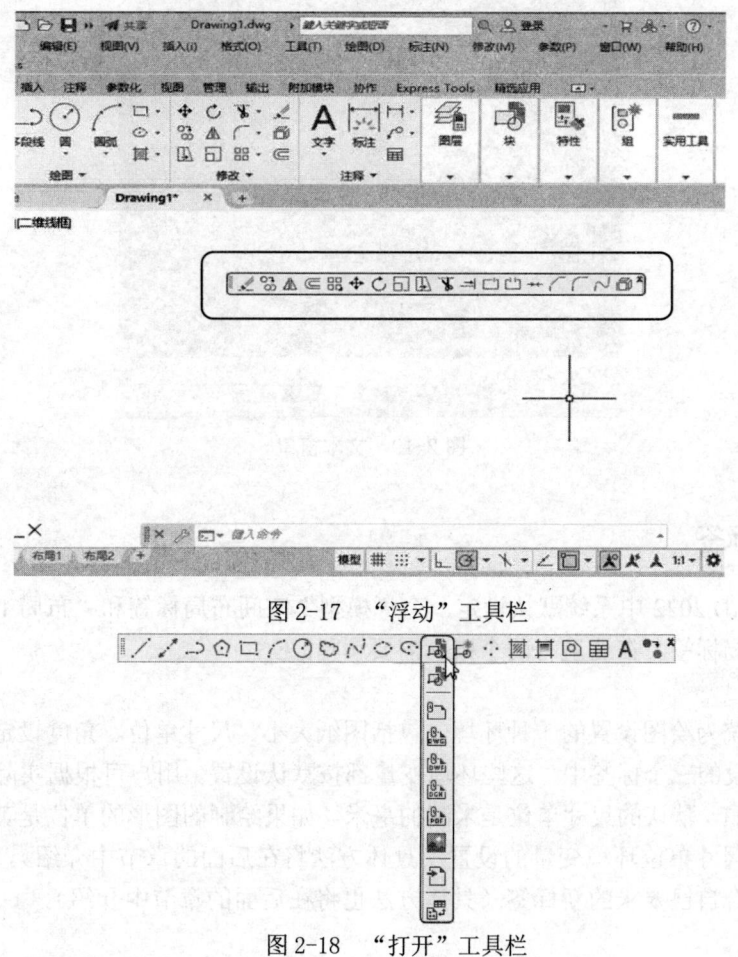

图 2-17 "浮动"工具栏

图 2-18 "打开"工具栏

2.1.6 命令行窗口

命令行窗口是输入命令名和显示命令提示的区域，默认的命令行窗口布置在绘图区下方。

对命令行窗口，有以下几点需要说明：

1）移动拆分条，可以扩大或缩小命令行窗口。

2）拖动命令行窗口可布置在屏幕上的其他位置。默认情况下布置在图形窗口的下方。

3）对当前命令行窗口中输入的内容，可以按 F2 键用文本编辑的方法进行编辑，如图 2-19 所示。AutoCAD 文本窗口和命令窗口相似，它可以显示当前 AutoCAD 进程中命令的输入和执行过程，在执行 AutoCAD 某些命令时，它会自动切换到文本窗口，列出有关信息。

4）AutoCAD 可通过命令行窗口反馈各种信息，包括出错信息。因此，用户要时刻关注在命令行窗口中出现的信息。

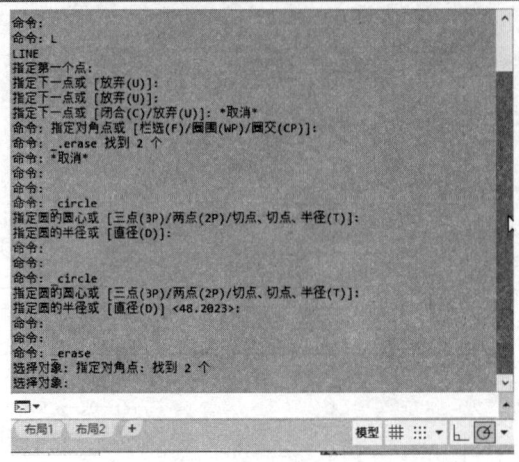

图 2-19　文本窗口

2.1.7　布局标签

在 AutoCAD 2022 中系统默认设定一个"模型"空间布局标签和"布局 1""布局 2"两个图纸空间布局标签。在这里有两个概念需要解释。

1. 布局

布局是系统为绘图设置的一种环境，包括图纸大小、尺寸单位、角度设定、数值精确度等，在系统预设的三个标签中，这些环境变量都按默认设置。用户可根据实际需要改变这些变量的值。例如，默认的尺寸单位是米制的毫米，如果绘制的图形的单位是英制的英寸，此时就可以改变尺寸单位环境变量的设置（具体方法将在后面的章节中介绍）。用户也可以根据需要设置符合自己要求的新标签（具体方法也将在后面的章节中介绍）。

2. 模型

AutoCAD 的空间分模型空间和图纸空间。模型空间是我们通常绘图的环境，而在图纸空间中，用户可以创建叫作"浮动视口"的区域，以不同视图显示所绘图形。用户可以在图纸空间中调整浮动视口并决定所包含视图的缩放比例。如果选择图纸空间，则可打印多个视图，并且可以打印任意布局的视图。在后面的章节中将详细地讲解有关模型空间与图纸空间的有关知识。

在 AutoCAD 2022 中，系统默认打开模型空间，可以单击选择需要的布局。

2.1.8　滚动条

在绘图区右击，在弹出的快捷菜单中选择"选项"命令，弹出"选项"对话框。选择"显示"选项卡，在"窗口元素"选项组中勾选"在图形窗口中显示滚动条"，单击"确定"按钮，即可显示滚动条，结果如图 2-20 所示。在滚动条中单击鼠标或拖动滚动条中的滚动块，可以在绘图窗口中按水平或竖直两个方向浏览图形。

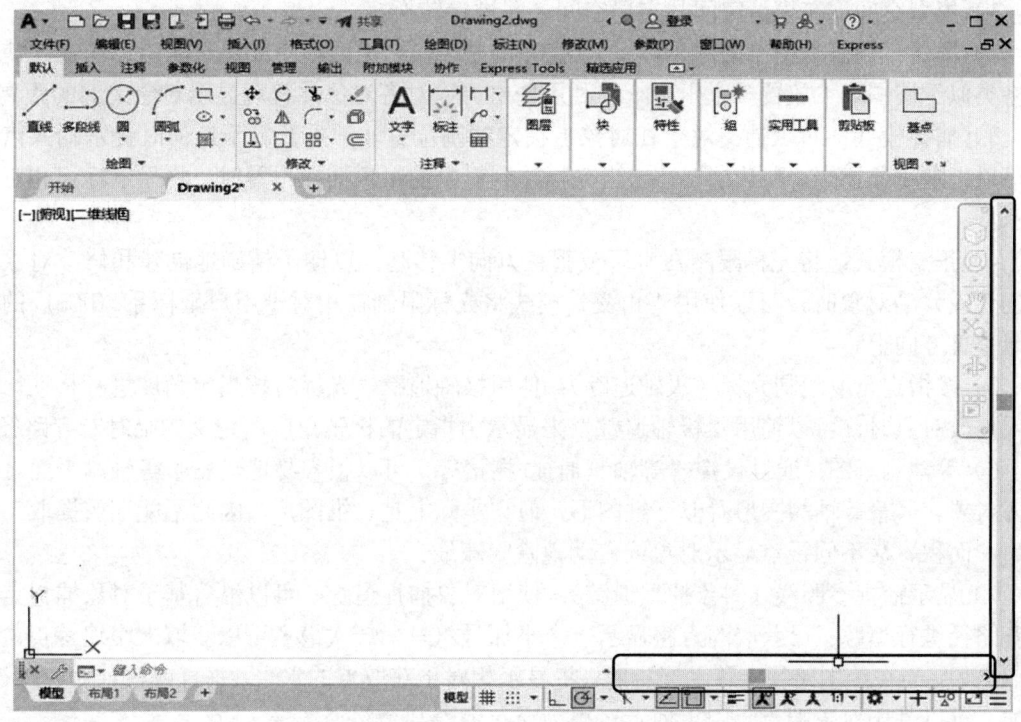

图 2-20 显示滚动条

2.1.9 状态栏

状态栏在屏幕的底部，依次显示如图 2-21 所示的"坐标""模型空间""栅格""捕捉模式""推断约束""动态输入""正交模式""极轴追踪""等轴测草图""对象捕捉追踪""二维对象捕捉""线宽""透明度""选择循环""三维对象捕捉""动态 UCS""选择过滤""小控件""注释可见性""自动缩放""注释比例""切换工作空间""注释监视器""单位""快捷特性""锁定用户界面""隔离对象""图形性能""全屏显示""自定义"30 个功能按钮。

 注意：

默认情况下不会显示所有工具，可以通过状态栏上最右侧的按钮，选择要从"自定义"菜单显示的工具。状态栏上显示的工具可能会发生变化，具体取决于当前的工作空间以及当前显示的是"模型"选项卡还是布局选项卡。下面对部分状态栏上的按钮做简单介绍。

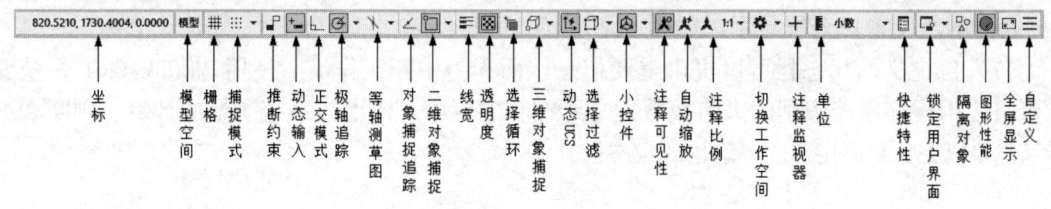

图 2-21 状态栏

1）模型空间：在模型空间与布局空间之间进行转换。

2）栅格：栅格是覆盖用户坐标系（UCS）的整个 XY 平面的直线或点的矩形图案。使用栅格类似于在图形下放置一张坐标纸。利用栅格可以对齐对象并直观显示对象之间的距离。

3）捕捉模式：对象捕捉对于在对象上指定精确位置非常重要。不论何时提示输入点，都可以指定对象捕捉。默认情况下，当光标移到对象的对象捕捉位置时，将显示标记和工具提示。

4）正交模式：将光标限制在水平或垂直方向上移动，以便于精确地创建和修改对象。当创建或移动对象时，可以使用"正交"模式将光标限制在相对于用户坐标系（UCS）的水平或垂直方向上。

5）按指定角度限制光标（极轴追踪）：使用极轴追踪，光标将按指定角度进行移动。创建或修改对象时，可以使用"极轴追踪"来显示由指定的极轴角度所定义的临时对齐路径。

6）等轴测草图：通过设定"等轴测捕捉/栅格"，可以很容易地沿三个等轴测平面之一对齐对象。尽管等轴测图形看似三维图形，但它实际上是二维图形，因此不能期望提取三维距离和面积、从不同视点显示对象或自动消除隐藏线。

7）显示捕捉参照线（对象捕捉追踪）：使用对象捕捉追踪，可以沿着基于对象捕捉点的对齐路径进行追踪。已获取的点将显示一个小加号（+），一次最多可以获取七个追踪点。获取点之后，当在绘图路径上移动光标时，将显示相对于获取点的水平、垂直或极轴对齐路径。例如，可以基于对象端点、中点或者对象的交点沿着某个路径选择一点。

8）将光标捕捉到二维参照点（对象捕捉）：使用执行对象捕捉设置（也称为对象捕捉），可以在对象上的精确位置指定捕捉点。选择多个选项后，将应用选定的捕捉模式，以返回距离靶框中心最近的点。按 Tab 键可以在这些选项之间循环。

9）注释可见性：当图标亮显时表示显示所有比例的注释性对象，当图标变暗时表示仅显示当前比例的注释性对象。

10）自动缩放：注释比例更改时，自动将比例添加到注释对象。

11）注释比例：单击注释比例右下角的小三角符号，弹出注释比例列表，如图 2-22 所示，可以根据需要选择适当的注释比例。

12）切换工作空间：进行工作空间转换。

13）注释监视器：打开仅用于所有事件或模型文档事件的注释监视器。

14）快捷特性：控制快捷特性面板的使用与禁用。

15）隔离对象：当选择隔离对象时，在当前视图中显示选定对象，所有其他对象都暂时隐藏；当选择隐藏对象时，在当前视图中暂时隐藏选定对象，所有其他对象都可见。

16）全屏显示：该选项可以清除操作界面中的标题栏、功能区和选项板等界面元素，使AutoCAD 的绘图窗口全屏显示，如图 2-23 所示。

17）自定义：状态栏可以提供重要信息，而无需中断工作流。使用 MODEMACRO 系统变量可将应用程序所能识别的大多数数据显示在状态栏中。使用该系统变量的计算、判断和编辑功能可以完全按照用户的要求构造状态栏。

1:1 ✓
1:2
1:4
1:5
1:8
1:10
1:16
1:20
1:30
1:40
1:50
1:100
2:1
4:1
8:1
10:1
100:1
自定义...

外部参照比例
百分比

图 2-22　注释比例列表

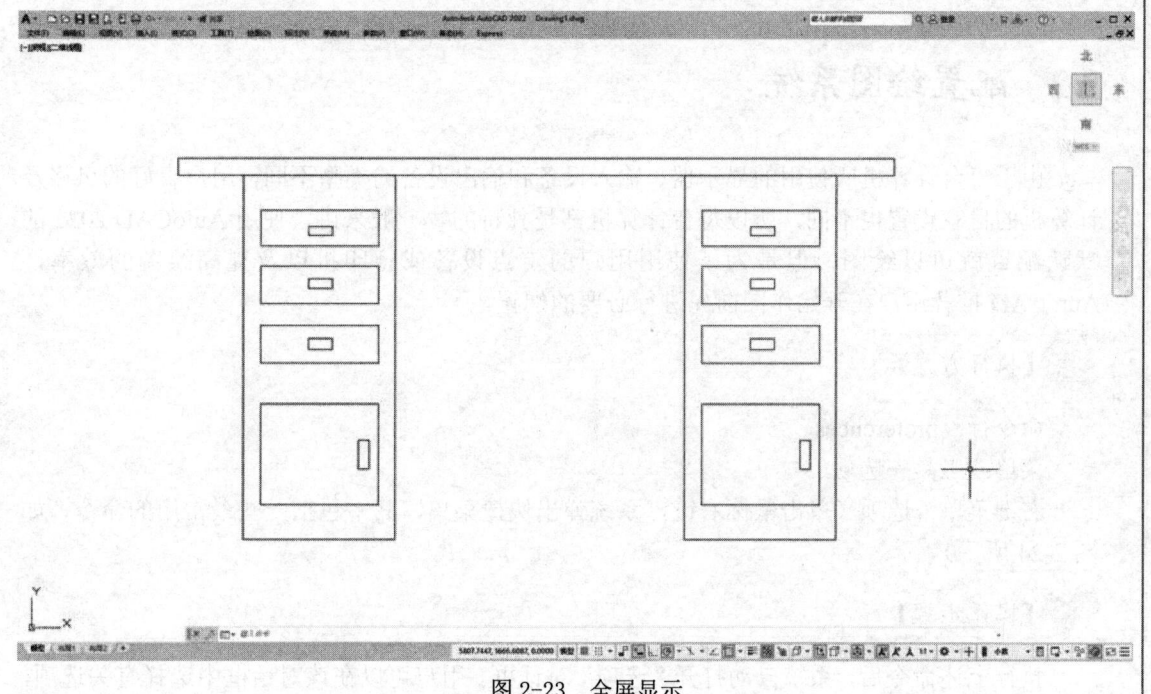

图 2-23　全屏显示

2.1.10 快速访问工具栏和交互信息工具栏

1. 快速访问工具栏

该工具栏包括"新建""打开""保存""另存为""从 Web 和 Mobile 中打开""保存到 Web 和 Mobile""打印""放弃""重做"等几个最常用的工具。用户也可以单击本工具栏后面的下拉按钮设置需要的常用工具。

2. 交互信息工具栏

该工具栏包括"搜索""Autodesk Account""Autodesk App Store""保持连接"和"单击此处访问帮助"等几个常用的数据交互访问工具。

2.1.11 功能区

在默认情况下，功能区包括"默认"选项卡、"插入"选项卡、"注释"选项卡、"参数化"选项卡、"视图"选项卡、"管理"选项卡、"输出"选项卡、"附加模块"选项卡、"协作"选项卡、"Express Tools"选项卡、"精选应用"选项卡，每个选项卡集成了相关的操作工具，方便了用户的使用。用户可以单击功能区选项后面的按钮 🔼▾ 控制功能的展开与收缩。

打开或关闭功能区的操作方式如下：

命令行：RIBBON（或 RIBBONCLOSE）

菜单栏：工具→选项板→功能区

2.2 配置绘图系统

由于每台计算机所使用的显示器、输入设备和输出设备的类型不同，用户喜好的风格及计算机的目录设置也不同，所以每台计算机都是独特的。一般来讲，使用 AutoCAD 2022 的默认配置就可以绘图，但是为了使用用户的定点设备或打印机以及提高绘图的效率，AutoCAD 推荐用户在开始作图前先进行必要的配置。

【执行方式】

命令行：preferences

菜单：工具→选项

右键菜单：选项（单击鼠标右键，系统弹出快捷菜单，其中包括一些最常用的命令，如图 2-24 所示）

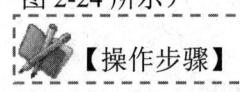【操作步骤】

执行上述命令后，系统自动打开"选项"对话框。用户可以在该对话框中选择有关选项，对系统进行配置。下面仅就"选项"对话框中几个主要的选项卡做一下说明，其他配置选项

将在后面用到时再做具体说明。

图 2-24　快捷菜单

2.2.1　显示配置

在"选项"对话框中的第 2 个选项卡为"显示",设置该选项卡可控制 AutoCAD 窗口的外观,如图 2-25 所示。可在该选项卡中设定窗口元素、布局元素、显示精度、显示性能、十字光标大小、淡入度控制。

在设置实体显示分辨率时,请务必记住,显示质量越高,即分辨率越高,计算机计算的时间越长,因此千万不要将其设置太高。将显示质量设定在一个合理的程度上是很重要的。

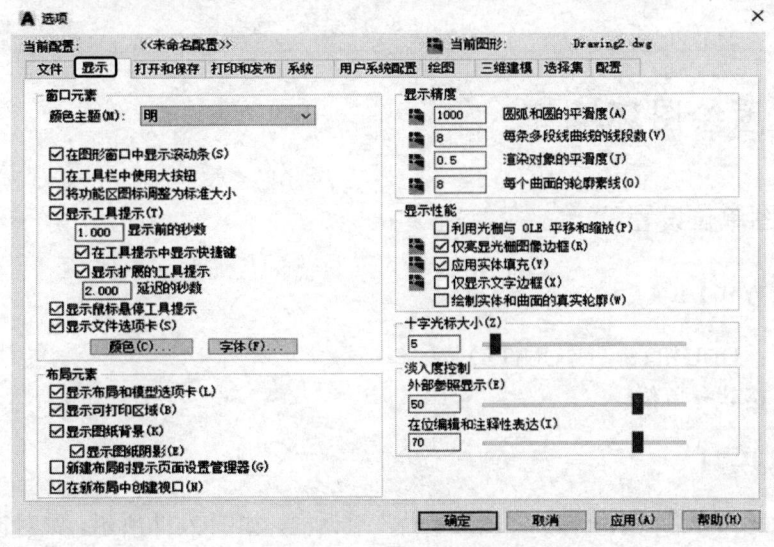

图 2-25　"显示"选项卡

2.2.2　系统配置

在"选项"对话框中的第 5 个选项卡为"系统",如图 2-26 所示。该选项卡用来设置

AutoCAD 系统的有关特性。

1）"当前定点设备"选项组：安装及配置定点设备，如数字化仪和鼠标。具体如何配置和安装，请参照定点设备的用户手册。

2）"常规选项"选项组：确定是否选择系统配置的有关基本选项。

3）"布局重生成选项"选项组：确定切换布局时是否重生成或缓存模型选项卡和布局。

4）"帮助"：确定访问联机内容。

5）"信息中心"：控制与图形显示系统的配置相关的设置。

6）"数据库连接选项"：控制与数据库连接信息相关的选项。

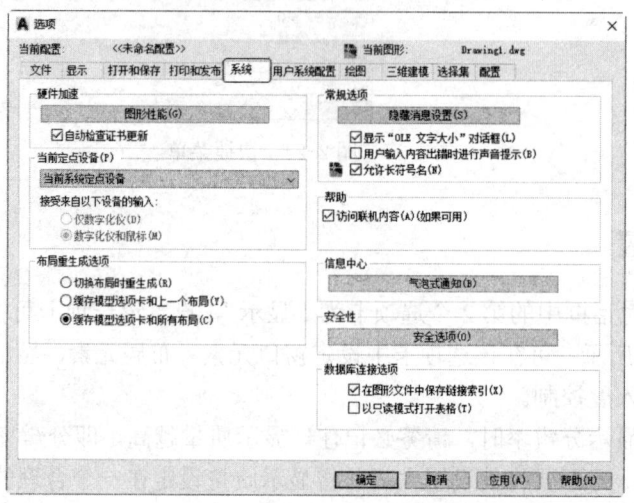

图 2-26 "系统"选项卡

2.3 设置绘图环境

2.3.1 绘图单位设置

【执行方式】

命令行：DDUNITS（或 UNITS）
菜单：格式→单位

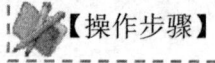【操作步骤】

执行上述命令后，系统打开"图形单位"对话框，如图 2-27 所示。该对话框用于定义单位和角度格式。

【选项说明】

1）"长度"选项组：指定测量长度的当前单位及当前单位的精度。

2）"角度"选项组：指定测量角度的当前单位、精度及旋转方向。默认方向为逆时针。

3）"插入时的缩放单位"选项组：控制使用工具选项板（如 DesignCenter 或 i-drop）拖入当前图形的块的测量单位。如果块或图形创建时使用的单位与该选项指定的单位不同，则在插入这些块或图形时将对其按比例缩放。插入比例是源块或图形使用的单位与目标图形使用的单位之比。如果插入块时不按指定单位缩放，请选择"无单位"。

4）"输出样例"选项组：显示当前输出的样例值。

5）"光源"选项组：用于指定光源强度的单位。

6）"方向"按钮：单击该按钮，系统弹出"方向控制"对话框，如图 2-28 所示。可以在该对话框中进行方向控制设置。

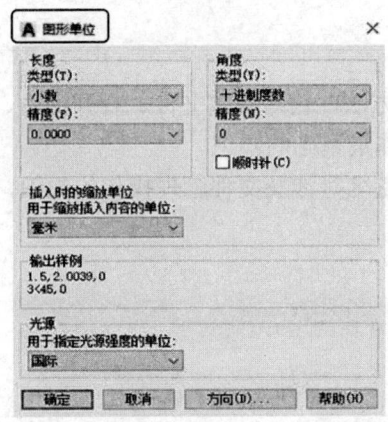

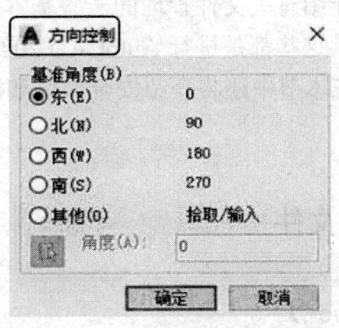

图 2-27　"图形单位"对话框　　　图 2-28　"方向控制"对话框

2.3.2　图形边界设置

【执行方式】

命令行：LIMITS
菜单：格式→图形界限

【操作步骤】

命令：LIMITS✓

重新设置模型空间界限：

指定左下角点或 ［开(ON)/关(OFF)］ <0.0000, 0.0000>：（输入图形边界左下角的坐标后按 Enter 键）

指定右上角点 <420.0000, 297.0000>：（输入图形边界右上角的坐标后按 Enter 键）

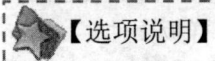【选项说明】

1）开(ON)：使绘图边界有效。系统将在绘图边界以外拾取的点视为无效。

2）关（OFF）：使绘图边界无效。用户可以在绘图边界以外拾取点或实体。

3）动态输入角点坐标：动态输入功能可以直接在屏幕上输入角点坐标。可在输入了横坐标值后，按"，"键，接着输入纵坐标值，如图 2-29 所示。也可以在光标位置直接按下鼠标左键确定角点位置。

图 2-29　动态输入

2.4　文件管理

本节将介绍有关文件管理的一些基本操作方法，包括新建文件、打开文件、保存文件、删除文件等。这些都是进行 AutoCAD 2022 操作最基础的知识。

另外，在本节中还将介绍安全口令和数字签名等涉及文件管理操作的知识，请读者注意体会。

2.4.1　新建文件

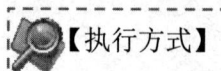【执行方式】

命令行：NEW
菜单：文件→新建
主菜单：单击主菜单，选择主菜单下的"新建"命令
工具栏：单击"标准"工具栏中的"新建"按钮 ▭ 或单击"快速访问"工具栏中的"新建"按钮 ▭
快捷键：Ctrl+N

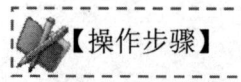【操作步骤】

执行上述命令后，系统❶打开如图 2-30 所示"选择样板"对话框。在"文件类型"下拉列表框中有 3 种格式的图形样板，❷分别是扩展名.dwt、.dwg、.dws 的图形样板。

在每种图形样板文件中，系统根据绘图任务的要求进行统一的图形设置，如绘图单位类型和精度要求、绘图界限、捕捉、网格与正交设置、图层、图框和标题栏、尺寸及文本格式、线型和线宽等。

使用图形样板文件开始绘图的优点在于，在完成绘图任务时不但可以保持图形设置的一致性，而且可以大大提高工作效率。用户也可以根据自己的需要设置新的样板文件。

一般情况下，.dwt 文件是标准的样板文件，通常将一些规定的标准性的样板文件设置成.dwt 文件，.dwg 文件是普通的样板文件，而.dws 文件是包含标准图层、标注样式、线型和

文字样式的样板文件。

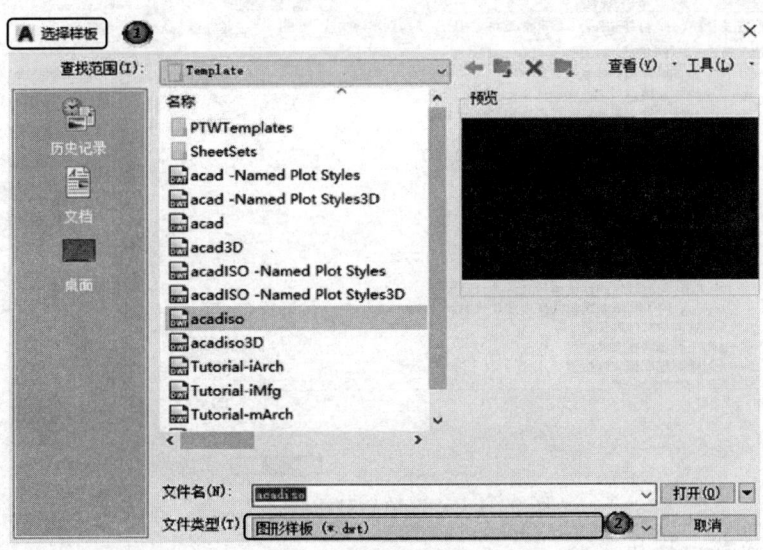

图 2-30 "选择样板"对话框

快速创建图形功能是开始创建新图形的最快捷方法。

【执行方式】

命令行：QNEW

工具栏：标准→新建□

【操作步骤】

执行上述命令后，系统立即从所选的图形样板创建新图形，而不显示任何对话框或提示。在运行快速创建图形功能之前必须进行如下设置：

1）将 FILEDIA 系统变量设置为 1，将 STARTUP 系统变量设置为 0。方法如下：

命令：FILEDIA↙

输入：FILEDIA 的新值 〈1〉:↙

命令：STARTUP↙

输入 STARTUP 的新值 〈0〉:↙

2）从"工具"→"选项"菜单中选择默认图形样板文件。方法是在❶ "文件"选项卡中单击标记为❷ "样板设置"的节点，然后选择❸需要的样板文件路径，如图 2-31 所示。

2.4.2 打开文件

【执行方式】

命令行：OPEN

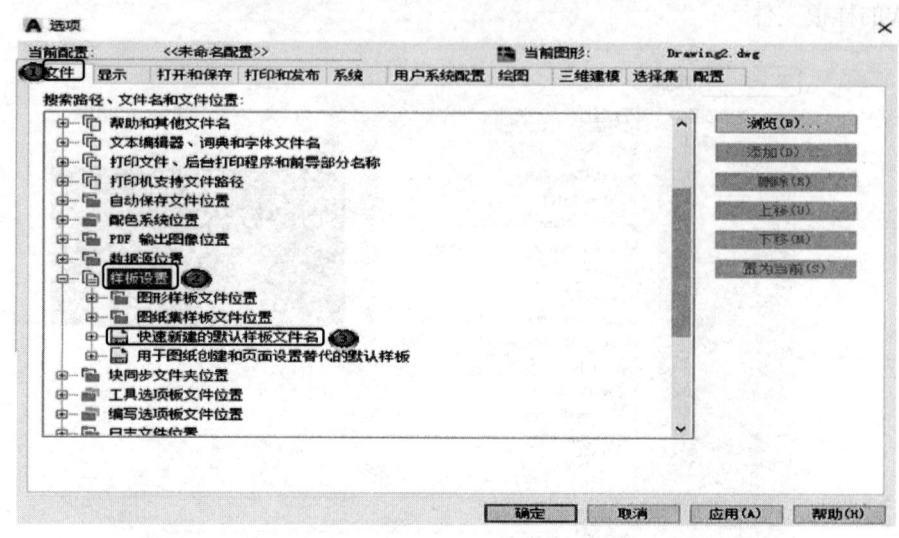

图 2-31　"选项"对话框的"文件"选项卡

菜单：文件→打开

主菜单：单击主菜单中的"打开"命令

工具栏：单击"标准"工具栏中的"打开"按钮 或单击"快速访问"工具栏中的"打开"按钮

快捷键：Ctrl+O

【操作步骤】

执行上述命令后，系统打开如图 2-32 所示的"选择文件"对话框，在"文件类型"列表框中用户可选.dwg 文件、.dwt 文件、.dxf 文件和.dws 文件。.dxf 文件是用文本形式存储的图形文件，能够被其他程序读取，许多第三方应用软件都支持.dxf 格式。

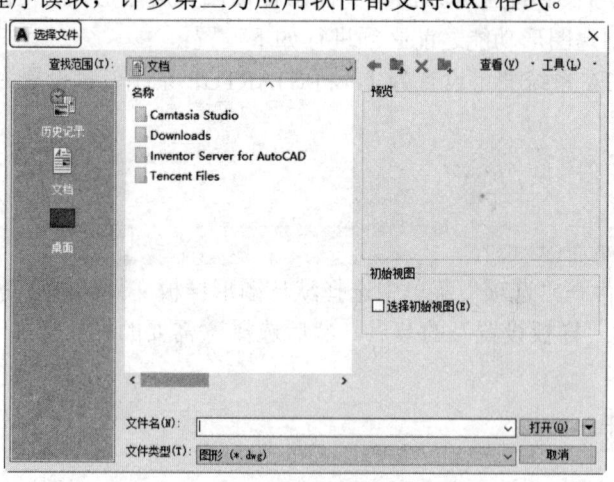

图 2-32　"选择文件"对话框

2.4.3 保存文件

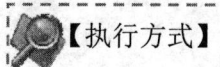【执行方式】

命令名：QSAVE(或 SAVE)

菜单：文件→保存

主菜单：单击主菜单中的"保存"命令

工具栏：单击"标准"工具栏中的"保存"按钮■或单击"快速访问"工具栏中的"保存"按钮■

快捷键：Ctrl+S

【操作步骤】

执行上述命令后，若文件已命名，则 AutoCAD 自动保存；若文件未命名（即为默认名drawing1.dwg），❶则系统打开如图 2-33 所示的"图形另存为"对话框，❷用户可以命名保存。❸在"保存于"下拉列表框中可以指定保存文件的路径，❹在"文件类型"下拉列表框中可以指定保存文件的类型。

为了防止因意外操作或计算机系统故障导致正在绘制的图形文件的丢失，可以对当前图形文件设置自动保存。步骤如下：

1）利用系统变量 SAVEFILEPATH 设置所有"自动保存"文件的位置，如 C:\HU\。

2）利用系统变量 SAVEFILE 存储"自动保存"文件名。该系统变量储存的文件名文件是只读文件，用户可以从中查询自动保存的文件名。

3）利用系统变量 SAVETIME 指定在使用"自动保存"时多长时间保存一次图形。

图 2-33 "图形另存为"对话框

2.4.4 另存为

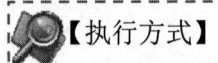【执行方式】

命令行：SAVEAS
菜单：文件→另存为
主菜单：单击主菜单栏下的"另存为"命令
工具栏：单击"快速访问"工具栏中的"另存为"按钮

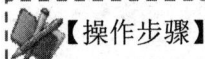【操作步骤】

执行上述命令后，系统打开 "图形另存为"对话框，AutoCAD 用另存名保存，并把当前图形更名。

2.4.5 退出

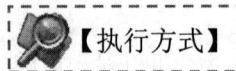【执行方式】

命令行：QUIT 或 EXIT
菜单：文件→退出
按钮：AutoCAD 操作界面右上角的"关闭"按钮

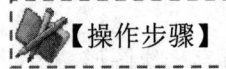【操作步骤】

命令：QUIT✓（或 EXIT✓）

执行上述命令后，若用户对图形所做的修改尚未保存，则会出现如图 2-34 所示的系统警告对话框。选择"是"按钮系统将保存文件，然后退出；选择"否"按钮系统将不保存文件。若用户对图形所做的修改已经保存，则直接退出。

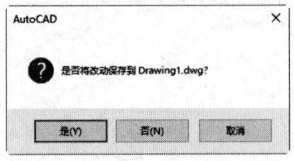

图 2-34　系统警告对话框

2.4.6 图形修复

【执行方式】

命令行：DRAWINGRECOVERY

菜单：文件→图形实用工具→图形修复管理器

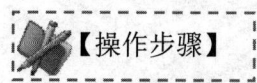【操作步骤】

命令：DRAWINGRECOVERY✓

执行上述命令后，系统打开如图 2-35 所示的图形修复管理器，打开"备份文件"列表中的文件，可以重新保存，从而进行修复。

图 2-35　图形修复管理器

2.5　图形显示工具

对于一个较为复杂的图形来说，在观察整幅图形时往往无法对其局部细节进行查看和操作，而当在屏幕上显示一个细部时又看不到其他部分，为解决这类问题，AutoCAD 提供了缩放、平移、视图、鸟瞰视图和视口命令等一系列图形显示控制命令，可以用来任意地放大、缩小或移动屏幕上的图形显示，或者同时从不同的角度、不同的部位来显示图形。AutoCAD还提供了重画和重新生成命令来刷新屏幕、重新生成图形。

2.5.1　图形缩放

图形缩放命令类似于照相机的镜头，可以放大或缩小屏幕所显示的范围。执行该命令，只改变视图的比例，对象的实际尺寸并不发生变化。当放大一部分图形的显示尺寸时，可以更清楚地查看这个区域的细节；相反，如果缩小图形的显示尺寸，则可以查看更大的区域，如整体浏览。

图形缩放命令在绘制大幅面机械图，尤其是绘制装配图时非常有用，是使用频率最高的命令之一。这个命令可以透明地使用，也就是说，该命令可以在其他命令执行时运行。完成透明命令后，AutoCAD 会自动地返回到在用户调用透明命令前正在运行的命令。

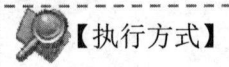【执行方式】

命令行：ZOOM

菜单：视图→缩放→实时

工具栏：标准→实时缩放 $^\pm$ ℚ

功能区：单击"视图"选项卡"导航"面板"范围"下拉菜单中的"实时"按钮 $^\pm$ ℚ

【操作步骤】

命令行提示如下：

命令行：zoom

指定窗口的角点，输入比例因子（nX 或 nXP），或者[全部(A)/中心(C)/动态(D)/范围(E)/上一个(P)/比例(S)/窗口(W)/对象(O)]〈实时〉：

【选项说明】

"缩放"工具栏（见图 2-36）各按钮介绍如下：

1）实时：这是"缩放"命令的默认操作，即在输入"ZOOM"命令后，直接按 Enter 键将自动执行实时缩放操作。实时缩放就是可以通过上下移动鼠标交替进行放大和缩小。在使用实时缩放时，系统会显示一个"+"号或"—"号。当缩放比例接近极限时，AutoCAD 将不再与光标一起显示"+"号或"—"号。需要从实时缩放操作中退出时，可按 Enter 键、Esc 键或是从菜单中选择"Exit"退出。

图 2-36 "缩放"工具栏

2）全部(A)：执行"ZOOM"命令后，在提示文字后键入"A"，即可执行"全部(A)"缩放操作。不论图形有多大，该操作都将显示图形的边界或范围，即使对象不包括在边界以内，它们也将被显示。因此使用"全部(A)"缩放选项可查看当前视口中的整个图形。

3）圆心(C)：通过确定一个中心点，该选项可以定义一个新的显示窗口。操作过程中需要指定中心点以及输入比例或高度。默认新的中心点就是视图的中心点，默认的输入高度就是当前视图的高度，直接按 Enter 键后图形将不会被放大。输入比例越大，则数值越大，图形放大倍数也越大。也可以在数值后面紧跟一个"X"，如 3X，表示在放大时不是按照绝对值变化，而是按相对于当前视图的相对值缩放。

4）动态(D)：通过操作一个表示视口的视图框，可以确定所需显示的区域。选择该选项，将在绘图窗口中出现一个小的视图框，按住鼠标左键左右移动可以改变该视图框的大小，定形后放开左键，再按下鼠标左键移动视图框，确定图形中的放大位置，系统将清除当前视口并显示一个特定的视图选择屏幕。这个特定屏幕由有关当前视图及有效视图的信息所构成。

5）范围(E)：可以使图形缩放至整个显示范围。图形的范围由图形所在的区域构成，剩余的空白区域将被忽略。应用这个选项，图形中所有的对象都会尽可能地被放大。

6）上一个(P)：在绘制一幅复杂的图形时，有时需要放大图形的一部分以进行细节的编辑，当编辑完成后，有时希望回到前一个视图。这种操作可以使用"上一个(P)"选项来实现。当前视口由"缩放"命令的各种选项或移动视图、视图恢复、平行投影或透视命令引起的任何变化，系统都将保存。每一个视口最多可以保存 10 个视图。连续使用"上一个(P)"选项可以恢复前 10 个视图。

7）比例(S)：提供了 3 种使用方法。在提示信息下直接输入比例系数，AutoCAD 将按照此比例因子放大或缩小图形的尺寸。如果在比例系数后面加一"X"，则表示相对于当前视图计算的比例因子。使用比例因子的第三种方法就是相对于图形空间，如可以在图纸空间阵列布排或打印出模型的不同视图。为了使每一张视图都与图纸空间单位成比例，可以使用"比例(S)"选项，每一个视图可以有单独的比例。

8）窗口(W)：通过确定一个矩形窗口的两个对角点来指定所需缩放的区域。对角点可以用鼠标指定，也可以输入坐标确定。指定窗口的中心点将成为新的显示屏幕的中心点，窗口中的区域将被放大或者缩小。调用"ZOOM"命令时，可以在没有选择任何选项的情况下，用鼠标在绘图窗口中直接指定缩放窗口的两个对角点。该选项是最常使用的选项。

9）对象（O）：缩放以便尽可能大地显示一个或多个选定的对象并使其位于视图的中心。可以在启动 "ZOOM"命令前后选择对象。

注意：

这里提到了诸如放大、缩小或移动的操作，仅仅是对图形在屏幕上的显示进行控制，图形本身并没有任何改变。

2.5.2 图形平移

当图形幅面大于当前视口（如使用图形缩放命令将图形放大），需要在当前视口之外观察或绘制一个特定区域时，可以使用图形平移命令来实现。平移命令能将在当前视口以外的图形的一部分移动进来查看或编辑，但不会改变图形的缩放比例。

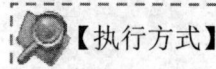【执行方式】

命令行：PAN
菜单：视图→平移
工具栏：标准→实时平移
功能区：单击"视图"选项卡"导航"面板中的"平移"按钮
快捷菜单：在绘图窗口中单击右键→平移

激活平移命令后，光标将变成一只"小手"，可以在绘图窗口中任意移动，以示当前正处于平移模式。

单击并按住鼠标左键将光标锁定在当前位置（即"小手"已经抓住图形），然后拖动图形可使其移动到所需的位置。

松开鼠标左键将停止平移图形。可以反复按下鼠标左键，拖动，松开，将图形平移到其他位置。

平移命令预先定义了一些菜单选项与按钮，它们可用于在特定方向上平移图形，在激活平移命令后，这些选项可以从菜单"视图"→"平移"→"*"中调用。

1）实时：平移命令中最常用的选项，也是默认选项，前面提到的平移操作都是实时平移，可通过鼠标的拖动来实现任意方向上的平移。

2）点：这个选项要求确定位移量，即需要确定图形移动的方向和距离。可以通过输入点的坐标或用鼠标指定点的坐标来确定位移。

3）左：该选项可移动图形，使屏幕左部的图形进入显示窗口。

4）右：该选项可移动图形，使屏幕右部的图形进入显示窗口。

5）上：向底部平移图形后，可使屏幕顶部的图形进入显示窗口。

6）下：向顶部平移图形后，可使屏幕底部的图形进入显示窗口。

2.6 基本输入操作

在 AutoCAD 中有一些基本的输入操作方法，这些方法是进行 AutoCAD 绘图必备的知识基础，也是深入学习 AutoCAD 功能的前提。

2.6.1 命令输入方式

AutoCAD 交互绘图必须输入必要的指令和参数。有多种 AutoCAD 命令输入方式（以画直线为例）。

1. 在命令行窗口输入命令名

命令字符可不区分大小写。例如，命令：LINE✓。执行命令时，在命令行提示中经常会出现命令选项，如输入绘制直线命令"LINE"后，命令行提示如下：

> 命令：LINE✓
> 指定第一个点：（在屏幕上指定一点或输入一个点的坐标）
> 指定下一点或〔放弃(U)〕：

选项中不带括号的提示为默认选项，因此可以直接输入直线段的起点坐标或在屏幕上指定一点。如果要选择其他选项，则应该首先输入该选项的标识字符，如"放弃"选项的标识字符"U"，然后按系统提示输入数据。在命令选项的后面有的还带有尖括号，尖括号内的数值为默认数值。

2. 在命令行窗口输入命令缩写字

如 L（Line）、C（Circle）、A（Arc）、Z（Zoom）、R（Redraw）、M（More）、CO（Copy）、PL（Pline）、E（Erase）等。

3. 选取绘图菜单直线选项

选取该选项后，在状态栏中可以看到相应的命令说明及命令名。

4. 选取工具栏中的对应图标

选取该图标后，在状态栏中也可以看到相应的命令说明及命令名。

5. 在命令行打开右键快捷菜单

如果在前面刚使用过要输入的命令，可以在命令行打开右键快捷菜单，在"最近的输入"子菜单中选择需要的命令，如图 2-37 所示。

"最近的输入"子菜单中储存了最近使用的几个命令，如果执行的是经常重复使用的命令，这种方法就比较快速简捷。

6. 在绘图区右击

如果用户要重复使用上次使用的命令，可以直接在绘图区右击，系统立即就会重复执行上次使用的命令。这种方法适用于重复执行某个命令。

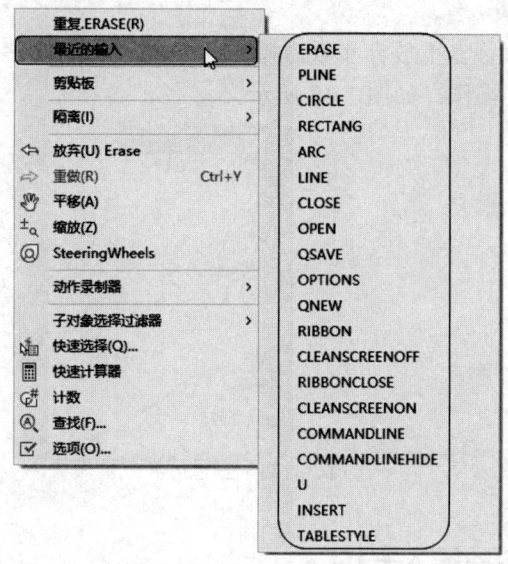

图 2-37　命令行右键快捷菜单

2.6.2　命令的重复、撤消、重做

1. 命令的重复

在命令行窗口中按 Enter 键可重复调用上一个命令，不管上一个命令是完成了还是被取消。

2. 命令的撤消

在命令执行的任何时刻都可以取消和终止命令的执行。

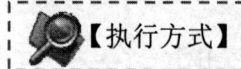【执行方式】

命令行：UNDO

菜单：编辑→放弃

工具栏：单击"标准"工具栏中的"放弃"按钮 ⇦ ▾ 或单击"快速访问"工具栏中的

"放弃"按钮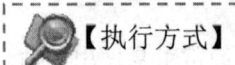

　　快捷键：Esc

　　3. 命令的重做

　　已被撤消的命令还可以恢复重做。

【执行方式】

　　命令行：REDO

　　菜单：编辑→重做

　　工具栏：单击"标准"工具栏中的"重做"按钮 ⟳ ▾ 或单击"快速访问"工具栏中的"重做"按钮 ⟳ ▾

　　快捷键：Ctrl+Y

　　该命令可以一次执行多重放弃和重做操作。单击"UNDO"或"REDO"列表箭头，可以选择要放弃或重做的操作，如图 2-38 所示。

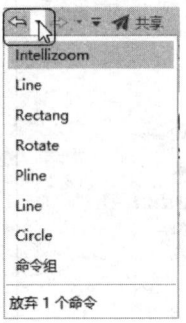

图 2-38　多重放弃或重做

2.6.3　坐标系与命令的输入方式

　　1.坐标系

　　AutoCAD 采用两种坐标系：世界坐标系（WCS）与用户坐标系（UCS）。用户刚进入 AutoCAD 时的坐标系统就是世界坐标系，它是固定的坐标系统。世界坐标系也是坐标系统中的基准，绘制图形时多数情况下都是在这个坐标系统下进行的。

【执行方式】

　　命令行：UCS

　　菜单：工具→工具栏→AutoCAD→UCS

　　工具栏：UCS→UCS ⌐

　　功能区：单击"视图"选项卡"视口工具"面板中的"UCS 图标"按钮 ⌐

　　AutoCAD 有两种视图显示方式：模型空间和图纸空间。模型空间是指单一视图显示法，我们通常使用的都是这种显示方式；图纸空间是指在绘图区域创建图形的多视图，用户可以对其中的每一个视图进行单独操作。在默认情况下，当前 UCS 与 WCS 重合。图 2-39a 所示为模型空间下的 UCS 坐标系图标，其通常放在绘图区左下角处；也可以指定它放在当前 UCS 的实际坐标原点位置，如图 2-39b 所示。图 2-39c 所示为图纸空间下的坐标系图标。

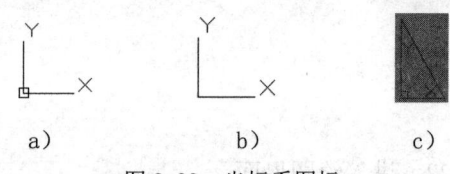

图 2-39　坐标系图标

2.命令的输入方式

（1）点的输入。在绘图过程中常需要输入点的位置。AutoCAD 提供了如下几种输入点的方式：

1）用键盘直接在命令行窗口中输入点的坐标。直角坐标有两种输入方式：x,y（点的绝对坐标值，如"100,50"）和@ x,y（相对于上一点的相对坐标值，如"@ 50,-30"）。坐标值均相对于当前的用户坐标系。

极坐标的输入方式为："长度 < 角度"（其中，长度为点到坐标原点的距离，角度为原点至该点连线与 X 轴的正向夹角，如"20<45"）或@长度 < 角度（相对于上一点的相对极坐标，如"@ 50 < -30"）。

2）用鼠标等定标设备移动光标并单击，在屏幕上直接取点。

3）用目标捕捉方式捕捉屏幕上已有图形的特殊点。

4）直接距离输入，即先用鼠标拖拉出橡筋线确定方向，然后用键盘输入距离，这种方式有利于准确控制对象的长度等参数，如要绘制一条 10mm 长的线段，命令行提示如下：

```
命令:LINE ✓
指定第一个点:（在绘图区指定一点）
指定下一点或 [放弃(U)]:
```

这时在屏幕上移动鼠标指明线段的方向（但不要单击鼠标左键确认），然后在命令行输入 10，即可在指定方向上准确地绘制出长度为 10mm 的线段。

（2）距离值的输入。在 AutoCAD 命令中，有时需要提供高度、宽度、半径、长度等距离值。AutoCAD 提供了两种输入距离值的方式：一种是用键盘在命令行窗口中直接输入数值；另一种是在屏幕上拾取两点，以两点的距离值定出所需数值。

2.7　上机实验

实验 1 熟悉操作界面

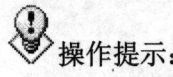操作提示：

1. 启动 AutoCAD 2022，进入绘图界面。
2. 调整操作界面大小。

3．设置绘图窗口颜色与光标大小。

4．尝试同时利用命令行、下拉菜单和工具栏绘制一条线段。

实验 2 管理图形文件

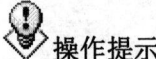操作提示：

1．启动 AutoCAD 2022，进入绘图界面。

2．打开一幅已经保存过的图形。

3．进行自动保存设置。

4．进行加密设置。

5．将图形以新的名字保存。

6．尝试在图形上绘制任意图线。

7．退出该图形。

8．尝试重新打开按新名保存的原图形。

实验 3 数据输入

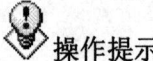操作提示：

1．在命令行输入"LINE"命令。

2．输入起点的直角坐标方式下的绝对坐标值。

3．输入下一点的直角坐标方式下的相对坐标值。

4．输入下一点的极坐标方式下的绝对坐标值。

5．输入下一点的极坐标方式下的相对坐标值。

6．用鼠标直接指定下一点的位置。

7．按下状态栏上的"正交"按钮，用鼠标拉出下一点的方向，在命令行输入一个数值。

8．按下状态栏上的"动态输入"按钮，拖动鼠标，系统会动态显示角度，拖动到选定角度后，在长度文本框中输入长度值。

9．按 Enter 键结束绘制线段的操作。

第3章 二维绘图命令

导读

二维图形是指在二维平面空间绘制的图形。AutoCAD 提供了大量的绘图工具,可以帮助用户完成二维图形的绘制。AutoCAD 提供了许多的二维绘图命令,利用这些命令可以快速方便地完成某些图形的绘制。本章将介绍点、直线,圆和圆弧、椭圆和椭圆弧、平面图形、图案填充、多段线、样条曲线和多线的绘制与编辑。

学 习 要 点

◎ 直线类、圆类、平面图形命令

◎ 多段线与样条曲线

◎ 多线

3.1 直线类命令

3.1.1 点

【执行方式】

命令行：POINT
菜单：绘图→点→单点或多点
工具栏：绘图→点
功能区：单击❶"默认"选项卡❷"绘图"面板中的❸"多点"按钮 （见图 3-1）

图 3-1 "绘图"面板

【操作步骤】

命令：POINT↙
当前点模式：PDMODE=0 PDSIZE=0.0000
指定点：（指定点所在的位置）

【选项说明】

1）通过菜单方法操作时（见图 3-2），"单点"选项表示只输入一个点，"多点"选项表示可输入多个点。

2）可以打开状态栏中的"对象捕捉"开关设置点捕捉模式，帮助用户拾取点。

3）点在图形中的表示样式共有 20 种。可通过"DDPTYPE"命令或拾取菜单（格式→点样式）打开"点样式"对话框来设置，如图 3-3 所示。

3.1.2 直线

【执行方式】

命令行：LINE

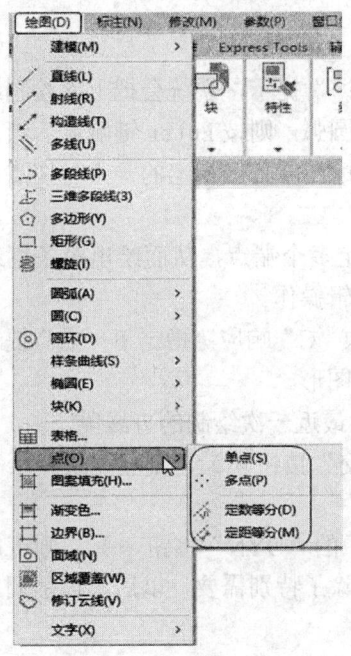

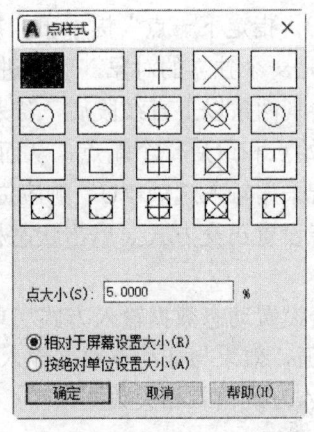

图 3-2 "点"子菜单 　　　　图 3-3 "点样式"对话框

菜单：绘图→直线

工具栏：绘图→直线 ✐

功能区：单击① "默认"选项卡② "绘图"面板中的③ "直线"按钮 ✐（见图 3-4）

图 3-4 "绘图"面板

【操作步骤】

命令行提示与操作如下：

命令：LINE✐

指定第一个点：（输入直线段的起点，用鼠标指定点或者给定点的坐标）

指定下一点或 [放弃(U)]：（输入直线段的端点，也可以用鼠标指定一定角度后直接输入直线的长度）

指定下一点或 [放弃(U)]：（输入下一直线段的端点，输入选项"U"表示放弃前面的输入；单击鼠标右键或按 Enter 键结束命令）

指定下一点或 [闭合(C)/放弃(U)]：（输入下一直线段的端点，或输入选项"C"使图形闭合，结束命令）

【选项说明】

1）若采用按 Enter 键响应"指定第一个点："提示，系统会把上次绘制线（或弧）的终点作为本次操作的起始点。若上次操作为绘制圆弧，则按 Enter 键响应后绘出通过圆弧终点的与该圆弧相切的直线段，该线段的长度由鼠标在屏幕上指定的一点与切点之间线段的长度确定。

2）在"指定下一点"提示下，用户可以指定多个端点，从而绘出多条直线段。但是每一段直线是一个独立的对象，可以进行单独的编辑操作。

3）绘制两条以上直线段后，若采用输入选项"C"响应"指定下一点"提示，系统会自动链接起始点和最后一个端点，从而绘出封闭的图形。

4）若采用输入选项"U"响应提示，则擦除最近一次绘制的直线段。

5）若设置正交方式（单击状态栏中的"正交"按钮），则只能绘制水平直线或垂直线段。

6）若设置动态数据输入方式（单击状态栏中的"DYN"按钮），则可以动态输入坐标或长度值，效果与非动态数据输入方式类似。除了特别需要，以后不再强调，而只按非动态数据输入方式输入相关数据。

3.1.3 实例——标高符号

绘制如图 3-5 所示的标高符号。

01 单击状态栏中的"动态输入"按钮，关闭"动态输入"功能。

02 单击"默认"选项卡"绘图"面板中的"直线"按钮，绘制标高符号，结果如图 3-5 所示。命令行提示如下：

命令：_line

指定第一个点：100,100✓（1 点）

指定下一点或 [放弃(U)]：@40<-135✓（2 点）

指定下一点或 [放弃(U)]：@40<135✓（3 点，采用相对极坐标数值输入方法，此方法便于控制线段长度）

指定下一点或 [闭合(C)/放弃(U)]：@180,0✓（4 点，采用相对直角坐标数值输入方法，此方法便于控制坐标点之间的正交距离）

指定下一点或 [闭合(C)/放弃(U)]：✓（按 Enter 键结束直线命令）

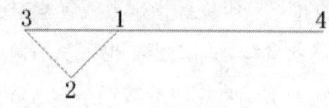

图 3-5　标高符号

注意：

一般每个命令有 4 种执行方式，这里只给出了命令行执行方式，其他两种执行方式的操

作方法与命令行执行方式相同。如果选择菜单、工具栏或者功能区方式，命令行会显示该命令，并在前面加一下画线，如通过菜单或工具栏方式执行"直线"命令时，命令行会显示"_LINE"，命令的执行过程和结果与命令行方式相同。

输入坐标值时，其中的逗号只能在西文状态下，否则会出现错误。

3.1.4 数据输入方法

在 AutoCAD 2022 中，点的坐标可以用直角坐标、极坐标、球面坐标和柱面坐标表示，每一种坐标又分别有两种坐标输入方式，即绝对坐标和相对坐标。其中，直角坐标和极坐标最为常用。

1）直角坐标法。用点的 X、Y 坐标值表示的坐标。例如，在命令行中输入点的坐标提示下输入"15,18"，则表示输入了一个 X、Y 的坐标值分别为 15、18 的点，此为绝对坐标输入方式，表示该点的坐标是相对于当前坐标原点的坐标值，如图 3-6a 所示。如果输入"@10,20"，则为相对坐标输入方式，表示该点的坐标是相对于前一点的坐标值，如图 3-6b 所示。

2）极坐标法。用长度和角度表示的坐标，只能用来表示二维点的坐标。

在绝对坐标输入方式下，表示为"长度<角度"，如"25<50"，其中长度为该点到坐标原点的距离，角度为该点至原点的连线与 X 轴正向的夹角，如图 3-7a 所示。

在相对坐标输入方式下，表示为"@长度<角度"，如"@25<45"，其中长度为该点到前一点的距离，角度为该点至前一点的连线与 X 轴正向的夹角，如图 3-7b 所示。

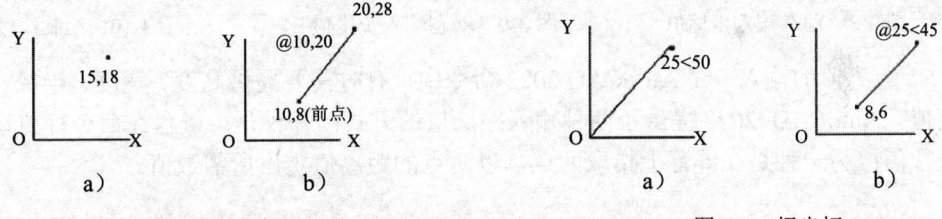

图 3-6　直角坐标　　　　　　　　图 3-7　极坐标

3）动态数据输入。单击状态栏中的"动态输入"按钮 ，系统打开动态输入功能，可以在屏幕上动态地输入某些参数数据，例如，绘制直线时，在光标附近会动态地显示"指定第一个点"，以及后面的坐标框，当前显示的是光标所在位置，可以输入数据，两个数据之间以逗号隔开，如图 3-8 所示。指定第一个点后，系统动态显示直线的角度，同时要求输入线段长度值，如图 3-9 所示，其输入效果与"@长度<角度"方式相同。

4）点的输入。在绘图过程中常需要输入点的位置，AutoCAD 提供了如下几种输入点的方式：

①用键盘直接在命令行窗口中输入点的坐标。直角坐标有两种输入方式，即"X,Y"（点的绝对坐标值，如"100,50"）和"@X,Y"（相对于前一点的相对坐标值，如"@50,-30"）。

坐标值均相对于当前的用户坐标系。

②极坐标的输入方式为："长度<角度"（其中，长度为点到坐标原点的距离，角度为原点至该点连线与 X 轴的正向夹角，如"20<45"）或"@长度<角度"（相对于前一点的相对极坐标，如"@50 <-30"）。

③用鼠标等定标设备移动光标并单击，在屏幕上直接取点。

④用目标捕捉方式捕捉屏幕上已有图形的特殊点（如端点、中点、中心点、插入点、交点、切点、垂足点等）。

⑤直接距离输入，即先用鼠标拖拉出橡筋线确定方向，然后用键盘输入距离，这样有利于准确控制对象的长度等参数。例如，绘制一条 10mm 长的线段，命令行提示与操作如下：

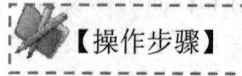【操作步骤】

命令：LINE✓
指定第一个点：（在绘图区指定一点）
指定下一点或 [放弃(U)]：

这时在屏幕上移动鼠标指明线段的方向（但不要单击鼠标左键确认），如图 3-10 所示，然后在命令行中输入"10"，这样就可以在指定方向上准确地绘制出长度为 10mm 的线段。

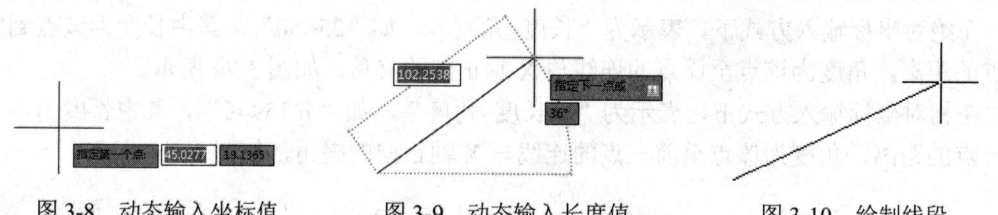

图 3-8 动态输入坐标值   图 3-9 动态输入长度值   图 3-10 绘制线段

5）距离值的输入。在 AutoCAD 2022 命令中，有时需要提供高度、宽度、半径、长度等距离值。AutoCAD 2022 提供了两种输入距离值的方式：一种是用键盘在命令行窗口中直接输入数值；另一种是在屏幕上拾取两点，以两点的距离值定出所需数值。

3.1.5 实例——利用动态输入绘制标高符号

本实例主要练习执行"直线"命令后，在动态输入功能下绘制标高符号流程图，如图 3-11 所示。

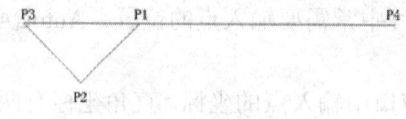

图 3-11 绘制标高符号

01 系统默认打开"动态输入"功能（如果"动态输入"功能没有打开，单击状态栏中的"动态输入"按钮 ⊢，打开"动态输入"功能）。单击"默认"选项卡"绘图"面板中的"直线"按钮 ╱，在动态输入框中输入第一点（P1）坐标为（100,100），如图 3-12 所示。按 Enter 键确定 P1 点。

02 拖动鼠标，然后在动态输入框中输入长度为"40"，按 Tab 键切换到角度输入框，输入角度为"135"，如图 3-13 所示，按 Enter 键确定 P2 点。

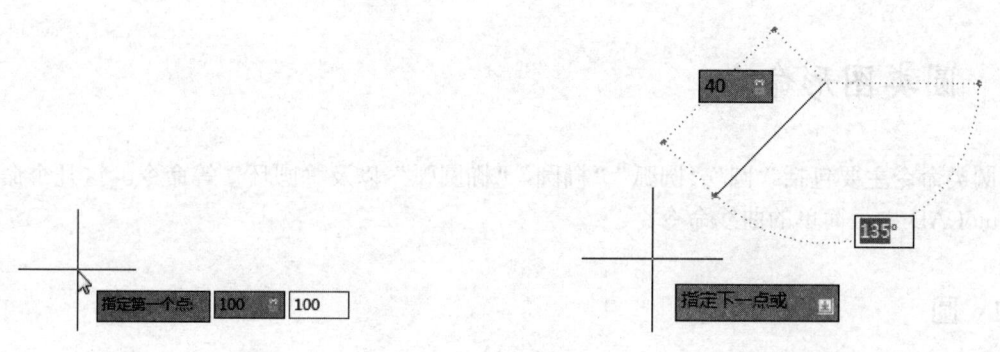

图 3-12 确定 P1 点　　　　　　　　　　　　图 3-13 确定 P2 点

03 拖动鼠标，在鼠标位置为 135° 时动态输入"40"，如图 3-14 所示，按 Enter 键确认 P3 点。

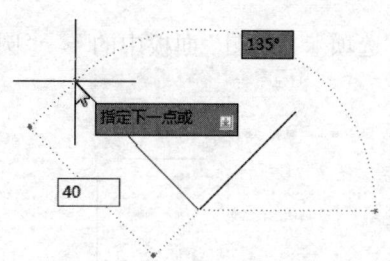

图 3-14 确定 P3 点

04 拖动鼠标，然后在动态输入框中输入相对直角坐标（@180，0），按 Enter 键确定 P4 点。如图 3-15 所示。也可以拖动鼠标，在鼠标位置为 0° 时动态输入"180"，如图 3-16 所示，按 Enter 键确定 P4 点，完成绘制。

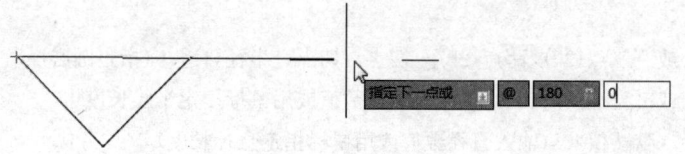

图 3-15 确定 P4 点（相对直角坐标方式）

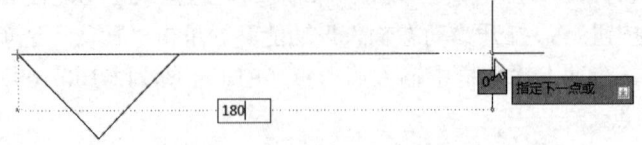

图 3-16　确定 P4 点

3.2　圆类图形命令

　　圆类命令主要包括"圆""圆弧""椭圆""椭圆弧"以及"圆环"等命令。这几个命令是 AutoCAD 中最简单的曲线命令。

3.2.1　圆

命令行：CIRCLE
菜单：绘图→圆
工具栏：绘图→圆
功能区：单击❶　"默认"选项卡"绘图"面板中的❷　"圆"下拉菜单按钮（见图 3-17）

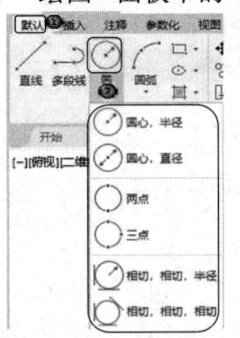

图3-17　"圆"下拉菜单

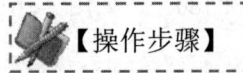

命令：CIRCLE↙
指定圆的圆心或 ［三点(3P)/两点(2P)/ 切点、切点、半径(T)］：（指定圆心）
指定圆的半径或 ［直径(D)］：（直接输入半径数值或用鼠标指定半径长度）
指定圆的直径 〈默认值〉：（输入直径数值或用鼠标指定直径长度）

1）三点(3P)：用指定圆周上三点的方法画圆。

2）两点(2P)：指定直径的两端点画圆。

3）切点、切点、半径(T)：按先指定两个相切对象，后给出半径的方法画圆。图 3-18 所示为以"切点、切点、半径"方式绘制圆的各种情形（其中加黑的圆为最后绘制的圆）。

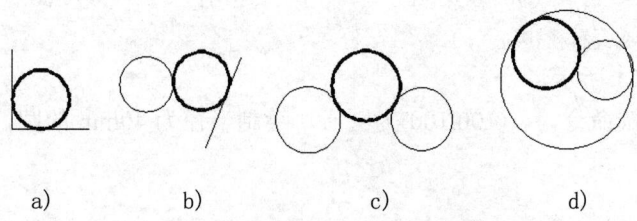

a) b) c) d)

图 3-18 圆与另外两个对象相切

4）选择菜单栏中的 ● "绘图"→ ● "圆"命令，● 菜单中多了一种"相切、相切、相切"命令，当选择此方式时（见图 3-19），命令行提示如下：

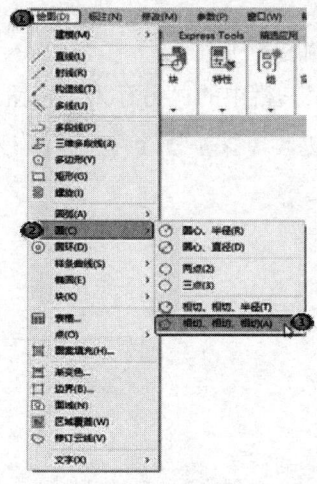

图 3-19 绘制圆的菜单方法

指定圆的圆心或 ［三点(3P)/两点(2P)/切点、切点、半径(T)］：_3P

指定圆上的第一个点：_TAN 到：（指定相切的第一个圆弧）

指定圆上的第二个点：_TAN 到：（指定相切的第二个圆弧）

指定圆上的第三个点：_TAN 到：（指定相切的第三个圆弧）

3.2.2 实例——圆餐桌

绘制如图 3-20 所示的圆餐桌。

01 设置绘图环境。用"LIMITS"命令设置图幅为 297mm×210mm。命令行提示如下：

命令：LIMITS

重新设置模型空间界限：

指定左下角点或 [开(ON)/关(OFF)] 〈0.0000,0.0000〉:

指定右上角点 〈420.0000,297.0000〉: 297, 210

02 单击"默认"选项卡"绘图"面板中的"圆"按钮⊙，绘制圆。命令行提示如下：

命令：CIRCLE✓

指定圆的圆心或 [三点(3P)/两点(2P)/切点、切点、半径(T)]: 100,100✓

指定圆的半径或 [直径(D)]: 50✓

结果如图 3-21 所示。

同样，利用圆命令，以(100,100)为圆心，绘制半径为 40mm 的圆，结果如图 3-20 所示。

图 3-20   圆餐桌   图 3-21   绘制圆

03 单击"快速访问"工具栏中的"另存为"按钮 💾，保存图形。命令行提示如下：

命令：SAVEAS✓   （将绘制完成的图形以"圆餐桌.dwg"为文件名保存在指定的路径中）

3.2.3 圆弧

【执行方式】

命令行：ARC（缩写名：A）

菜单：绘图→圆弧

工具栏：绘图→圆弧 ✏

功能区：单击❶ "默认"选项卡❷ "绘图"面板中的❸ "圆弧"下拉菜单按钮（见图 3-22）

【操作步骤】

命令：ARC✓

指定圆弧的起点或 [圆心(C)]: （指定起点）

指定圆弧的第二个点或 [圆心(C)/端点(E)]: （指定第二点）

指定圆弧的端点: （指定端点）

【选项说明】

1）用命令方式画圆弧时，可以根据系统提示选择不同的选项，具体功能和用"绘制"菜单中的"圆弧"子菜单提供的 11 种方式相似，如图 3-23 所示。

2）用"连续"方式画圆弧时，绘制的圆弧与上一线段或圆弧相切，因此提供端点即可。

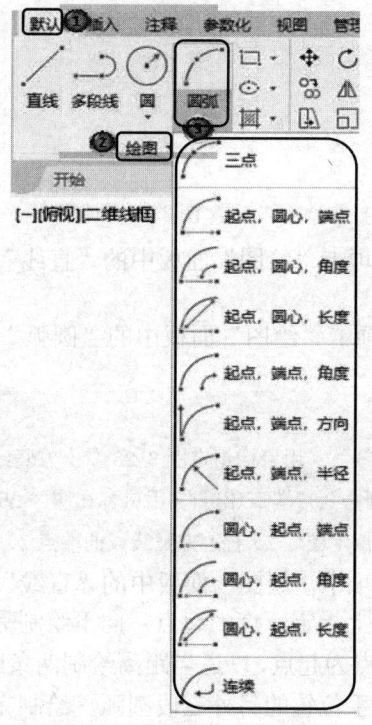

图 3-22 "圆弧"下拉菜单

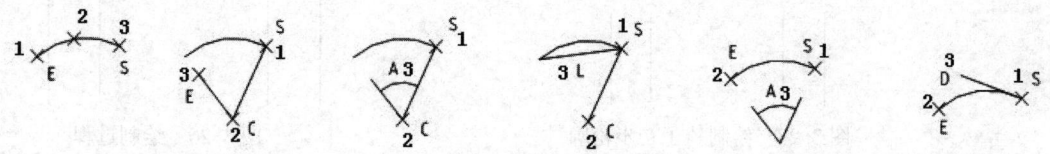

　三点　　起点、圆心、端点　起点、圆心、角度　起点、圆心、长度　起点、端点、角度　起点、端点、方向

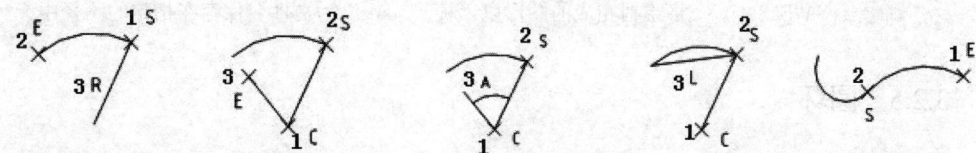

起点、端点、半径　圆心、起点、端点　圆心、起点、角度　圆心、起点、长度　　连续

图 3-23 11 种画圆弧的方法

3.2.4 实例——椅子

绘制如图 3-24 所示的椅子。

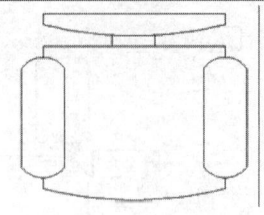

图 3-24　椅子

01 单击"默认"选项卡"绘图"面板中的"直线"按钮 ╱，绘制椅子初步轮廓，结果如图 3-25 所示。

02 单击"默认"选项卡"绘图"面板中的"圆弧"按钮 ╱，绘制弧线。命令行提示如下：

命令：ARC✔

指定圆弧的起点或［圆心(C)］:（用鼠标指定图 3-25 左上方竖线段的端点 1）

指定圆弧的第二个点或［圆心(C)/端点(E)］:（用鼠标在图 3-25 上方两竖线段的中间线上指定一点 2）

指定圆弧的端点:（用鼠标指定图 3-25 右上方竖线段的端点 3）

03 单击"默认"选项卡"绘图"面板中的"直线"按钮 ╱，绘制直线。

采用同样方法，在圆弧上指定一点为起点，向下绘制另一条竖线段。再以图 3-25 中 1、3 两点下面的水平线段的端点为起点，以适当距离绘制两条竖直线段各向下，如图 3-26 所示。

采用同样方法，绘制扶手位置的另外三段圆弧。绘制完成的图形如图 3-24 所示。

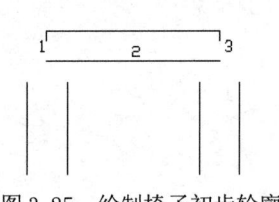

图 3-25　绘制椅子初步轮廓

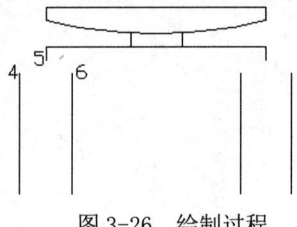

图 3-26　绘制过程

04 保存图形。

命令：SAVEAS✔　（将绘制完成的图形以"椅子.dwg"为文件名保存在指定的路径中）

3.2.5　圆环

【执行方式】

命令行：DONUT

菜单：绘图→圆环

功能区：单击"默认"选项卡"绘图"面板中的"圆环"按钮 ◎

【操作步骤】

命令：DONUT✔

指定圆环的内径 〈默认值〉：（指定圆环内径）

指定圆环的外径〈默认值〉：（指定圆环外径）

指定圆环的中心点或〈退出〉：（指定圆环的中心点）

指定圆环的中心点或〈退出〉：（继续指定圆环的中心点，则继续绘制相同内外径的圆环。按 Enter 键、空格键或单击鼠标右键结束命令，结果如图 3-27a 所示）。

【选项说明】

1）若指定内径为零，则画出实心填充圆，如图 3-27b 所示。

2）用"FILL"命令可以控制圆环是否填充，具体方法是：

命令：FILL✓

输入模式 [开(ON)/关(OFF)] 〈开〉：（选择"ON"表示填充，选择"OFF"表示不填充，如图 3-27c 所示）

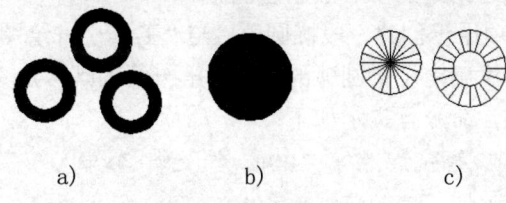

a)   b)   c)

图 3-27 绘制圆环

3.2.6 椭圆与椭圆弧

【执行方式】

命令行：ELLIPSE

菜单：绘图→椭圆→圆弧

工具栏：绘图→椭圆 ⬯ 或绘图→椭圆弧 ⬯

功能区：单击❶ "默认"选项卡❷ "绘图"面板中的❸ "椭圆"下拉菜单按钮（见图 3-28）

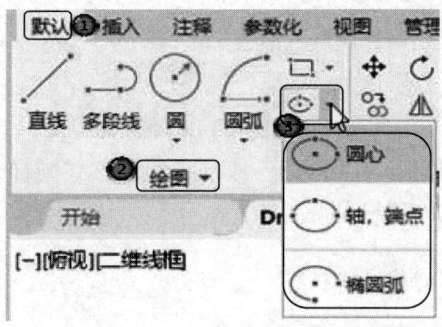

图 3-28 "椭圆"下拉菜单

【操作步骤】

命令：ELLIPSE✓

指定椭圆的轴端点或 ［圆弧(A)/中心点(C)］：（指定轴端点 1，如图 3-29a 所示）

指定轴的另一个端点：（指定轴端点 2，如图 3-29a 所示）

指定另一条半轴长度或 ［旋转(R)］：

 【选项说明】

1）指定椭圆的轴端点：根据两个端点定义椭圆的第一条轴。第一条轴的角度确定了整个椭圆的角度。第一条轴既可定义椭圆的长轴也可定义短轴。

2）旋转(R)：通过绕第一条轴旋转圆来创建椭圆。相当于将一个圆绕椭圆轴翻转一个角度后的投影视图。

3）中心点(C)：通过指定的中心点创建椭圆。

4）圆弧(A)：该选项用于创建一段椭圆弧。与"工具栏→绘图 → 椭圆弧"的功能相同。其中第一条轴的角度确定了椭圆弧的角度。第一条轴既可定义椭圆弧长轴也可定义椭圆弧短轴。选择该项，命令行提示如下：

指定椭圆弧的轴端点或 ［圆弧(A)/中心点(C)］：（指定端点或输入"C"）

指定椭圆弧的轴端点或 ［中心点(C)］：（指定另一端点）

指定轴的另一个端点：（指定另一端点）

指定另一条半轴长度或 ［旋转(R)］：（指定另一条半轴长度或输入"R"）

指定起点角度或 ［参数(P)］：（指定起始角度或输入"P"）

指定端点角度或 ［参数(P)/夹角(I)］：

其中各选项含义如下：

1）角度：指定椭圆弧端点的两种方式之一，光标和椭圆中心点连线与水平线的夹角为椭圆端点位置的角度,如图 3-29b 所示。

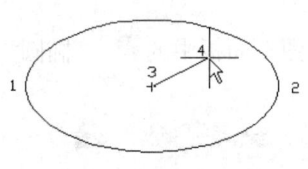

a）椭圆   b）椭圆弧

图 3-29 椭圆和椭圆弧

2）参数(P)：指定椭圆弧端点的另一种方式，该方式同样是指定椭圆弧端点的角度，但通过以下矢量参数方程式创建椭圆弧：

$$p(u) = c + a* \cos(u) + b* \sin(u)$$

其中，c 是椭圆的中心点，a 和 b 分别是椭圆的长轴和短轴，u 为光标和椭圆中心点连线与水平线的夹角。

3）夹角(I)：定义从起始角度开始的包含角度。

3.2.7 实例——洗脸盆

绘制如图 3-30 所示的洗脸盆。

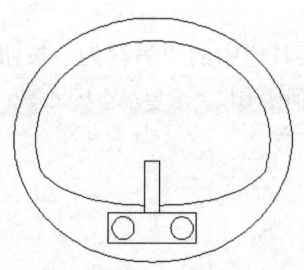

图 3-30　洗脸盆

01 单击"默认"选项卡"绘图"面板中的"直线"按钮，绘制水龙头图形，结果如图 3-31 所示。

02 单击"默认"选项卡"绘图"面板中的"圆"按钮，绘制两个水龙头旋钮，结果如图 3-32 所示。

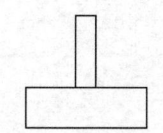
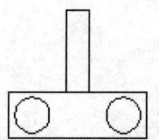

图 3-31　绘制水龙头　　　　图 3-32　绘制旋钮

03 单击"默认"选项卡"绘图"面板中的"椭圆"按钮，绘制洗脸盆外沿，命令行提示如下：

> 命令：_ELLIPSE
> 指定椭圆的轴端点或 ［圆弧(A)/中心点(C)］：（用鼠标指定椭圆轴端点）
> 指定轴的另一个端点：（用鼠标指定另一端点）
> 指定另一条半轴长度或 ［旋转(R)］：（用鼠标在绘图区拉出另一半轴长度）

结果如图 3-33 所示。

04 单击"默认"选项卡"绘图"面板中的"椭圆弧"按钮，绘制脸盆部分内沿，命令行提示如下：

> 命令：_ELLIPSE
> 指定椭圆的轴端点或 ［圆弧(A)/中心点(C)］：a
> 指定椭圆弧的轴端点或 ［中心点(C)］：C✓
> 指定椭圆弧的中心点：（单击状态栏中的"对象捕捉"按钮，捕捉上步绘制的椭圆中心点）
> 指定轴的端点：（适当指定一点）
> 指定另一条半轴长度或 ［旋转(R)］：R✓

指定绕长轴旋转的角度：（用鼠标指定椭圆轴端点）

指定起点角度或［参数(P)］：（用鼠标拉出起始角度）

指定端点角度或［参数(P)/夹角(I)］：（用鼠标拉出终止角度）

结果如图 3-34 所示。

05 单击"默认"选项卡"绘图"面板中的"圆弧"按钮，绘制洗脸盆内沿其他部分，结果如图 3-30 所示。

06 单击"快速访问"工具栏中的"另存为"按钮，保存图形。命令行提示如下：

命令：SAVEAS↙（将绘制完成的图形以"浴室洗脸盆.dwg"为文件名保存在指定的路径中）

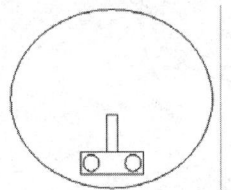

图 3-33　绘制洗脸盆外沿

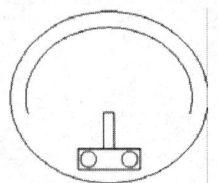

图 3-34　绘制洗脸盆部分内沿

3.3　平面图形

3.3.1　矩形

【执行方式】

命令行：RECTANG（缩写名：REC）

菜单：绘图→矩形

工具栏：绘图→矩形

功能区：单击"默认"选项卡"绘图"面板中的"矩形"按钮

【操作步骤】

命令：RECTANG↙

指定第一个角点或［倒角(C)/标高(E)/圆角(F)/厚度(T)/宽度(W)］：

指定另一个角点或［面积(A)/尺寸(D)/旋转(R)］：

【选项说明】

1）第一个角点：通过指定两个角点确定矩形，如图 3-35a 所示。

2）倒角(C)：指定倒角距离，绘制带倒角的矩形（见图 3-35b），每一个角点的逆时针和顺时针方向的倒角可以相同，也可以不同，其中第一个倒角距离是指角点逆时针方向倒角距离，第二个倒角距离是指角点顺时针方向倒角距离。

3）标高(E)：指定矩形标高（Z 坐标），即把矩形画在标高为 Z，和 XOY 坐标平面平行的平面上，并作为后续矩形的标高值。

4）圆角（F）：指定圆角半径，绘制带圆角的矩形，如图 3-35c 所示。

5）厚度（T）：指定矩形的厚度，绘制带厚度的矩形，如图 3-35d 所示。

6）宽度（W）：指定线宽，绘制有一定线宽的矩形，如图 3-35e 所示。

7）尺寸（D）：使用长和宽创建矩形。第二个指定点将矩形定位在与第一角点相关的四个位置之一内。

8）面积（A）：指定面积和长或宽创建矩形。选择该项，命令行提示如下：

输入以当前单位计算的矩形面积 <20.0000>：（输入面积值）

计算矩形标注时依据 [长度(L)/宽度(W)] <长度>：（按 Enter 键或输入 W）

输入矩形长度 <4.0000>：（指定长度或宽度）

指定长度或宽度后，系统自动计算另一个维度后绘制出矩形。如果矩形被倒角或圆角，则在长度或宽度计算中会考虑此设置。如图 3-36 所示。

9）旋转（R）：旋转所绘制的矩形的角度。选择该项，命令行提示如下：

指定旋转角度或 [拾取点(P)] <135>：（指定角度）

指定另一个角点或 [面积(A)/尺寸(D)/旋转(R)]：（指定另一个角点或选择其他选项，结果如图 3-37 所示）

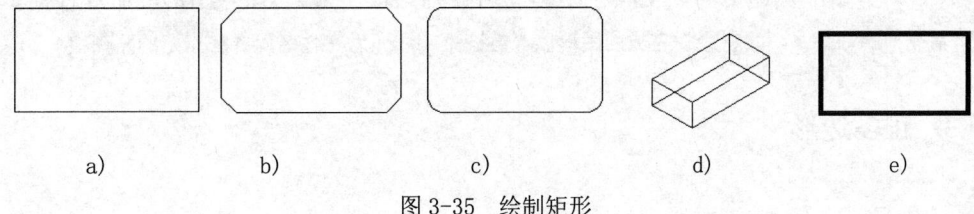

a)   b)   c)   d)   e)

图 3-35 绘制矩形

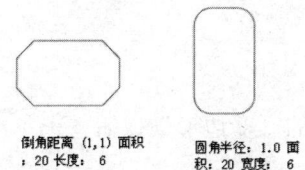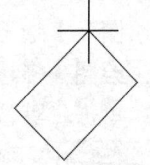

图 3-36 按面积绘制矩形   图 3-37 按指定旋转角度创建矩形

3.3.2 实例——办公桌

绘制如图 3-38 所示的办公桌。

01 设置图幅。命令行提示如下：

命令：LIMITS✓

重新设置模型空间界限：

指定左下角点或 [开(ON)/关(OFF)] <0.0000,0.0000>：0,0✓

指定右上角点 <420.0000,297.0000>：297,210✓

02 单击"默认"选项卡"绘图"面板中的"直线"按钮 ⁄，指定坐标点（0，0）（@150，

0）（@0，70）（@-150，0）和 C，绘制外轮廓线，结果如图 3-39 所示。

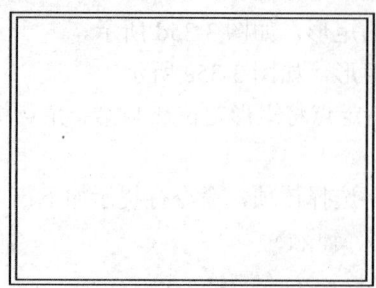

图 3-38　办公桌

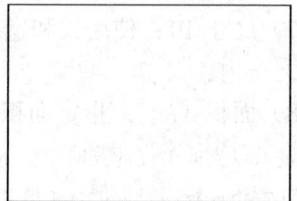

图 3-39　绘制外轮廓线

03 单击"默认"选项卡"绘图"面板中的"矩形"按钮 ⬚，绘制内轮廓线。命令行提示如下：

命令：RECTANG↙

指定第一个角点或 [倒角(C)/标高(E)/圆角(F)/厚度(T)/宽度(W)]：2，2↙

指定另一个角点或 [面积(A)/尺寸(D)/旋转(R)]：@146，66↙

结果如图 3-38 所示。

04 单击"快速访问"工具栏中的"另存为"按钮 💾，保存图形。命令行提示如下：

命令：SAVEAS↙　　（将绘制完成的图形以"办公桌.dwg"为文件名保存在指定的路径中）

3.3.3　正多边形

【执行方式】

命令行：POLYGON

菜单：绘图→多边形

工具栏：绘图→多边形 ⬡

功能区：单击"默认"选项卡"绘图"面板中的"多边形"按钮 ⬠

【操作步骤】

命令：POLYGON↙

输入侧面数 〈4〉：（指定多边形的边数，默认值为 4）

指定正多边形的中心点或 [边(E)]：　（指定中心点）

输入选项 [内接于圆(I)/外切于圆(C)]〈I〉：（指定是内接于圆或外切于圆。I 表示内接于圆，如图 3-40a 所示；C 表示外切于圆，如图 3-40b 所示）

指定圆的半径：（指定外接圆或内切圆的半径）

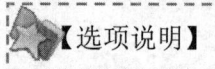【选项说明】

如果选择"边"选项，则只要指定多边形的一条边，系统就会按逆时针方向创建该正多边形，如图 3-40c 所示。

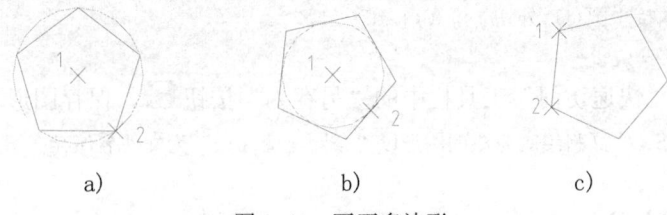

a)   b)   c)

图 3-40　画正多边形

3.3.4　实例——公园座椅

绘制如图 3-41 所示的公园座椅。

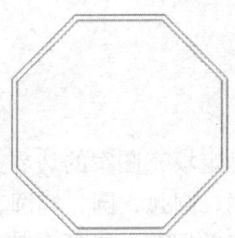

图 3-41　公园座椅

01 设置图幅。在命令行中输入"LIMITS"命令，命令行提示如下：

命令：LIMITS↙
重新设置模型空间界限：
指定左下角点或 [开(ON)/关(OFF)] <0.0000,0.0000>: 0,0↙
指定右上角点 <420.0000,297.0000>: 297,210↙

02 单击"默认"选项卡"绘图"面板中的"多边形"按钮⬠，绘制外轮廓线。命令

行提示如下：

命令：_POLYGON
输入边的数目 <8>: 8↙
指定正多边形的中心点或 [边(E)]: 0,0↙
输入选项 [内接于圆(I)/外切于圆(C)] <I>: C↙
指定圆的半径：100↙

结果如图 3-42 所示。

03 单击"默认"选项卡"绘图"面板中的"多边形"

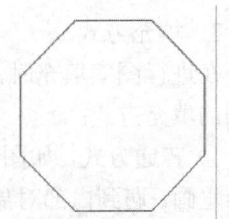

图 3-42　绘制外轮廓线

按钮⬠，绘制中心点为（0,0）、内接圆半径为 95 的正八边形作

为内轮廓线。命令行提示如下：

命令：POLYGON
输入侧面数 <8>:↙
指定正多边形的中心点或 [边(E)]: 0,0↙

输入选项［内接于圆(I)/外切于圆(C)］〈C〉: I✓

指定圆的半径: 95✓

04 单击"快速访问"工具栏中的"另存为"按钮 ，保存图形。命令行提示如下：

命令: SAVEAS✓　（将绘制完成的图形以"公园座椅.dwg"为文件名保存在指定的路径中）

3.4　图案填充

当用户需要用一个重复的图案(pattern)填充一个区域时，可以使用"BHATCH"命令建立一个相关联的填充阴影对象，然后对指定的区域进行填充，即所谓的图案填充。

3.4.1　基本概念

1．图案边界

当进行图案填充时，首先要确定填充图案的边界。定义边界的对象只能是直线、双向射线、单向射线、多义线、样条曲线、圆弧、圆、椭圆、椭圆弧、面域等对象或用这些对象定义的块，而且作为边界的对象在当前屏幕上必须全部可见。

2．孤岛

在进行图案填充时，我们把位于总填充域内的封闭区域称为孤岛，如图 3-43 所示。在用BHATCH 命令填充时，AutoCAD 允许用户以点取点的方式确定填充边界，即在希望填充的区域内任意点取一点，AutoCAD 会自动确定填充边界，同时确定该边界内的岛。如果用户是以点取对象的方式确定填充边界，则必须确切地点取这些岛。

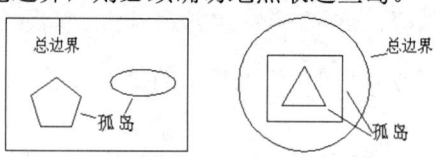

图 3-43　孤岛

3．填充方式

在进行图案填充时，需要控制填充的范围，AutoCAD 为用户提供了以下三种控制填充范围的填充方式：

1）普通方式，如图 3-44a 所示。该方式从边界开始，由每条填充线或每个填充符号的两端向里画，遇到内部对象与之相交时，填充线或符号断开，直到遇到下一次相交时再继续画。采用这种方式时，要避免填充线或填充符号与内部对象的相交次数为奇数。该方式为系统内部的默认方式。

2）最外层方式，如图 3-44b 所示。该方式从边界向里画填充符号，只要在边界内部与对象相交，填充符号便由此断开，而不再继续画。

3）忽略方式，如图 3-44c 所示。该方式忽略边界内的对象，所有内部结构都被填充符号覆盖。

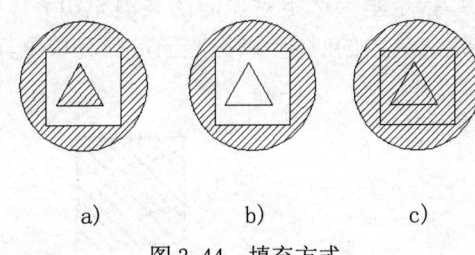

a)   b)   c)

图 3-44　填充方式

3.4.2　图案填充和渐变色的操作

1. "图案填充"选项

【执行方式】

命令行：BHATCH

菜单：绘图→图案填充

工具栏：绘图→图案填充

功能区：单击"默认"选项卡"绘图"面板中的"图案填充"按钮

【操作步骤】

执行上述命令后，系统打开图 3-45 所示的"图案填充创建"选项卡。各面板按钮的含义如下：

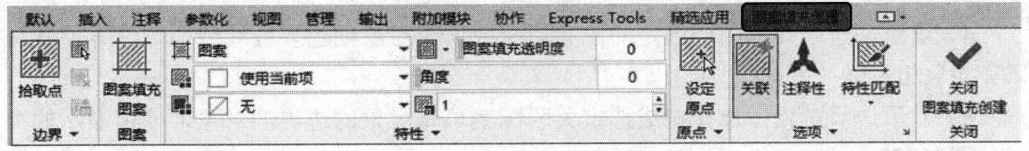

图 3-45　"图案填充创建"选项卡

（1）"边界"面板：

1）拾取点：通过选择由一个或多个对象形成的封闭区域内的点，确定图案填充边界（见图 3-46）。指定内部点时，可以随时在绘图区域中单击鼠标右键以显示包含多个选项的快捷菜单。

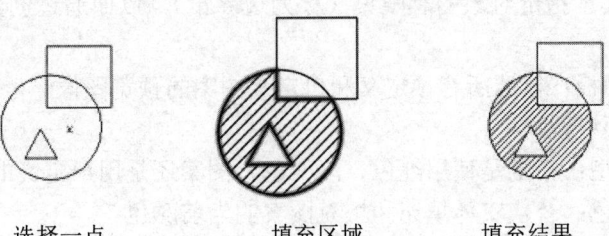

选择一点　　　　填充区域　　　　填充结果

图 3-46　通过拾取点确定填充边界

2）选择边界对象：指定基于选定对象的图案填充边界。使用该选项时，不会自动检测内部对象，必须选择选定边界内的对象，以按照当前孤岛检测样式填充这些对象（见图 3-47）。

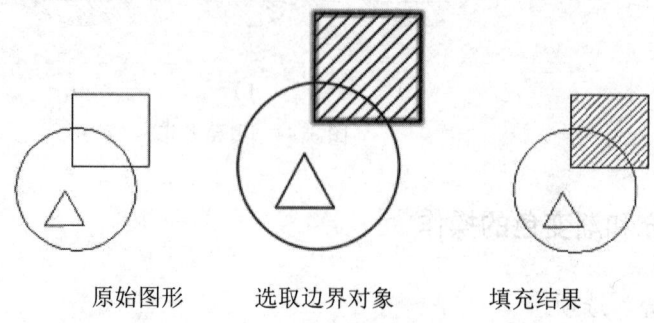

原始图形　　　　选取边界对象　　　　填充结果

图 3-47　选择边界对象

3）删除边界对象：从边界定义中删除之前添加的任何对象（见图 3-48）。

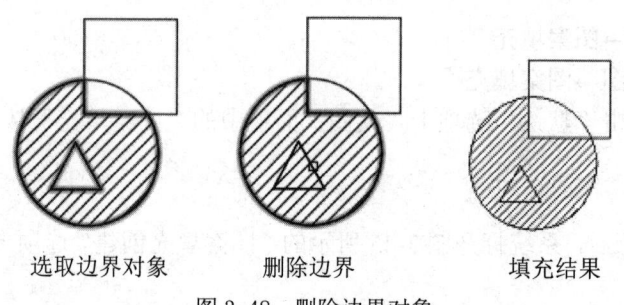

选取边界对象　　　　删除边界　　　　填充结果

图 3-48　删除边界对象

4）重新创建边界：围绕选定的图案填充或填充对象创建多段线或面域，并使其与图案填充对象相关联（可选）。

5）显示边界对象：选择构成选定关联图案填充对象的边界的对象，使用显示的夹点可修改图案填充边界。

6）保留边界对象：指定如何处理图案填充边界对象。选项包括

①不保留边界（仅在图案填充创建期间可用）。不创建独立的图案填充边界对象。

②保留边界多段线（仅在图案填充创建期间可用）。创建封闭图案填充对象的多段线。

③保留边界面域（仅在图案填充创建期间可用）。创建封闭图案填充对象的面域对象。

④选择新边界集。指定对象的有限集（称为边界集），以便通过创建图案填充时的拾取点进行计算。

（2）"图案"面板：显示所有预定义和自定义图案的预览图像。

（3）"特性"面板：

1）图案填充类型：指定是使用纯色、渐变色、图案还是用户定义的类型填充。

2）图案填充颜色：替代实体填充和填充图案的当前颜色。

3）背景色：指定填充图案背景的颜色。

4）图案填充透明度：设定新图案填充或填充的透明度，替代当前对象的透明度。

5）图案填充角度：指定图案填充或填充的角度。

6）填充图案比例：放大或缩小预定义或自定义填充图案。

7）相对图纸空间（仅在布局中可用）：相对于图纸空间单位缩放填充图案。使用此选项，可很容易地做到以适合于布局的比例显示填充图案。

8）双向（仅当"图案填充类型"设定为"用户定义"时可用）：将绘制第二组直线，与原始直线成 90 °角，从而构成交叉线。

9）ISO 笔宽（仅对于预定义的 ISO 图案可用）：基于选定的笔宽缩放 ISO 图案。

（4）"原点"面板

1）设定原点：直接指定新的图案填充原点。

2）左下：将图案填充原点设定在图案填充边界矩形范围的左下角。

3）右下：将图案填充原点设定在图案填充边界矩形范围的右下角。

4）左上：将图案填充原点设定在图案填充边界矩形范围的左上角。

5）右上：将图案填充原点设定在图案填充边界矩形范围的右上角。

6）中心：将图案填充原点设定在图案填充边界矩形范围的中心。

7）使用当前原点：将图案填充原点设定在 HPORIGIN 系统变量中存储的默认位置。

8）存储为默认原点：将新图案填充原点的值存储在 HPORIGIN 系统变量中。

（5）"选项"面板

1）关联：指定图案填充或填充为关联图案填充。关联的图案填充或填充在用户修改其边界对象时将会更新。

2）注释性：指定图案填充为注释性。此特性会自动完成缩放注释过程，从而使注释能够以正确的大小在图纸上打印或显示。

3）特性匹配

使用当前原点：使用选定图案填充对象（除图案填充原点外）设定图案填充的特性。

使用源图案填充的原点：使用选定图案填充对象（包括图案填充原点）设定图案填充的特性。

4）允许的间隙：设定将对象用作图案填充边界时可以忽略的最大间隙。默认值为 0，此值指定对象必须封闭区域而没有间隙。

5）创建独立的图案填充：控制当指定了几个单独的闭合边界时，是创建单个图案填充对象，还是创建多个图案填充对象。

6）孤岛检测：

①普通孤岛检测：从外部边界向内填充。如果遇到内部孤岛，填充将关闭，直到遇到孤岛中的另一个孤岛。

②外部孤岛检测：从外部边界向内填充。此选项仅填充指定的区域，不会影响内部孤岛。

③忽略孤岛检测：忽略所有内部的对象，填充图案时将通过这些对象。

7）绘图次序：为图案填充或填充指定绘图次序。选项包括不更改、后置、前置、置于边界之后和置于边界之前。

（6）"关闭"面板：

关闭图案填充创建：退出 HATCH 并关闭上下文选项卡。也可以按 Enter 键或 Esc 键退出 HATCH。

2."渐变色"选项

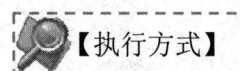

工具栏：绘图→渐变色

工具栏：绘图→渐变色 ▣

执行上述命令后，系统打开图 3-49 所示的"图案填充创建"选项卡，各面板中按钮的含义与"图案填充"选项的类似，这里不再赘述。

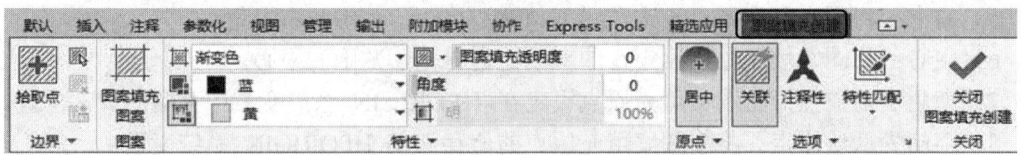

图 3-49 "图案填充创建"选项卡

3.4.3 编辑填充的图案

调用"HATCHEDIT"命令，可以编辑已经填充的图案。

命令行：HATCHEDIT
菜单：修改→对象→图案填充
工具栏：单击"修改 II"工具栏中的"编辑图案填充"按钮
功能区：单击"默认"选项卡"修改"面板中的"编辑图案填充"按钮
快捷菜单：选中填充的图案右击，在弹出的快捷菜单中选择"图案填充编辑"命令（见图 3-50）或直接选择填充的图案

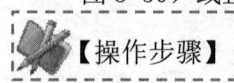

执行上述命令后，AutoCAD 会给出下面提示：

选择图案填充对象：

选取关联填充对象后，系统弹出如图 3-51 所示的"图案填充编辑"对话框。在该对话框中，只有正常显示的选项才可以对其进行操作，可以对已选中的图案进行一系列的编辑修改。

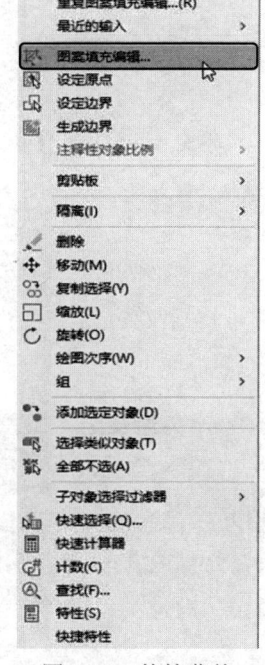

图 3-50　快捷菜单

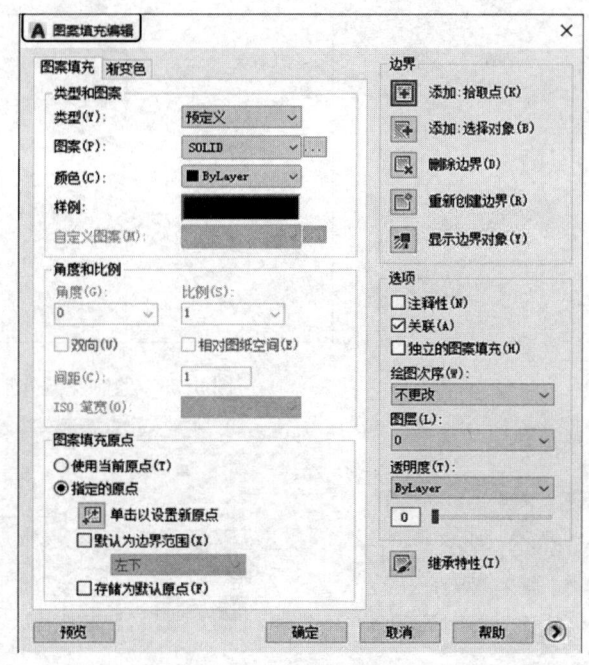

图 3-51　"图案填充编辑"对话框

3.4.4　实例——庭院一角

绘制如图 3-52 所示的庭院一角。

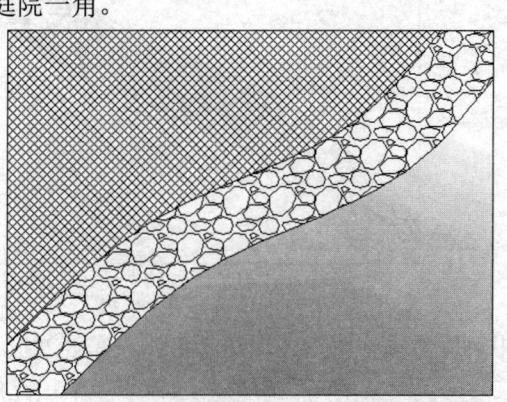

图 3-52　庭院一角

01 单击"默认"选项卡"绘图"面板中的"矩形"按钮 □ 和"样条曲线"按钮 ∿，绘制花园外形，如图 3-53 所示。

02 单击❶ "绘图"工具栏中的 ❷ "图案填充"按钮 ▦，打开"图案填充创建"选项卡，如图 3-54 所示，❸选择填充图案为"GRAVEL"，在绘图区两条样条曲线组成的小路中拾取一点，按 Enter 键，完成鹅卵石小路的绘制，如图 3-55 所示。

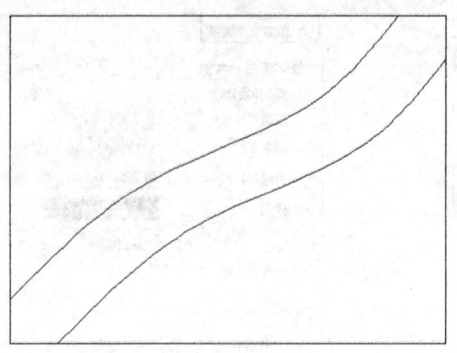

图 3-53　绘制花园外形

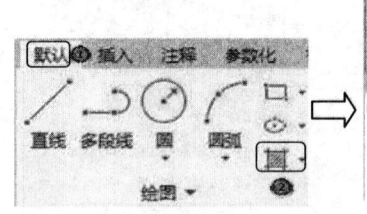 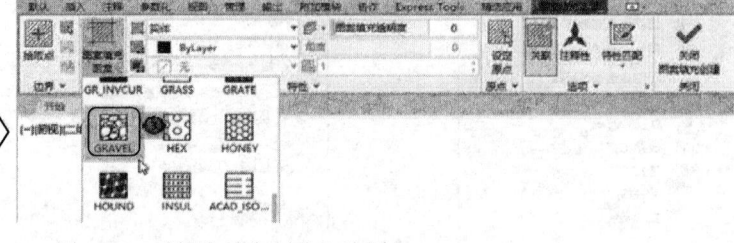

图 3-54　"图案填充创建"选项卡

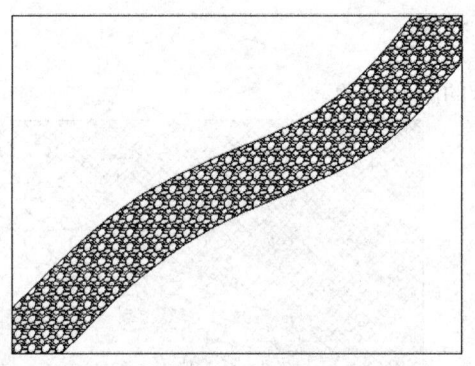

图 3-55　填充小路

03 从图 3-55 中可以看出，填充图案过于细密，需要对其进行编辑修改。选择菜单栏中的"修改"→"对象"→"图案填充"命令，选择上步中填充的小路，系统❶打开"图案填充和渐变色"对话框，将图案填充❷"比例"设置为 3，如图 3-56 所示。单击❸"确定"按钮，修改后的填充图案如图 3-57 所示。

04 单击"绘图"工具栏中的"图案填充"按钮▦，系统弹出"图案填充创建"选项卡。在❶"特性"面板中选择❷"用户定义"类型，❸填充"角度"为 45°、❹"间距"为 10，❺选择"双交叉线"，如图 3-58 所示。在绘制的图形左上方拾取一点，按 Enter 键完成草坪的绘制，结果如图 3-59 所示。

05 单击"绘图"工具栏中的"渐变色"按钮▦，系统弹出"图案填充创建"选项卡，如图 3-60 所示。设置① "渐变色 1" 为绿色，② "渐变色 2" 为白色，③ "角度" 为 15，在绘制的图形右下方拾取一点，按 Enter 键完成池塘的绘制，结果如图 3-52 所示。

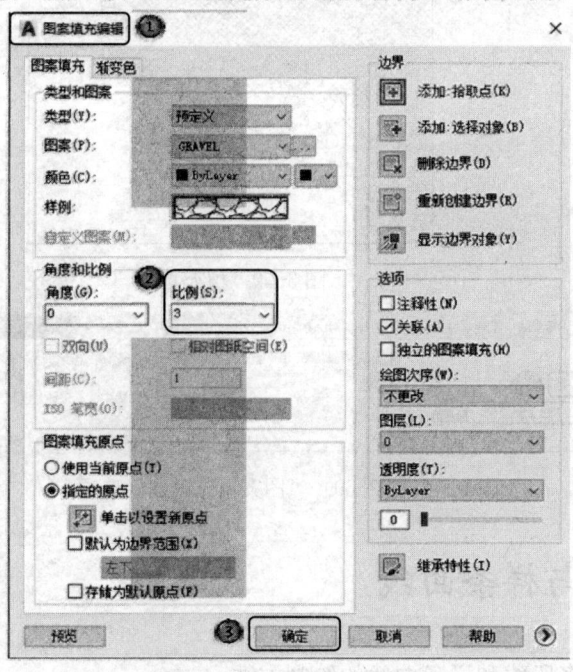

图 3-56 "图案填充编辑" 对话框

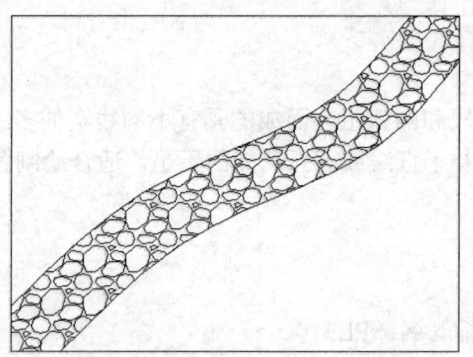

图 3-57 修改后的填充图案

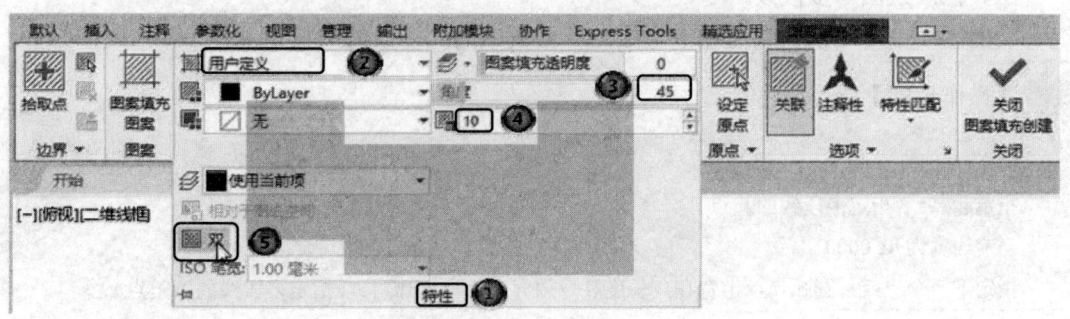

图 3-58 "图案填充创建" 选项卡 2

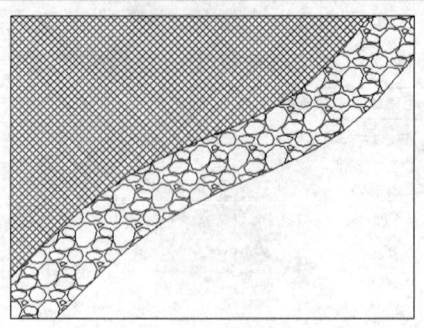

图 3-59　填充草坪

图 3-60　"图案填充创建"选项卡

3.5　多段线与样条曲线

本节简要介绍多段线和样条曲线的绘制方法。

3.5.1　绘制多段线

多段线是一种由线段和圆弧组合而成的具有不同线宽的多线。这种线由于其组合形式多样，可以变化线宽，弥补了直线或圆弧功能的不足，适合绘制各种复杂的图形轮廓，因而得到了广泛的应用。

【执行方式】

命令行：PLINE（缩写名：PL）

菜单：绘图→多段线

工具栏：绘图→多段线 ⊸⊃

功能区：单击"默认"选项卡"绘图"面板中的"多段线"按钮⊸⊃

【操作步骤】

命令：PLINE✓

指定起点：（指定多段线的起点）

当前线宽为 0.0000

指定下一个点或 [圆弧(A)/半宽(H)/长度(L)/放弃(U)/宽度(W)]：（指定多段线的下一点）

【选项说明】

多段线主要由连续的不同宽度的线段或圆弧组成，如果选"圆弧"，则命令行提示如下：

指定圆弧的端点(按住 Ctrl 键以切换方向)或[角度(A)/圆心(CE)/闭合(CL)/方向(D)/半宽(H)/直线(L)/半径(R)/第二个点(S)/放弃(U)/宽度(W)]：

绘制圆弧的方法与执行"圆弧"命令相似。

3.5.2 实例——鼠标

本例绘制如图 3-61 所示的鼠标。

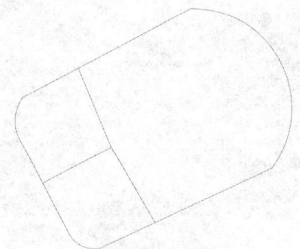

图 3-61 鼠标

01 绘制轮廓线。单击"默认"选项卡"绘图"面板中的"多段线"按钮，命令行提示如下：

```
命令：_PLINE✓
指定起点：2.5,50✓
当前线宽为 0.0000
指定下一个点或 [圆弧(A)/半宽(H)/长度(L)/放弃(U)/宽度(W)]：59,80✓
指定下一点或 [圆弧(A)/闭合(C)/半宽(H)/长度(L)/放弃(U)/宽度(W)]：A✓
指定圆弧的端点(按住 Ctrl 键以切换方向)或[角度(A)/圆心(CE)/闭合(CL)/方向(D)/半宽(H)/直线(L)/半径(R)/第二个点(S)/放弃(U)/宽度(W)]：S✓
指定圆弧上的第二个点：89.5,62✓
指定圆弧的端点：86.6,26.7✓
指定圆弧的端点(按住 Ctrl 键以切换方向)或[角度(A)/圆心(CE)/闭合(CL)/方向(D)/半宽(H)/直线(L)/半径(R)/第二个点(S)/放弃(U)/宽度(W)]：L✓
指定下一点或 [圆弧(A)/闭合(C)/半宽(H)/长度(L)/放弃(U)/宽度(W)]：29,0✓
指定下一点或 [圆弧(A)/闭合(C)/半宽(H)/长度(L)/放弃(U)/宽度(W)]：A✓
指定圆弧的端点(按住 Ctrl 键以切换方向)或[角度(A)/圆心(CE)/闭合(CL)/方向(D)/半宽(H)/直线(L)/半径(R)/第二个点(S)/放弃(U)/宽度(W)]：18,5.3✓
指定圆弧的端点(按住 Ctrl 键以切换方向)或[角度(A)/圆心(CE)/闭合(CL)/方向(D)/半宽(H)/直线(L)/半径(R)/第二个点(S)/放弃(U)/宽度(W)]：1✓
指定下一点或 [圆弧(A)/闭合(C)/半宽(H)/长度(L)/放弃(U)/宽度(W)]：2.5,34.6✓
指定下一点或 [圆弧(A)/闭合(C)/半宽(H)/长度(L)/放弃(U)/宽度(W)]：a✓
指定圆弧的端点(按住 Ctrl 键以切换方向)或[角度(A)/圆心(CE)/闭合(CL)/方向(D)/半宽(H)/直线(L)/半径(R)/第二个点(S)/放弃(U)/宽度(W)]：CL✓
```

绘制结果如图 3-62 所示。

02 绘制左右键。单击"默认"选项卡"绘图"面板中"直线"按钮 ╱，命令行提示如下：

命令：_LINE

指定第一个点：47.2, 8.5✓

指定下一点或 [放弃(U)]：32.4, 33.6✓

指定下一点或 [放弃(U)]：21.3, 60.2✓

指定下一点或 [闭合(C)/放弃(U)]：✓

命令：✓

LINE

指定第一点：32.4, 33.6✓

指定下一点或 [放弃(U)]：9, 21.7✓

指定下一点或 [放弃(U)]：✓

结果如图 3-61 所示。

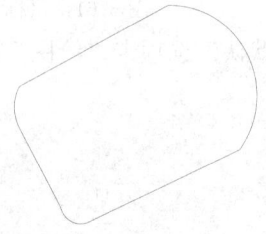

图 3-62　绘制轮廓线

3.5.3　绘制样条曲线

AutoCAD 使用一种称为非一致有理 B 样条 (NURBS) 曲线的特殊样条曲线类型。NURBS 曲线在控制点之间产生一条光滑的曲线如图 3-63 所示。样条曲线可用于创建形状不规则的曲线，如为地理信息系统 (GIS) 应用或汽车设计绘制轮廓线。

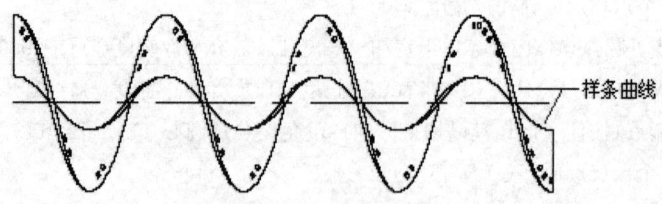

图 3-63　样条曲线

【执行方式】

命令行：SPLINE

菜单：绘图→样条曲线

工具栏：绘图→样条曲线

功能区：单击❶"默认"选项卡❷"绘图"面板中的❸"样条曲线拟合"按钮 $\sim$ 或"样条曲线控制点"按钮 $\sim$（见图 3-64）

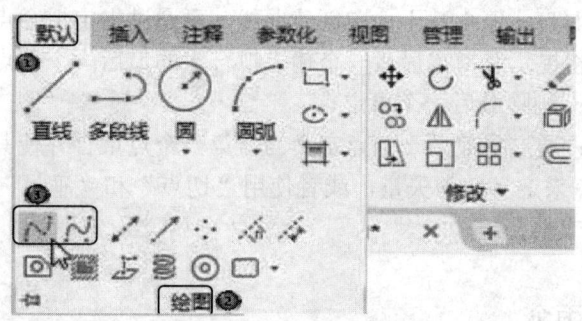

图 3-64　"绘图"面板

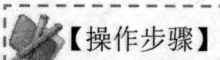【操作步骤】

命令：SPLINE

当前设置：方式=拟合　节点=弦

指定第一个点或［方式(M)/节点(K)/对象(O)］：（指定样条曲线的起点）

输入下一个点或［起点切向(T)/公差(L)］：（输入下一个点）

输入下一个点或［端点相切(T)/公差(L)/放弃(U)］：（输入下一个点）

输入下一个点或［端点相切(T)/公差(L)/放弃(U)/闭合(C)］:C

【选项说明】

（1）方式(M)：控制是使用拟合点还是使用控制点来创建样条曲线。选项会因选择的是使用拟合点创建样条曲线的选项还是使用控制点创建样条曲线的选项而异。

1）拟合(F)：通过指定拟合点来绘制样条曲线。更改"方式"将更新 SPLMETHOD 系统变量。

2）控制点(CV)：通过指定控制点来绘制样条曲线。如果要创建与三维 NURBS 曲面配合使用的几何图形，此方法为首选方法。更改"方式"将更新 SPLMETHOD 系统变量。

（2）节点(K)：指定节点参数化，它会影响曲线在通过拟合点时的形状（SPLKNOTS 系统变量）。

1）弦(C)：使用代表编辑点在曲线上位置的十进制数●点进行编号。

2）平方根(S)：根据连续节点间弦长的平方根对编辑点进行编号。

3）统一(U)：使用连续的整数对编辑点进行编号。

（3）对象(O)：将二维或三维的二次或三次样条曲线拟合多段线转换为等价的样条曲线，然后（根据 DELOBJ 系统变量的设置）删除该多段线。

（4）起点切向(T)：定义样条曲线的第一点和最后一点的切向。

如果在样条曲线的两端都指定切向，可以输入一个点或者使用"切点"和"垂足"对象捕捉模式使样条曲线与已有的对象相切或垂直。如果按 Enter 键，AutoCAD 将计算默认切向。

（5）公差(L)：指定距样条曲线必须经过的指定拟合点的距离，公差应用于除起点和端点外的所有拟合点。

（6）端点相切(T)：停止基于切向创建曲线，可通过指定拟合点继续创建样条曲线，选择"端点相切"后，将提示您指定最后一个输入拟合点的最后一个切点。

（7）放弃(U)：删除最后一个指定点。

（8）闭合(C)：通过将最后一个点定义为与第一个点重合并使其在连接处相切，闭合样条曲线。 指定一点来定义切向矢量，或者使用"切点"和"垂足"对象捕捉模式使样条曲线与现有对象相切或垂直。

3.5.4 实例——雨伞

绘制如图 3-65 所示的雨伞。

图 3-65 雨伞

01 单击"默认"选项卡"绘图"面板中的"圆弧"按钮，绘制伞的外框。命令行提示如下：

命令：ARC↙
指定圆弧的起点或 [圆心（C）]：C↙
指定圆弧的圆心：（在屏幕上指定圆心）
指定圆弧的起点：（在屏幕上圆心位置右边指定圆弧的起点）
指定圆弧的端点(按住 Ctrl 键以切换方向)或[角度（A）/弦长（L）]：A↙
指定夹角(按住 Ctrl 键以切换方向)：180↙（注意角度的逆时针转向）

02 单击"默认"选项卡"绘图"面板中的"样条曲线"按钮，绘制伞的底边，命令行提示如下：

命令：SPLINE↙
当前设置：方式=拟合 节点=弦
指定第一个点或 [方式(M)/节点(K)/对象(O)]：（指定样条曲线的起点）
输入下一个点或：[起点切向(T)/公差(L)]：（输入下一个点）
输入下一个点或 [端点相切(T)/公差(L)/放弃(U)/闭合(C)]：（指定样条曲线的下一个点）
输入下一个点或 [端点相切(T)/公差(L)/放弃(U)/闭合(C)]：（指定样条曲线的下一个点）
输入下一个点或 [端点相切(T)/公差(L)/放弃(U)/闭合(C)]：（指定样条曲线的下一个点）

输入下一个点或［端点相切(T)/公差(L)/放弃(U)/闭合(C)］:（指定样条曲线的下一个点）

输入下一个点或［端点相切(T)/公差(L)/放弃(U)/闭合(C)］:（指定样条曲线的下一个点）

输入下一个点或［端点相切(T)/公差(L)/放弃(U)/闭合(C)］:↙

指定起点切向:（指定一点并右击确认）

指定端点切向:（指定一点并右击确认）

03 单击"默认"选项卡"绘图"面板中的"圆弧"按钮 ⌒，绘制伞面，命令行提示如下：

命令：ARC↙

指定圆弧的起点或［圆心（C）］:（指定圆弧的起点）

指定圆弧的第二个点或［圆心（C）/端点（E）］:（指定圆弧的第二个点）

指定圆弧的端点:（指定圆弧的端点）

用相同方法绘制另外 4 段圆弧，结果如图 3-66 所示。

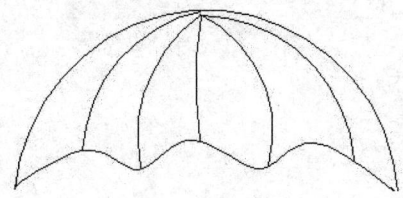

图 3-66　绘制伞面

04 单击"默认"选项卡"绘图"面板中的"多段线"按钮 ⌐，绘制伞顶和伞把，命令行提示如下：

命令：PLINE↙

指定起点:（指定伞顶起点）

当前线宽为 3.0000

指定下一个点或［圆弧（A）/半宽（H）/长度（L）/放弃（U）/宽度（W）］: W↙

指定起点宽度〈3.0000〉:4↙

指定端点宽度〈4.0000〉:2↙

指定下一个点或［圆弧（A）/半宽（H）/长度（L）/放弃（U）/宽度（W）］:（指定伞顶终点）

指定下一个点或［圆弧（A）/闭合（C）/半宽（H）/长度（L）/放弃（U）/宽度（W）］:U↙（觉得位置不合适，取消）

指定下一个点或［圆弧（A）/半宽（H）/长度（L）/放弃（U）/宽度（W）］:（重新指定伞顶终点）

指定下一个点或［圆弧（A）/闭合（C）/半宽（H）/长度（L）/放弃（U）/宽度（W）］:（右击确认）

命令：PLINE↙

指定起点:（指定伞把起点）

当前线宽为 2.0000

指定下一个点或［圆弧（A）/半宽（H）/长度（L）/放弃（U）/宽度（W）］: H↙

指定起点半宽〈1.0000〉: 1.5↙

指定端点半宽〈1.5000〉: ↙

指定下一个点或 ［圆弧（A）/半宽（H）/长度（L）/放弃（U）/宽度（W）］:（指定下一点）

指定下一个点或 ［圆弧（A）/闭合（C）/半宽（H）/长度（L）/放弃（U）/宽度（W）]:A↙

指定圆弧的端点(按住 Ctrl 键以切换方向)或[角度（A）/圆心（CE）/闭合（CL）/方向（D）/半宽（H）/直线（L）/半径（R）/第二个点（S）/放弃（U）/宽度（W）]:（指定圆弧的端点）

指定圆弧的端点(按住 Ctrl 键以切换方向)或[角度（A）/圆心（CE）/闭合（CL）/方向（D）/半宽（H）/直线（L）/半径（R）/第二个点（S）/放弃（U）/宽度（W）]:（右击确认）

最终绘制的图形如图 3-65 所示。

3.6 多线

多线是一种复合线，由连续的直线段复合组成。这种线的一个突出优点是能够提高绘图效率，保证图线之间的统一性。

3.6.1 绘制多线

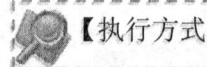【执行方式】

命令行：MLINE

菜单：绘图→多线

【操作步骤】

命令：MLINE↙

当前设置：对正 = 上，比例 = 20.00，样式 = STANDARD

指定起点或 ［对正(J)/比例(S)/样式(ST)］:（指定起点）

指定下一点:（指定下一点）

指定下一点或 ［放弃(U)］:（继续指定下一点绘制线段。输入 "U"，则放弃前一段的绘制；单击鼠标右键或按 Enter 键结束命令）

指定下一点或 ［闭合(C)/放弃(U)］:（继续指定下一点绘制线段。输入 "C"，则闭合线段，结束命令）

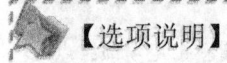【选项说明】

1）对正（J）：该项用于给定绘制多线的基准。共有三种对正类型，即 "上" "无" 和 "下"。其中，"上（T）" 表示以多线上侧的线为基准，依此类推。

2）比例（S）：选择该项，要求用户设置平行线的间距。输入值为零时平行线重合，输入值为负时多线的排列倒置。

3）样式（ST）：该项用于设置当前使用的多线样式。

3.6.2 编辑多线

【执行方式】

命令行：MLEDIT
菜单：修改→对象→多线

【操作步骤】

调用该命令后，打开"多线编辑工具"对话框，如图 3-67 所示。

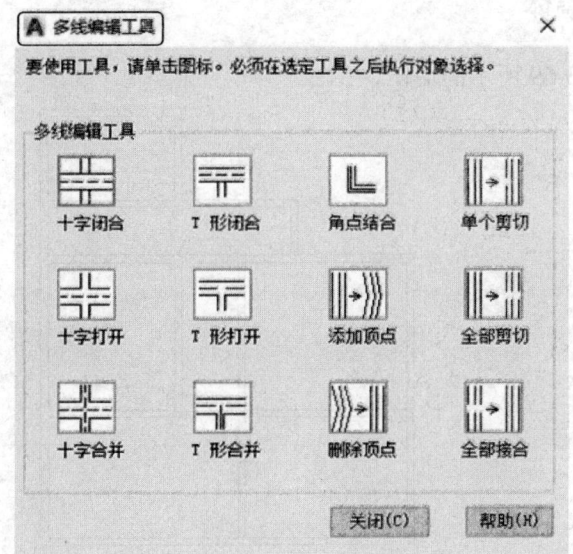

图 3-67 "多线编辑工具"对话框

在该对话框中可以创建或修改多线的模式。对话框中分四列显示了示例图形。其中，第一列管理十字交叉形式的多线，第二列管理 T 形多线，第三列管理拐角接合点和节点，第四列管理多线被剪切或连接的形式。

单击选择某个示例图形，然后单击"关闭"按钮，就可以调用该项编辑功能。

下面以"十字打开"为例介绍多线编辑方法，即把选择的两条多线进行打开交叉。选择该选项后，出现如下提示：

选择第一条多线：（选择第一条多线）
选择第二条多线：（选择第二条多线）

选择完毕后，第二条多线被第一条多线横断交叉。系统继续提示：

选择第一条多线：

可以继续选择多线进行操作。选择"放弃（U）"会撤消前次操作。操作过程和执行结果如图 3-68 所示。

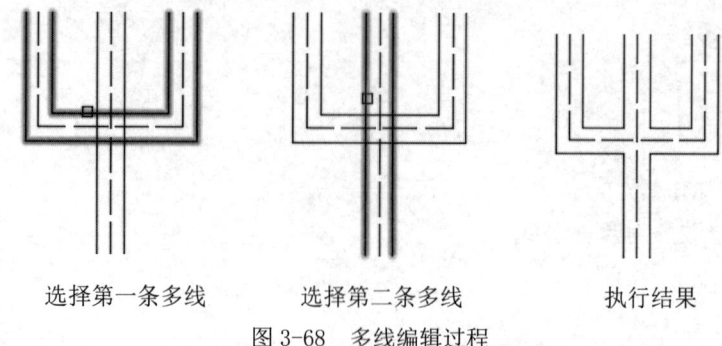

选择第一条多线　　　　选择第二条多线　　　　执行结果

图 3-68　多线编辑过程

3.6.3　实例——墙体

本例绘制如图 3-69 所示的墙体。

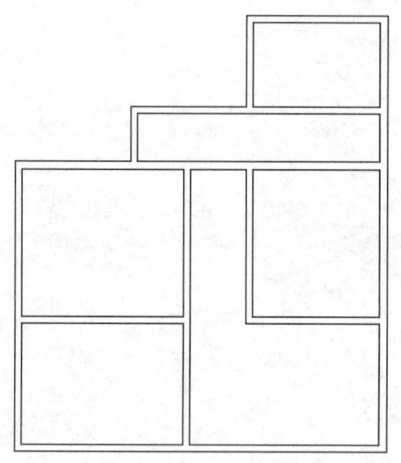

图 3-69　墙体

01 单击"默认"选项卡"绘图"面板中的"构造线"按钮，绘制一条水平直线和一条竖直直线，组成"十"字直线，如图 3-70 所示。

02 单击"默认"选项卡"修改"面板中的"偏移"按钮，命令行提示如下：

命令: _offset

当前设置: 删除源=否　图层=源　OFFSETGAPTYPE=0

指定偏移距离或 [通过(T)/删除(E)/图层(L)] 〈通过〉: 4500（输入偏移距离）

选择要偏移的对象，或 [退出(E)/放弃(U)] 〈退出〉:（选择水平构造线）

指定要偏移的那一侧上的点，或 [退出(E)/多个(M)/放弃(U)] 〈退出〉:（指定偏移方向）

选择要偏移的对象，或 [退出(E)/放弃(U)] 〈退出〉:

采用相同的方法，将偏移得到的水平直线依次向上偏移 5100mm、1800mm 和 3000mm，绘制的水平直线如图 3-71 所示。采用同样方法绘制垂直直线，依次向右偏移 3900mm、1800mm、2100mm 和 4500mm，结果如图 3-72 所示。

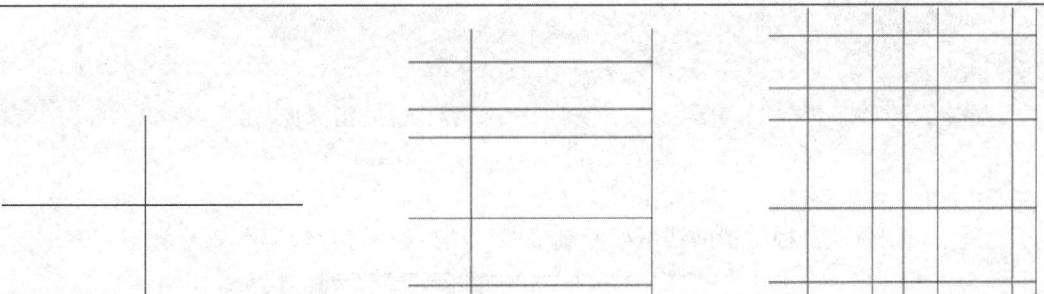

图 3-70 绘制"十"字直线　　图 3-71 偏移生成水平方向辅助线　　图 3-72 绘制辅助线网格

03 选择菜单栏中的"格式"→"多线样式"命令，系统打开"多线样式"对话框，在该对话框中单击"新建"按钮，系统打开"创建新的多线样式"对话框，在该对话框的"新样式名"文本框中键入"墙体线"，单击"继续"按钮，系统打开"新建多线样式"对话框，设置参数如图 3-73 所示。

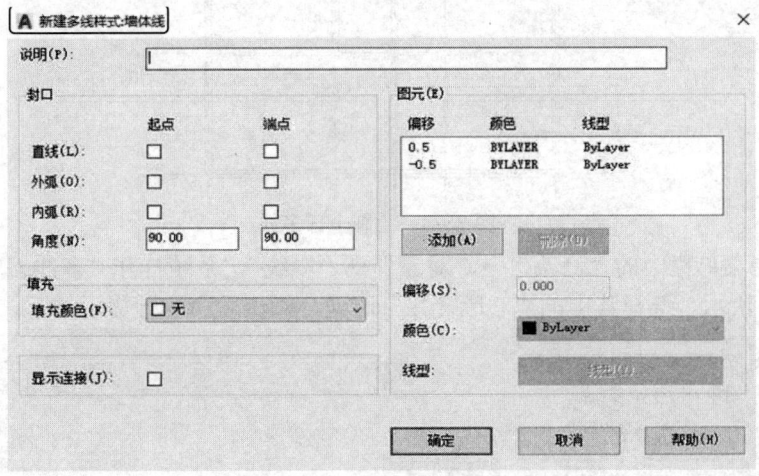

图 3-73 设置多线样式

04 选择菜单栏中的"绘图"→"多线"命令，绘制多线墙体。命令行提示如下：

```
命令：MLINE↙
当前设置：对正 = 上，比例 = 20.00，样式 = STANDARD
指定起点或 [对正(J)/比例(S)/样式(ST)]: S↙
输入多线比例 <20.00>: 1↙
当前设置：对正 = 上，比例 = 1.00，样式 = STANDARD
指定起点或 [对正(J)/比例(S)/样式(ST)]: J↙
输入对正类型 [上(T)/无(Z)/下(B)] <上>: Z↙
当前设置：对正 = 无，比例 = 1.00，样式 = STANDARD
指定起点或 [对正(J)/比例(S)/样式(ST)]: ST
输入多线样式名或 [?]: 墙体线
指定起点或 [对正(J)/比例(S)/样式(ST)]:（在绘制的辅助线交点上指定一点）
```

指定下一点：（在绘制的辅助线交点上指定下一点）

指定下一点或［放弃(U)］：（在绘制的辅助线交点上指定下一点）

指定下一点或［闭合(C)/放弃(U)］：（在绘制的辅助线交点上指定下一点）

……

指定下一点或［闭合(C)/放弃(U)］:C✓

采用相同方法，根据辅助线网格绘制多线，结果如图 3-74 所示。

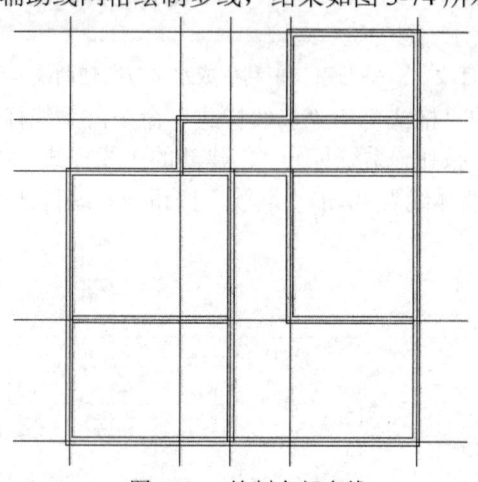

图 3-74　绘制全部多线

05 选择菜单栏中的"修改"→"对象"→"多线"，系统打开"多线编辑工具"对话框，如图 3-75 所示。选择其中的"T 形合并"选项，确认后命令行提示如下：

命令: MLEDIT✓

选择第一条多线:（选择多线）

选择第二条多线:（选择多线）

选择第一条多线或［放弃(U)］:（选择多线）

选择第二条多线或［放弃(U)］: ✓

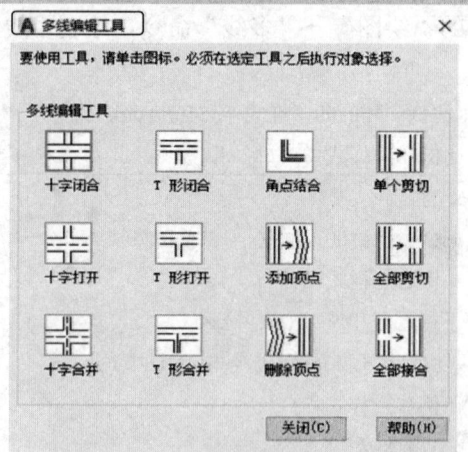

图 3-75　"多线编辑工具"对话框

采用同样方法继续进行多线编辑，结果如图 3-69 所示。

06 单击"快速访问"工具栏中的"保存"按钮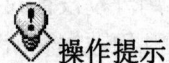，保存图形。命令行提示如下：

命令：SAVEAS✓　（将绘制完成的图形以"墙体.dwg"为文件名保存在指定的路径中）

3.7　上机实验

实验 1　绘制椅子平面图

绘制如图 3-76 所示的椅子平面图。

操作提示：

1．利用"圆"命令绘制椅座。
2．利用"圆弧"和"直线"命令绘制椅子平面图。

实验 2　绘制浴盆

绘制如图 3-77 所示的浴盆。

操作提示：

利用"多段线"命令绘制浴盆。

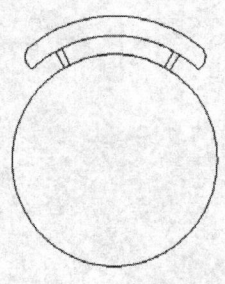

图 3-76　椅子平面图

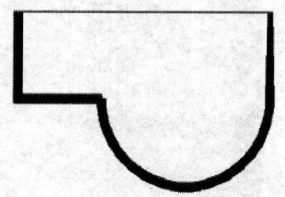

图 3-77　浴盆

第4章 基本绘图工具

导读

利用 AutoCAD 提供的图层工具，对每个图层规定颜色和线型，并把具有相同特征的图形对象放在同一图层上绘制，这样绘图时不用分别设置对象的线型和颜色，不仅方便绘图，而且存储图形时只需存储其几何数据和所在图层，因而既节省了存储空间，又可以提高工作效率。为了快捷准确地绘制图形，AutoCAD 还提供了多种绘图工具，如工具条、对象选择工具、对象捕捉工具、栅格工具和正交模式等。

学 习 要 点

◎ 图层设计

◎ 精确定位工具，对象捕捉工具

◎ 对象约束

4.1 图层设计

图层的概念类似投影片。可将不同属性的对象分别画在不同的图层上（如将图形的主要线段、中心线、尺寸标注等分别画在不同的图层上），每个图层可设定不同的线型、线条颜色，然后把不同的图层叠加在一起形成一张完整的视图，这样既可使视图层次分明有条理，又方便图形对象的编辑与管理。

一个完整的图形就是将它所包含的所有图层上的对象叠加在一起后的结果，如图 4-1 所示。

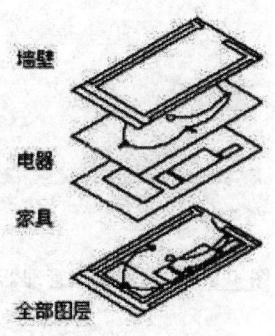

图 4-1 图层效果

在用图层功能绘图之前，首先要对图层的各项特性进行设置，包括建立和命名图层、设置当前图层、设置图层的颜色和线型，以及设置图层是否关闭、图层是否冻结、图层是否锁定和图层删除等。

本节主要对图层的这些相关操作进行介绍。

4.1.1 设置图层

AutoCAD 2022 提供了详细直观的"图层特性管理器"对话框，用户可以方便地通过对该对话框中的各选项及其二级对话框进行设置，从而实现建立新图层、设置图层的颜色及线型等各种操作。

【执行方式】

命令行：LAYER

菜单：格式→图层

工具栏：图层→图层特性管理器

功能区：单击"默认"选项卡"图层"面板中的"图层特性"按钮 或单击"视图"选项卡"选项板"面板中的"图层特性"按钮

【操作步骤】

命令：LAYER↙

系统打开如图 4-2 所示的"图层特性管理器"对话框。

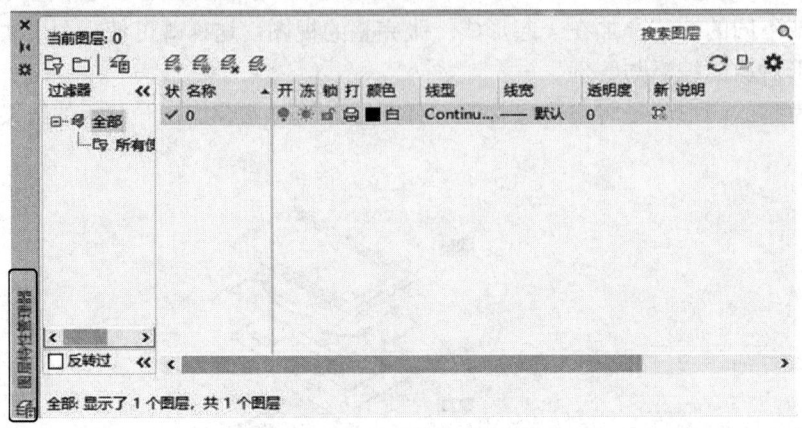

图 4-2 "图层特性管理器"对话框

【选项说明】

（1）"新建特性过滤器"按钮：单击该按钮，弹出"图层过滤器特性"对话框，如图
4-3 所示。在其中可以基于一个或多个图层特性创建图层过滤器。

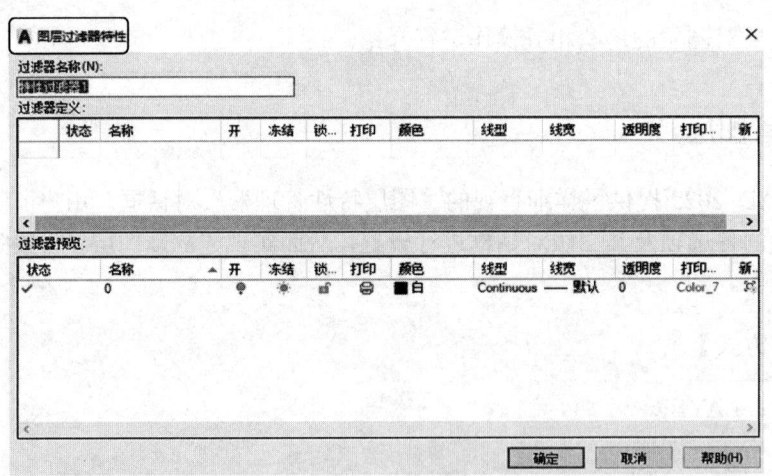

图 4-3 "图层过滤器特性"对话框

（2）"新建组过滤器"按钮：单击该按钮，创建一个图层过滤器，其中包含了用户选
定并添加到该过滤器的图层。

（3）"图层状态管理器"按钮^图：单击该按钮，弹出"图层状态管理器"对话框，如图
4-4 所示。在其中可以将图层的当前特性设置保存到命名图层状态中，以后可以再恢复这些
设置。

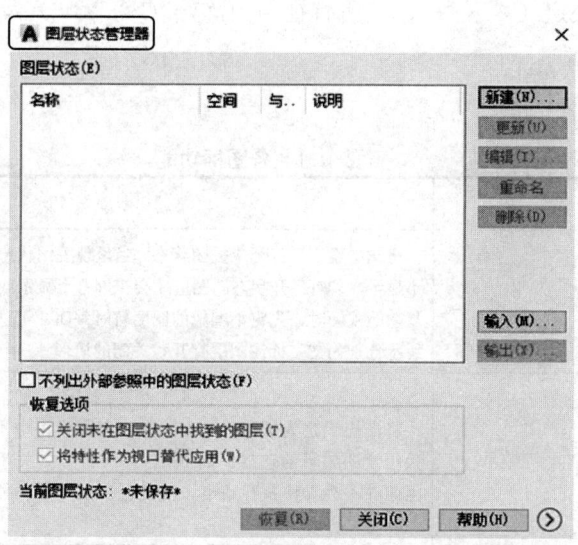

图 4-4　"图层状态管理器"对话框

（4）"新建图层"按钮^图：建立新图层。单击此按钮，图层列表中出现一个新的图层名
字"图层 1"，用户可使用此名字，也可改名。要想同时产生多个图层，可选中一个图层名后
输入多个名字，各名字之间以逗号分隔。图层的名字可以包含字母、数字、空格和特殊符号，
AutoCAD 2022 支持长达 255 个字符的图层名字。新的图层继承了建立新图层时所选中的已
有图层的所有特性（包括颜色、线型、ON/OFF 状态等）。如果新建图层时没有图层被选中，
则新图层采用默认的设置。

（5）"删除图层"按钮^图：删除所选图层。在图层列表中选中某一图层，然后单击此按
钮，则把该层删除。

（6）"置为当前"按钮^图：设置当前图层。在图层列表中选中某一图层，然后单击此
按钮，则把该图层设置为当前图层，并在"当前图层"一栏中显示其名字。当前层的名字存
储在系统变量 CLAYER 中。另外，双击图层名也可把该图层设置为当前层。

（7）"搜索图层"文本框：输入字符时，按名称快速过滤图层列表。关闭"图层特性管
理器"对话框时不保存此过滤器。

（8）"反转过滤器"复选框：选中此复选框，显示所有不满足选定图层特性过滤器中条
件的图层。

（9）图层列表区：显示已有的图层及其特性。要修改某一图层的某一特性，单击它所
对应的图标即可进行编辑。右击空白区域或利用快捷菜单可快速选中所有图层。列表区中各
列的含义如下：

1）名称：显示满足条件的图层的名称。如果要对某图层进行修改，首先要选中该图层，

使其逆反显示。

2）状态转换图标：在"图层特性管理器"对话框的"名称"栏分别有一组图标，移动指针到图标上单击可以打开或关闭该图标所代表的功能，或从详细数据区中勾选或取消勾选关闭（💡 / 💡）、锁定（🔓 / 🔒）、在所有视口内冻结（☀ / ❄）及不打印（🖨 / 🖶）等项目，各图标功能见表 4-1。

表 4-1 各图标功能

图 示	名 称	功 能 说 明
💡 / 💡	打开 / 关闭	将图层设定为打开或关闭状态。当呈现关闭状态时，该图层上的所有对象将隐藏不显示，只有打开状态的图层才会在屏幕上显示或由打印机打印出来。因此，绘制复杂的视图时，先将不编辑的图层暂时关闭，可降低图形的复杂性。图 4-5a 和 b 所示分别为文字标注图层打开和关闭的情形
☀ / ❄	解冻 / 冻结	将图层设定为解冻或冻结状态。若将视图中不编辑的图层暂时冻结，可加快执行绘图编辑的速度。而 💡 / 💡（打开 / 关闭）功能只是单纯将对象隐藏，因此并不会加快执行速度。注意：当前图层不能被冻结。
🔓 / 🔒	解锁 / 锁定	将图层设定为解锁或锁定状态。被锁定的图层仍然显示在屏幕上，但不能以编辑命令修改被锁定的对象，只能绘制新的对象，如此可防止重要的图形被修改
🖨 / 🖶	打印 / 不打印	设定该图层是否可以打印图形

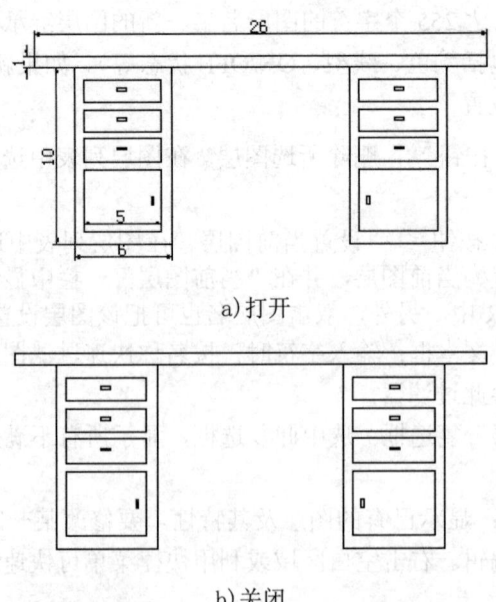

a) 打开

b) 关闭

图 4-5　打开或关闭文字标注图层

3）颜色：显示和改变图层的颜色。如果要改变某一图层的颜色，单击其对应的颜色图标，打开如图 4-6 所示的"选择颜色"对话框，用户便可从中选取需要的颜色。

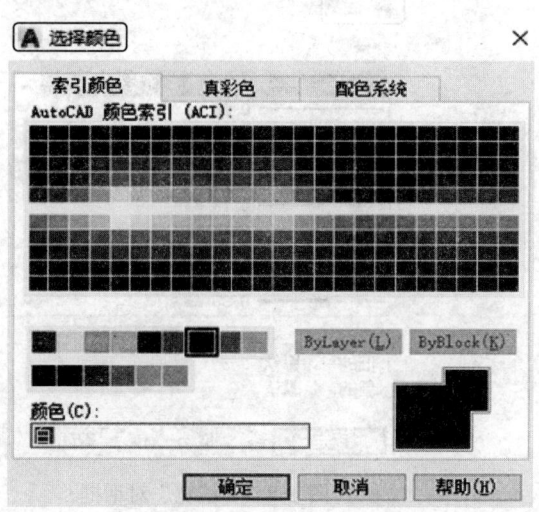

图 4-6　"选择颜色"对话框

4）线型：显示和修改图层的线型。如果要修改某一图层的线型，单击该图层的"线型"项，打开"选择线型"对话框，如图 4-7 所示，其中列出了当前可用的线型，用户可以从中选取。

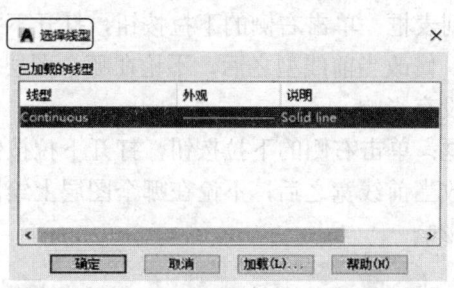

图 4-7　"选择线型"对话框

5）线宽：显示和修改图层的线宽。如果要修改某一图层的线宽，单击该图层的"线宽"项，打开"线宽"对话框，如图 4-8 所示，其中列出了设定的线宽，用户可从中选取。其中"线宽"列表框显示出了可以选用的线宽值，包括绘图中经常用到的线宽，用户可从中选取需要的线宽。"旧的"显示行显示前面赋予图层的线宽值。当建立一个新图层时，采用默认线宽（其值为 0.01in 即 0.25 mm），默认线宽的值由系统变量 LWDEFAULT 设置。"新的"显示行显示赋予图层的新的线宽值。

6）打印样式：修改图层的打印样式。打印样式是指打印图形时各项属性的设置。

AutoCAD 2022 提供了一个"特性"面板，如图 4-9 所示。用户能够使用面板上的工具图标快速地查看和改变所选对象的图层、颜色、线型和线宽等特性。"特性"面板上的图层颜色、线型、线宽和打印样式的控制增强了查看和编辑对象属性的命令。在绘图屏幕上选择

任何对象都将在面板上自动显示它所在图层、颜色、线型等属性。"特性"面板中各部分的功能简单说明如下:

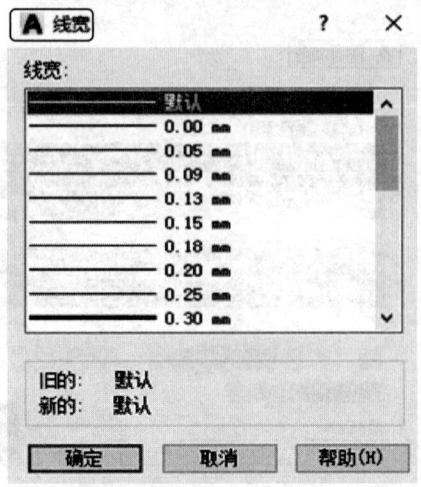

图 4-8 "线宽"对话框

1)"颜色控制"下拉列表框:单击右侧的下拉按钮,打开下拉按钮,用户可从中选择一个颜色使之成为当前颜色。如果选择"选择颜色"选项,则可打开"选择颜色"对话框以选择其他颜色。修改当前颜色之后,不论在哪个图层上绘图都将采用这种颜色,但对各个图层的颜色设置没有影响。

2)"线型控制"下拉列表框:单击右侧的下拉按钮,打开下拉按钮,用户可从中选择某一线型使之成为当前线型。修改当前线型之后,不论在哪个图层上绘图都将采用这种线型,但对各个图层的线型设置没有影响。

3)"线宽"下拉列表框:单击右侧的下拉按钮,打开下拉按钮,用户可从中选择一个线宽使之成为当前线宽。修改当前线宽之后,不论在哪个图层上绘图都将采用这种线宽,但对各个图层的线宽设置没有影响。

图 4-9 "特性"面板

4)"打印类型控制"下拉列表框:单击右侧的下拉按钮,打开下拉列表,用户可从中选择一种打印样式使之成为当前打印样式。

4.1.2 图层的线型

国家标准对在机械图样中使用的各种图线的名称、线型、线宽以及在图样中的应用做了规定。图线一般分为粗、细两种,粗线的宽度 b 应按图样的大小和图形的复杂程度在 0.5~2mm 之间选择,细线的宽度约为 $b/2$。

按照 4.1.1 节讲述的方法,打开"图层特性管理器"对话框,如图 4-2 所示。在图层列表的线型项下单击线型名,系统打开"选择线型"对话框,如图 4-7 所示。对话框中各选项的含义如下:

1)"已加载的线型"列表框:显示在当前绘图中加载的线型,其右侧显示出线型的形式。

2)"加载"按钮:单击此按钮,打开"加载或重载线型"对话框,如图 4-10 所示,用户可通过此对话框加载线型并把它添加到"线型"列表中,不过加载的线型必须在线型库(LIN)文件中定义过。标准线型都保存在 acad.lin 文件中。

设置图层线型的方法如下:

命令行:LINETYPE

在命令行输入上述命令后,系统打开"线型管理器"对话框,如图 4-11 所示。该对话框中的选项与前面讲述的相关知识相同,这里不再赘述。

图 4-10 "加载或重载线型"对话框

4.1.3 颜色的设置

AutoCAD 绘制的图形对象都带有一定的颜色。为使绘制的图形清晰明了,可把同一类的图形对象用相同的颜色绘制,从而使不同类的图形对象具有不同的颜色,以示区分。为此,需要适当地对颜色进行设置。AutoCAD 2022 允许用户为图层设置颜色,如为新建的图形对象设置当前颜色,还可以改变已有图形对象的颜色。

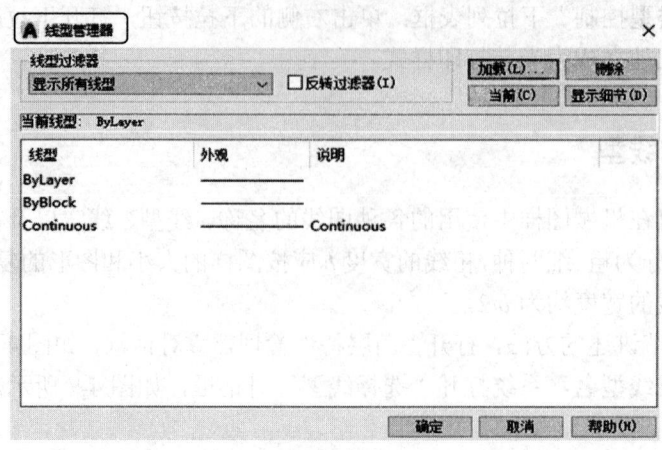

图 4-11 "线型管理器"对话框

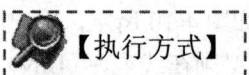

命令行：COLOR
菜单：格式→颜色

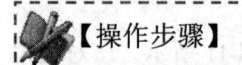

命令：COLOR✓

单击相应的菜单项或在命令行输入"COLOR"命令后按 Enter 键，AutoCAD 打开如图
4-6 所示的"选择颜色"对话框。也可在图层操作中打开此对话框。

4.1.4　实例——三环旗

绘制如图 4-12 所示的三环旗。

图 4-12　三环旗

01 单击"默认"选项卡"图层"面板中的"图层特性"按钮，打开"图层特性管
理器"对话框，如图 4-13 所示。

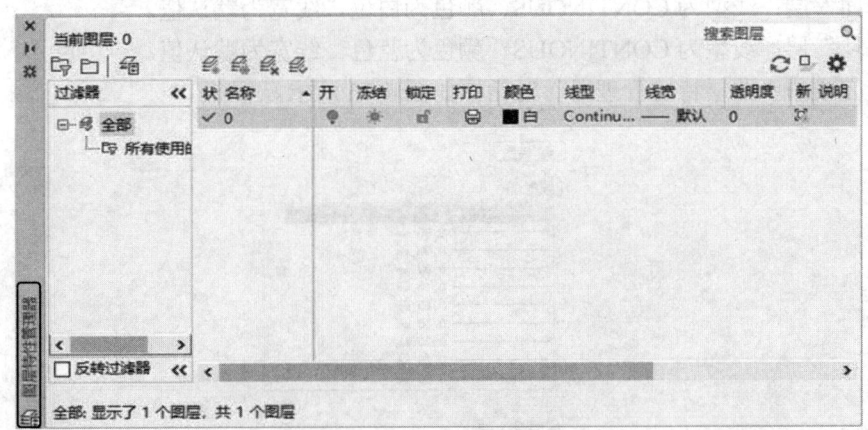

图 4-13 "图层特性管理器"对话框

　　单击"新建"按钮创建新图层，新图层的特性将继承 0 图层的特性或继承已选择的某一图层的特性。新图层的默认名为"图层 1"，显示在中间的图层列表中，将其更名为"旗尖"。用同样的方法建立"旗杆"层、"旗面"层和"三环"层，这样就建立了 4 个新图层。选中"旗尖"层，单击"颜色"下的色块形图标，打开"选择颜色"对话框，如图 4-14 所示。选择灰色色块，单击"确定"按钮，回到"图层特性管理器"对话框。此时，"旗尖"层的颜色变为灰色。

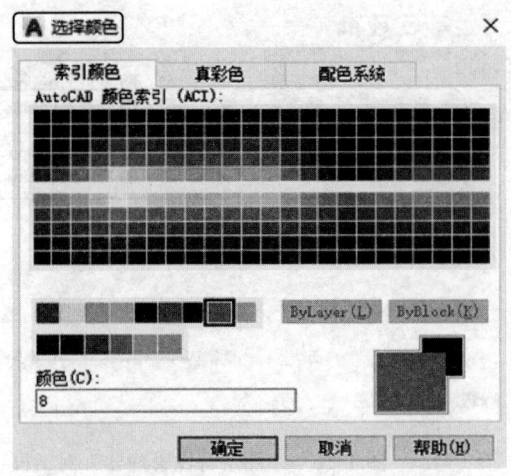

图 4-14 "选择颜色"对话框

　　选中"旗杆"层，用同样的方法将颜色改为红色，单击"线宽"下的线宽值，打开"线宽"对话框，如图 4-15 所示。选中"0.40mm"线宽，单击"确定"按钮，回到"图层特性管理器"对话框。用同样的方法将"旗面"层的颜色设置为白色，将"三环"层的颜色设置为蓝色，线宽均设置为默认值。整体设置如下：

　　"旗尖"层：线型为 CONTINOUS，颜色为灰色，线宽为默认值。

"旗杆"层：线型为 CONTINOUS，颜色为红色，线宽为 0.40mm。

"旗面"层：线型为 CONTINOUS，颜色为白色，线宽为默认值。

"三环"层：线型为 CONTINOUS，颜色为蓝色，线宽为默认值。

设置完成的"图层特性管理器"对话框如图 4-16 所示。

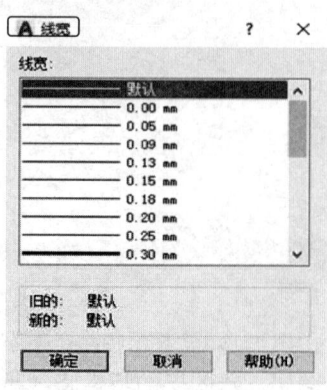

图 4-15　"线宽"对话框

02 单击"默认"选项卡"绘图"面板中的"直线"按钮 ，在绘图窗口中右击，指定一点拖动光标到合适位置，单击指定另一点，画出一条倾斜直线，作为辅助绘图线。

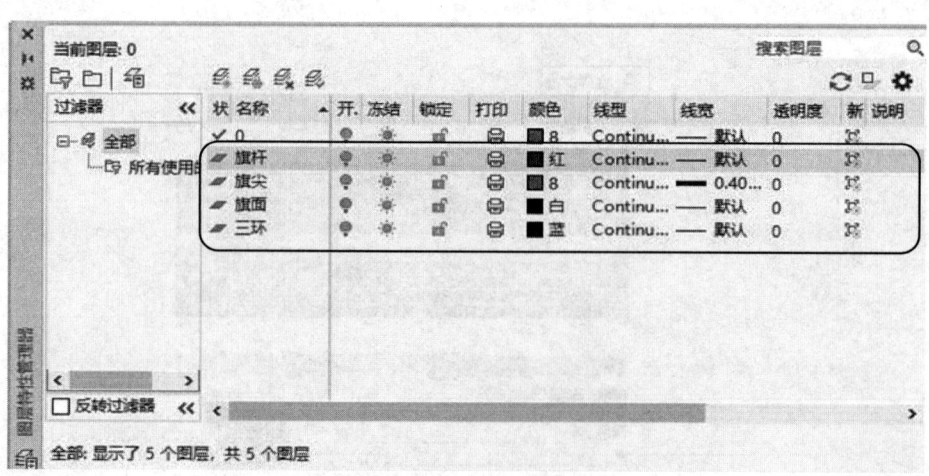

图 4-16　"图层特性管理器"对话框

03 单击"默认"选项卡"图层"面板中的"图层特性"按钮 ，在打开的"图层特性管理器"对话框中选择"旗尖"层，单击"置为当前"按钮，把它设置为当前图层，绘制灰色的旗尖。

04 单击"视图"选项卡"导航"面板中的"实时缩放"按钮 ，指定一个窗口，把窗口内的图形放大到全屏，单击指定窗口的左上角点拖动鼠标，出现一个动态窗口，单击指定窗口的右下角点对图形进行缩放。

05 单击"默认"选项卡"绘图"面板中的"多段线"按钮，再单击状态栏中的"对象捕捉"按钮，将光标移至直线上，单击一点指定起始宽度为 0，指定终止宽度为 8，然后捕捉直线上另一点，绘制多段线。

06 单击"默认"选项卡"修改"面板中的"镜像"按钮 ◬，选择所画的多段线，捕捉所画多段线的端点单击，在垂直于直线方向上指定第二点。镜像绘制的多段线如图 4-17 所示。命令行提示如下：

> 命令：_mirror
>
> 选择对象：（选择上步绘制的多段线）
>
> 指定镜像线的第一点（指定镜像的第一点）
>
> 指定镜像线的第二点：（指定镜像的第二点）
>
> 要删除源对象吗？[是(Y)/否(N)]〈否〉：N（不删除原对象）

07 将"旗杆"层设置为当前层，恢复前一次的显示，打开线宽显示。

08 单击"默认"选项卡"绘图"面板中的"直线"按钮 ╱，捕捉所画旗尖的端点，将光标移至直线上，单击一点，绘制旗杆。绘制结果如图 4-18 所示。

图 4-17　灰色的旗尖　　　　图 4-18　绘制红色的旗杆后的图形

09 将"旗面"层设置为当前图层，单击"默认"选项卡"绘图"面板中的"多段线"按钮，绘制白色的旗面。命令行提示如下：

> 命令：PL↙
>
> 指定起点：（捕捉所画旗杆的端点）
>
> 当前线宽为 0.0000
>
> 指定下一个点或 [圆弧(A)/闭合(C)/半宽(H)/长度(L)/放弃(U)/宽度(W)]：A↙
>
> 指定圆弧的端点(按住 Ctrl 键以切换方向)或[角度(A)/圆心(CE)/闭合(CL)/方向(D)/半宽(H)/直线(L)/半径(R)/第二个点(S)/放弃(U)/宽度(W)]：S↙
>
> 指定圆弧上的第二个点：（单击一点，指定圆弧的第二点）
>
> 指定圆弧的端点：（单击一点，指定圆弧的端点）
>
> 指定圆弧的端点(按住 Ctrl 键以切换方向)或[角度(A)/圆心(CE)/闭合(CL)/方向(D)/半宽(H)/直线(L)/半径(R)/第二个点(S)/放弃(U)/宽度(W)]：（单击一点，指定圆弧的端点）
>
> 指定圆弧的端点(按住 Ctrl 键以切换方向)或[角度(A)/圆心(CE)/闭合(CL)/方向(D)/半宽(H)/直线

(L)/半径(R)/第二个点(S)/放弃(U)/宽度(W)]: ↙

单击"默认"选项卡"修改"面板中的"复制"按钮 ^{o₃}₀，复制出另一条旗面边线。命令行提示如下：

> 命令：_copy
>
> 选择对象：（选择旗面边线）
>
> 选择对象：（按 Enter 键结束选择）
>
> 当前设置：复制模式 = 多个
>
> 指定基点或 [位移(D)/模式(O)] <位移>：（选择直线起点与旗面边线的交点）
>
> 指定第二个点或 [阵列(A)] <使用第一个点作为位移>：（选择直线的终点）
>
> 指定第二个点或 [阵列(A)/退出(E)/放弃(U)] <退出>：（按 Enter 键结束操作）

单击"默认"选项卡"绘图"面板中的"直线"按钮 ╱，捕捉所画旗面上边的端点及所画旗面下边的端点，绘制白色的旗面，结果如图 4-19 所示。

图 4-19 绘制白色的旗面

10 将"三环"层设置为当前图层。单击"默认"选项卡"绘图"面板中的"圆环"按钮 ◎，绘制圆环内径为 15mm，圆环外径为 20mm 的 3 个蓝色圆环。

11 将绘制的 3 个圆环分别修改为 3 种不同的颜色。单击第 2 个圆环，命令行提示如下：

> 命令：DDMODIFY↙ （或者单击标准工具栏中的图标 🖳，下同）

按 Enter 键，系统打开"特性"选项板，如图 4-20 所示，其中列出了该圆环所在的图层、颜色、线型、线宽等基本特性及其几何特性，❶单击"颜色"选项，在表示颜色的色块后出现一个按钮 ▾，❷单击此按钮，打开"颜色"下拉列表，从中选择 ❸ "洋红"选项，如图 4-21 所示。连续按两次 Esc 键，退出。用同样的方法，将另一个圆环的颜色修改为绿色。

12 单击"默认"选项卡"修改"面板中的"删除"按钮 ✍，删除辅助线。最终绘制的结果如图 4-12 所示。命令行提示如下：

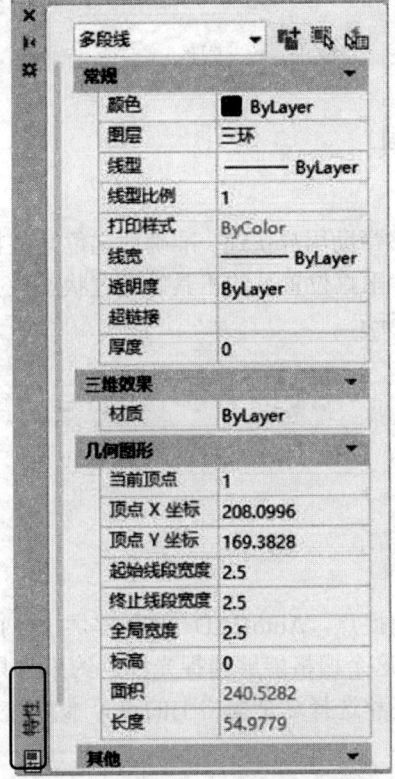

图 4-20 "特性"选项板

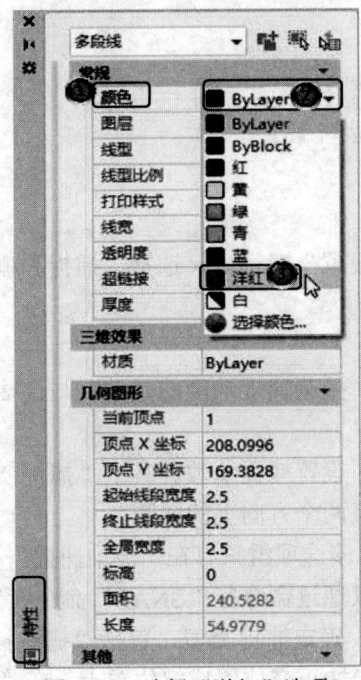

图 4-21 选择"洋红"选项

命令：_erase
选择对象：（选择辅助直线，并按 Enter 键删除）

4.2 精确定位工具

精确定位工具是指能够帮助用户快速、准确地定位某些特殊点（如端点、中点、圆心等）和特殊位置（如水平位置、垂直位置）的工具。通过状态栏中的部分按钮也可以控制图形或绘图区的状态，如图 4-22 所示。

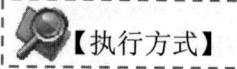

图 4-22　状态栏

4.2.1 捕捉工具

为了准确地在屏幕上捕捉点，AutoCAD 2022 提供了捕捉工具，可以在屏幕上生成一个隐含的栅格（捕捉栅格），这个栅格能够捕捉光标，约束它只能落在栅格的某一个节点上，使用户能够高精确度地捕捉和选择这个栅格上的点。本节将介绍捕捉栅格的参数设置方法。

【执行方式】

命令行：DSETTINGS
菜单：工具→绘图设置
状态栏："捕捉"按钮▦（仅限于打开与关闭）
快捷键：F9（仅限于打开与关闭）

【操作步骤】

按上述操作打开"草图设置"对话框，选择"捕捉和栅格"选项卡，如图 4-23 所示。

【选项说明】

1）"启用捕捉"复选框：控制捕捉功能的开关。与快捷键 F9 或状态栏上的"捕捉"功能相同。

2）"捕捉间距"选项组：设置捕捉参数。其中"捕捉 X 轴间距"与"捕捉 Y 轴间距"确定捕捉栅格点在水平和垂直两个方向上的间距。

3）"极轴间距"选项组：该选项组只有在"极轴捕捉"类型时才可用。可在"极轴距离"文本框中输入距离值，也可以通过命令行"SNAP"命令设置捕捉有关参数。

4）"捕捉类型"选项组：确定捕捉类型，包括"栅格捕捉""矩形捕捉"和"等轴测捕捉"三种方式。栅格捕捉是指按正交位置捕捉位置点。在"矩形捕捉"方式下，捕捉栅格是标准的矩形。在"等轴测捕捉"方式下，捕捉栅格和光标十字线不再互相垂直，而是成绘制等轴测图时的特定角度，这种方式对于绘制等轴测图是十分方便的。

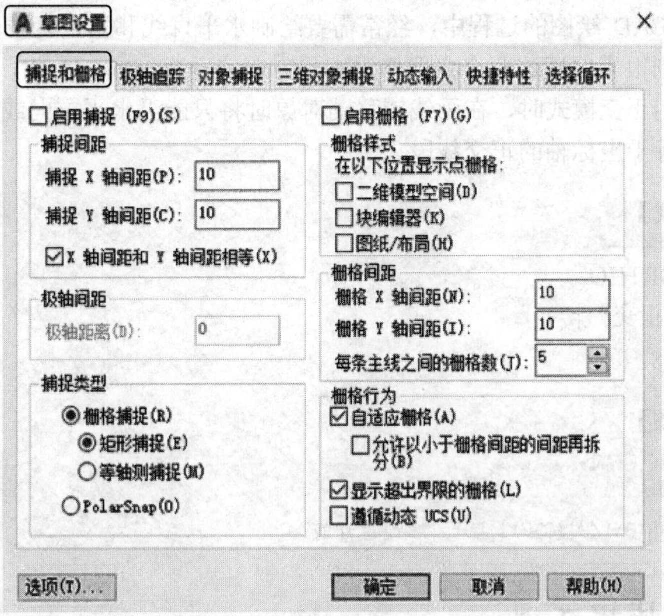

图 4-23 "草图设置"对话框

4.2.2 栅格工具

用户可以应用显示栅格工具使绘图区域出现可见的网格，它是一个形象的画图工具，就像传统的坐标纸一样。下面介绍控制栅格的显示及设置栅格参数的方法。

【执行方式】

命令行：DSETTINGS
菜单：工具→绘图设置
状态栏："栅格"按钮 ⊞（仅限于打开与关闭）
快捷键：F7（仅限于打开与关闭）

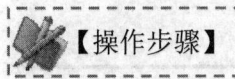

【操作步骤】

按上述操作打开"草图设置"对话框，选择"捕捉和栅格"选项卡，如图 4-23 所示。其中，"启用栅格"复选框控制是否显示栅格。"栅格 X 轴间距"和"栅格 Y 轴间距"文本框用来设置栅格在水平与垂直方向的间距。如果"栅格 X 轴间距"和"栅格 Y 轴间距"设置为 0，则 AutoCAD 会自动将捕捉栅格间距应用于栅格，且其原点和角度总是和捕捉栅格的原点和角度相同。还可通过"GRID"命令在命令行设置栅格间距。

4.2.3　正交模式

在用 AutoCAD 绘图的过程中，经常需要绘制水平直线和垂直直线，但是如果用鼠标拾取线段的端点则很难保证这两个点严格沿水平方向或垂直方向。为此，AutoCAD 提供了正交功能，当启用正交模式时，在画线或移动对象时将只能沿水平方向或垂直方向移动光标，因此只能画平行于坐标轴的正交线段。

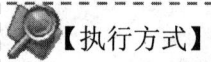【执行方式】

命令行：ORTHO
状态栏："正交" 按钮
快捷键：F8

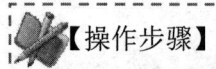【操作步骤】

命令：ORTHO✓
输入模式［开(ON)/关(OFF)］<开>：(设置开或关)

4.3　对象捕捉工具

AutoCAD 提供了对象捕捉工具，利用这些工具可轻易找到一些特殊的点，如圆心、切点、线段或圆弧的端点、中点等。

4.3.1　特殊位置点捕捉

在绘制图形时，有时需要指定一些特殊位置的点，如圆心、端点、中点、平行线上的点等，此时可以通过对象捕捉工具来捕捉这些点。

AutoCAD 提供了命令行方式、工具栏方式和右键快捷菜单方式三种特殊点对象捕捉的方法。绘图时，当在命令行中提示输入一点时，输入相应特殊位置点命令，然后根据提示操作即可。特殊位置点捕捉模式见表 4-2。

表 4-2　特殊位置点捕捉模式

捕捉模式	功能
临时追踪点	建立临时追踪点
两点之间的中点	捕捉两个独立点之间的中点
自	建立一个临时参考点，作为指出后继点的基点
点过滤器	由坐标选择点
端点	线段或圆弧的端点

（续）

捕捉模式	功能
中点	线段或圆弧的中点
交点	线、圆弧或圆等的交点
外观交点	图形对象在视图平面上的交点
延长线	指定对象的延伸线
圆心	圆或圆弧的圆心
象限点	距光标最近的圆或圆弧上可见部分的象限点，即圆周上 0°、90°、180°、270° 位置上的点
切点	最后生成的一个点到选中的圆或圆弧上引切线的切点位置
垂足	在线段、圆、圆弧或它们的延长线上捕捉一个点，使之与最后生成的点的连线与该线段、圆或圆弧正交
平行线	绘制与指定对象平行的图形对象
节点	捕捉用 Point 或 DIVIDE 等命令生成的点
插入点	文本对象和图块的插入点
最近点	离拾取点最近的线段、圆、圆弧等对象上的点
无	关闭对象捕捉模式
对象捕捉设置	设置对象捕捉

4.3.2 实例——线段

本实例将利用对象捕捉工具,从图 4-24a 中线段的中点到圆的圆心画一条线段。

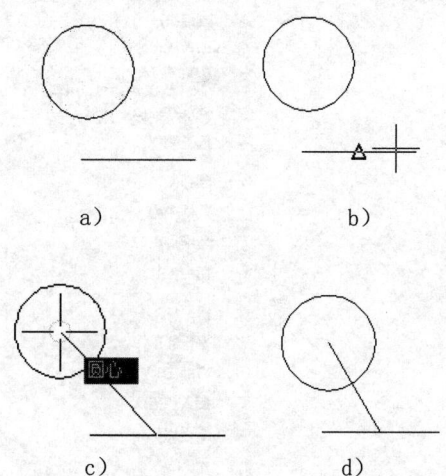

a)　　　　　　　　　b)

c)　　　　　　　d)

图 4-24　利用对象捕捉工具绘制线

01 命令行方式。单击"默认"选项卡"绘图"面板中的"直线"按钮 ，绘制线段的中点到圆的圆心的线段。命令行提示如下：

命令：LINE✓

指定第一个点：MID✓

于：（把十字光标放在线段上，如图 4-24b 所示，在线段的中点处出现一个三角形的中点捕捉标记，单击鼠标左键拾取该点）

指定下一点或 [放弃(U)]:CEN✓

于：（把十字光标放在圆上，如图 4-24c 所示，在圆心处出现一个圆形的圆心捕捉标记，单击鼠标左键拾取该点）

指定下一点或 [放弃(U)]：✓

结果如图 4-24d 所示。

02 工具栏方式。使用如图 4-25 所示的"对象捕捉"工具栏，可以使用户更方便地实现捕捉点的目的。当命令行提示输入一点时，在"对象捕捉"工具栏上单击相应的按钮。当把光标放在某一图标上时，会显示出该图标功能的提示，然后根据提示操作即可。

图 4-25 "对象捕捉"工具栏

03 快捷菜单方式。快捷菜单可通过同时按下 Shift 键和鼠标右键来激活。菜单中列出了 AutoCAD 提供的对象捕捉模式，如图 4-26 所示。操作方法与工具栏方式相似，只要在 AutoCAD 提示输入点时单击快捷菜单上相应的命令，然后按提示操作即可。

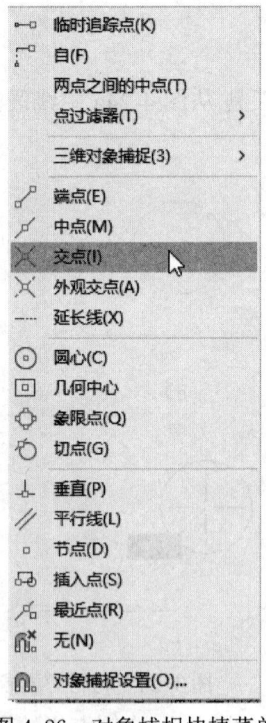

图 4-26 对象捕捉快捷菜单

4.3.3 设置对象捕捉

在用 AutoCAD 绘图之前，可以根据需要事先设置运行一些对象捕捉模式，这样在绘图时 AutoCAD 就能自动捕捉这些特殊点，从而加快绘图速度，提高绘图质量。

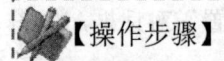【执行方式】

命令行：DDOSNAP

菜单：工具→绘图设置

工具栏：对象捕捉→对象捕捉设置

状态栏：对象捕捉按钮 □ （功能仅限于打开与关闭）

快捷键：F3（功能仅限于打开与关闭）

快捷菜单：对象捕捉设置

【操作步骤】

命令：DDOSNAP↙

系统❶打开"草图设置"对话框，❷单击"对象捕捉"标签打开"对象捕捉"选项卡，如图 4-27 所示。利用此对话框可以对对象捕捉方式进行设置。

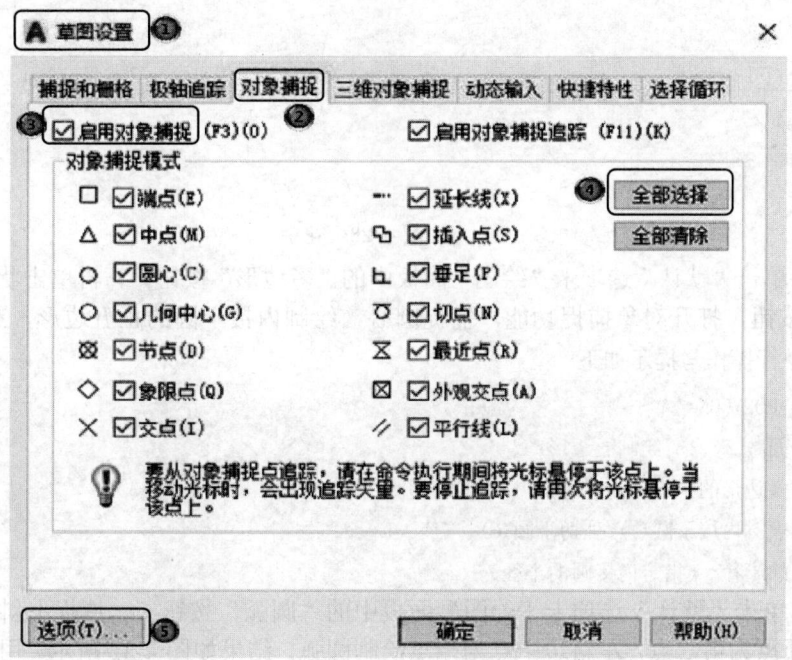

图 4-27 "草图设置"对话框"对象捕捉"选项卡

【选项说明】

1）"启用对象捕捉"复选框：打开或关闭对象捕捉方式。当选中❸此复选框时，在"对象捕捉模式"选项组中选中的捕捉模式处于激活状态。

2）"启用对象捕捉追踪"复选框：打开或关闭自动追踪功能。

3）"对象捕捉模式"选项组：列出了各种捕捉模式的单选按钮，选中则该模式被激活。单击"全部清除"按钮，则所有模式均被清除。❹单击"全部选择"按钮，则所有模式均被选中。

另外，在对话框的左下角有一个❺ "选项"按钮，单击它可打开"选项"对话框的"草图"选项卡，利用该对话框可决定捕捉模式的各项设置。

4.3.4 实例——花朵

本例绘制如图 4-28 所示的花朵。

01 选择菜单栏中的"工具"→"绘图设置"命令，打开"草图设置"对话框，如图 4-29 所示。单击"全部选择"按钮，选择所有的对象捕捉模式，然后退出。

02 单击"默认"选项卡"绘图"面板中的"圆"按钮⊙，绘制花蕊，如图 4-30 所示。

图 4-28　花朵

03 单击"默认"选项卡"绘图"面板中的"多边形"按钮⬠，再单击状态栏上的"对象捕捉"按钮，打开对象捕捉功能，捕捉圆心，绘制内接于圆的正五边形，结果如图 4-31 所示。命令行操作与提示如下：

> 命令：POLYGON
>
> 输入侧面数 〈5〉:5(绘制五边形)
>
> 指定正多边形的中心点或 [边(E)]：(在绘图区指定)
>
> 输入选项 [内接于圆(I)/外切于圆(C)] 〈I〉：I
>
> 指定圆的半径：(指定内接圆的半径)

04 单击"默认"选项卡"绘图"面板中的"圆弧"按钮⌒，捕捉上斜边的中点为起点，左上顶点为第二点，左斜边中点为端点绘制圆弧，结果如图 4-32 所示。用同样的方法绘制另外四段圆弧，结果如图 4-33 所示。然后删除正五边形，结果如图 4-34 所示。

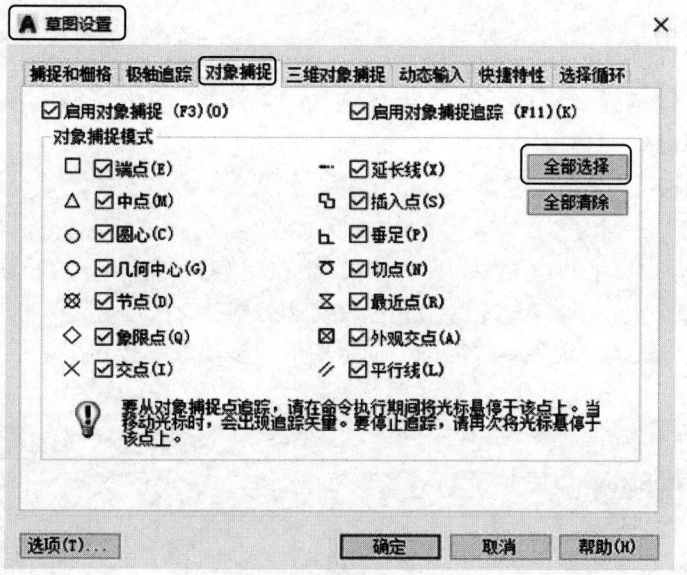

图 4-29　"草图设置"对话框

图 4-30　绘制花蕊

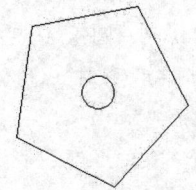

图 4-31　绘制正五边形

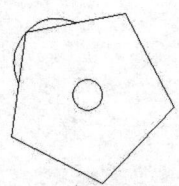

图 4-32　绘制一段圆弧

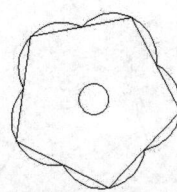

图 4-33　绘制所有圆弧

图 4-34　绘制花朵

05 单击"默认"选项卡"绘图"面板中的"多段线"按钮 ，绘制花枝。命令行提示如下：

```
命令：_PLINE
指定起点：(捕捉圆弧右下角的交点)
当前线宽为 0.0000
指定下一个点或 ［圆弧(A)/半宽(H)/长度(L)/ 放弃(U)/宽度(W)］：W
```

指定起点宽度 0.0000>: 4

指定端点宽度 <4.0000>:

指定下一个点或 [圆弧(A)/半宽(H)/长度(L)/放弃(U)/宽度(W)]: A

指定圆弧的端点(按住 Ctrl 键以切换方向)或[角度(A)/圆心(CE)/方向(D)/半宽(H)/直线(L)/半径(R)/第二个点(S)/放弃(U)/宽度(W)]: S

指定圆弧上的第二个点:(指定第二点)

指定圆弧的端点:(指定第三点)

指定圆弧的端点(按住 Ctrl 键以切换方向)或[角度(A)/圆心(CE)/闭合(CL)/方向(D)/半宽(H)/直线(L)/半径(R)/第二个点(S)/放弃(U)/宽度(W)]:(完成花枝绘制)

06 单击"默认"选项卡"绘图"面板中的"多段线"按钮 ，绘制花叶。命令行提示如下：

命令: _PLINE

指定起点:(捕捉花枝上一点)

当前线宽为 4.0000

指定下一个点或 [圆弧(A)/半宽(H)/长度(L)/放弃(U)/宽度(W)]: H

指定起点半宽 <2.0000>: 12

指定端点半宽 <12.0000>: 3

指定下一个点或 [圆弧(A)/半宽(H)/长度(L)/放弃(U)/宽度(W)]: A

指定圆弧的端点(按住 Ctrl 键以切换方向)或[角度(A)/圆心(CE)/方向(D)/半宽(H)/直线(L)/半径(R)/第二个点(S)/放弃(U)/宽度(W)]: S

指定圆弧上的第二个点:(指定第二点)

指定圆弧的端点:(指定第三点)

指定圆弧的端点(按住 Ctrl 键以切换方向)或[角度(A)/圆心(CE)/闭合(CL)/方向(D)/半宽(H)/直线(L)/半径(R)/第二个点(S)/放弃(U)/宽度(W)]:

用同样方法绘制另外两片叶子，结果如图 4-35 所示。

图 4-35　绘制出花朵图案

07 选择枝叶，枝叶上显示夹点标志，在一个夹点上单击鼠标右键，弹出快捷菜单，选择其中的"特性"命令，如图 4-36 所示。系统打开"特性"选项板，在"颜色"下拉列表框中选择"绿"，如图 4-37 所示。

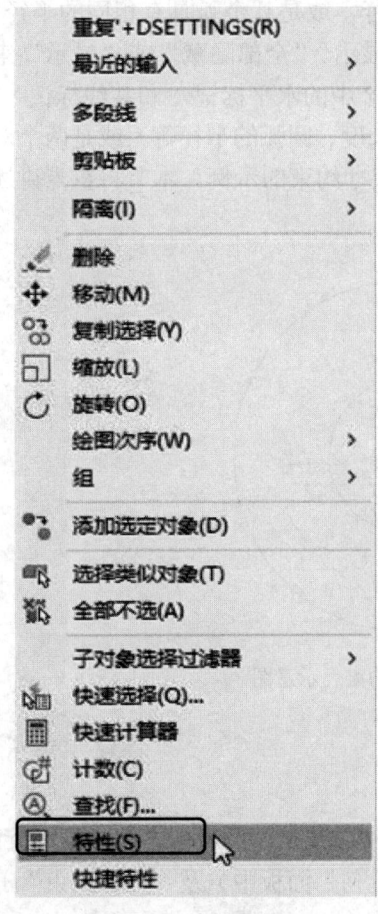

图 4-36　快捷菜单　　　　　　　　　　图 4-37　设置颜色

用同样的方法修改花朵颜色为红色、花蕊颜色为洋红色，结果如图 4-28 所示。

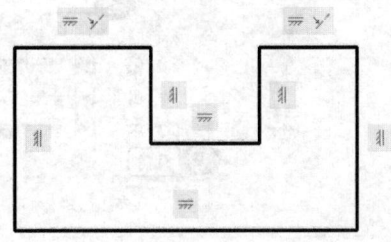

图 4-38　"几何约束"示意图

4.4　对象约束

约束能够用于精确地控制草图中的对象。草图约束有两种类型：尺寸约束和几何约束。

几何约束可建立起草图对象的几何特性（如要求某一直线具有固定长度）或是两个或更多草图对象的关系类型（如要求两条直线垂直或平行，或是几个弧具有相同的半径）。在图形区，用户可以使用"参数化"选项卡内的"全部显示""全部隐藏"或"显示"来显示有关信息，并显示代表这些约束的直观标记（如图 4-38 中的水平标记 ═ 和共线标记 ╲）。

尺寸约束可建立起草图对象的大小（如直线的长度、圆弧的半径等）或是两个对象之间的关系（如两点之间的距离）。图 4-39 所示为带有尺寸约束的示例。本节将重点讲述几何约束的相关功能。

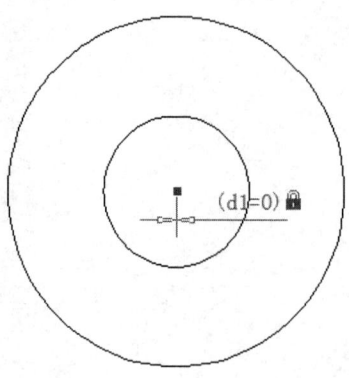

图 4-39　"尺寸约束"示意图

4.4.1　建立几何约束

使用几何约束，可以指定草图对象必须遵守的条件，或是草图对象之间必须维持的关系。"几何"面板（在❶ "参数化"选项卡中的❷ "几何"面板中）及"几何约束"工具栏如图 4-40 所示。常用几何约束模式的功能见表 4-3。

图 4-40　"几何"面板及"几何约束"工具栏

绘图中可指定二维对象或对象上的点之间的几何约束。之后编辑受约束的几何图形时将保留约束。因此，通过使用几何约束，可以在图形中包含设计要求。

表 4-3 常用几何约束模式的功能

约束模式	功能
重合	约束两个点使其重合，或者约束一个点使其位于曲线（或曲线的延长线）上。可以使对象上的约束点与某个对象重合，也可以使其与另一对象上的约束点重合
共线	使两条或多条直线段沿同一直线方向
同心	将两个圆弧、圆或椭圆约束到同一个中心点。其结果与将重合约束应用于曲线的中心点所产生的结果相同
固定	将几何约束应用于一对对象时，选择对象的顺序以及选择每个对象的点可能会影响对象彼此间的放置方式
平行	使选定的直线位于彼此平行的位置。平行约束在两个对象之间应用
垂直	使选定的直线位于彼此垂直的位置。垂直约束在两个对象之间应用
水平	使直线或点对位于与当前坐标系的 X 轴平行的位置。默认选择类型为对象
竖直	使直线或点对位于与当前坐标系的 Y 轴平行的位置
相切	将两条曲线约束为保持彼此相切或其延长线保持彼此相切。相切约束在两个对象之间应用
平滑	将样条曲线约束为连续，并与其他样条曲线、直线、圆弧或多段线保持连续性
对称	使选定对象受对称约束，相对于选定直线对称
相等	将选定圆弧和圆的尺寸重新调整为半径相同，或将选定直线的尺寸重新调整为长度相同

4.4.2 几何约束设置

在用 AutoCAD 绘图时，可以控制约束栏的显示，使用"约束设置"对话框（见图 4-41）可控制约束栏上显示或隐藏的几何约束类型。可单独或全局显示/隐藏几何约束和约束栏。可执行以下操作：

显示（或隐藏）几何约束。

全部显示所有几何约束。

全部隐藏所有几何约束。

【执行方式】

命令行：CONSTRAINTSETTINGS

菜单：参数→约束设置

工具栏：参数化→约束设置 ▣

快捷键：CSETTINGS

功能区：单击"参数化"选项卡"几何"面板中的"约束设置"按钮 ▚

【操作步骤】

命令：CONSTRAINTSETTINGS✓

系统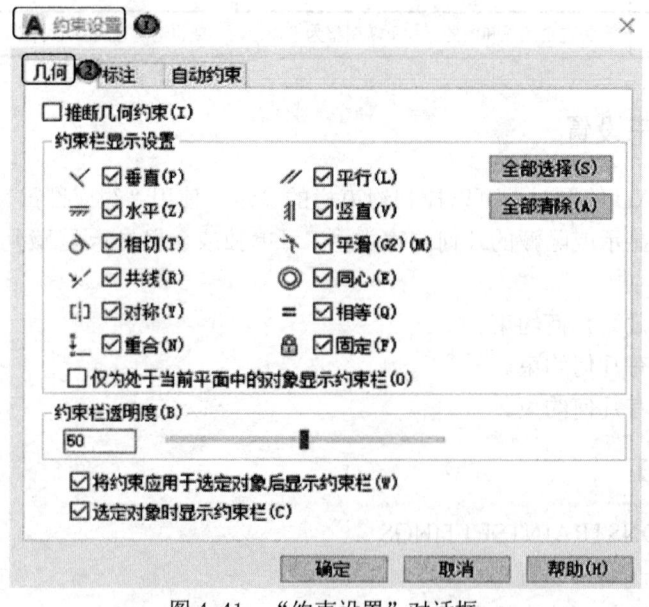❸打开"约束设置"对话框，在该对话框中❷单击"几何"标签，打开"几何"选项卡，如图 4-41 所示。利用此对话框可以控制约束栏上约束类型的显示。

【选项说明】

1）"推断几何约束"复选框：创建和编辑几何图形时推断几何约束。

2）"约束栏显示设置"选项组：此选项组控制图形编辑器中是否为对象显示约束栏或约束点标记。例如，可以为水平约束和竖直约束隐藏约束栏的显示。

3）"全部选择"按钮：选择全部几何约束类型。

4）"全部清除"按钮：清除选定的几何约束类型。

5）"仅为处于当前平面中的对象显示约束栏"复选框：仅为当前平面上受几何约束的对象显示约束栏。

6）"约束栏透明度"选项组：设置图形中约束栏的透明度。

7）"将约束应用于选定对象后显示约束栏"复选框：手动应用约束后或使用"AUTOCONSTRAIN"命令时显示相关约束栏。

8）"选定对象时显示约束栏"复选框：临时显示选定对象的约束栏。

图 4-41　"约束设置"对话框

4.4.3　实例——约束控制未封闭三角形

本实例将对如图 4-42 所示的未封闭三角形进行约束控制，结果如图 4-43 所示。

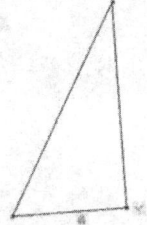

图 4-42　未封闭三角形　　　　　　　图 4-43　自动重合与自动垂直约束

01 选择菜单栏中的"参数"→"约束设置"命令，①打开"约束设置"对话框。②打开"几何"选项卡，③单击"全部选择"按钮，选择全部约束方式，如图 4-44 所示。再④打开"自动约束"选项卡，将⑤"距离"和"角度"公差设置为 1，⑥不选择"相切对象必须共用同一交点"复选框和"垂直对象必须共用同一交点"复选框，约束优先顺序按图 4-45所示设置。

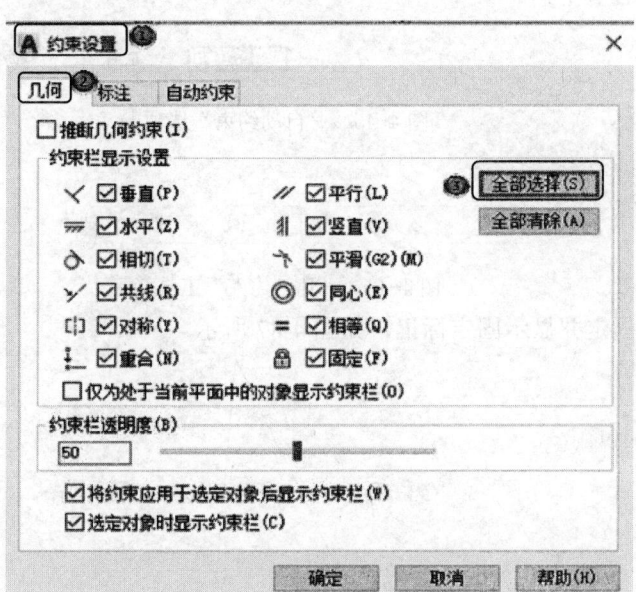

图 4-44　"几何"选项卡

02 调出"几何约束"工具栏，如图 4-46 所示。

03 单击"几何约束"工具栏上的（固定）🔒按钮，命令行提示如下：

```
命令：_GcFix
输入约束类型[水平(H)/竖直(V)/垂直(P)/平行(PA)/相切(T)/平滑(SM)/重合(C)/同心(CON)/共线
(COL)/对称(S)/相等(E)/固定(F)]<固定>:_Fix
    选择点或［对象(O)］<对象>:（选择三角形底边）
    选择点或［对象(O)］<对象>:（选择左边）
    选择点或［对象(O)］<对象>:✓（按 Enter 键）
```

图 4-45　"自动约束"选项卡

图 4-46　"几何约束"工具栏

这时，底边被固定并显示固定标记，如图 4-47 所示。

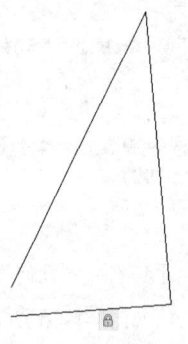

图 4-47　固定约束

04 单击"参数化"选项卡"几何"面板中的"自动约束"按钮，命令行提示如下：

命令：_AutoConstrain
选择对象或 [设置(S)]：（选择底边）
选择对象或 [设置(S)]：（选择左边，这里已知左边两个端点的距离为 0.7，在自动约束公差范围内）
选择对象或 [设置(S)]：✓

这时，左边下移，底边和左边两个端点重合并显示固定标记，而原来重合的上顶点现在分离，如图 4-48 所示。

05 用同样的方法，使上边两个端点进行自动约束，两者重合并显示重合标记，如图 4-49 所示。

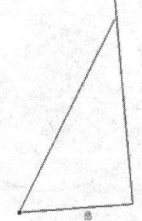 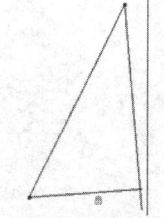

　　　图 4-48　自动重合约束 1　　　　　图 4-49　自动重合约束 2

06 单击"参数化"选项卡"几何"面板中的"自动约束"按钮，选择底边和右边为自动约束对象（这里已知底边与右边的原始夹角为 89°），可以发现，底边与右边自动保持重合与垂直关系，如图 4-43 所示（注意：这里右边必然要缩短）。

4.4.4　建立尺寸约束

建立尺寸约束可限制图形几何对象的大小。其与在草图上标注尺寸相似，也是在设置尺寸标注线的同时建立相应的表达式，不同的是尺寸约束可以在后续的编辑工作中实现尺寸的参数化驱动。"标注"面板（在"参数化"选项卡中）及"标注约束"工具栏如图 4-50 所示。

图 4-50　"标注"面板及"标注约束"工具栏

在生成尺寸约束时，用户可以选择草图曲线、边、基准平面或基准轴上的点，以生成水平、竖直、平行、垂直和角度尺寸。

生成尺寸约束时，系统会生成一个表达式，其名称和值显示在一打开的对话框文本区域中（见图 4-51），用户可以接着编辑该表达式的名和值。

生成尺寸约束时，只要选中了几何体，其尺寸及其延伸线和箭头就会全部显示出来。将尺寸拖动到位，然后单击，完成尺寸约束后，用户还可以随时更改尺寸约束，此时只需在图形区选中该值双击，然后使用与生成过程所相同的方式，即可编辑其名称、值或位置。

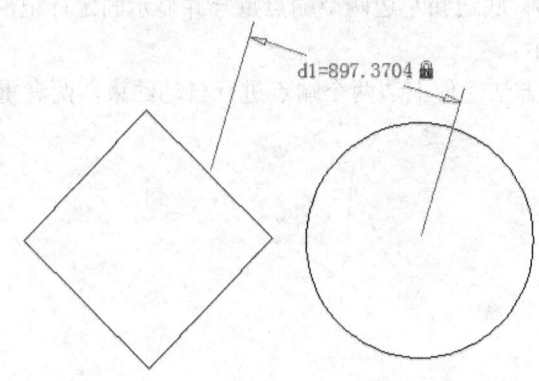

图 4-51   "尺寸约束编辑"示意图

4.4.5   尺寸约束设置

在用 AutoCAD 绘图时，使用❶ "约束设置"对话框内的❷ "标注"选项卡（见图 4-52），可控制显示标注约束时的系统配置。标注约束控制设计的大小和比例。它们可以约束以下内容：

1）对象之间或对象上的点之间的距离。

2）对象之间或对象上的点之间的角度。

【执行方式】

命令行：CONSTRAINTSETTINGS

菜单：参数→约束设置

功能区：单击"参数化"选项卡"标注"面板中的"约束设置"按钮 ⬛

工具栏：参数化→约束设置 ⬚

快捷键：CSETTINGS

【操作步骤】

命令:CONSTRAINTSETTINGS✓

系统❶打开"约束设置"对话框，在该对话框中❷单击"标注"标签，打开"标注"选项卡，如图 4-52 所示。利用此对话框可以控制约束栏上约束类型的显示。

【选项说明】

1）"标注约束格式"选项组：该选项组内可以设置标注名称格式和锁定图标的显示。

2）"标注名称格式"下拉列表框：为应用标注约束时显示的文字指定格式。将名称格式设置为"名称""值"或"名称和表达式"。例如，宽度=长度/2。

3）"为注释性约束显示锁定图标"复选框：针对已应用注释性约束的对象显示锁定图标。

4）"为选定对象显示隐藏的动态约束"显示选定时已设置为隐藏的动态约束。

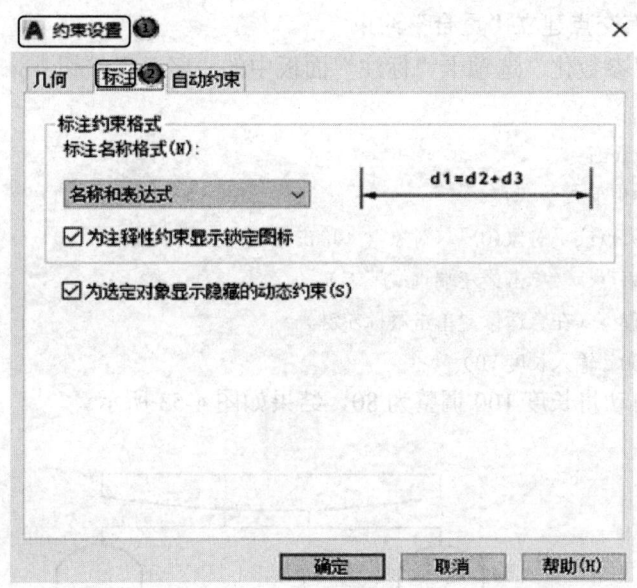

图 4-52　"约束设置"对话框"标注"选项卡

4.4.6　实例——更改椅子扶手长度

绘制如图 4-53 所示的椅子。

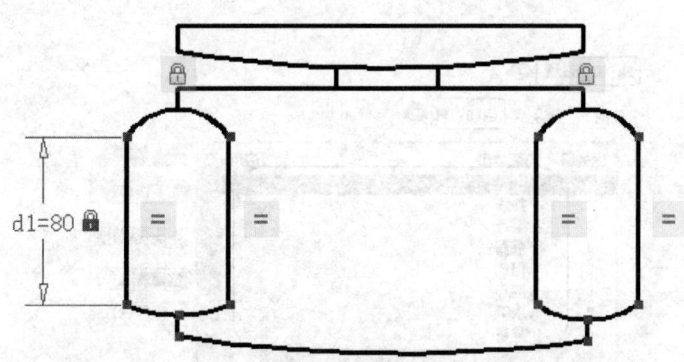

图 4-53　椅子

01 绘制椅子或打开 3.2.4 节中绘制的椅子,如图 4-54 所示。

02 单击"参数化"选项卡"几何"面板中的"固定"按钮 🔒,使椅子扶手上部两圆弧均建立固定的几何约束。

03 使用"相等"命令,使最左端竖直线与右端每条竖直线建立相等的几何约束。

04 选择菜单栏中的"参数"→"约束设置"命令,❶打开"约束设置"对话框,如图 4-55 所示。设置自动约束。❷选择"自动约束"选项卡,❸选择重合约束,取消其余约束方式。

05 单击"参数化"选项卡"几何"面板中的"自动约束"按钮 🚅，然后选择全部图形。将图形中所有交点建立"重合"约束。

06 单击"参数化"选项卡"标注"面板中的"竖直"按钮 ⌶，更改竖直尺寸。命令行提示如下：

命令：_DcVertical

当前设置：约束形式 = 动态

指定第一个约束点或 [对象(O)] 〈对象〉：（单击最左端直线上端）

指定第二个约束点：（单击最左端直线下端）

指定尺寸线位置：（在合适位置单击鼠标左键）

标注文字 = 100（输入长度80）

07 系统自动将长度 100 调整为 80，结果如图 4-53 所示。

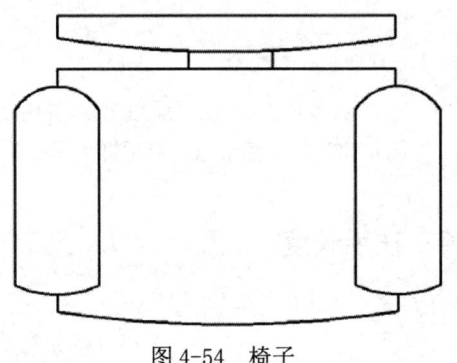

图 4-54 椅子

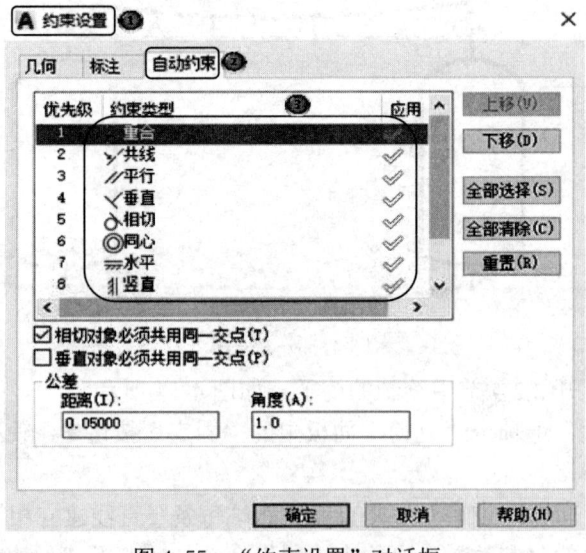

图 4-55 "约束设置"对话框

4.5　上机实验

实验1　绘制锅

绘制如图 4-56 所示的锅。

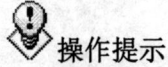**操作提示：**

1. 利用"图层"命令新建图层。
2. 利用"直线""多段线""圆弧"和"矩形"命令绘制锅。

实验2　绘制图徽

利用精确定位工具绘制图 4-57 所示的图徽。

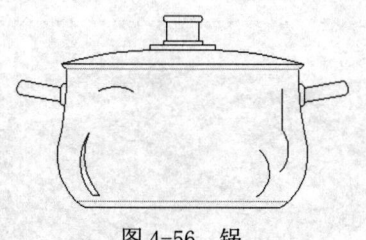

图 4-56　锅　　　　　　　　　　图 4-57　图徽

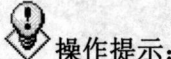**操作提示：**

1. 利用"圆"命令绘制一个圆。
2. 利用"正多边形"命令，用圆心捕捉方式捕捉所画圆的圆心来定位该正六边形的外接圆圆心。然后用端点捕捉方式捕捉所画正六边形的端点，并将它们分别连接起来。
3. 利用"修剪"命令对其进行修剪。
4. 利用"圆弧"命令的三点方式画圆弧（圆弧的三个点分别采用端点捕捉和圆心捕捉来得到）。

第 5 章　编辑命令

导读

　　二维图形编辑操作配合绘图命令的使用可以进一步完成复杂图形对象的绘制工作，并可使用户合理安排和组织图形，保证作图准确，减少重复，因此熟练掌握和使用编辑命令有助于提高设计和绘图的效率。本章主要介绍复制类命令、改变位置类命令、删除及恢复类命令、改变几何特性类编辑命令和对象编辑等。

学 习 要 点

◎　删除及恢复类命令、复制类命令

◎　改变位置类命令

◎　改变几何特性类命令

◎　对象编辑

5.1 选择对象

AutoCAD 2022 提供了以下两种编辑图形的途径：

1）先执行编辑命令，然后选择要编辑的对象。

2）先选择要编辑的对象，然后执行编辑命令。

这两种途径的执行效果是相同的，其中选择对象是进行编辑的前提。AutoCAD 2022 提供了多种对象选择方法，如点取、用选择窗口选择对象、用选择线选择对象、用对话框选择对象等。AutoCAD 2022 可以把选择的多个对象组成整体，如选择集和对象组，进行整体编辑与修改。

选择集可以仅由一个图形对象构成，也可以是一个复杂的对象组，如位于某一特定图层上具有某种特定颜色的一组对象。选择集的构造可以在调用编辑命令之前或之后。

AutoCAD 2022 提供以下几种方法构造选择集：

1）先选择一个编辑命令，然后选择对象，按 Enter 键结束操作。

2）使用"SELECT"命令。在命令提示行输入"SELECT"，然后根据选择选项后出现的提示选择对象，按 Enter 键结束。

3）用点取设备选择对象，然后调用编辑命令。

4）定义对象组。

无论使用哪种方法，AutoCAD 2022 都将提示用户选择对象，并且光标的形状由十字光标变为拾取框。

下面结合"SELECT"命令说明选择对象的方法。

"SELECT"命令可以单独使用，也可以在执行其他编辑命令时被自动调用。命令行出现如下提示：

> 选择对象：

等待用户以某种方式选择对象作为回答。AutoCAD 2022 提供了多种选择方式，可以键入"？"查看这些选择方式。选择对象后，命令行提示如下：

> 需要点或窗口(W)/上一个(L)/窗交(C)/框(BOX)/全部(ALL)/栏选(F)/圈围(WP)/圈交(CP)/编组(G)/添加(A)/删除(R)/多个(M)/前一个(P)/放弃(U)/自动(AU)/单个(SI)/子对象(SU)/对象(O)
>
> 选择对象：

其中部分选项的含义如下：

1）窗口(W)：用由两个对角顶点确定的矩形窗口选取位于其范围内部的所有图形，与边界相交的对象不会被选中。指定对角顶点时应该按照从左向右的顺序，如图 5-1 所示。

2）窗交(C)：该方式与上述"窗口"方式类似，区别在于它不但选择矩形窗口内部的对象，也选中与矩形窗口边界相交的对象，如图 5-2 所示。

3）框(BOX)：使用时，系统根据用户在屏幕上给出的两个对角点的位置而自动引用"窗口"或"窗交"选择方式。若从左向右指定对角点，为"窗口"方式；反之，为"窗交"方式。

4）栏选(F)：用户临时绘制一些直线，这些直线不必构成封闭图形，凡是与这些直线相交的对象均被选中，如图 5-3 所示。

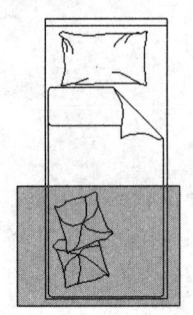 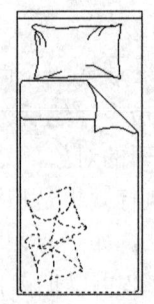

阴影覆盖为选择框   选择后的图形

图 5-1   "窗口"对象选择方式

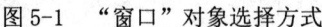

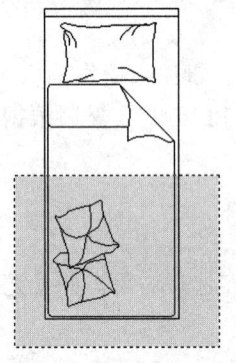 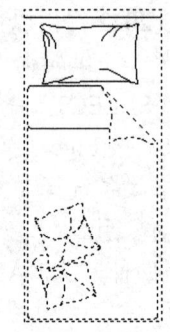

阴影覆盖为选择框   选择后的图形

图 5-2   "窗交"对象选择方式

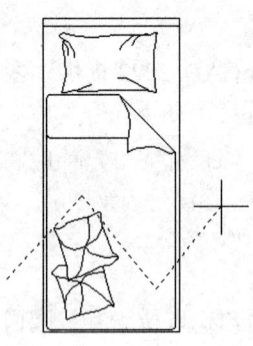 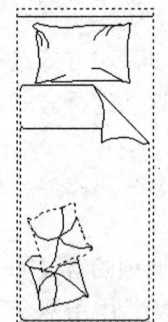

虚线为选择栏   选择后的图形

图 5-3   "栏选"对象选择方式

5）圈围(WP)：使用一个不规则的多边形来选择对象。用户根据提示，依次输入构成多边形所有顶点的坐标，最后按 Enter 键做出空回答结束操作后，系统将自动连接第一个顶点与最后一个顶点形成封闭的多边形，凡是被多边形围住的对象均被选中（不包括边界），如

图 5-4 所示。

6）添加(A)：添加下一个对象到选择集。也可用于从移走模式（Remove）到选择模式的切换。

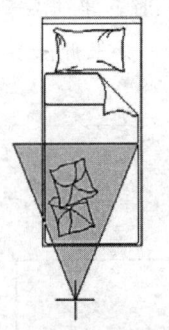
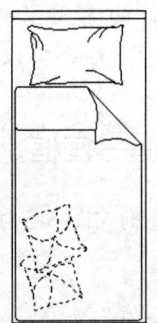

多边形为选择框　　　　　　　　　选择后的图形

图 5-4　"圈围"对象选择方式

5.2　删除及恢复类命令

这类命令主要用于删除图形的某部分或对已被删除的部分进行恢复，包括删除、回退、重做、清除等命令。

5.2.1　删除命令

如果所绘制的图形不符合要求或不小心绘错了图形，可以使用"删除"命令（ERASE）将其删除。

【执行方式】

命令行：ERASE

菜单：修改→删除

快捷菜单：选择要删除的对象，在绘图区域右击，从弹出的快捷菜单中选择"删除"命令

工具栏：修改→删除

功能区：单击"默认"选项卡"修改"面板中的"删除"按钮

【操作步骤】

可以先选择对象后调用删除命令，也可以先调用删除命令然后再选择对象。选择对象时可以使用前面介绍的各种方法。

当选择多个对象时，多个对象都将被删除；若选择的对象属于某个对象组，则该对象组的所有对象都将被删除。

 **注意:**

绘图过程中，如果出现了绘制错误或者不太满意的图形，可以利用标准工具栏中的 ↩，也可以用 Delete 键将其删除。在提示："-erase:"时，单击要删除的图形，再单击鼠标右键即可。"删除"命令可以一次删除一个或多个图形，如果删除错误，可以利用 ↩ 来恢复。

5.2.2 实例——画框

本例将绘制如图 5-5 所示的画框。

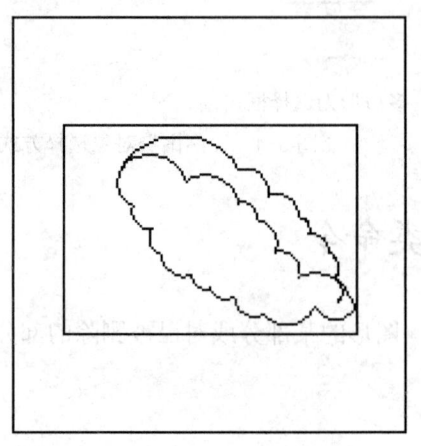

图 5-5 画框

01 图层设计。新建两个图层：

❶ "1" 图层，颜色为绿色，其余属性默认。

❷ "2" 图层，颜色为黑色，其余属性默认。

02 单击"默认"选项卡"绘图"面板中的"直线"按钮 ╱，指定坐标为（0，0）、（@0，100），绘制长为 100mm 的竖直直线，如图 5-6 所示。

03 单击"默认"选项卡"绘图"面板中的"矩形"按钮 ▭，指定坐标为（100，100）、（@80，80），绘制画框的外轮廓线。

04 单击矩形边的中点，将矩形移动到竖直直线上（"移动"命令将在后面章节介绍），如图 5-7 所示。命令行提示如下：

```
命令：_move
选择对象：（选择矩形）✓
选择对象：✓ (按 enter 键，结束选择)
指定基点或［位移(D)]〈位移〉:✓（选择矩形上边的中点）
指定第二个点或〈使用第一个点作为位移〉:（选择矩形上边的中点和直线的交点）
```

05 调用矩形命令绘制一个小矩形，指定坐标（0，0）、（@60，40）作为画框的内轮廓线。

06 将新绘制的矩形中点移动到竖直直线上，如图 5-8 所示。

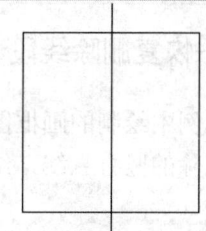

图 5-6　绘制竖直直线　　　　　　　　　　图 5-7　移动矩形

07 单击"默认"选项卡"修改"面板中的"删除"按钮 ，删除辅助线。命令行提示如下：

命令：_ERASE

选择对象：(选择竖直辅助线，并按 Enter 键)

08 单击"默认"选项卡"绘图"面板中的"修订云线"按钮 ，为画框添加装饰线，结果如图 5-5 所示。命令行提示如下：

命令：_REVCLOUD↙

最小弧长：0.5　　最大弧长：0.5　　样式：普通　　类型：矩形

指定第一个角点或［弧长(A)/对象(O)/矩形(R)/多边形(P)/徒手画(F)/样式(S)/修改(M)］〈对象〉：_F

指定第一个点或［弧长(A)/对象(O)/矩形(R)/多边形(P)/徒手画(F)/样式(S)/修改(M)］〈对象〉：

沿云线路径引导十字光标...

反转方向［是(Y)/否(N)］〈否〉：↙

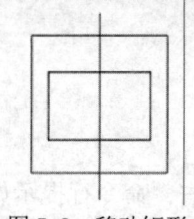

图 5-8　移动矩形

5.2.3　恢复命令

若不小心误删除了图形，可以使用"恢复"命令（OOPS）将其恢复。

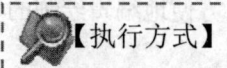【执行方式】

命令行：OOPS 或 U

工具栏：标准工具栏→放弃

快捷键：Ctrl+Z

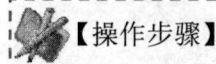【操作步骤】

在命令窗口的提示行上输入"OOPS"，按 Enter 键。

5.2.4 实例——恢复删除线段

01 打开上例中绘制的画框图形，如图 5-5 所示。

02 恢复删除的竖直直线，结果如图 5-9 所示。命令行提示如下：

命令：OOPS↙

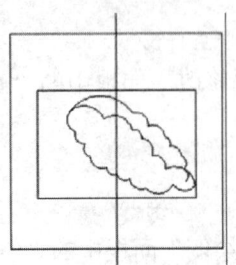

图 5-9　恢复删除的竖直直线

5.2.5 清除命令

此命令与"删除"命令的功能完全相同。

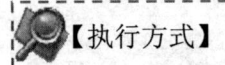【执行方式】

菜单：编辑→删除

快捷键：Delete

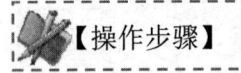【操作步骤】

用菜单或快捷键输入上述命令后，命令行提示如下：

选择对象：（选择要清除的对象，按 Enter 键执行清除命令）

5.3　复制类命令

本节详细将介绍 AutoCAD 2022 的复制类命令。利用这类命令，可以方便地编辑绘制的图形。

5.3.1 复制命令

【执行方式】

命令行：COPY

菜单：修改→复制

工具栏：修改→复制

快捷菜单：选择要复制的对象，在绘图区域右击，从弹出的快捷菜单上选择"复制选择"

功能区：单击"默认"选项卡"修改"面板中的"复制"按钮

【操作步骤】

命令：COPY↙

选择对象：（选择要复制的对象）

用前面介绍的选择对象的方法选择一个或多个对象，按 Enter 键结束选择操作。系统继续提示：

当前设置： 复制模式 = 多个

指定基点或［位移(D)/模式(O)］〈位移〉::（指定基点或位移）

指定第二个点或［阵列(A)］〈使用第一个点作为位移〉：

指定第二个点或［阵列(A)/退出(E)/放弃(U)］〈退出〉：

【选项说明】

1）指定基点：指定一个坐标点后，AutoCAD 2022 会把该点作为复制对象的基点，并提示：

指定第二个点或［阵列(A)］或〈使用第一点作为位移〉：

指定第二个点后，系统将根据这两点确定的位移矢量把选择的对象复制到第二点处。如果此时直接按 Enter 键，即选择默认的"使用第一点作为位移"，则第一个点被当作相对于 X、Y、Z 的位移。例如，如果指定基点为（2，3）并在下一个提示下按 Enter 键，则该对象将从它当前的位置开始在 X 方向上移动 2 个单位，在 Y 方向上移动 3 个单位。

复制完成后，系统会继续提示：

指定第二个点或［阵列(A)/退出(E)/放弃(U)］〈退出〉：

这时，可以不断指定新的第二点，从而实现多重复制。

2）位移：直接输入位移值，表示以选择对象时的拾取点为基准，以拾取点坐标为移动方向纵横比移动指定位移后确定的点为基点。例如，选择对象时拾取点坐标为（2，3），输入位移为 5，则表示以（2，3）点为基准，沿纵横比为 3:2 的方向移动 5 个单位所确定的点为基点。

3）模式：控制是否自动重复该命令。选择该项后，系统提示：

输入复制模式选项［单个(S)/多个(M)］〈当前〉：

可以设置复制模式是单个或多个。

5.3.2 实例——车模

绘制如图 5-10 所示的车模。

01 图层设计。新建两个图层：

❶ "1" 图层，颜色为绿色，其余属性默认。

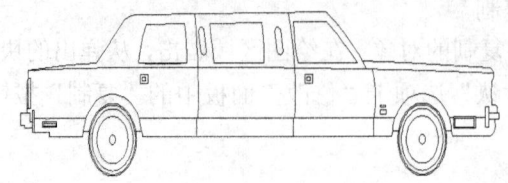

图 5-10　车模

❷ "2"图层，颜色为黑色，其余属性默认。

02 选择菜单栏中的"视图"→"缩放"→"圆心"命令，将绘图区域缩放到适当大小。

03 将"1"图层设置为当前图层。单击"默认"选项卡"绘图"面板中的"多段线"按钮 ⏜，绘制车壳。命令行提示如下：

命令：_PLINE

指定起点：5,18

指定下一个点或 [圆弧(A)/半宽(H)/长度(L)/放弃(U)/宽度(W)]：@0,32

指定下一点或 [圆弧(A)/闭合(C)/半宽(H)/长度(L)/放弃(U)/宽度(W)]：@54,4

指定下一点或 [圆弧(A)/闭合(C)/半宽(H)/长度(L)/放弃(U)/宽度(W)]：85,77

指定下一点或 [圆弧(A)/闭合(C)/半宽(H)/长度(L)/放弃(U)/宽度(W)]：216,77

指定下一点或 [圆弧(A)/闭合(C)/半宽(H)/长度(L)/放弃(U)/宽度(W)]：243,55

指定下一点或 [圆弧(A)/闭合(C)/半宽(H)/长度(L)/放弃(U)/宽度(W)]：333,51

指定下一点或 [圆弧(A)/闭合(C)/半宽(H)/长度(L)/放弃(U)/宽度(W)]：333,18

指定下一点或 [圆弧(A)/闭合(C)/半宽(H)/长度(L)/放弃(U)/宽度(W)]：306,18

指定下一点或 [圆弧(A)/闭合(C)/半宽(H)/长度(L)/放弃(U)/宽度(W)]：A

指定圆弧的端点(按住 Ctrl 键以切换方向)或[角度(A)/圆心(CE)/闭合(CL)/方向(D)/半宽(H)/直线(L)/半径(R)/第二个点(S)/放弃(U)/宽度(W)]：R

指定圆弧的半径：21.5

指定圆弧的端点或 [角度(A)]：A

指定夹角：180

指定圆弧的弦方向 <180>：

指定圆弧的端点(按住 Ctrl 键以切换方向)或[角度(A)/圆心(CE)/闭合(CL)/方向(D)/半宽(H)/直线(L)/半径(R)/第二个点(S)/放弃(U)/宽度(W)]：L

指定下一点或 [圆弧(A)/闭合(C)/半宽(H)/长度(L)/放弃(U)/宽度(W)]：87,18

指定下一点或 [圆弧(A)/闭合(C)/半宽(H)/长度(L)/放弃(U)/宽度(W)]：a

指定圆弧的端点(按住 Ctrl 键以切换方向)或[角度(A)/圆心(CE)/闭合(CL)/方向(D)/半宽(H)/直线(L)/半径(R)/第二个点(S)/放弃(U)/宽度(W)]：R

指定圆弧的半径：21.5

指定圆弧的端点或 [角度(A)]：A

指定夹角：180

指定圆弧的弦方向〈180〉：

指定圆弧的端点(按住 Ctrl 键以切换方向)或[角度(A)/圆心(CE)/闭合(CL)/方向(D)/半宽(H)/直线(L)/半径(R)/第二个点(S)/放弃(U)/宽度(W)]：L

指定下一点或 [圆弧(A)/闭合(C)/半宽(H)/长度(L)/放弃(U)/宽度(W)]：C

绘制结果如图 5-11 所示。

图 5-11　绘制车壳

04 绘制车轮。

❶单击"默认"选项卡"绘图"面板中的"圆"按钮 ⊘，指定点（65.5，18）为圆心，分别以 17.3mm、11.3mm 为半径绘制圆。

❷重复"圆"命令，指定点（65.5，18）为圆心，分别以 16mm、2.3mm 和 14.8mm 为半径绘制圆。

❸单击"默认"选项卡"绘图"面板中的"直线"按钮 ⟋，将车轮与车体连接起来。

05 复制车轮。单击"默认"选项卡"修改"面板中的"复制"按钮 ⅔，复制绘制的所有圆和直线。命令行提示如下：

命令：_COPY

选择对象：(选择车轮的所有圆和直线)

选择对象：

当前设置： 复制模式 = 多个

指定基点或 [位移(D)/模式(O)] 〈位移〉:65.5，18

指定第二个点或 [阵列(A)]〈使用第一个点作为位移〉:284.5，18

指定第二个点或 [阵列(A)/退出(E)/放弃(U)]〈退出〉:E

绘制结果如图 5-12 所示。

06 绘制车门。

❶将"2"图层设置为当前图层。单击"默认"选项卡"绘图"面板中的"直线"按钮 ⟋，指定坐标点（5，27）（333，27），绘制一条直线。

❷单击"默认"选项卡"绘图"面板中的"圆弧"按钮 ⌒，利用三点方式绘制圆弧，坐标点为（5，50）、（126，52）、（333，47）。

❸单击"默认"选项卡"绘图"面板中的"直线"按钮 ⟋，绘制坐标点为（125，18）、（@0，9），（194，18）、（@0，9）的直线。

❹单击"默认"选项卡"绘图"面板中的"圆弧"按钮 ⌒，绘制圆弧起点为（126，27）第二点为（126.5,52）、圆弧端点为（124，77）的圆弧。

❺单击"默认"选项卡"修改"面板中的"复制"按钮 ⅔，复制上述圆弧，复制坐标为（125，27）、（195，27）。绘制结果如图 5-13 所示。

07 绘制车窗。

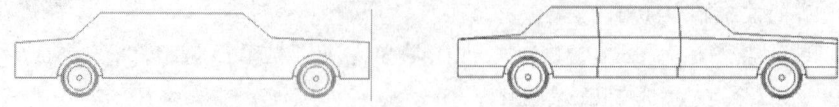

图 5-12　绘制车轮　　　　　　　　　图 5-13　绘制车门

❶单击"默认"选项卡"绘图"面板中的"直线"按钮 ∕，绘制坐标点为（90，72）、（84，53）、（119，54）、（117，73）的直线。

❷单击"默认"选项卡"绘图"面板中的"直线"按钮 ∕，绘制坐标点为（196，74）、（198，53）、（236，54）、（214，73）的直线，结果如图 5-14 所示。

08 可以根据自己的喜好，做细部修饰，结果如图 5-15 所示。

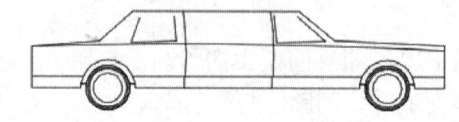

图 5-14　绘制车窗

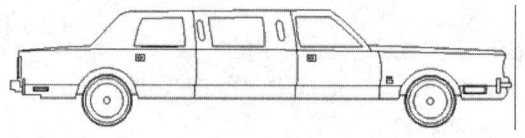

图 5-15　汽车

5.3.3　偏移命令

偏移对象是指保持选择的对象的形状，在不同的位置以不同的尺寸大小新建一个对象。

【执行方式】

命令行：OFFSET
菜单：修改→偏移
工具栏：修改→偏移 ⊜
功能区：单击"默认"选项卡"修改"面板中的"偏移"按钮 ⊜

【操作步骤】

命令：OFFSET↙
当前设置：删除源=否　图层=源　OFFSETGAPTYPE=0
指定偏移距离或 [通过(T)/删除(E)/图层(L)]〈通过〉：（指定距离值）
选择要偏移的对象，或 [退出(E)/放弃(U)]〈退出〉：（选择要偏移的对象，按 Enter 键结束操作）
指定要偏移的那一侧上的点，或 [退出(E)/多个(M)/放弃(U)]〈退出〉：（指定偏移方向）
选择要偏移的对象，或 [退出(E)/放弃(U)]〈退出〉：

【选项说明】

1）指定偏移距离：输入一个距离值，或按 Enter 键使用当前的距离值，系统把该距离值作为偏移距离，如图 5-16a 所示。

2）通过(T)：指定偏移的通过点。选择该选项后出现如下提示：

选择要偏移的对象或〈退出〉：(选择要偏移的对象。按 Enter 键结束操作)
指定通过点：(指定偏移对象的一个通过点)

操作完毕后，系统将根据指定的通过点绘出偏移对象，如图 5-16b 所示。

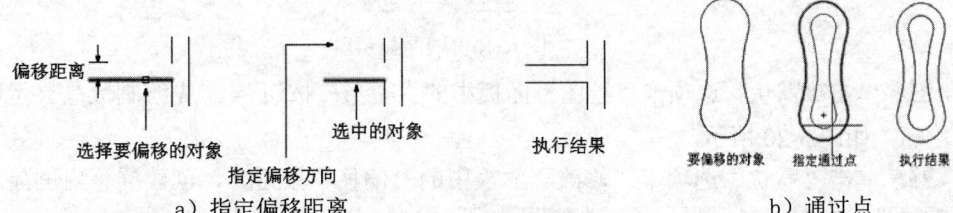

a）指定偏移距离　　　　　　　　　　　　　　　　　　　b）通过点

图 5-16　偏移选项说明一

3）删除（E）：偏移源对象后将其删除，如图 5-17a 所示。选择该项后系统提示：

要在偏移后删除源对象吗？　[是(Y)/否(N)]〈当前〉：(输入 Y 或 N)

4）图层（L）：确定将偏移对象创建在当前图层上还是源对象所在的图层上。这样就可以在不同的图层上偏移对象。选择该项后系统提示：

输入偏移对象的图层选项［当前(C)/源(S)]〈当前〉：(输入选项)

如果偏移对象的图层选择为当前图层，则偏移对象的图层特性与当前图层相同，如图 5-17b 所示。

5）多个（M）：使用当前偏移距离重复进行偏移操作，并接受附加的通过点，如图 5-18 所示。

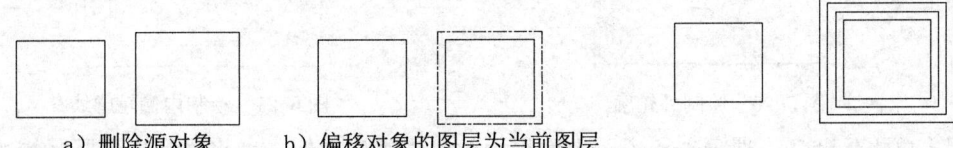

a）删除源对象　　　b）偏移对象的图层为当前图层
图 5-17　偏移选项说明二　　　　　　　　图 5-18　偏移选项说明三

 注意：

AutoCAD 2022 中可以使用"偏移"命令，对指定的直线、圆弧、圆等对象做定距离偏移复制。在实际应用中，常利用"偏移"命令的特性创建平行线或等距离分布图形，效果同"阵列"。默认情况下，需要指定偏移距离，再选择要偏移复制的对象，然后指定偏移方向，以复制出对象。

5.3.4　实例——液晶显示器

绘制如图 5-19 所示的液晶显示器。

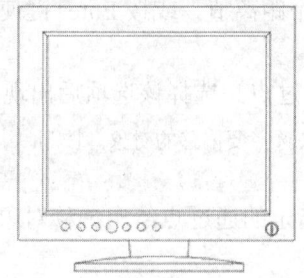

图 5-19　液晶显示器

01 单击"默认"选项卡"绘图"面板中的"矩形"按钮 □，先绘制液晶显示器的屏幕外轮廓，如图 5-20 所示。

02 单击"默认"选项卡"修改"面板中的"偏移"按钮 ⊆，创建屏幕内侧显示屏区域的轮廓线，如图 5-21 所示。命令行提示如下：

命令：OFFSET（偏移生成平行线）

当前设置：删除源=否　图层=源　OFFSETGAPTYPE=0

指定偏移距离或［通过(T)/删除(E)/图层(L)]〈通过〉:（输入偏移距离或指定通过点的位置）

选择要偏移的对象，或［退出(E)/放弃(U)]〈退出〉:（选择要偏移的图形）

指定通过点或［退出(E)/多个(M)/放弃(U)]〈退出〉:

选择要偏移的对象，或［退出(E)/放弃(U)]〈退出〉:（按 Enter 键结束）

图 5-20　绘制外轮廓

图 5-21　绘制内侧轮廓线

03 单击"默认"选项卡"绘图"面板中的"直线"按钮 ⁄，将内侧显示屏区域的轮廓线的交角处连接起来，如图 5-22 所示。

04 单击"默认"选项卡"绘图"面板中的"多段线"按钮 ⊃，绘制显示器矩形底座，如图 5-23 所示。

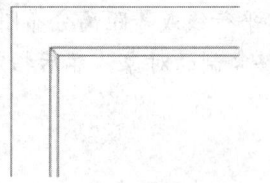

图 5-22　连接交角处

图 5-23　绘制矩形底座

05 单击"默认"选项卡"绘图"面板中的"圆弧"按钮 ⌒，绘制底座的弧线，如图 5-24 所示。

06 单击"默认"选项卡"绘图"面板中的"直线"按钮 ∕,绘制底座与显示屏之间的连接线,如图 5-25 所示。

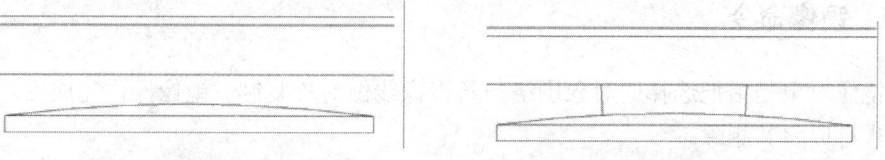

图 5-24　绘制弧线　　　　　　　　　　　　　　图 5-25　绘制连接线

07 单击"默认"选项卡"绘图"面板中的"圆"按钮 ⊘,创建由多个大小不同的圆形构成的显示屏调节按钮,如图 5-26 所示。

注意:

显示器的调节按钮仅为示意造型。

08 在显示屏的右下角绘制电源开关按钮。单击"默认"选项卡"绘图"面板中的"圆"按钮 ⊘,绘制两个同心圆,如图 5-27 所示。

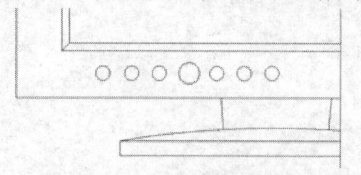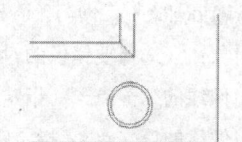

图 5-26　创建调节按钮　　　　　　　　　　　图 5-27　绘制圆形开关

09 "默认"选项卡"修改"面板中的"偏移"按钮 ⊜,偏移图形。命令行提示如下:

```
命令:OFFSET(偏移生成平行线)
当前设置:删除源=否　图层=源　OFFSETGAPTYPE=0
指定偏移距离或〔通过(T)/删除(E)/图层(L)〕〈通过〉:(输入偏移距离或指定通过点的位置)
选择要偏移的对象,或〔退出(E)/放弃(U)〕〈退出〉:(选择要偏移的图形)
指定通过点或〔退出(E)/多个(M)/放弃(U)〕〈退出〉:
选择要偏移的对象,或〔退出(E)/放弃(U)〕〈退出〉:(按 Enter 键结束)
```

注意:

显示器的电源开关按钮由两个同心圆和一个矩形组成。

10 单击"默认"选项卡"绘图"面板中的"矩形"按钮 ⊡,绘制电源开关按钮的矩形造型,如图 5-28 所示。

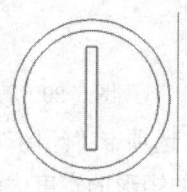

图 5-28　绘制按钮矩形造型

11 图形绘制完成，结果如图 5-19 所示。

5.3.5 镜像命令

镜像对象是指把选择的对象围绕一条镜像线做对称复制。镜像操作完成后，可以保留原对象也可以将其删除。

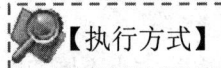【执行方式】

命令行：MIRROR

菜单：修改→镜像

工具栏：修改→镜像 ⚠

功能区：单击"默认"选项卡"修改"面板中的"镜像"按钮 ⚠

【操作步骤】

命令：MIRROR↙

选择对象：（选择要镜像的对象）

指定镜像线的第一点：（指定镜像线的第一个点）

指定镜像线的第二点：（指定镜像线的第二个点）

要删除源对象吗？[是(Y)/否(N)]〈否〉：（确定是否删除原对象）

指定的两点确定一条镜像线，被选择的对象以该线为对称轴进行镜像。包含该线的镜像平面与用户坐标系统的 XY 平面垂直，即镜像操作是在与用户坐标系统的 XY 平面平行的平面上进行的。

5.3.6 实例——石栏杆

本实例绘制的石栏杆如图 5-29 所示。可以通过矩形、直线、镜像、复制、修剪、偏移以及图案填充命令来绘制。

图 5-29 石栏杆

01 绘制矩形。单击"默认"选项卡"绘图"面板中的"矩形"按钮 ▢，绘制适当尺寸的 5 个矩形（注意上下两个嵌套的矩形的宽度大约相等），如图 5-30 所示。

02 偏移处理。单击"默认"选项卡"修改"面板中的"偏移"按钮 ⊆，选择嵌套在内的两个矩形，设置偏移方向为向矩形内侧，以适当距离进行偏移，结果如图 5-31 所示。

03 绘制直线。单击"默认"选项卡"绘图"面板中的"直线"按钮，连接中间小矩形的四个角点与上下两个矩形的对应角点，结果如图 5-32 所示。

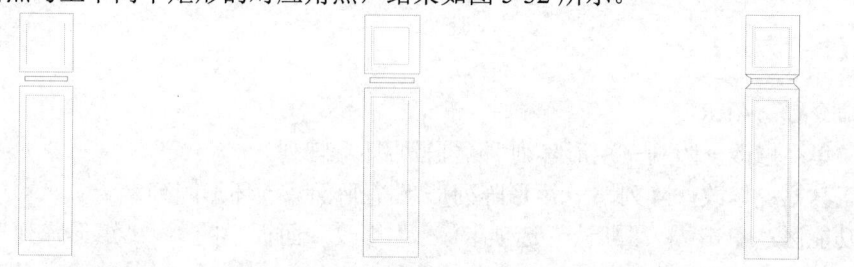

图 5-30　绘制矩形　　　　　图 5-31　偏移处理　　　　　图 5-32　绘制直线

04 绘制直线和多段线。单击"默认"选项卡"绘图"面板中的"直线"按钮和"多段线"按钮，绘制直线和多段线，结果如图 5-33 所示。

05 复制直线。单击"默认"选项卡"复制"面板中的"复制"按钮，将右上水平直线向上以适当距离进行复制，结果如图 5-34 所示。

06 图案填充。单击"绘图"工具栏中的"图案填充"按钮，选择填充材料为 AR-SAND。设置填充比例为 5，填充图形，结果如图 5-35 所示。

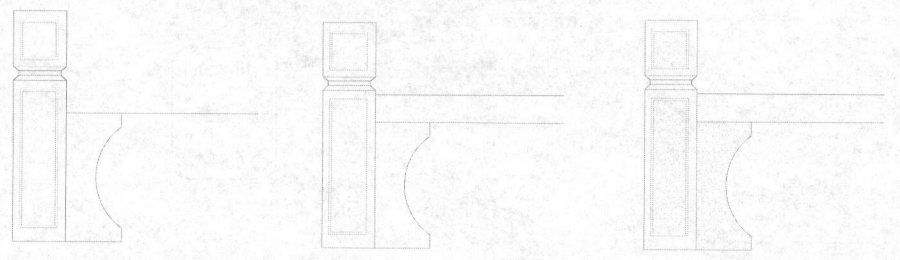

图 5-33　绘制直线和多段线　　　图 5-34　复制直线　　　　图 5-35　填充图形

07 镜像处理。单击"默认"选项卡"修改"面板中的"镜像"按钮，以最右端两直线的端点连成的直线为轴，对所有图形进行镜像处理。命令行提示如下：

命令：MIRROR↙

选择对象：（选择所有绘制对象）

指定镜像线的第一点：（指定最右上端直线右端点）

指定镜像线的第二点：（指定最右下端直线右端点）

要删除源对象吗？[是(Y)/否(N)]〈否〉：（确定是否删除原对象）

绘制结果如图 5-29 所示。

5.3.7　阵列命令

建立阵列是指多重复制选择的对象并把这些副本按矩形或环形进行排列。把副本按矩形排列称为建立矩形阵列，把副本按环形排列称为建立环形阵列（极阵列）。建立环形阵列时，应该控制复制对象的次数和对象是否被旋转；建立矩形阵列时，应该控制行和列的数量以及对象副本之间的距离。

AutoCAD 2022 提供了"ARRAY"命令建立阵列。用该命令可以建立矩形阵列、环形阵列和旋转的矩形阵列。

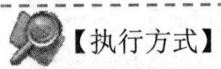【执行方式】

命令行：ARRAY

菜单：修改→阵列→矩形阵列/路径阵列/环形阵列

工具栏：修改→阵列▦→矩形阵列▦/路径阵列⚬⚬/环形阵列⚬⚬

功能区：单击❶ "默认"选项卡❷ "修改"面板中的❸ "矩形阵列"按钮▦/"路径阵列"按钮⚬⚬/"环形阵列"按钮⚬⚬（见图 5-36）

【操作步骤】

命令：ARRAY↙

选择对象：（使用对象选择方法）

输入阵列类型[矩形（R）/路径（PA）/极轴（PO）]〈矩形〉：

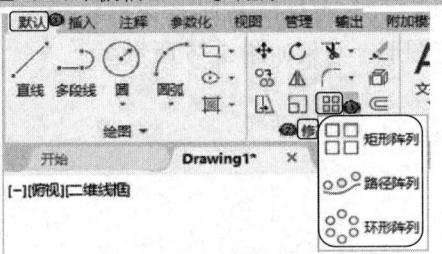

图 5-36 "修改"面板

【选项说明】

1）矩形（R）：将选定对象的副本分布到行数、列数和层数的任意组合。选择该选项后命令行提示如下：

选择夹点以编辑阵列或 [关联(AS)/基点(B)/计数(COU)/间距(S)/列数(COL)/行数(R)/层数(L)/退出(X)]〈退出〉：（通过夹点，调整阵列间距、列数、行数和层数；也可以分别选择各选项输入数值）

2）路径（PA）：沿路径或部分路径均匀分布选定对象的副本。选择该选项后命令行提示如下：

选择路径曲线：（选择一条曲线作为阵列路径）

选择夹点以编辑阵列或 [关联(AS)/方法(M)/基点(B)/切向(T)/项目(I)/行(R)/层(L)/对齐项目(A)/Z方向(Z)/退出(X)]〈退出〉：（通过夹点，调整阵列行数和层数；也可以分别选择各选项输入数值）

3）极轴（PO）：在绕中心点或旋转轴的环形阵列中均匀分布对象副本。选择该选项后命令行提示如下：

指定阵列的中心点或 [基点(B)/旋转轴(A)]：（选择中心点、基点或旋转轴）

选择夹点以编辑阵列或 [关联(AS)/基点(B)/项目(I)/项目间角度(A)/填充角度(F)/行(ROW)/层(L)/

旋转项目(ROT)/退出(X)] 〈退出〉:(通过夹点,调整角度,填充角度;也可以分别选择各选项输入数值)

注意:

在命令行中输入"ARRAYCLASSIC",弹出如图 5-37 所示的"阵列"对话框。

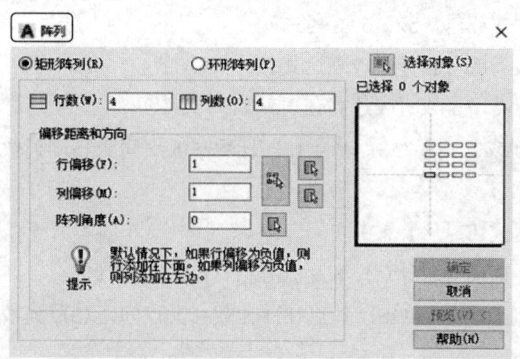

图 5-37 "阵列"对话框

5.3.8 实例——窗花

绘制如图 5-38 所示的窗花。

01 绘制矩形。单击"默认"选项卡"绘图"面板中的"矩形"按钮 □,命令行提示如下:

> 命令: _RECTANG
> 指定第一个角点或 [倒角(C)/标高(E)/圆角(F)/厚度(T)/宽度(W)]: 0,0✓
> 指定另一个角点或 [面积(A)/尺寸(D)/旋转(R)]: @700,500✓

02 用同样的方法绘制另外两个矩形,角点坐标分别为{(30,30)、(@640,440)},{(40,50)、(@57,57)},结果如图 5-39 所示。

图 5-38 窗花

图 5-39 绘制矩形

03 阵列处理。单击"默认"选项卡"修改"面板中的"矩形阵列"按钮 品,命令行提示如下:

> 命令: ARRAY
> 选择对象:(选取最小矩形)
> 选择对象:
> 输入阵列类型 [矩形(R)/路径(PA)/极轴(PO)] 〈矩形〉: R

类型 = 矩形　关联 = 是

选择夹点以编辑阵列或［关联(AS)/基点(B)/计数(COU)/间距(S)/列数(COL)/行数(R)/层数(L)/退出(X)］〈退出〉：R

输入行数数或［表达式(E)］〈3〉：6

指定 行数 之间的距离或［总计(T)/表达式(E)］〈6.5974〉：65

指定 行数 之间的标高增量或［表达式(E)］〈0〉：

选择夹点以编辑阵列或［关联(AS)/基点(B)/计数(COU)/间距(S)/列数(COL)/行数(R)/层数(L)/退出(X)］〈退出〉：COL

输入列数数或［表达式(E)］〈4〉：9

指定 列数 之间的距离或［总计(T)/表达式(E)］〈6.9772〉：65

选择夹点以编辑阵列或［关联(AS)/基点(B)/计数(COU)/间距(S)/列数(COL)/行数(R)/层数(L)/退出(X)］〈退出〉：

绘制结果如图 5-38 所示。

5.4 改变位置类命令

这类编辑命令的功能是按照指定要求改变当前图形或图形某部分的位置，主要包括移动、旋转和缩放等命令。

5.4.1 移动命令

【执行方式】

命令行：MOVE

菜单：修改→移动

快捷菜单：选择要移动的对象，在绘图区域右击，从弹出的快捷菜单中选择"移动"命令

工具栏：修改→移动✥

功能区：单击"默认"选项卡"修改"面板中的"移动"按钮✥

【操作步骤】

命令：MOVE↙

选择对象：（选择对象）

用前面介绍的对象选择方法选择要移动的对象，按 Enter 键结束选择。命令行提示如下：

指定基点或［位移(D)］〈位移〉：（指定基点或位移）

指定第二个点或〈使用第一个点作为位移〉：

命令选项的功能与"复制"命令的类似。

5.4.2 实例——电视柜

本实例绘制的电视柜如图 5-40 所示。

图 5-40 电视柜

01 打开源文件/第 5 章/组合电视柜图形，并将其另存为"电视柜"，如图 5-41 所示。

图 5-41 组合电视柜图形

02 单击"默认"选项卡"修改"面板中的"移动"按钮✛，将电视移动到电视柜图形上。命令行提示如下：

命令: MOVE↙

选择对象: 指定对角点: 找到 1 个

选择对象: (选择电视图形) ↙

指定基点或 [位移(D)] 〈位移〉: (指定电视图形外边的中点)

指定第二个点或〈使用第一个点作为位移〉: (按 F8 键关闭正交) 〈正交 关〉(选取电视图形外边的中点到电视柜外边中点)

绘制结果如图 5-40 所示。

5.4.3 旋转命令

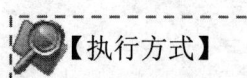 【执行方式】

命令行: ROTATE

菜单: 修改→旋转

快捷菜单: 选择要旋转的对象, 在绘图区域右击, 从弹出的快捷菜单中选择"旋转"命令

工具栏: 修改→旋转↻

功能区: 单击"默认"选项卡"修改"面板中的"旋转"按钮 ↻

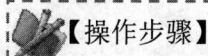 【操作步骤】

命令: ROTATE↙

UCS 当前的正角方向: ANGDIR=逆时针 ANGBASE=0

选择对象：（选择要旋转的对象）

指定基点：（指定旋转的基点。在对象内部指定一个坐标点）

指定旋转角度，或［复制(C)/参照(R)］〈0〉：（指定旋转角度或其他选项）

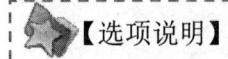 【选项说明】

1）复制（C）：选择该项，在旋转对象的同时保留原对象。

2）参照（R）：采用参考方式旋转对象时，命令行提示如下：

指定参照角〈0〉：（指定要参考的角度，默认值为 0）

指定新角度或［点(P)］〈0〉：（输入旋转后的角度值）

操作完毕后，对象将旋转至指定角度的位置。

 注意：

可以用拖动鼠标的方法来旋转对象。选择对象并指定基点后，从基点到当前光标位置会出现一条连线，移动鼠标，选择的对象会动态地随着该连线与水平方向的夹角的变化而旋转，如图 5-42 所示，按 Enter 键确认旋转操作。

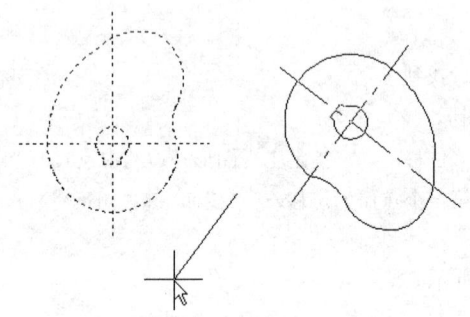

图 5-42　移动光标旋转对象

5.4.4　实例——显示器

本实例绘制如图 5-43 所示的显示器。

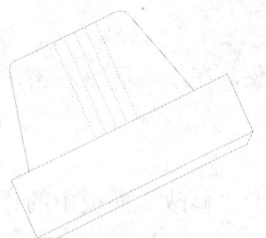

图 5-43　显示器

01 图层设计。新建两个图层：

❶ "1" 图层，颜色为红色，其余属性默认。

❷ "2" 图层，颜色为绿色，其余属性默认。

02 将"1"图层设置为当前图层。单击"默认"选项卡"绘图"面板中的"矩形"按钮 □，指定角点坐标为（0，16）、（450，130），绘制一个矩形，结果如图 5-44 所示。

图 5-44　绘制矩形

03 单击"默认"选项卡"绘图"面板中的"多段线"按钮 ，绘制显示器外框。命令行提示如下：

```
命令：_PLINE↙
指定起点：0,16↙
当前线宽为 0.0000
指定下一个点或 [圆弧(A)/半宽(H)/长度(L)/放弃(U)/宽度(W)]: 30,0↙
指定下一点或 [圆弧(A)/闭合(C)/半宽(H)/长度(L)/放弃(U)/宽度(W)]: 430,0↙
指定下一点或 [圆弧(A)/闭合(C)/半宽(H)/长度(L)/放弃(U)/宽度(W)]: 450,16↙
指定下一点或 [圆弧(A)/闭合(C)/半宽(H)/长度(L)/放弃(U)/宽度(W)]: ↙
命令：PLINE↙
指定起点：37,130↙
当前线宽为 0.0000
指定下一个点或 [圆弧(A)/半宽(H)/长度(L)/放弃(U)/宽度(W)]: 80,308↙
指定下一点或 [圆弧(A)/闭合(C)/半宽(H)/长度(L)/放弃(U)/宽度(W)]: A↙
指定圆弧的端点(按住 Ctrl 键以切换方向)或[角度(A)/圆心(CE)/闭合(CL)/方向(D)/半宽(H)/直线(L)/半径(R)/第二个点(S)/放弃(U)/宽度(W)]: 101,320↙
指定圆弧的端点或[角度(A)/圆心(CE)/闭合(CL)/方向(D)/半宽(H)/直线(L)/半径(R)/第二个点(S)/放弃(U)/宽度(W)]: L↙
指定下一点或 [圆弧(A)/闭合(C)/半宽(H)/长度(L)/放弃(U)/宽度(W)]: 306,320↙
指定下一点或 [圆弧(A)/闭合(C)/半宽(H)/长度(L)/放弃(U)/宽度(W)]: A↙
指定圆弧的端点(按住 Ctrl 键以切换方向)或[角度(A)/圆心(CE)/闭合(CL)/方向(D)/半宽(H)/直线(L)/半径(R)/第二个点(S)/放弃(U)/宽度(W)]: 326,308↙
指定圆弧的端点(按住 Ctrl 键以切换方向)或[角度(A)/圆心(CE)/闭合(CL)/方向(D)/半宽(H)/直线(L)/半径(R)/第二个点(S)/放弃(U)/宽度(W)]: L↙
指定下一点或 [圆弧(A)/闭合(C)/半宽(H)/长度(L)/放弃(U)/宽度(W)]: 380,130↙
指定下一点或 [圆弧(A)/闭合(C)/半宽(H)/长度(L)/放弃(U)/宽度(W)]: ↙
```

绘制结果如图 5-45 所示。

04 将"2"图层设置为当前图层。单击"绘图"工具栏中的"直线"按钮 ，指定坐标点为（176，130）、（176，320），绘制一条直线，结果如图 5-46 所示。

05 单击"修改"工具栏中的"矩形阵列"按钮 ，选择阵列对象为步骤 **04** 中绘制的直线，设置行数为 1、列数为 5、列偏移为 22。绘制结果如图 5-47 所示。

06 单击"默认"选项卡"修改"面板中的"旋转"按钮 ↺，指定基点为（0，0）将显示器旋转 25°，旋转绘制的显示器，结果如图 5-43 所示。命令行提示如下：

命令：_ROTATE

UCS 当前的正角方向： ANGDIR=逆时针 ANGBASE=0

选择对象：（选择计算机为旋转对象）

选择对象：

指定基点：0,0（指定原点为基点）

指定旋转角度，或［复制(C)/参照(R)］<0>： 25（旋转角度为 25°）

 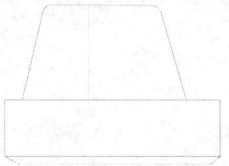 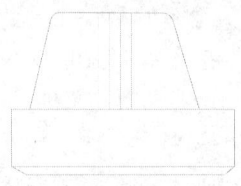

图 5-45 绘制多段线　　　　图 5-46 绘制直线　　　　图 5-47 阵列直线

5.4.5 缩放命令

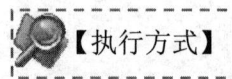【执行方式】

命令行：SCALE

菜单：修改→缩放

快捷菜单：选择要缩放的对象，在绘图区域右击，从弹出的快捷菜单上选择"缩放"命令

工具栏：修改→缩放 □

功能区：单击"默认"选项卡"修改"面板中的"缩放"按钮 □

【操作步骤】

命令：SCALE↙

选择对象：（选择要缩放的对象）

指定基点：（指定缩放操作的基点）

指定比例因子或［复制（C）/参照（R）］<1.0000>：

【选项说明】

采用参考方向缩放对象时。命令行提示如下：

指定参照长度 <1>：（指定参考长度值）

指定新的长度或［点(P)］<1.0000>：（指定新长度值）

若新长度值大于参考长度值，则放大对象；否则，缩小对象。操作完毕后，系统将以指定的基点按指定的比例因子缩放对象。如果选择"点（P）"选项，则指定两点来定义新的长度。

可以用拖动鼠标的方法来缩放对象。选择对象并指定基点后，从基点到当前光标位置会出现一条连线，线段的长度即为比例大小。移动鼠标，选择的对象会动态地随着该连线长度的变化而缩放。按 Enter 键确认缩放操作。

选择"复制（C）"选项时，可以复制缩放对象，即缩放对象时保留原对象，如图 5-48 所示。

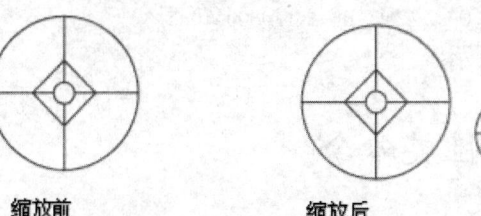

缩放前　　　　　　缩放后

图 5-48　复制缩放

5.4.6　实例——装饰盘

本实例绘制的装饰盘如图 5-49 所示。由图可知，该图形可以通过圆、圆弧、镜像以及阵列命令来绘制。

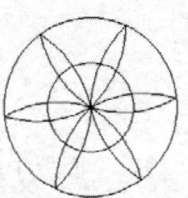

图 5-49　装饰盘

01 单击"默认"选项卡"绘图"面板中的"圆"按钮⊙，绘制一个圆心为（100，100）、半径为 200mm 的圆作为盘外轮廓线，如图 5-50 所示。

02 单击"默认"选项卡"绘图"面板中的"圆弧"按钮╭，绘制花瓣线，如图 5-51 所示。

03 单击"默认"选项卡"修改"面板中的"镜像"按钮△，镜像花瓣线，结果如图 5-52 所示。

04 单击"默认"选项卡"修改"面板中的"环形阵列"按钮⊹，选择花瓣为源对象，设置项目数为 6、填充角度为 360°，以圆心为阵列中心点阵列花瓣，结果如图 5-53 所示。

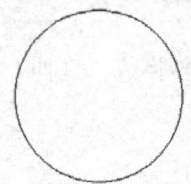 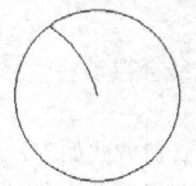 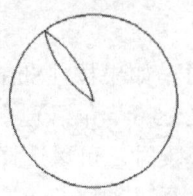 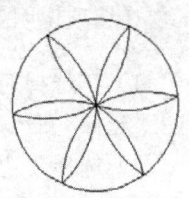

图 5-50　绘制圆形　　图 5-51　绘制花瓣线　　图 5-52　镜像花瓣线　　图 5-53　阵列花瓣

05 单击"默认"选项卡"修改"面板中的"缩放"按钮 🗗，将外圆缩放一个圆作为装饰盘内的装饰圆。命令行提示如下：

命令：SCALE✓
选择对象：（选择圆）
指定基点：（指定圆心）
指定比例因子或 [复制（C）/参照（R）]<1.0000>：C✓
指定比例因子或 [复制（C）/参照（R）]<1.0000>：0.5✓

绘制结果如图 5-49 所示。

5.5　改变几何特性类命令

这类编辑命令在对指定对象进行编辑后，可使编辑对象的几何特性发生改变。包括倒角、倒圆角、断开、修剪、延长、加长、伸展等命令。

5.5.1　修剪命令

【执行方式】

命令行：TRIM
菜单：修改→修剪
工具栏：修改→修剪 ✂
功能区：单击"默认"选项卡"修改"面板中的"修剪"按钮 ✂。

【操作步骤】

命令：TRIM✓
当前设置：投影=UCS，边=无
选择剪切边…
选择对象或 <全部选择>：（选择用作修剪边界的对象）

按Enter键结束对象选择，系统提示：

选择要修剪的对象，或按住 Shift 键选择要延伸的对象，或[栏选（F）/窗交（C）/投影（P）/边（E）/删除（R）/放弃（U）]：（选择修剪对象）

【选项说明】

1）在选择对象时，如果按住Shift键，系统会自动将"修剪"命令转换成"延伸"命令（"延伸"命令将在5.5.3节介绍）。

2）选择"边"选项时，可以选择对象的修剪方式如下：

延伸（E）：延伸边界进行修剪。在此方式下，如果剪切边没有与要修剪的对象相交，系统会延伸剪切边直至与对象相交，然后再修剪，如图 5-54 所示。

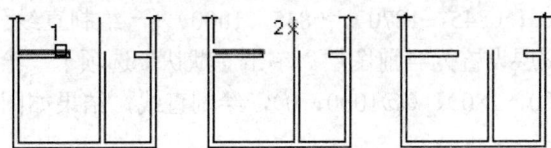

选择剪切边　　选择要修剪的对象　　修剪后的结果

图 5-54　"延伸"方式修剪对象

不延伸(N)：不延伸边界修剪对象。只修剪与剪切边相交的对象。

3）选择"栏选（F）"选项时，系统以栏选的方式选择被修剪对象，如图5-55所示。

4）选择"窗交（C）"选项时，系统以窗交的方式选择被修剪对象，如图5-56所示。

5）被选择的对象可以互为边界和被修剪对象，此时系统会在选择的对象中自动判断边界。

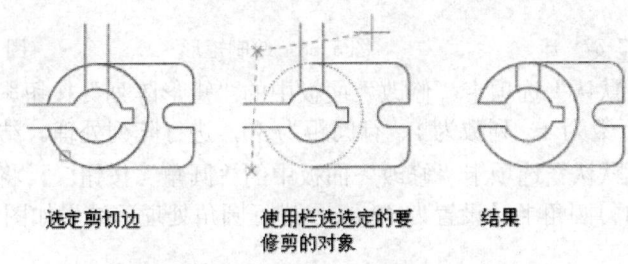

选定剪切边　　使用栏选选定的要　　结果
　　　　　　　修剪的对象

图 5-55　"栏选"方式修剪对象

使用窗交选择选定的　选定要修剪的对象　　结果
边

图 5-56　"窗交"方式选择修剪对象

5.5.2　实例——床

本实例绘制如图5-57所示的床。

01 图层设计。新建3个图层，其属性如下：

❶图层颜色为蓝色，其余属性默认。

❷图层，颜色为绿色，其余属性默认。

❸图层，颜色为白色，其余属性默认。

02 将"1"图层设置为当前图层。单击"默认"选项卡"绘图"面板中的"矩形"按钮 ⼞，指定角点坐标（0，0）、（@1000，2000），绘制一个矩形，如图 5-58 所示。

03 将"2"图层设置为当前图层。单击"默认"选项卡"绘图"面板中的"直线"按

钮 ，指定坐标点{（125，1000）、(125,1900)}、{（875，1900）、（875，1000）}、{（155，1000）、(155,1870)}、{（845，1870）、（845，1000）}，绘制直线。

04 将"3"图层设置为当前图层。单击"默认"选项卡"绘图"面板中的"直线"按钮 ，指定坐标点（0，280）、（@1000，0），绘制直线，结果如图5-59所示。

图 5-57　床　　　　　　　图 5-58　绘制矩形　　　　　　图 5-59　绘制直线

05 单击"默认"选项卡"修改"面板中的"矩形阵列"按钮 ，选择对象为最近绘制的直线，设置行数为4、列数为1、行间距为30，进行阵列处理。结果如图 5-60 所示。

06 单击"默认"选项卡"修改"面板中的"圆角"按钮 ，将外轮廓线的圆角半径设置为50mm，内衬圆角半径设置为40mm，进行圆角处理，结果如图 5-61 所示。命令行提示如下：

> 命令：_FILLET
>
> 当前设置：模式 = 修剪，半径 = 0.0000
>
> 选择第一个对象或［放弃(U)/多段线(P)/半径(R)/修剪(T)/多个(M)］: R
>
> 指定圆角半径〈0.0000〉: 50（指定圆角半径）
>
> 选择第一个对象或［放弃(U)/多段线(P)/半径(R)/修剪(T)/多个(M)］:（选择外部矩形上边）
>
> 选择第二个对象，或按住 Shift 键选择对象以应用角点或［半径(R)］:（选择外部矩形侧边）
>
> ……

07 将"2"图层设置为当前图层。单击"默认"选项卡"绘图"面板中的"直线"按钮 ，指定坐标点（0，1500）（@1000，200）、（@-800，-400），绘制直线。

08 单击"默认"选项卡"绘图"面板中的"圆弧"按钮 ，指定起点（200，1300）第二点（130，1430）圆弧端点（0，1500），绘制圆弧，结果如图5-62所示。

09 单击"默认"选项卡"修改"面板中的"修剪"按钮 ，利用"修剪"命令修剪图形，结果如图5-57所示。命令行提示如下：

> 命令：_TRIM
>
> 当前设置:投影=UCS，边=无
>
> 选择剪切边…
>
> 选择对象或〈全部选择〉:（选择所有图形）
>
> 选择对象: ↙

选择要修剪的对象，或按住 Shift 键选择要延伸的对象，或[栏选(F)/窗交(C)/投影(P)/边(E)/删除(R)/放弃(U)]：（选择被角内的竖直直线）

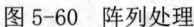

图 5-60　阵列处理

图 5-61　圆角处理

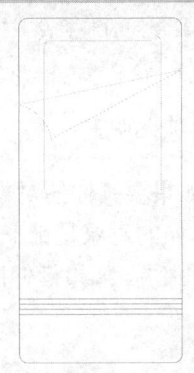

图 5-62　绘制直线与圆弧

5.5.3　延伸命令

延伸对象是指延伸选择的对象到另一个对象的边界线，如图 5-63 所示。

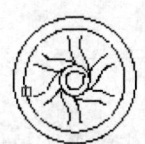　　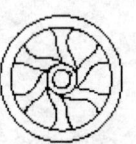

选择边界　　　选择要延伸的对象　　　执行结果

图 5-63　延伸对象

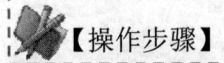【执行方式】

命令行：EXTEND
菜单：修改→延伸
工具栏：修改→延伸
功能区：单击"默认"选项卡"修改"面板中的"延伸"按钮

【操作步骤】

命令：EXTEND↙
当前设置：投影=UCS，边=无
选择边界的边...
选择对象或〈全部选择〉：（选择边界对象）

此时可以选择对象来定义边界。若直接按 Enter 键，则选择所有对象作为可能的边界对象。

系统规定可以用作边界对象的对象有：直线段、射线、双向无限长线、圆弧、圆、椭圆、二维和三维多段线、样条曲线、文本、浮动的视口、区域。如果选择二维多段线作为边界对象，系统会忽略其宽度而把对象延伸至多段线的中心线。

选择边界对象后,系统继续提示:

选择要延伸的对象，或按住 Shift 键选择要修剪的对象，或[栏选(F)/窗交(C)/投影(P)/边(E)/放弃(U)]:

【选项说明】

1) 如果要延伸的对象是适配样条多段线，则延伸后会在多段线的控制框上增加新节点。如果要延伸的对象是锥形的多段线，系统会修正延伸端的宽度，使多段线从起始端平滑地延伸至新终止端。如果延伸操作导致终止端宽度可能为负值，则取宽度值为 0，如图 5-64 所示。

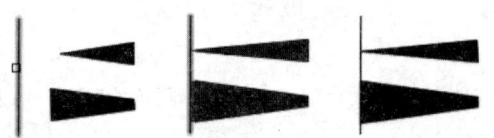

选择边界对象　选择要延伸的多段线　延伸后的结果

图 5-64　延伸对象

2) 选择对象时，如果按住 Shift 键，系统会自动将"延伸"命令转换成"修剪"命令。

5.5.4　拉伸命令

拉伸对象是指拖拉选择的对象，且对象的形状发生改变。拉伸对象时应指定拉伸的基点和移至点。利用一些辅助工具（如捕捉、钳夹功能及相对坐标等）可以提高拉伸的精度。

【执行方式】

命令行：STRETCH
菜单：修改→拉伸
工具栏：修改→拉伸
功能区：单击"默认"选项卡"修改"面板中的"拉伸"按钮

【操作步骤】

命令：STRETCH↙
以交叉窗口或交叉多边形选择要拉伸的对象...
选择对象：C↙
指定第一个角点：指定对角点：找到 2 个（采用交叉窗口的方式选择要拉伸的对象）
指定基点或［位移(D)］〈位移〉：（指定拉伸的基点）
指定第二个点或〈使用第一个点作为位移〉：（指定拉伸的移至点）

此时，若指定第二个点，系统将根据这两点决定的矢量拉伸对象。若直接按 Enter 键，系统会把第一个点作为 X 轴和 Y 轴的分量值。

STRETCH 移动完全包含在交叉窗口内的顶点和端点。部分包含在交叉选择窗口内的对象将被拉伸。

5.5.5 实例——门把手

绘制如图 5-65 所示的门把手。

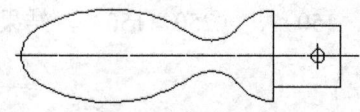

图 5-65 门把手

01 设置图层。选择菜单栏中的"格式"→"图层"命令，弹出"图层特性管理器"对话框，新建两个图层。

❶第一图层命名为"轮廓线"，设置线宽属性为 0.3mm，其余属性默认。

❷第二图层命名为"中心线"，设置颜色为红色，线型加载为"center"，其余属性默认。

02 将"中心线"图层设置为当前图层。单击"默认"选项卡"绘图"面板中的"直线"按钮 ╱，绘制坐标分别为（150，150）、（@120，0）的直线，结果如图 5-66 所示。

03 将"轮廓线"图层设置为当前图层。单击"默认"选项卡"绘图"面板中的"圆"按钮 ⊙，绘制圆心坐标为（160，150）、半径为10mm的圆。重复"圆"命令，以点（235,150）为圆心，绘制半径为 15mm的圆。再绘制半径为50mm的圆与前两个圆相切，结果如图5-67所示。

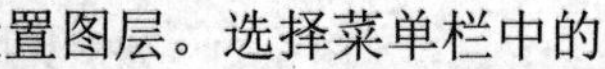

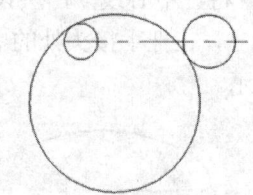

图 5-66 绘制直线

图 5-67 绘制圆

04 单击"默认"选项卡"绘图"面板中的"直线"按钮 ╱，绘制坐标为（250，150）、（@10<90）、（@15<180)的两条直线。重复"直线"命令，绘制坐标为（235,165）、（235,150）的直线，结果如图5-68所示。

05 单击"默认"选项卡"修剪"面板中的"修剪"按钮 ╲，进行修剪处理，结果如图5-69所示。

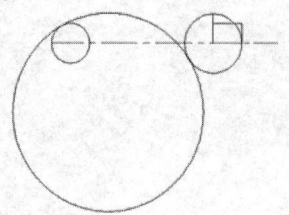

图 5-68 绘制直线

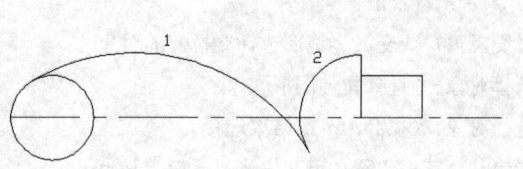

图 5-69 修剪处理

06 绘制圆。单击"默认"选项卡"绘图"面板中的"圆"按钮 ⊘，设置半径为12mm，绘制与圆弧1和圆弧2相切的圆，结果如图5-70所示。

07 修剪处理。单击"默认"选项卡"修改"面板中的"修剪"按钮 ✂，对多余的圆弧进行修剪，结果如图5-71所示。

08 单击"默认"选项卡"修改"面板中"镜像"按钮 ◁▷，对图形进行镜像处理，镜像线的两点坐标分别为（150，150）、（250，150），结果如图5-72所示。

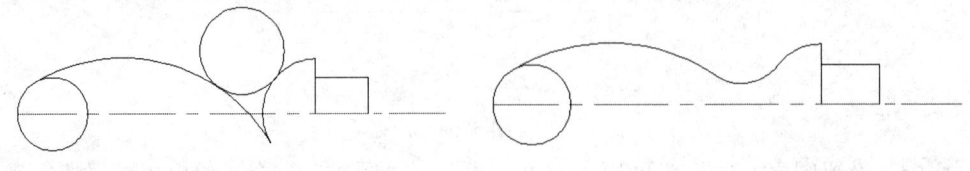

图 5-70　绘制圆　　　　　　　　　　　　　图 5-71　修剪处理

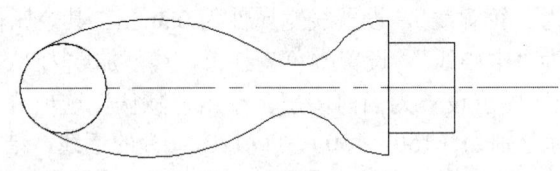

图 5-72　镜像处理

09 单击"默认"选项卡"修改"面板中的"修剪"按钮 ◁▷，进行修剪处理，结果如图5-73所示。

10 将"中心线"图层设置为当前图层。单击"默认"选项卡"绘图"面板中的"直线"按钮 ／，在把手接头处的中间位置绘制适当长度的竖直线段，作为销孔定位中心线，如图5-74所示。

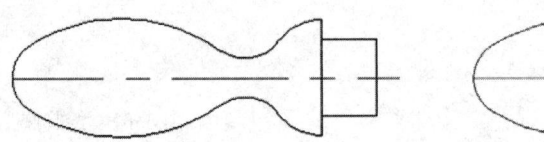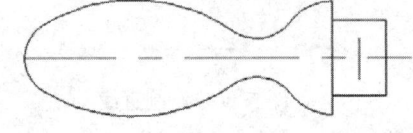

图 5-73　修剪图形　　　　　　　　　　　　图 5-74　绘制销孔中心线

11 将"轮廓线"图层设置为当前图层。单击"默认"选项卡"绘图"面板中的"圆"按钮 ⊘，以中心线交点为圆心绘制适当半径的圆，作为销孔，如图5-75所示。

12 单击"默认"选项卡"修改"面板中"拉伸"按钮 ◳，指定接头为拉伸对象，如图5-76所示。命令行提示如下：

```
命令：_stretch
以交叉窗口或交叉多边形选择要拉伸的对象...
选择对象：（选择拉伸图形）
选择对象：（按 Enter 键结束选择）
指定基点或 [位移(D)]〈位移〉：（指定基点）
指定第二个点或〈使用第一个点作为位移〉：（向右拉伸到一定的距离）
```

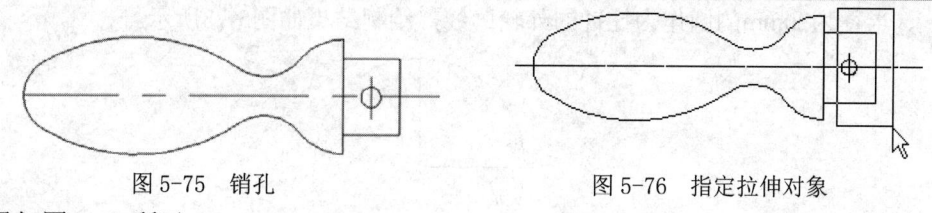

图 5-75　销孔　　　　　　　　　　图 5-76　指定拉伸对象

结果如图 5-66 所示。

5.5.6　拉长命令

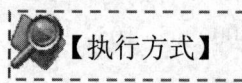【执行方式】

命令行：LENGTHEN

菜单：修改→拉长

功能区：单击"默认"选项卡"修改"面板中的"拉长"按钮／

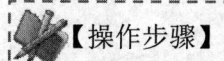【操作步骤】

> 命令:LENGTHEN↙
>
> 选择要测量的对象或 ［增量(DE)/百分比(P)/总计(T)/动态(DY)］:（选定对象）
>
> 当前长度: 30.5001（给出选定对象的长度，如果选择圆弧则还将给出圆弧的包含角）
>
> 选择要测量的对象或 ［增量(DE)/百分比(P)/总计(T)/动态(DY)］〈总计(T)〉:DE↙（选择拉长或缩短
> 的方式。如选择"增量（DE）"方式）
>
> 输入长度增量或 ［角度(A)］〈0.0000〉:10↙（输入长度增量数值。如果选择圆弧段，则可输入选项"A"
> 给定角度增量）
>
> 选择要修改的对象或 ［放弃(U)］:（选定要修改的对象，进行拉长操作）
>
> 选择要修改的对象或 ［放弃(U)］:（继续选择，按 Enter 键结束命令）

【选项说明】

1）增量(DE)：用指定增加量的方法改变对象的长度或角度。

2）百分比(P)：用指定占总长度的百分比的方法改变圆弧或直线段的长度。

3）总计(T)：用指定新的总长度或总角度值的方法来改变对象的长度或角度。

4）动态(DY)：打开动态拖拉模式。在这种模式下，可以使用鼠标拖拉的方法来动态地
改变对象的长度或角度。

5.5.7　实例——挂钟

绘制的挂钟如图 5-77 所示。

01 单击"默认"选项卡"绘图"面板中的"圆"按钮⊙，绘制一个圆心为（100，

100）、半径为20mm的圆作为挂钟的外轮廓线，绘制结果如图5-78所示。

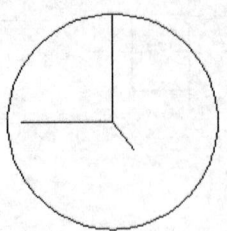

图 5-77　挂钟图形

02 单击"默认"选项卡"绘图"面板中的"直线"按钮 ，绘制3条坐标点为{（100，100）、（100，117.25）}、{（100，100）、（82.75，100）}、{（100，100）、（105，94）}的直线作为挂钟的指针，结果如图5-79所示。

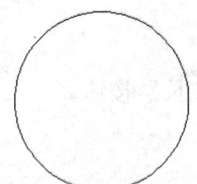

图 5-78　绘制圆形

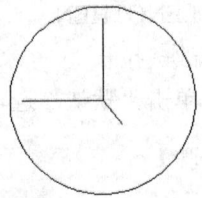

图 5-79　绘制指针

03 单击"默认"选项卡"修改"面板中的"拉长"按钮 ，将秒针拉长至圆的边。命令行提示如下：

命令：LENGTHEN✓
选择要测量的对象或［增量(DE)/百分比(P)/总计(T)/动态(DY)］〈总计(T)〉：（选择直线）
当前长度：20.0000
选择要测量的对象或［增量(DE)/百分比(P)/总计(T)/动态(DY)］〈总计(T)〉：DE✓
输入长度增量或［角度(A)］〈2.7500〉：2.75✓

绘制完成的挂钟如图5-77所示。

5.5.8　圆角命令

圆角是指用指定的半径决定的一段平滑的圆弧连接两个对象。系统规定可以圆滑连接一对直线段、非圆弧的多段线段、样条曲线、双向无限长线、射线、圆、圆弧和真椭圆。可以在任何时刻圆滑连接多段线的每个节点。

【执行方式】

命令行：FILLET
菜单：修改→圆角
工具栏：修改→圆角
功能区：单击"默认"选项卡"修改"面板中的"圆角"按钮

【操作步骤】

命令：FILLET↵
当前设置：模式 = 修剪，半径 =0.0000
选择第一个对象或 [放弃(U)/多段线(P)/半径(R)/修剪(T)/多个(M)]：（选择第一个对象或别的选项）
选择第二个对象，或按住 Shift 键选择对象以应用角点或 [半径(R)]：（选择第二个对象）

【选项说明】

1）多段线(P)：在一条二维多段线的两段直线段的节点处插入圆滑的弧。选择多段线后系统会根据指定的圆弧的半径把多段线各顶点用圆滑的弧连接起来。

2）修剪(T)：决定在圆滑连接两条边时，是否修剪这两条边，如图5-80所示。

3）多个(M)：同时对多个对象进行圆角编辑，而不必重新起用命令。

按住 Shift 键并选择两条直线，可以快速创建零距离倒角或零半径圆角。

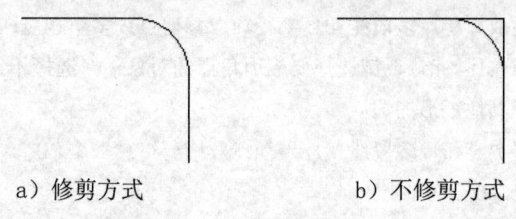

a）修剪方式　　　　　　b）不修剪方式
图 5-80　圆角连接

5.5.9　实例——微波炉

绘制如图5-81所示的微波炉。

图 5-81　微波炉

01 绘制矩形。单击"默认"选项卡"绘图"面板中的"矩形"按钮 □，命令行提示如下：

命令：_RECTANG
指定第一个角点或 [倒角(C)/标高(E)/圆角(F)/厚度(T)/宽度(W)]：0,0↵
指定另一个角点或 [面积(A)/尺寸(D)/旋转(R)]：800,420↵

用相同方法，利用"RECTANG"命令绘制另外三个矩形，角点坐标分别为{（20,20）、（780,400）}、{（327,40）、（760,380）}和{（50,46.6）、（290.3,70）}，绘制结果如图5-82

所示。

02 绘制圆。单击"默认"选项卡"绘图"面板中的"圆"按钮⊙，绘制圆。命令提示如下：

> 命令：_circle
> 指定圆的圆心或 [三点(3P)/两点(2P)/相切、相切、半径(T)]：554.4,215✓
> 指定圆的半径或 [直径(D)]：20✓

03 圆角处理。单击"默认"选项卡"修改"面板中的"圆角"按钮⌒，将四个矩形进行圆角处理，其中三个大矩形的圆角半径为20mm，一个小矩形的圆角半径为10mm。命令行提示如下：

> 命令：_FILLET
> 当前设置：模式 = 修剪，半径 = 0.0000
> 选择第一个对象或 [放弃(U)/多段线(P)/半径(R)/修剪(T)/多个(M)]：r✓
> 指定圆角半径 <0.0000>：20✓
> 选择第一个对象或 [放弃(U)/多段线(P)/半径(R)/修剪(T)/多个(M)]：（选择大矩形一条边）
> 选择第二个对象，或按住 Shift 键选择要应用角点的对象：（选择相邻的另一条边）
> ……（相同方法选择其他矩形的边）
> 选择第一个对象或 [放弃(U)/多段线(P)/半径(R)/修剪(T)/多个(M)]：r✓
> 指定圆角半径 <20.0000>：10✓
> 选择第一个对象或 [放弃(U)/多段线(P)/半径(R)/修剪(T)/多个(M)]：（选择小矩形一条边）
> 选择第二个对象，或按住 Shift 键选择要应用角点的对象：（选择相邻的另一条边）
> ……（相同方法选择此矩形其他的边）

绘制结果如图5-83所示。

图 5-82　绘制矩形

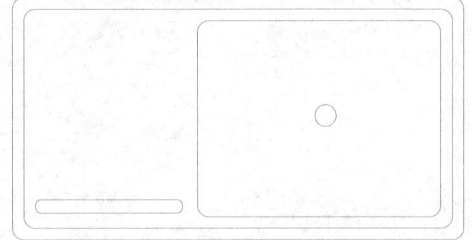

图 5-83　圆角处理

04 阵列处理。单击"默认"选项卡"修改"面板中的"矩形阵列"按钮▦，设置行数为10、列数为1、行间距为33，阵列小矩形。

绘制完成的微波炉如图5-81所示。

5.5.10　倒角命令

斜角是指用斜线连接两个不平行的线型对象。可以用斜线连接直线段、双向无限长线、射线和多段线。

系统采用以下两种方法确定连接两个线型对象的斜线：

1）指定斜线距离。斜线距离是指从被连接的对象与斜线的交点到被连接的两对象的可能的交点之间的距离，如图5-84所示。

2）指定斜线角度和一个斜线距离连接选择的对象。采用这种方法斜线连接对象时，需要输入两个参数，即斜线与一个对象的斜线距离和斜线与该对象的夹角，如图5-85所示。

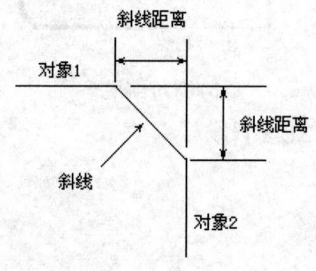

图 5-84　斜线距离　　　　　　　　图 5-85　斜线距离与夹角

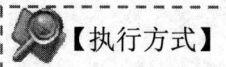【执行方式】

命令行：CHAMFER

菜单：修改→倒角

工具栏：修改→倒角／

功能区：单击"默认"选项卡"修改"面板中的"倒角"按钮／

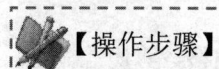【操作步骤】

命令：CHAMFER↙

（"不修剪"模式）当前倒角距离 1 = 0.0000，距离 2 = 0.0000

选择第一条直线或 [放弃(U)/多段线(P)/距离(D)/角度(A)/修剪(T)/方式(E)/多个(M)]：（选择第一条直线或别的选项）

选择第二条直线，或按住 Shift 键选择直线以应用角点或 [距离(D)/角度(A)/方法(M)]：（选择第二条直线）

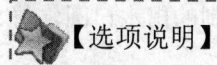【选项说明】

1）多段线（P）：对多段线的各个交叉点倒角。为了得到最好的连接效果，一般设置斜线是相等的值。系统根据指定的斜线距离把多段线的每个交叉点都做斜线连接，连接的斜线成为多段线新添加的构成部分，如图 5-86 所示。

2）距离(D)：选择倒角的两个斜线距离。这两个斜线距离可以相同或不相同，若二者均为 0，则系统不绘制连接的斜线，而是把两个对象延伸至相交并修剪超出的部分。

3）角度(A)：选择第一条直线的斜线距离和第一条直线的倒角角度。

4）修剪(T)：与圆角连接"FILLET"命令相同，该选项决定连接对象后是否剪切原对象。

5）方式(E)：决定采用"距离"方式还是"角度"方式来倒角。

6）多个(M)：同时对多个对象进行倒角编辑。

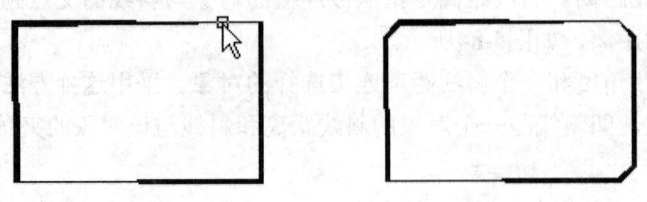

a）选择多段线   b）倒角结果

图 5-86   斜线连接多段线

5.5.11   实例——洗脸盆

绘制如图5-87所示的洗脸盆。

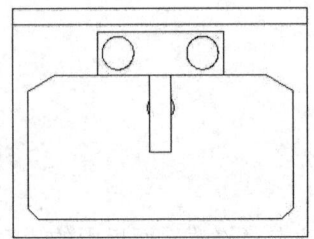

图 5-87   洗脸盆

01 单击"默认"选项卡"绘图"面板中的"直线"按钮 /，利用偏移、剪切等命令，绘制出洗脸盆初步轮廓，大约尺寸如图5-88所示。

02 单击"默认"选项卡"绘图"面板中的"圆"按钮 ⊙，以图5-88中长240mm宽80mm的矩形大约左中位置为圆心、35mm为半径，绘制圆。然后单击"默认"选项卡"修改"面板中的"复制"按钮 ⊙⊙，复制绘制的圆。

03 单击"默认"选项卡"绘图"面板中的"圆"按钮 ⊙，以图5-88中长139mm宽40mm的矩形大约正中位置为圆心、25mm为半径，绘制出水口。

04 单击"默认"选项卡"修改"面板中的"修剪"按钮 ⅓，将绘制的出水口圆修剪成如图5-89所示的形状。

05 单击"默认"选项卡"修改"面板中的"倒角"按钮 ⌐，绘制水盆4角。命令行提示如下：

命令：CHAMFER↙
（"修剪"模式）当前倒角距离 1 = 0.0000，距离 2 = 0.0000
选择第一条直线或 [放弃(U)/多段线(P)/距离(D)/角度(A)/修剪(T)/方式(E)/多个(M)]：D↙
指定第一个倒角距离 ⟨0.0000⟩：50↙
指定第二个倒角距离 ⟨50.0000⟩：30↙

选择第一条直线或 [多段线(P)/距离(D)/角度(A)/修剪(T)/方式(M)/多个(U)]: U↙

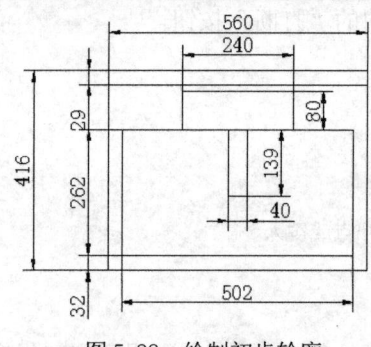

图 5-88　绘制初步轮廓

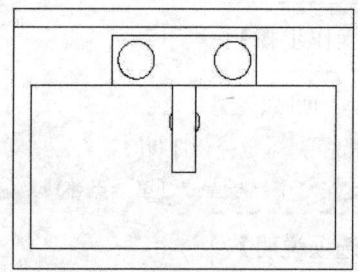

图 5-89　绘制水龙头和出水口

选择第一条直线或 [放弃(U)/多段线(P)/距离(D)/角度(A)/修剪(T)/方式(E)/多个(M)]: (选择右上角横线段)

选择第二条直线或按住 Shift 键选择要应用角点的直线: (选择右上角竖线段)

选择第一条直线或 [放弃(U)/多段线(P)/距离(D)/角度(A)/修剪(T)/方式(E)/多个(M)]: (选择左上角横线段)

选择第二条直线或按住 Shift 键选择要应用角点的直线: (选择右上角竖线段)

命令: CHAMFER↙

("修剪"模式) 当前倒角距离 1 = 50.0000, 距离 2 = 30.0000

选择第一条直线或 [放弃(U)/多段线(P)/距离(D)/角度(A)/修剪(T)/方式(E)/多个(M)]:A↙

指定第一条直线的倒角长度 <20.0000>: ↙

指定第一条直线的倒角角度 <0>: 45↙

选择第一条直线或 [放弃(U)/多段线(P)/距离(D)/角度(A)/修剪(T)/方式(E)/多个(M)]:U↙

选择第一条直线或 [放弃(U)/多段线(P)/距离(D)/角度(A)/修剪(T)/方式(E)/多个(M)]: (选择左下角横线段)

选择第二条直线或按住 Shift 键选择要应用角点的直线: (选择左下角竖线段)

选择第一条直线或 [放弃(U)/多段线(P)/距离(D)/角度(A)/修剪(T)/方式(E)/多个(M)]: (选择右下角横线段)

选择第二条直线或按住 Shift 键选择要应用角点的直线: (选择右下角竖线段)

绘制完成的洗脸盆如图5-87所示。

5.5.12　打断命令

【执行方式】

命令行: BREAK

菜单: 修改→打断

工具栏：修改→打断⟨凸⟩

功能区：单击"默认"选项卡"修改"面板中的"打断"按钮⟨凸⟩

【操作步骤】

命令：BREAK↙

选择对象：（选择要打断的对象）

指定第二个打断点或［第一点(F)］:（指定第二个断开点或键入"F"）

【选项说明】

如果选择"第一点(F)"，系统将丢弃前面的第一个选择点，重新提示用户指定两个断开点。

5.5.13 实例——吸顶灯

绘制如图5-90所示的吸顶灯。

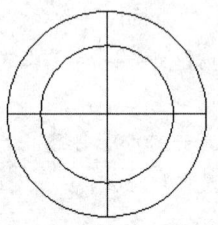

图 5-90 吸顶灯图形

01 新建两个图层。

❶ "1"图层，颜色为蓝色，其余属性默认。

❷ "2"图层，颜色为白色，其余属性默认。

02 将"1"图层设置为当前图层。单击"默认"选项卡"绘图"面板中的"直线"按钮，以坐标点为{（50，100）、（100，100）}、{（75，75）、（75，125）}，绘制两条相交的直线，如图5-91所示。

03 将"2"图层设置为当前图层。单击"默认"选项卡"绘图"面板中的"圆"按钮⊙，以点（75，100）为圆心15mm、10mm为半径绘制两个同心圆，如图5-92所示。

04 单击"默认"选项卡"修改"面板中的"打断于点"按钮⟨凸⟩，将超出圆外的直线修剪掉。命令行提示如下：

命令：_break

选择对象：（选择竖直直线）

指定第二个打断点 或［第一点(F)］:F↙

指定第一个打断点：（选择竖直直线的上端点）

指定第二个打断点：（选择竖直直线与大圆上面的相交点）

用同样的方法将其他3段超出圆外的直线修剪掉，结果如图5-90所示。

图 5-91　绘制相交直线　　　　　　　　图 5-92　绘制同心圆

5.5.14　分解命令

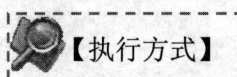【执行方式】

命令行：EXPLODE
菜单：修改→分解
工具栏：修改→分解 ⬠
功能区：单击"默认"选项卡"修改"面板中的"分解"按钮 ⬠

【操作步骤】

命令：EXPLODE↙
选择对象：（选择要分解的对象）

选择一个对象后，该对象会被分解。系统继续提示该行信息，可以分解多个对象。

注意：

"分解"命令是将一个合成图形分解成为其部件的命令。例如，一个矩形被分解之后会变成 4 条直线，而一个有宽度的直线分解之后会失去其宽度属性。

5.5.15　实例——西式沙发

本实例介绍如图5-93所示西式沙发的绘制方法与技巧。首先绘制大体轮廓，然后绘制扶手靠背，最后再进行细节处理。

01 沙发的绘制与座椅的绘制方法基本相似，单击"默认"选项卡"绘图"面板中的"矩形"按钮 ▭，设置矩形的长边为100mm、短边为40mm，绘制矩形，如图5-94所示。

02 在矩形上侧的一个角点处绘制直径为8mm的圆，然后单击"默认"选项卡"修改"面板中的"复制"按钮 ⅛，并以矩形角点为参考点，复制到另外一个角点处，如图5-95所示。

159

03 单击"默认"选项卡"绘图"面板中的"多段线"按钮 ，即多线功能，绘制沙发的靠背。选择菜单栏中的"格式"→"多线样式"命令，❶打开"多线样式"对话框，❷单击"新建"按钮，❸打开"创建新的多线样式"对话框，❹命名为"mline1"，如图5-96所示。❺单击"继续"按钮，❻打开"新建多线样式：MLINE1"对话框，设置多线样式如图5-97所示。

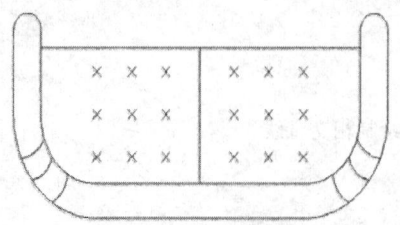

图 5-93　西式沙发

图 5-94　绘制矩形

图 5-95　绘制圆

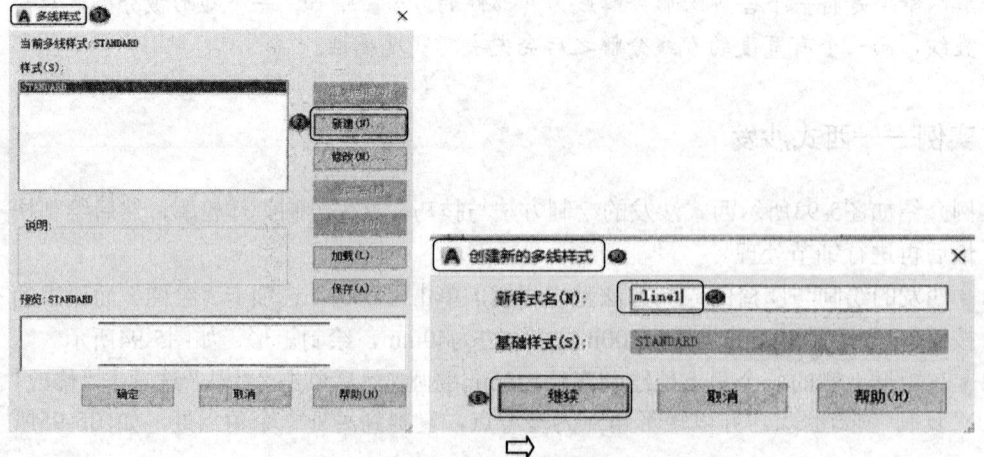

图 5-96　"多线样式"对话框

160

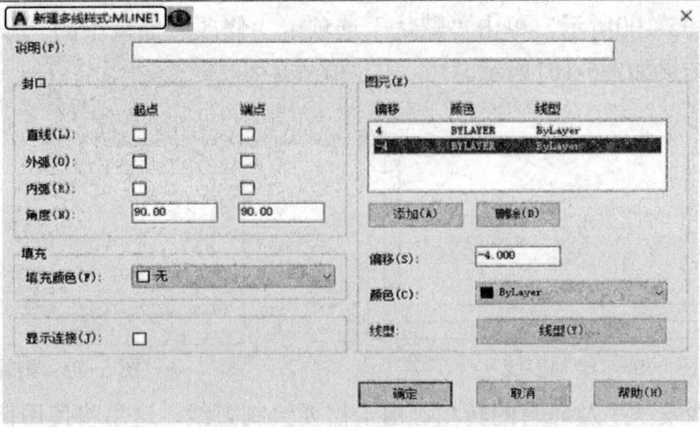

图 5-97　设置多线样式

单击"确定"按钮，关闭所有对话框。

04 在命令行中输入"MLINE"，输入"ST"，选择多线样式为"mline1"，然后输入"J"，设置对中方式为无，设置比例为1，以图5-95中的圆心为起点，沿矩形边界绘制多线。命令行提示如下：

```
命令: MLINE
当前设置: 对正 = 上, 比例 = 20.00, 样式 = STANDARD
指定起点或 [对正(J)/比例(S)/样式(ST)]: ST (设置当前多线样式)
输入多线样式名或 [?]: mline1 (选择样式 mline1)
当前设置: 对正 = 上, 比例 = 20.00, 样式 = MLINE1
指定起点或 [对正(J)/比例(S)/样式(ST)]: J (设置对正方式)
输入对正类型 [上(T)/无(Z)/下(B)] <上>: Z (设置对正方式为无)
当前设置: 对正 = 无, 比例 = 20.00, 样式 = MLINE1
指定起点或 [对正(J)/比例(S)/样式(ST)]: S
输入多线比例 <20.00>: 1 (设定多线比例为1)
当前设置: 对正 = 无, 比例 = 1.00, 样式 = MLINE1
指定起点或 [对正(J)/比例(S)/样式(ST)]: (单击圆心)
指定下一点: (单击矩形角点)
指定下一点或 [放弃(U)]:
指定下一点或 [闭合(C)/放弃(U)]: (单击另外一侧圆心)
指定下一点或 [闭合(C)/放弃(U)]:
```

05 绘制结果如图5-98所示。选择刚刚绘制的多线和矩形，单击"默认"选项卡"修改"面板中的"分解"按钮 ，将多线分解。命令行提示如下：

```
命令: _EXPLODE
选择对象: (选择绘制的多线和矩形，按 Enter 键分解)
```

06 将多线中间矩形的部分轮廓线删除，如图5-99所示。单击"默认"选项卡"修改"面板中的"移动"按钮 ，然后按空格或者按Enter键，再选择直线的左端点，将其移动到圆的下端点，如图5-100所示。单击"默认"选项卡"修改"面板中的"修剪"按钮，将多余的线剪切，结果如图5-101所示。

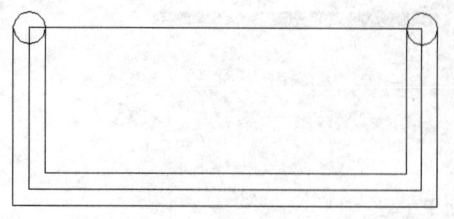

图 5-98　绘制多线

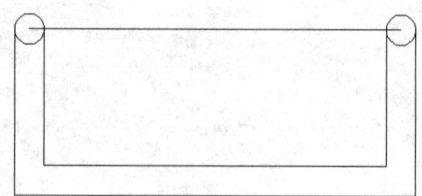

图 5-99　删除直线

07　绘制沙发扶手及靠背的转角。由于需要绘制弧线，这里将使用倒圆角命令。单击"默认"选项卡"修改"面板中的"圆角"按钮，设置内侧圆角半径为16mm，对内侧倒圆角，结果如图5-102所示。然后设置外侧圆角半径为24mm，对外侧倒圆角，结果如图5-103所示。

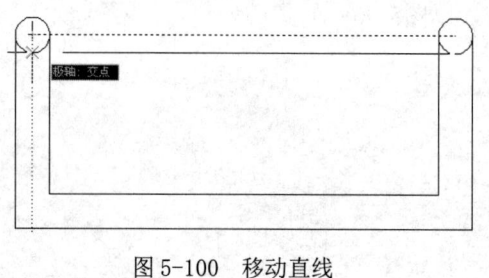

图 5-100　移动直线

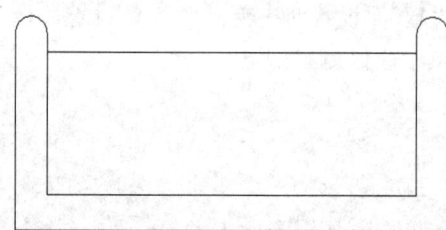

图 5-101　删除多余线

图 5-102　绘制内侧倒圆角

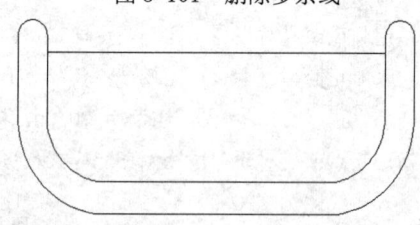

图 5-103　绘制外侧倒圆角

08　利用"中点捕捉"工具，在沙发中心绘制一条垂直的直线，如图5-104所示。再在沙发扶手的拐角处各绘制三条弧线，结构如图5-105所示。

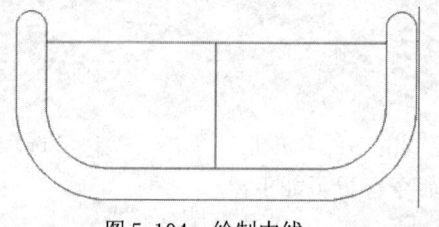

图 5-104　绘制中线

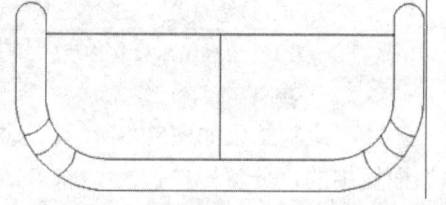

图 5-105　绘制沙发扶手拐角

09　在绘制扶手拐角处的纹路时，弧线上的点不易捕捉，需要利用AutoCAD 2022的"延伸捕捉"功能。此时要确保绘图窗口下部状态栏上的"对象捕捉"功能处于激活状态，其状态可以用鼠标单击进行切换。单击"绘制弧线"命令，将光标停留在沙发扶手拐角弧线的起点，此时在起点处会出现黄色的方块，如图5-106所示。然后沿弧线缓慢移动光标，可以看到十字光标中心与弧线起点有虚线相连，如图5-107所示。在移动到合适的位置后，单击鼠标即可完成扶手拐手拐角处纹路的绘制。

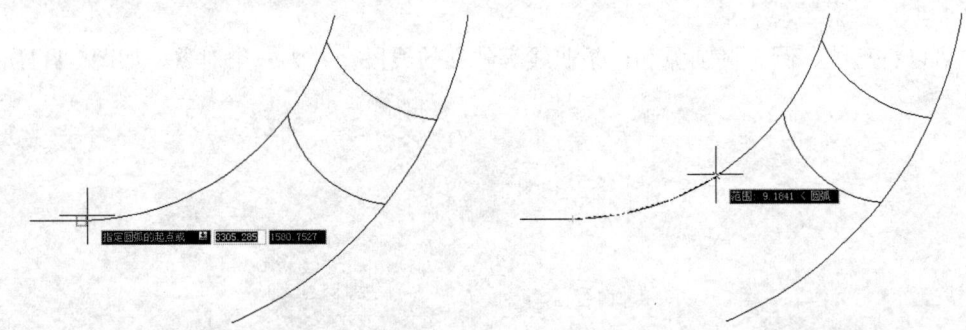

图 5-106　指定弧线起点　　　　　　　　　　　　图 5-107　移动光标

10 在沙发左侧空白处用直线命令绘制一"×"图形，如图 5-108 所示。单击"默认"选项卡"修改"面板中的"矩形阵列"按钮 ，设置行、列数均为 3，然后将行间距设置为-10、列间距设置为 10，再单击"选择对象"按钮，选择刚刚绘制的"×"图形，进行阵列复制，结果如图 5-109 所示。

11 单击"默认"选项卡"修改"面板中的"镜像"按钮 ，将左侧的花纹复制到右侧，结果如图 5-110 所示。

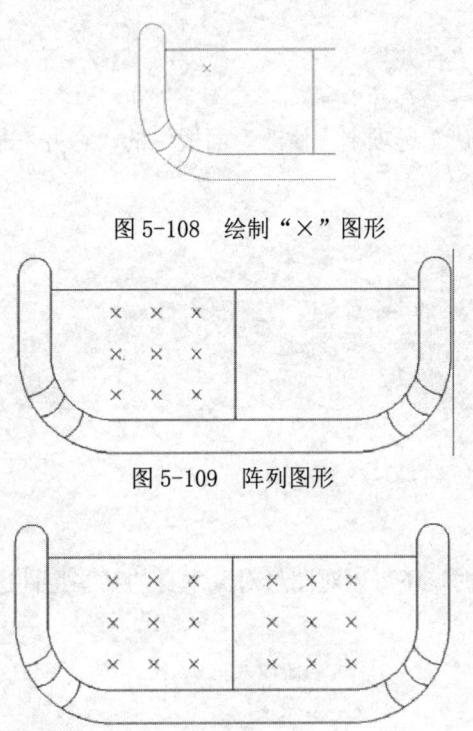

图 5-108　绘制"×"图形

图 5-109　阵列图形

图 5-110　镜像花纹

绘制好沙发后将其保存成块，以便以后绘图时调用。

5.5.16 合并命令

可以将直线、圆、椭圆弧和样条曲线等独立的线段合并为一个对象，如图5-111所示。

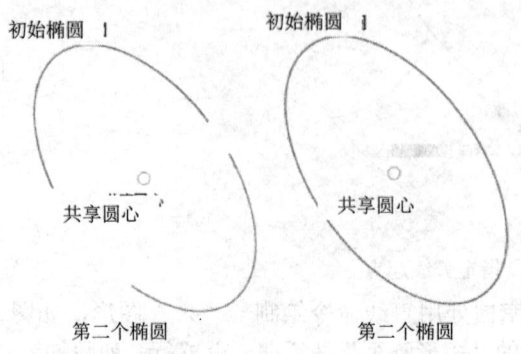

图 5-111　合并对象

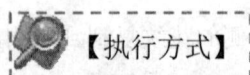

命令行：JOIN
菜单："修改"→"合并"
工具栏："修改"→"合并" ⊶
功能区：单击"默认"选项卡"修改"面板中的"合并"按钮 ⊶

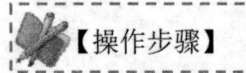

命令：JOIN✓
选择源对象或要一次合并的多个对象：（选择一个对象）
选择要合并的对象：（选择另一个对象）
选择要合并的对象：✓

5.6　对象编辑

在对图形进行编辑时，还可以对图形对象本身的某些特性进行编辑，从而方便地进行图形绘制。

5.6.1 钳夹功能

利用钳夹功能可以快速方便地编辑对象。AutoCAD在图形对象上定义了一些特殊点，称为夹持点，如图5-112所示。利用夹持点可以灵活地控制对象。

要使用钳夹功能编辑对象，必须先打开钳夹功能。打开方法是：工具→选项→选择集。

在"选择集"选项卡的"夹点"选项组中勾选"显示夹点"复选框可显示夹点。在该选项卡中还可以设置表示夹点的小方格的尺寸和颜色。

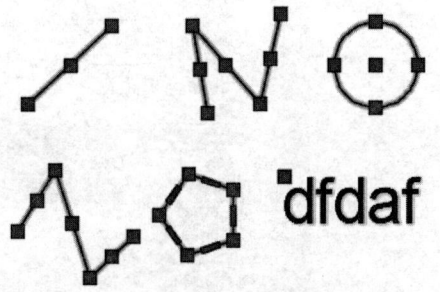

图 5-112　夹持点

也可以通过GRIPS系统变量控制是否打开钳夹功能，1代表打开，0代表关闭。

打开钳夹功能后，应该在编辑对象之前先选择对象。夹点为对象的控制位置。

使用夹点编辑对象时，要先选择一个夹点作为基点（称为基准夹点），然后选择一种编辑操作，如镜像、移动、旋转、拉伸和缩放。可以用空格键、Enter键或键盘上的快捷键循环选择这些功能。

下面仅以其中的拉伸对象操作为例进行介绍，其他操作类似。

在图形上拾取一个夹点，该夹点将改变颜色，此点为夹点编辑的基准点。这时系统提示：

** 拉伸 **

指定拉伸点或 ［基点(B)/复制(C)/放弃(U)/退出(X)］：

如果在上述拉伸编辑提示下输入"镜像"命令或右击，在弹出的快捷菜单中选择"镜像"命令，系统将进行镜像操作。其他操作类似。

5.6.2　特性选项板

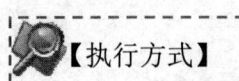【执行方式】

命令行：DDMODIFY或PROPERTIES

菜单：修改→特性匹配

工具栏：标准→特性匹配

功能区：单击"默认"选项卡"特性"面板中的"特性匹配"按钮

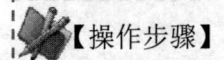【操作步骤】

命令：DDMODIFY✓

AutoCAD打开"特性"选项板，如图5-113所示。在该选项板中可以方便地设置或修改对象的各种属性。不同的对象，其属性种类和值不同，修改属性值，对象的属性将改变为新的属性。

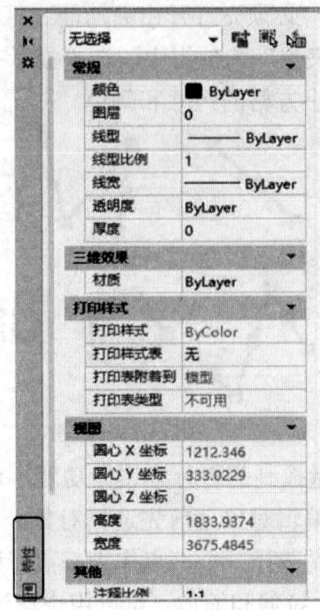

图 5-113   "特性"选项板

5.7   上机实验

实验 1   绘制办公桌

绘制如图5-114所示的办公桌。

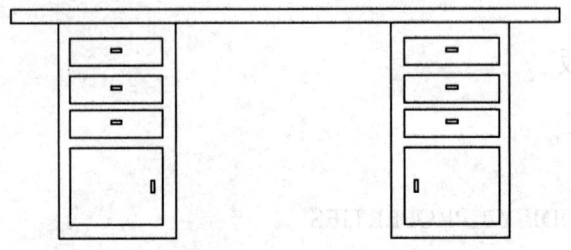

图 5-114   办公桌

 操作提示：

1. 利用"矩形"命令绘制办公桌的一边。
2. 利用"复制"命令完成办公桌的绘制。

实验 2   绘制燃气灶

绘制如图 5-115 所示的燃气灶。

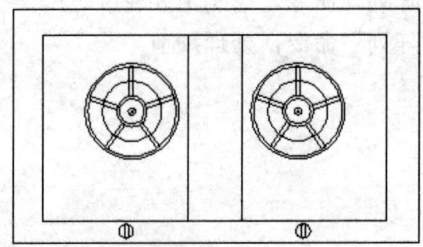

图 5-115 燃气灶

操作提示：

1. 利用"矩形"和"直线"命令，绘制燃气灶外轮廓。
2. 利用"圆"和"样条曲线"命令，绘制支撑骨架。
3. 利用"阵列"和"镜像"命令，完成燃气灶的绘制。

实验 3　绘制门

绘制如图 5-116 所示的门。

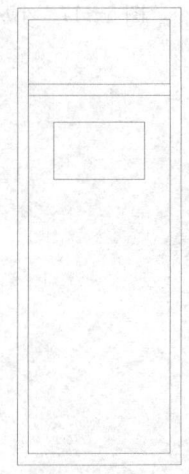

图 5-116　门

操作提示：

1. 利用"矩形"命令绘制门轮廓。
2. 利用"偏移"命令完成门的绘制。

实验 4　绘制小房子

绘制如图 5-117 所示的小房子。

操作提示：

1. 利用"矩形"和"阵列"命令，绘制主要轮廓。
2. 利用"直线"和"阵列"命令，处理细节。

图 5-117 小房子

第6章 文本、表格与尺寸标注

导读

　　文字注释是图形中很重要的一部分内容。在进行各种设计时，通常不仅要绘制出图形，还要在图形中标注一些文字，如技术要求、注释说明等，以对图形对象加以解释。AutoCAD 提供了多种写入文字的方法，本章将介绍文本标注和编辑功能。另外，表格在 AutoCAD 图形中也有大量的应用，如明细栏、参数表和标题栏等。AutoCAD 的表格功能使绘制表格变得方便快捷。尺寸标注是绘图设计过程中相当重要的一个环节。

学 习 要 点

- ◎ 文字样式、文本标注
- ◎ 文本编辑、表格
- ◎ 尺寸样式、标注尺寸、引线标注

6.1 文字样式

AutoCAD 2022 提供了"文字样式"对话框,通过这个对话框可方便直观地设置需要的文字样式,或是对已有的文字样式进行修改。

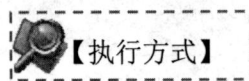【执行方式】

命令行:STYLE 或 DDSTYLE

菜单:格式→文字样式

工具栏:文字→文字样式 **A**

功能区:单击❶ "默认"选项卡❷ "注释"面板中的❸ "文字样式"按钮 **A**(见图 6-1)或单击❶ "注释"选项卡❷ "文字"面板上的❸ "文字样式"下拉菜单中的❹ "管理文字样式"按钮(见图 6-2)或单击"注释"选项卡"文字"面板中"对话框启动器"按钮 ❧ 。

图 6-1 "注释"面板

图 6-2 "文字"面板

【操作步骤】

命令:STYLE✓

在命令行输入"STYLE"或"DDSTYLE"命令,或选择"格式"→"文字样式"命令,

AutoCAD 打开"文字样式"对话框，如图 6-3 所示。

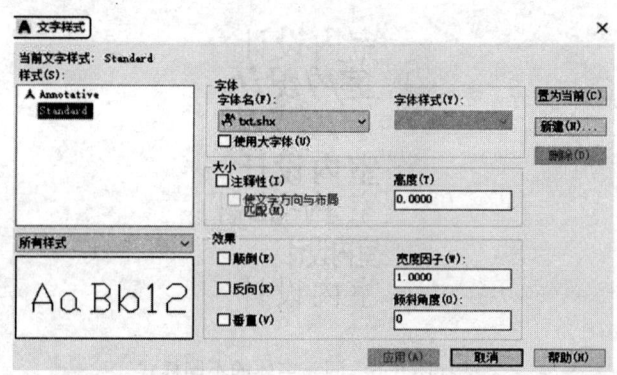

图 6-3 "文字样式"对话框

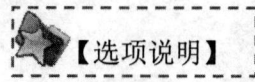【选项说明】

1）"样式"选项组：该选项组主要用于命名新样式名或对已有样式名进行相关操作。单击"新建"按钮，AutoCAD 打开图 6-4 所示"新建文字样式"对话框。在此对话框中可以为新建的样式输入名称。从文本样式列表框中选中要改名的文本样式，单击右键，弹出图 6-5 所示"重命名"快捷菜单。在此对话框中可以为所选文本样式输入新的名称。

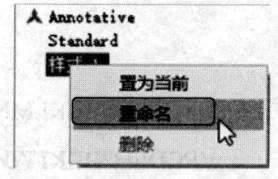

图 6-4 "新建文字样式"对话框   图 6-5 "重命名"快捷菜单

2）"字体"选项组：确定字体式样。在 AutoCAD 中，除了它固有的 SHX 字体外，还可以使用 TrueType 字体（如宋体、楷体、italic 等）。一种字体可以设置不同的效果从而被多种文字样式使用，如图 6-6 所示就是同一种字体（宋体）的不同样式。

"字体"选项组用来确定文字样式使用的字体文件、字体风格及字高等。如果在"高度"文本框中输入一个数值，则它将作为创建文字时的固定字高，在用 TEXT 命令输入文字时，AutoCAD 不再提示输入字高参数；如果在此文本框中设置字高为 0，AutoCAD 则会在每一次创建文字时提示输入字高。所以，如果不想固定字高就可以将其设置为 0。

3）"大小"选项组：

"注释性"复选框：指定文字为注释性文字。

"使文字方向与布局匹配"复选框：指定图纸空间视口中的文字方向与布局方向匹配。

如果不勾选"注释性"选项，则该选项不可用。

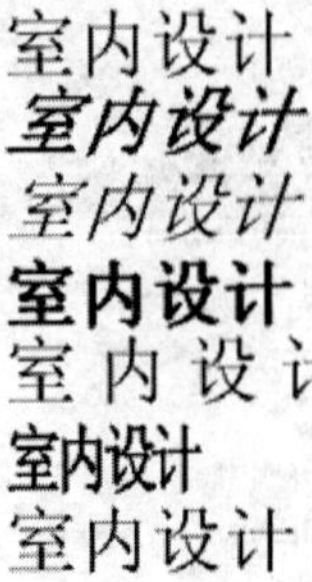

图6-6　同一字体的不同样式

　　"高度"复选框：设置文字高度。如果输入 0.0，则每次用该样式输入文字时，文字默认值为 0.2 高度。

　　4）"效果"选项组：其中各项用于设置字体的特殊效果。

　　"颠倒"复选框：选中此复选框，表示将文本文字倒置标注，如图 6-7a 所示。

　　"反向"复选框：确定是否将文本文字反向标注。图 6-7b 所示为反向标注效果。

　　"垂直"复选框：确定文本是水平标注还是垂直标注。选中此复选框时为垂直标注，否则为水平标注，如图 6-8 所示。

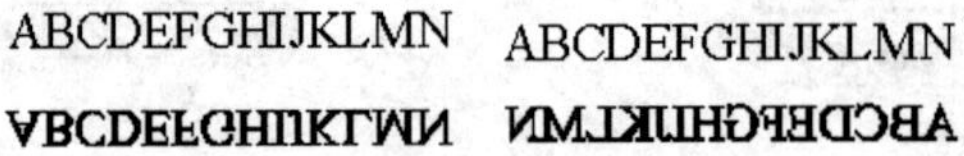

a)　　　　　　　　　　b)

图 6-7　文字倒置标注与反向标注　　　　　　图 6-8　垂直标注文字

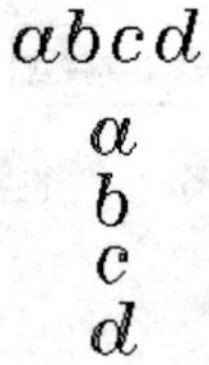

　　宽度因子：设置宽度系数，确定文本字符的宽高比。当此系数为 1 时，表示将按字体文件中定义的宽高比标注文字。当此系数小于 1 时字会变窄，反之变宽。

　　倾斜角度：用于确定文字的倾斜角度。角度为 0 时不倾斜，为正时向右倾斜，为负时向左倾斜。

6.2　文本标注

　　文字在制图过程中传递了很多设计信息，它可能是一个很长很复杂的说明，也可能是一个简短的文字信息。当需要标注的文本不太长时，可以利用"TEXT"命令创建单行文本。

当需要标注很长、很复杂的文字信息时，可以用"MTEXT"命令创建多行文本。

6.2.1　单行文本标注

【执行方式】

命令行：TEXT 或 DTEXT

菜单：绘图→文字→单行文字

工具栏：文字→单行文字 **A**

功能区：单击"默认"选项卡"注释"面板中的"单行文字"按钮 **A** 或单击"注释"选项卡"文字"面板中的"单行文字"按钮 **A**

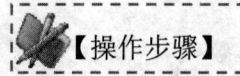【操作步骤】

命令：TEXT✓

选择相应的菜单项或在命令行输入"TEXT"命令后按 Enter 键，命令行提示如下：

当前文字样式：Standard　当前文字高度：0.2000 注释性：否　对正：左

指定文字的起点或 [对正(J)/样式(S)]：

注意：

只有当前文本样式中设置的字符高度为 0 时，在使用"TEXT"命令时 AutoCAD 才出现要求用户确定字符高度的提示。

AutoCAD 允许将文本行倾斜排列，倾斜角度分别是 0°、45° 和 −45°。可在"指定文字的旋转角度 <0>:"提示下输入文本行的倾斜角度或在屏幕上拉出一条直线来指定倾斜角度。

【选项说明】

1）指定文字的起点：在此提示下直接在作图屏幕上点取一点作为文本的起始点，AutoCAD 提示：

指定高度 <0.2000>:（确定字符的高度）

指定文字的旋转角度 <0>:（确定文本行的倾斜角度）

在此提示下输入一行文本后按 Enter 键，可继续输入文本，待全部输入完成后，在此提示下直接按 Enter 键，则退出"TEXT"命令。可见，由"TEXT"命令也可创建多行文本，只是这种多行文本每一行是一个对象，因此不能对多行文本同时进行操作，但可以单独修改每一单行的文字样式、字高、旋转角度和对齐方式等。

2）对正(J)：在上面的提示下键入"J"，可确定文本的对齐方式。对齐方式决定文本的哪一部分与所选的插入点对齐。执行此选项，AutoCAD 提示：

输入选项[左(L)/居中(C)/右(R)/对齐(A)/中间(M)/布满(F)/左上(TL)/中上(TC)/右上(TR)/左中(ML)/正中(MC)/右中(MR)/左下(BL)/中下(BC)/右下(BR)]：

在此提示下选择一个选项作为文本的对齐方式。当文本串水平排列时，AutoCAD 为标注文本串定义了如图 6-9 所示的顶线、中线、基线和底线，各种对齐方式如图 6-10 所示，图中大写字母对应上述提示中的各命令。

图 6-9　文本行的底线、基线、中线和顶线　　　　图 6-10　文本的对齐方式

下面以"对齐"为例进行简要说明。

选择此选项，要求用户指定文本行基线的起始点与终止点的位置，AutoCAD 提示：

指定文字基线的第一个端点：（指定文本行基线的起始点位置）

指定文字基线的第二个端点：（指定文本行基线的终始点位置）

执行结果：所输入的文本字符均匀地分布于指定的两点之间，如果两点间的连线不水平，则文本行倾斜放置，倾斜角度由两点间的连线与 X 轴夹角确定；字高、字宽根据两点间的距离、字符的多少以及文字样式中设置的宽度系数自动确定。指定了两点之后，每行输入的字符越多，字宽和字高越小。

其他选项与"对齐"类似，不再赘述。

实际绘图时，有时需要标注一些特殊字符，如直径符号、上划线或下划线、温度符号等，由于这些符号不能直接从键盘上输入，AutoCAD 提供了一些控制码，用来实现这些要求。控制码用两个百分号（%%）加一个字符构成，AutoCAD 常用的控制码见表 6-1。

其中，%%O 和 %%U 分别是上划线和下划线的开关，第一次出现此符号时开始画上划线和下划线，第二次出现此符号时上划线和下划线终止。例如在"输入文字:"提示后输入"I want to %%U go to Beijing%%U"，则得到图 6-11a 所示的文本行，输入"50%%D+%%C75%%P12"，则得到图 6-11b 所示的文本行。

表6-1　AutoCAD常用控制码

符号	功能	符号	功能
%%O	上划线	\u+0278	电相位
%%U	下划线	\u+E101	流线
%%D	"度"符号	\u+2261	标识
%%P	正负符号	\u+E102	界碑线
%%C	直径符号	\u+2260	不相等
%%%	百分号%	\u+2126	欧姆
\u+2248	几乎相等	\u+03A9	欧米加
\u+2220	角度	\u+214A	低界线
\u+E100	边界线	\u+2082	下标2
\u+2104	中心线	\u+00B2	上标2
\u+0394	差值		

用"TEXT"命令可以创建一个或若干个单行文本，也就是说用此命令可以标注多行文本。在"输入文字:"提示下输入一行文本后按 Enter 键，用户可输入第二行文本，依次类推，直到文本全部输完，再在此提示下直接按 Enter 键，结束文本输入命令。每一次按 Enter 键就结束一个单行文本的输入，每一个单行文本是一个对象，可以单独修改其文本样式、字高、旋转角度和对齐方式等。

I want to go to Beijing. a)

50°+Ø75±12 b)

图 6-11　文本行

用"TEXT"命令创建文本时，在命令行输入的文字同时显示在屏幕上，而且在创建过程中可以随时改变文本的位置，只要将光标移到新的位置单击鼠标，则当前行结束，随后输入的文本出现在新的位置上。用这种方法可以把多行文本标注到屏幕的任何地方。

6.2.2　多行文本标注

【执行方式】

命令行：MTEXT

菜单：绘图→文字→多行文字

工具栏：绘图→多行文字 **A** 或文字→多行文字 **A**

功能区：单击"默认"选项卡"注释"面板中的"多行文字"按钮 **A** 或单击"注释"选项卡"文字"面板中的"多行文字"按钮 **A**

【操作步骤】

命令：MTEXT↙

选择相应的菜单项或单击相应的工具按钮，或在命令行输入"MTEXT"命令后按 Enter 键，命令行提示如下：

当前文字样式："Standard"　当前文字高度：2.5 注释性：　否

指定第一角点：(指定矩形框的第一个角点)

指定对角点或 [高度(H)/对正(J)/行距(L)/旋转(R)/样式(S)/宽度(W)/栏(C)]：

【选项说明】

（1）指定对角点：直接在屏幕上点取一个点作为矩形框的第二个角点，AutoCAD 以这两个点为对角点形成一个矩形区域，其宽度作为将来要标注的多行文本的宽度，而且第一个点作为第一行文本顶线的起点。响应后 AutoCAD 打开如图 6-12 所示的"文字编辑器"选项卡，可利用此编辑器输入多行文本并对其格式进行设置。

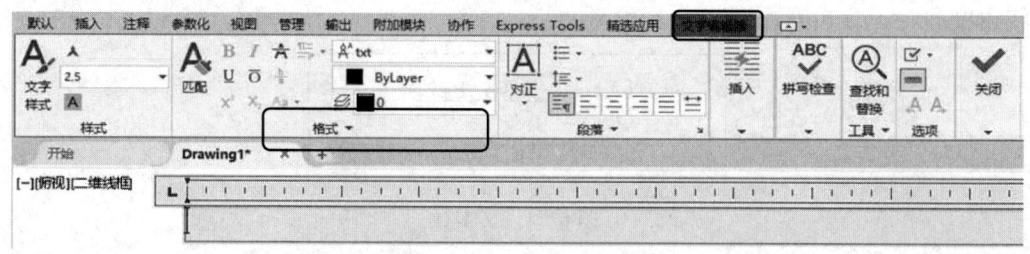

图 6-12　多行文字编辑器

（2）对正(J)：确定所标注文本的对齐方式。选取此选项，命令行提示如下：

输入对正方式 [左上(TL)/中上(TC)/右上(TR)/左中(ML)/正中(MC)/右中(MR)/左下(BL)/中下(BC)/右下(BR)] 〈左上(TL)〉：

这些对齐方式与"TEXT"命令中的各对齐方式相同，不再重复。选取一种对齐方式后按 Enter 键，AutoCAD 回到上一级提示。

（3）行距(L)：确定多行文本的行间距，这里所说的行间距是指相邻两文本行的基线之间的垂直距离。选择此选项，命令行提示如下：

在此提示下有两种方式确定行间距,"至少"方式和"精确"方式。"至少"方式下 AutoCAD 根据每行文本中最大的字符自动调整行间距。"精确"方式下 AutoCAD 给多行文本赋予一个固定的行间距。可以直接输入一个确切的间距值,也可以输入"nx"的形式,其中 n 是一个具体数,表示行间距设置为单行文本高度的 n 倍,而单行文本高度是本行文本字符高度的 1.66 倍。

(4) 旋转(R):确定文本行的倾斜角度。执行此选项,命令行提示如下:

输入角度值后按 Enter 键,AutoCAD 返回到"指定对角点或 [高度(H)/对正(J)/行距(L)/旋转(R)/样式(S)/宽度(W)/栏(C)]:"提示。

(5) 样式(S):确定当前的文字样式。

(6) 宽度(W):指定多行文本的宽度。可在屏幕上选取一点,将其与前面确定的第一个角点组成的矩形框的宽度作为多行文本的宽度,也可以输入一个数值,精确设置多行文本的宽度。在创建多行文本时,只要给定了文本行的起始点和宽度后,AutoCAD 就会打开如图 6-12 所示的多行文字编辑器,该编辑器包含一个"文字格式"工具栏和一个右键快捷菜单。用户可以在编辑器中输入和编辑多行文本,包括设置字高、文字样式以及倾斜角度等。该编辑器与 Microsoft 的 Word 编辑器界面类似,事实上该编辑器与 Word 编辑器在某些功能也大致相同,这样既增强了多行文字编辑功能,又使用户更熟悉和方便,效果很好。

"文字编辑器"选项卡:用来控制文本的显示特性。可以在输入文本之前设置文本的特性,也可以改变已输入文本的特性。要改变已有文本的显示特性,首先应选中要修改的文本,选择文本有以下 3 种方法:

1) 将光标定位到文本开始处,按下鼠标左键,将光标拖到文本末尾。

2) 单击某一个字,则该字被选中。

3) 三击鼠标则选全部内容。

下面介绍"文字编辑器"选项卡中部分选项的功能。

1)"高度"下拉列表框:该下拉列表框用来确定文本的字符高度,可在文本编辑框中直接输入新的字符高度,也可从下拉列表中选择已设定过的高度。

2)"B"和"I"按钮:这两个按钮用来设置黑体或斜体效果。这两个按钮只对 TrueType 字体有效。

3)"下划线"按钮 U̲:该按钮用于设置或取消下划线。

4)"堆叠"按钮 ᵇ/ₐ:该按钮为层叠/非层叠文本按钮,用于层叠所选的文本,也就是创建分数形式。当文本中某处出现"/"或"^"或"#"这 3 种层叠符号之一时可层叠文本，方法是选中需层叠的文字，然后单击此按钮，则符号左边文字作为分子，右边文字作为分母。AutoCAD 提供了 3 种分数形式：如果选中"abcd/efgh"后单击此按钮，则得到如图 6-13a 所示的分数形式；如果选中"abcd^efgh"后单击此按钮，则得到图 6-13b 所示的形式，此形式多用于标注极限偏差；如果选中"abcd # efgh"后单击此按钮，则创建斜排的分数形式，如图 6-13c 所示。如果选中已经层叠的文本对象后单击此按钮，则文本恢复到非层叠形式。

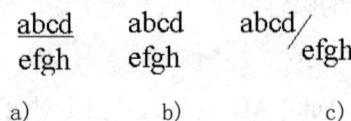

a)　　　　　　　b)　　　　　　　c)

图 6-13　文本层叠

5）"倾斜角度"微调框 $0/$：设置文字的倾斜角度。

6）"符号"按钮 @：用于输入各种符号。单击该按钮，系统打开符号列表，如图 6-14 所示。用户可以从中选择符号输入到文本中。

7）"插入字段"按钮：插入一些常用或预设字段。单击该按钮，系统打开"字段"对话框，如图 6-15 所示。用户可以从中选择字段插入到标注文本中。

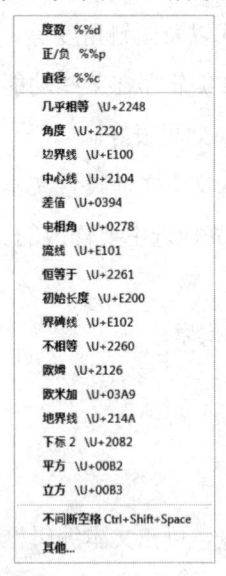

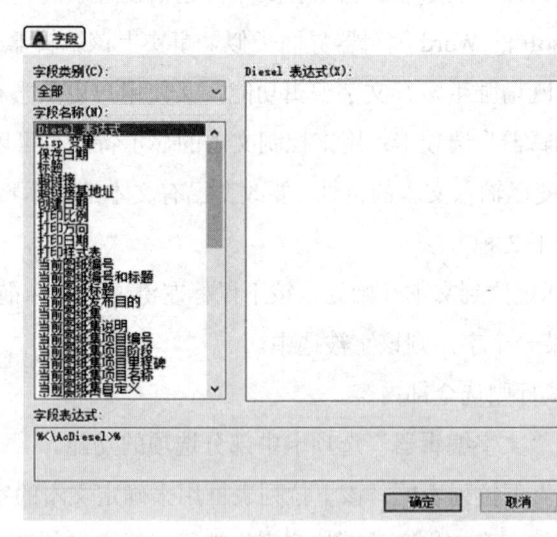

图 6-14　"符号"列表　　　　　　　图 6-15　"字段"对话框

8）"追踪"下拉列表框：增大或减小选定字符之间的距离。设置为 1.0 是采用常规间距，设置为大于 1.0 可增大间距，设置为小于 1.0 可减小间距。

9）"宽度因子"下拉列表框：扩展或收缩选定字符。设置为 1.0 代表此字体中的字母采用常规宽度。可以增大该宽度或减小该宽度。

10）"列"下拉列表 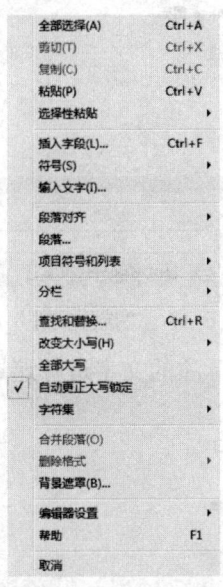：显示栏弹出菜单，该菜单提供三个栏选项，即"不分栏""静态栏"和"动态栏"。

11）"多行文字对正"下拉列表 Ⓐ：显示"多行文字对正"菜单，并且有 9 个对齐选项可用。"左上"为默认。

（7）右键快捷菜单：在多行文字绘制区域单击鼠标右键，系统弹出快捷菜单，如图 6-16 所示。

全部选择(A)	Ctrl+A
剪切(T)	Ctrl+X
复制(C)	Ctrl+C
粘贴(P)	Ctrl+V
选择性粘贴	▶
插入字段(L)...	Ctrl+F
符号(S)	▶
输入文字(I)...	
段落对齐	▶
段落...	
项目符号和列表	▶
分栏	▶
查找和替换...	Ctrl+R
改变大小写(H)	▶
全部大写	
✓ 自动更正大写锁定	
字符集	▶
合并段落(O)	
删除格式	▶
背景遮罩(B)...	
编辑器设置	▶
帮助	F1
取消	

图 6-16　右键快捷菜单

1）符号：在光标位置插入列出的符号或不间断空格。也可以手动插入符号。

2）插入字段：插入一些常用或预设字段。单击该命令，系统弹出"字段"对话框。用户可以从中选择字段插入到标注文本中。

3）输入文字：单击该命令，系统弹出"选择文件"对话框，如图 6-17 所示。选择任意 ASCII 或 RTF 格式的文件。输入的文字保留原始字符格式和样式特性，但可以在多行文字编辑器中编辑和格式化输入的文字。选择要输入的文本文件后，可以在文字编辑框中替换选定的文字或全部文字，或在文字边界内将插入的文字附加到选定的文字中。输入文字的文件必须小于 32K。

4）改变大小写：改变选定文字的大小写。可以选择"大写"或"小写"。

5）全部大写：将所有新输入的文字转换成大写。全部大写不影响已有的文字。要改变已有文字的大小写，可选择文字，单击右键，然后在弹出的快捷菜单中单击"改变大小写"。

6）删除格式：清除选定文字的粗体、斜体或下划线格式。

7）合并段落：将选定的段落合并为一段并用空格替换每段的按 Enter 键。

图 6-17　"选择文件"对话框

8）背景遮罩：用设定的背景对标注的文字进行遮罩。选择该命令，系统打开"背景遮罩"对话框，如图 6-18 所示。

图 6-18　"背景遮罩"对话框

9）查找和替换：显示"查找和替换"对话框，如图 6-19 所示。在该对话框中可以进行替换操作，操作方式与 Word 编辑器中的操作类似，这里不再赘述。

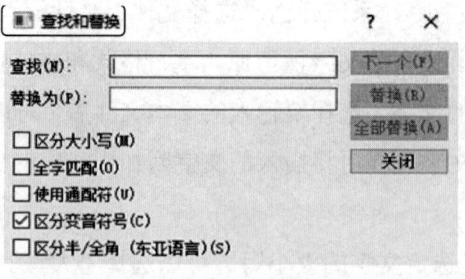

图 6-19　"查找和替换"对话框

10）字符集：显示代码页菜单。选择一个代码页并将其应用到选定的文字。

6.3 文本编辑

6.3.1 文本编辑命令

【执行方式】

命令行：DDEDIT

菜单：修改→对象→文字→编辑

工具栏：文字→编辑

快捷菜单："编辑多行文字"或"编辑文字"

【操作步骤】

选择相应的菜单项，或在命令行输入"DDEDIT"命令后按 Enter 键，命令行提示如下：

命令：DDEDIT↙

选择注释对象或 [放弃(U)]：

要求选择想要修改的文本，同时光标变为拾取框。用拾取框单击对象，如果选取的文本是用"TEXT"命令创建的单行文本，则亮显该文本，此时可对其进行修改；如果选取的文本是用"MTEXT"命令创建的多行文本，选取后则打开多行文字编辑器（见图6-12），可根据前面的介绍对各项设置或内容进行修改。

6.3.2 实例——酒瓶

绘制如图6-20所示的酒瓶

图 6-20　酒瓶

01 单击"默认"选项卡"图层"面板中的"图层特性"按钮 ，新建三个图层：

❶ "1"图层，颜色为绿色，其余属性默认。

❷ "2"图层，颜色为黑色，其余属性默认。

❸ "3"图层，颜色为蓝色，其余属性默认。

02 选择菜单栏中的"视图"→"缩放"→"圆心"命令，将图形界面缩放至适当大小。

03 将"3"图层设置为当前图层。单击"默认"选项卡"绘图"面板中的"多段线"按钮 ，绘制多段线，命令行提示如下：

命令：_PLINE

指定起点：40, 0

当前线宽为 0.0000

指定下一个点或 [圆弧(A)/半宽(H)/长度(L)/放弃(U)/宽度(W)]: @-40, 0

指定下一点或 [圆弧(A)/闭合(C)/半宽(H)/长度(L)/ 放弃(U)/宽度(W)]: @0, 119.8

指定下一点或 [圆弧(A)/闭合(C)/半宽(H)/长度(L)/放弃(U)/宽度(W)]: A

指定圆弧的端点(按住 Ctrl 键以切换方向)或[角度(A)/圆心(CE)/闭合(CL)/方向(D)/半宽(H)/直线(L)/半径(R)/第二个点(S)/放弃(U)/宽度(W)]: 22, 139.6

指定圆弧的端点(按住 Ctrl 键以切换方向)或[角度(A)/圆心(CE)/闭合(CL)/方向(D)/半宽(H)/直线(L)/半径(R)/第二个点(S)/放弃(U)/宽度(W)]: L

指定下一点或 [圆弧(A)/闭合(C)/半宽(H)/长度(L)/放弃(U)/宽度(W)]: 29, 190.7

指定下一点或 [圆弧(A)/闭合(C)/半宽(H)/长度(L)/放弃(U)/宽度(W)]: 29, 222.5

指定下一点或 [圆弧(A)/闭合(C)/半宽(H)/长度(L)/放弃(U)/宽度(W)]: A

指定圆弧的端点(按住 Ctrl 键以切换方向)或[角度(A)/圆心(CE)/闭合(CL)/方向(D)/半宽(H)/直线(L)/半径(R)/第二个点(S)/放弃(U)/宽度(W)]: A

指定圆弧上的第二个点：40, 227.6

指定圆弧的端点：51.2, 223.3

指定圆弧的端点(按住 Ctrl 键以切换方向)或[角度(A)/圆心(CE)/闭合(CL)/方向(D)/半宽(H)/直线(L)/半径(R)/第二个点(S)/放弃(U)/宽度(W)]:

绘制结果如图 6-21 所示。

04 单击"默认"选项卡"修改"面板中的"镜像"按钮 ，镜像绘制的多段线，然后单击"默认"选项卡"修改"面板中的"修剪"按钮 ，修剪图形，结果如图 6-22 所示。

05 将"2"图层设置为当前图层。单击"默认"选项卡"绘图"面板中的"直线"按钮 ，绘制坐标点在{(0, 94.5)、(@80, 0)}、{(0, 92.5)、(80, 92.5)}、{(0,48.6)、(@80,0)}、

{（29,190.7）、（@22,0）}、{（0,50.6）、（@80,0）}的直线，结果如图 6-23 所示。

06 单击"默认"选项卡"绘图"面板中的"椭圆"按钮 ⊙，指定中心点为（40，120）轴端点为（@25，0）、轴长度为(@0,10)，绘制椭圆。

07 单击"默认"选项卡"绘图"面板中的"圆弧"按钮 ⌒，以三点坐标方式绘制点在（22，139.6）、（40，136）、（58，139.6）的圆弧，结果如图 6-24 所示。

08 单击"默认"选项卡"修改"面板中的"圆角"按钮 ⌐，设置圆角半径为10mm，将瓶底进行圆角处理。

09 将"1"图层设置为当前图层，单击"默认"选项卡"注释"面板中的"多行文字"按钮 **A**，设置文字高度分别为 10 和 13，输入文字，如图 6-25 所示。命令行提示如下：

命令：_MTEXT

当前文字样式："样式 1" 文字高度：10 注释性：否

指定第一角点 (绘图区指定)

指定对角点或 [高度(H)/对正(J)/行距(L)/旋转(R)/样式(S)/宽度(W)/栏(C)]:

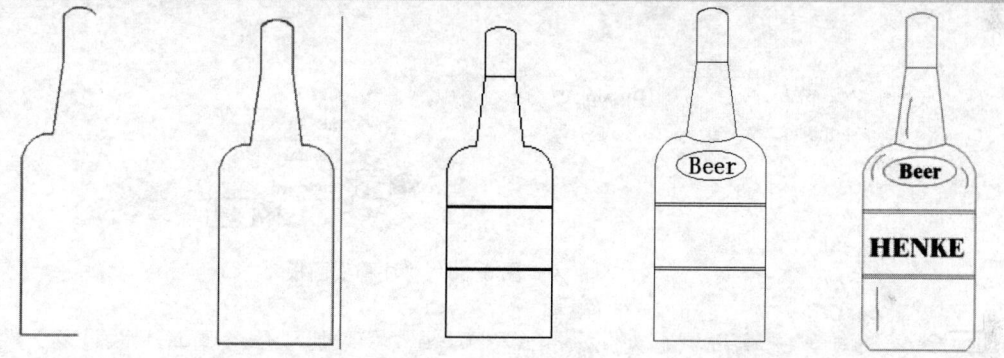

图 6-21　绘制多段线　图 6-22　镜像处理　图 6-23　绘制直线　图 6-24　绘制椭圆　图 6-25　输入文字

6.4　表格

使用 AutoCAD 提供的表格功能，创建表格非常容易，用户可以直接插入设置好样式的表格，而不用绘制由单独的图线组成的表格。

6.4.1　定义表格样式

表格样式是用来控制表格基本形状和间距的一组设置。和文字样式一样，所有 AutoCAD 图形中的表格都有与其相对应的表格样式。当插入表格对象时，AutoCAD 使用当前设置的表格样式。模板文件 ACAD.DWT 和 ACADISO.DWT 中定义了名为 STANDARD 的默认表格样式。

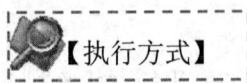【执行方式】

命令行：TABLESTYLE

菜单：格式→表格样式

工具栏：样式→表格样式管理器

功能区：单击① "默认"选项卡② "注释"面板中的③ "表格样式"按钮（见图6-26）或单击① "注释"选项卡⑦ "表格"面板上的③ "表格样式"下拉菜单中的④ "管理表格样式"按钮（见图 6-27）或单击"注释"选项卡"表格"面板中"对话框启动器"按钮。

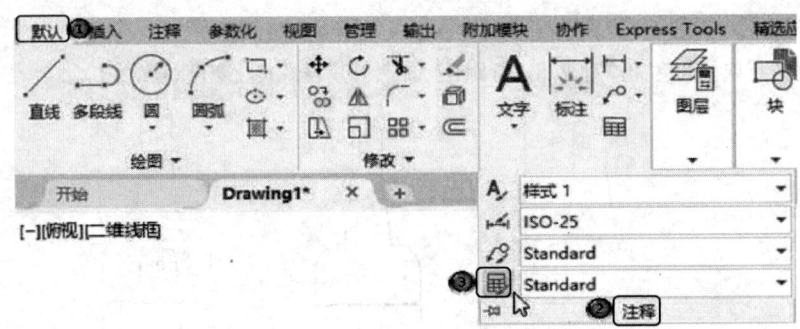

图 6-26　"注释"面板

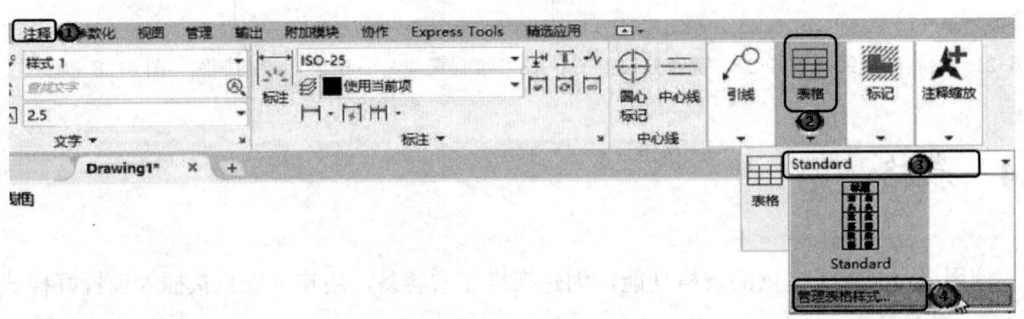

图 6-27　"表格"面板

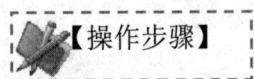【操作步骤】

命令：TABLESTYLE✓

执行上述操作后，AutoCAD 将打开"表格样式"对话框，如图 6-28 所示。

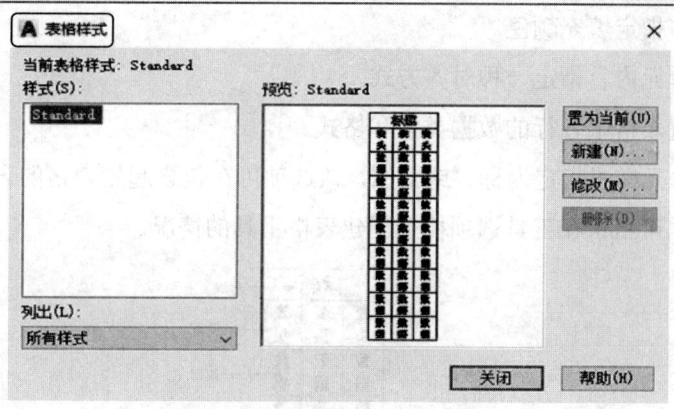

图 6-28　"表格样式"对话框

【选项说明】

1）新建：单击该按钮，系统打开"创建新的表格样式"对话框，如图 6-29 所示。输入新的表格样式名后，单击"继续"按钮，系统打开如图 6-30 所示的"新建表格样式"对话框，，从中可以定义新的表格样式。

2）修改：单击该按钮，可对当前表格样式进行修改，方法与新建表格样式相同。

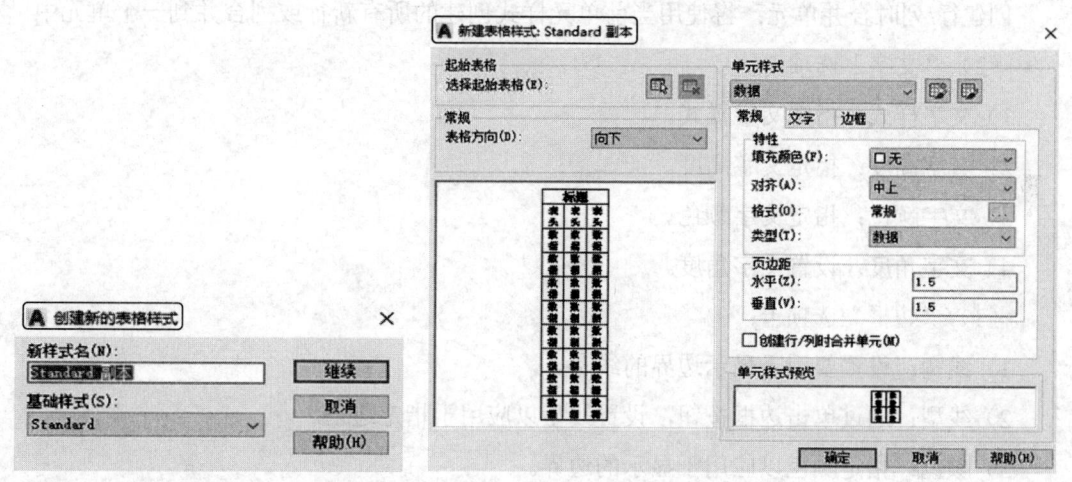

图 6-29　"创建新的表格样式"对话框　　　　图 6-30　"新建表格样式"对话框

"新建表格样式"对话框中 "常规""文字"和"边框"有三个选项卡，分别控制表格中数据、表头和标题的有关参数，如图 6-31 所示。

（1）"常规"选项卡：

1）"特性"选项组：

填充颜色：指定填充颜色。

对齐：为单元内容指定一种对齐方式。

格式：设置表格中各行的数据类型和格式。

类型：将单元样式指定为标签或数据，该选项可在包含起始表格的表格样式中插入默认文字时使用。也可用于在工具选项板上创建表格工具的情况。

图 6-31　表格样式

2）"页边距"选项组：

水平：设置单元中的文字或块与左右单元边界之间的距离。

垂直：设置单元中的文字或块与上下单元边界之间的距离。

创建行/列时合并单元：将使用当前单元样式创建的所有新行或列合并到一个单元中。

（2）"文字"选项卡：

1）文字样式：指定文字样式。

2）文字高度：指定文字高度。

3）文字颜色：指定文字颜色。

4）文字角度：设置文字角度。

（3）"边框"选项卡：

1）线宽：设置要用于显示边界的线宽。

2）线型：通过单击边框按钮，设置线型以应用于指定边框。

3）颜色：指定颜色以应用于显示的边界。

4）双线：指定选定的边框为双线型。

5）间距：确定双线边界的间距，默认间距为 0.1800。

6.4.2　创建表格

在设置好表格样式后，用户可以利用"TABLE"命令创建表格。

【执行方式】

命令行：TABLE

菜单：绘图→表格

工具栏：绘图→表格⊞

功能区：单击"默认"选项卡"注释"面板中的"表格"按钮⊞或单击"注释"选项卡"表格"面板中的"表格"按钮⊞

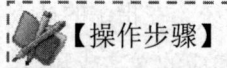【操作步骤】

命令：TABLE↙

AutoCAD 将打开"插入表格"对话框，如图 6-32 所示。

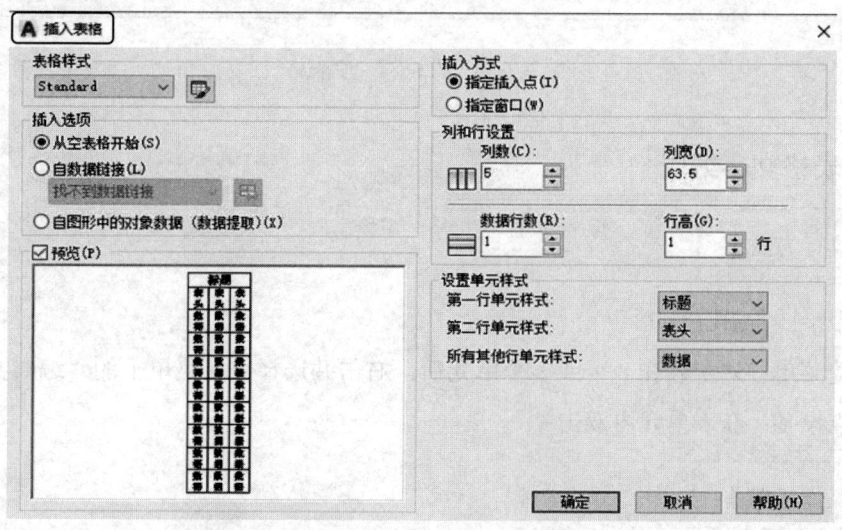

图 6-32　"插入表格"对话框

【选项说明】

（1）"表格样式"选项组：可以在"表格样式"下拉列表框中选择一种表格样式，也可以单击后面的按钮，新建或修改表格样式。

（2）"插入方式"选项组：

1）"指定插入点"单选按钮：指定表格左上角的位置。可以使用定点设备，也可以在命令行中输入坐标值。如果将表的方向设置为由下而上读取，则插入点位于表的左下角。

2）"指定窗口"单选按钮：指定表格的大小和位置。可以使用定点设备，也可以在命令行中输入坐标值。选定此选项时，行数、列数、列宽和行高取决于窗口的大小以及列和行的设置。

（3）"列和行设置"选项组：指定列和行的数目以及列宽与行高。

一个单位行高的高度为文字高度与垂直边距的和。列宽设置必须不小于文字宽度与水平边距的和，如果列宽小于此值，则实际列宽以文字宽度与水平边距的和为准。

在"插入表格"对话框中进行相应的设置后，单击"确定"按钮，系统会在指定的插入点或窗口自动插入一个如图 6-33 所示的空表格，用户可以逐行逐列输入相应的文字或数据。

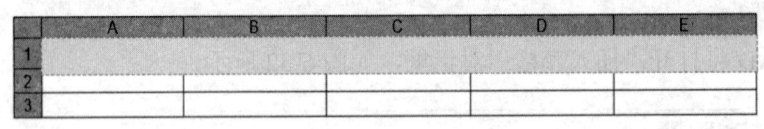

图 6-33　空表格

6.4.3　表格文字编辑

命令行：TABLEDIT

快捷菜单：选定表和一个或多个单元后，右击并选择快捷菜单上的"编辑文字"命令

定点设备：在表单元内双击

命令：TABLEDIT✓

执行上述命令后，用户可以对指定单元格中的文字进行编辑。

在 AutoCAD 2022 中，可以在表格中插入简单的公式，用于计算总计、计数和平均值，以及定义简单的算术表达式。要在选定的单元格中插入公式，可单击鼠标右键，然后选择"插入公式"命令。也可以使用在位文字编辑器来输入公式。选择一个公式项后，命令行提示如下：

选择表单元范围的第一个角点：（在表格内指定一点）

选择表单元范围的第二个角点：（在表格内指定另一点）

指定单元范围后，系统可对该范围内单元格的数值按指定公式进行计算，给出最终计算值。

6.4.4 实例——绘制 A3 室内制图样板图形

01 设置单位和图形边界。

❶打开AutoCAD 2022程序，系统自动建立新图形文件。

❷设置单位。选择菜单栏中的"格式"→"单位"命令，AutoCAD打开"图形单位"对话框，如图6-34所示。设置"长度"的"类型"为"小数"、"精度"为0，设置"角度"的"类型"为"十进制度数"、"精度"为0，系统默认逆时针方向为正，缩放单位设置为"无单位"。

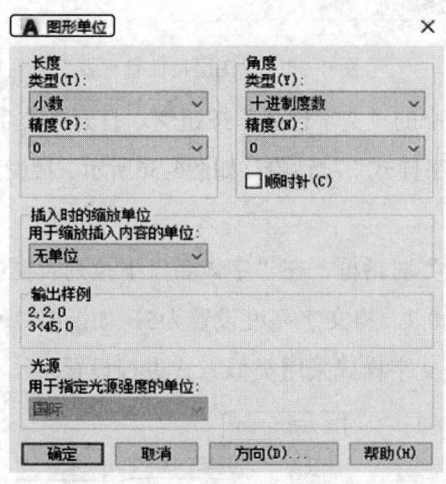

图 6-34 "图形单位"对话框

❸设置图形边界。国家标准中对图纸的幅面大小做了严格规定，这里按国家标准设置A3图纸的幅面为420mm×297mm。命令行提示如下：

```
命令：LIMITS↙
重新设置模型空间界限：
指定左下角点或 [开(ON)/关(OFF)] <0.0000,0.0000>: ↙
指定右上角点 <12.0000,9.0000>: 420,297↙
```

02 设置图层。

按4.1节中介绍的方法设置图层，如图6-35所示。

03 设置文本样式。本实例设置如下：文本高度一般注释7mm，零件名称10mm，图标栏和会签栏中其他文字5mm，尺寸文字5mm，线型比例1，图纸空间线型比例1，单位十进制，小数点后0位，角度小数点后0位。

可以生成四种文字样式，分别用于一般注释、标题块中零件名、标题块注释及尺寸标注。

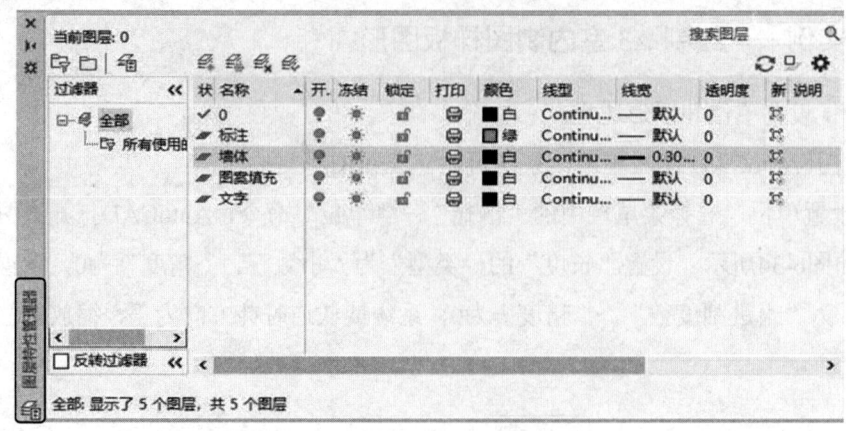

图 6-35　"图层特性管理器"对话框

　　单击"样式"工具栏中的"文字样式"按钮^A，打开"文字样式"对话框，单击"新建"
按钮，系统打开"新建文字样式"对话框，如图6-36所示。接受默认的"样式1"文字样式名，
单击"确定"按钮退出。

　　系统回到"文字样式"对话框，在"字体名"下拉列表框中选择"宋体"选项，在"宽
度比例"文本框中设置为0.7，将文字高度设置为5，如图6-37所示。单击"应用"按钮，再
单击"关闭"按钮。其他文字样式采用类似方式进行设置。

图 6-36　"新建文字样式"对话框

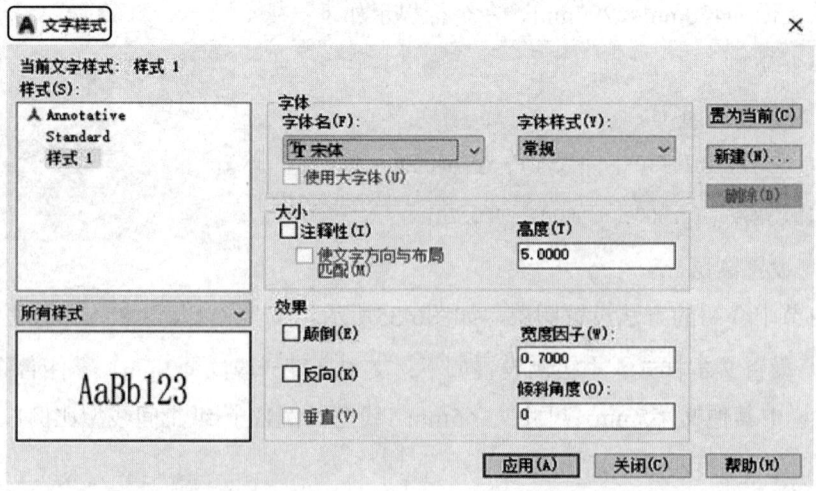

图 6-37　"文字样式"对话框

04 设置尺寸标注样式。单击"默认"选项卡"注释"面板中"标注样式"按钮，打开"标注样式管理器"对话框，如图6-38所示。在"预览"显示框中显示出标注样式的预览图形。

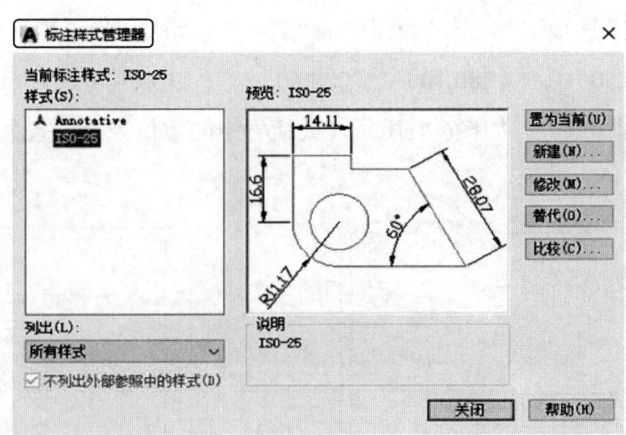

图 6-38 "标注样式管理器"对话框

单击"修改"按钮，打开"修改标注样式"对话框，在该对话框中对标注样式的选项按照需要进行修改，如图6-39所示。

其中，在"线"选项卡中，设置"颜色"和"线宽"为"ByLayer"；在"符号和箭头"选项卡中，设置"箭头大小"为1，"基线间距"为6，其他不变；在"文字"选项卡中，设置"文字颜色"为"ByLayer"，"文字高度"为5，其他不变；在"主单位"选项卡中，设置"精度"为0，其他不变。其他选项卡中的参数不变。

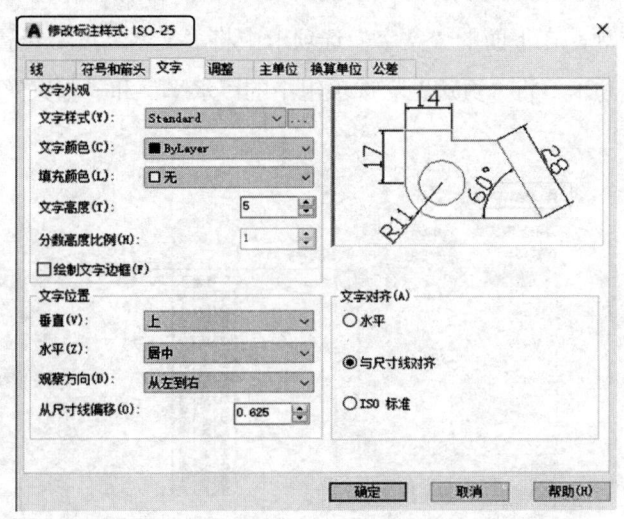

图 6-39 "修改标注样式"对话框

05 绘制图框线和标题栏。

❶单击"默认"选项卡"绘图"面板中的"矩形"按钮 ▭，设置两个角点的坐标分别为（25,10）和（410,287），绘制一个420mm×297mm（A3图纸大小）的矩形作为图纸范围，如图6-40所示（外框为设置的图纸范围）。

❷单击"默认"选项卡"绘图"面板中的"直线"按钮 ╱，设置坐标点分别为{（230,10）、（230,50）、（410,50）}、{（280,10）、（280,50）}、{（360,10）、（360,50）}、{（230,40）、（360,40）}，绘制标题栏，如图6-41所示（大括号中的数值表示一条独立连续线段的端点坐标值）。

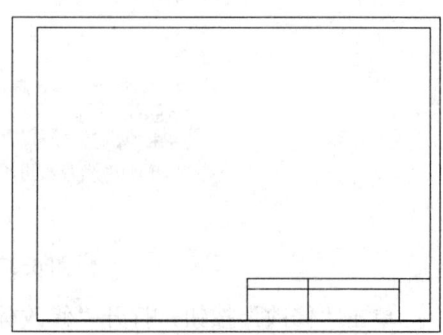

图 6-40　绘制图框线　　　　　　　　　　图 6-41　绘制标题栏

06 绘制会签栏。

❶单击"默认"选项卡"注释"面板中"表格样式"按钮 ▦，打开"表格样式"对话框，如图6-42所示。

❷单击"修改"按钮，系统打开"修改表格样式"对话框，在"单元样式"下拉列表框中选择"数据"选项，在下面的"文字"选项卡中将"文字高度"设置为3，如图6-43所示。再选择"常规"选项卡，将"页边距"选项组中的"水平"和"垂直"都设置成1，如图6-44所示。

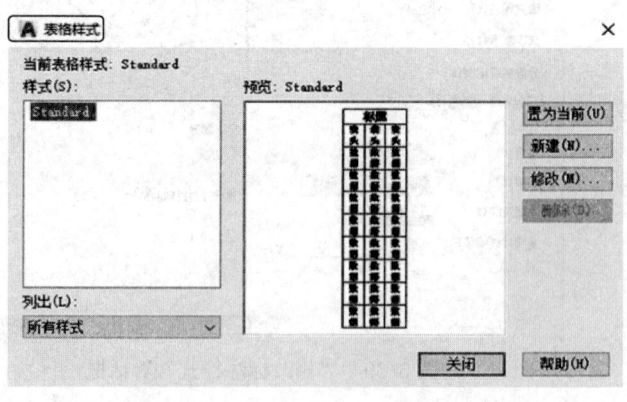

图 6-42　"表格样式"对话框

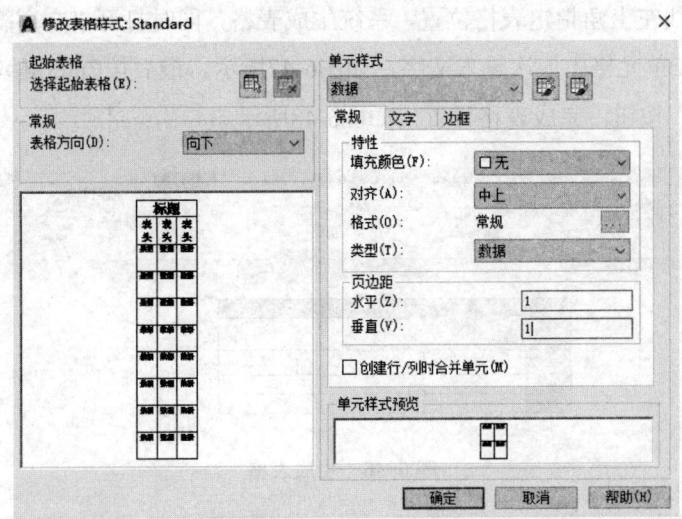

图 6-43　"修改表格样式"对话框

图 6-44　"常规"选项卡

 注意：

　　表格的行高=文字高度+2×垂直页边距，此处设置为 3+2×1=5。

　　❸系统回到"表格样式"对话框，单击"关闭"按钮退出。

　　❹单击"默认"选项卡"注释"面板中的"表格"按钮囲，系统打开"插入表格"对话框，在"列和行设置"选项组中将"列数"设置为3，将"列宽"设置为25，将"数据行数"设置为2（加上标题行和表头行共4行），将"行高"设置为1行（即为5）；在"设置单元样式"选项组中将"第一行单元样式"与"第二行单元样式"和"所有其他行单元样式"都设

置为"数据",如图6-45所示。

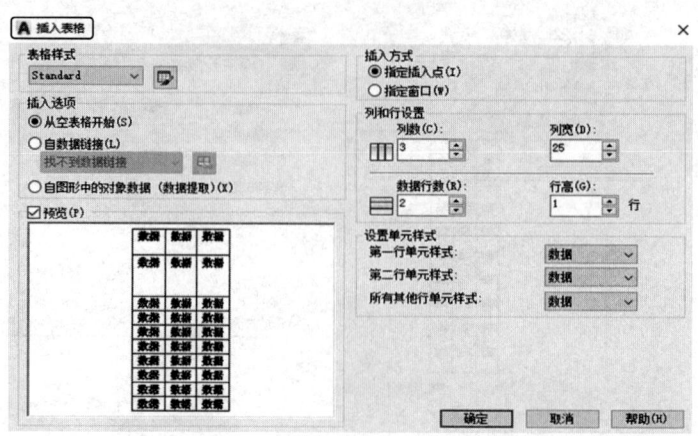

图6-45 "插入表格"对话框

❺在图框线左上角指定表格位置,系统生成表格,同时打开"文字编辑器"选项卡,如图6-46所示。在单元格中依次输入文字,如图6-47所示。最后按Enter键或单击多行文字编辑器上的"关闭"按钮,完成表格设置,如图6-48所示。

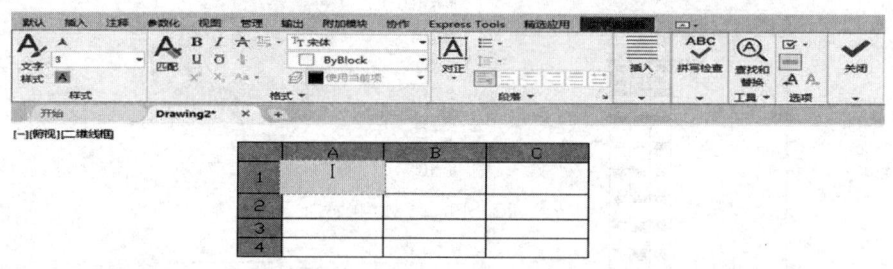

图6-46 生成表格

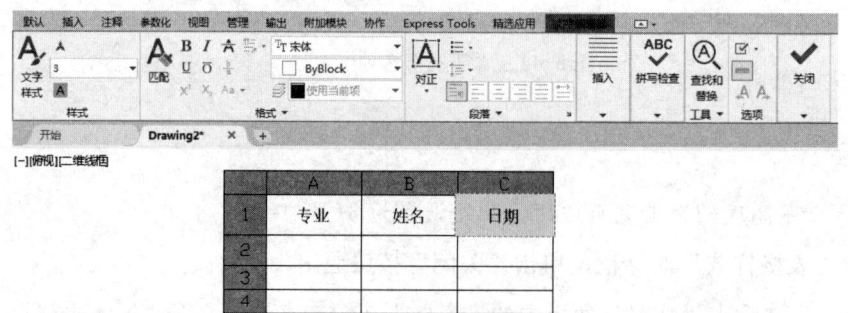

图6-47 输入文字

❻单击"默认"选项卡"修改"面板中的"旋转"按钮 ↻,把会签栏旋转-90°,结果如图6-49所示。至此,A3室内制图样板图形绘制完成。

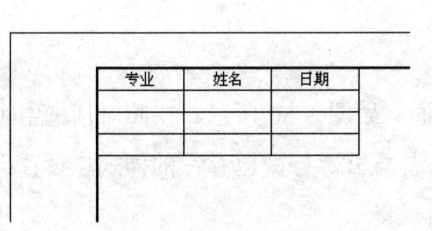

专业	姓名	日期

图 6-48　完成表格设置　　　　　　　　　　图 6-49　旋转会签栏

07 保存成样板图文件。单击"快速访问"工具栏中的"保存"按钮 ⚏，打开"图形另存为"对话框。在"文件类型"下拉列表中选择"AutoCAD图形样板（*.dwt）"选项，输入文件名为"A3"，单击"保存"按钮保存文件。

6.5　尺寸样式

组成尺寸标注的尺寸界线、尺寸线、尺寸文本及箭头等可以采用多种多样的形式，实际标注一个几何对象的尺寸时，它的尺寸标注以什么形态出现，取决于当前所采用的尺寸标注样式。标注样式决定尺寸标注的形式，包括尺寸线、尺寸界线、箭头和中心标记的形式，以及尺寸文本的位置、特性等。在 AutoCAD 2022 中，用户可以利用"标注样式管理器"对话框方便地设置自己需要的尺寸标注样式。下面介绍如何定制尺寸标注样式。

6.5.1　新建或修改尺寸样式

在进行尺寸标注之前，要建立尺寸标注的样式。如果用户不建立尺寸样式而直接进行标注，系统将使用默认的名称为"STANDARD"的样式。用户如果认为使用的标注样式有某些设置不合适，也可以修改标注样式。

【执行方式】

命令行：DIMSTYLE

菜单：格式→标注样式或标注→标注样式

工具栏：标注→标注样式 ⬚

功能区：单击"默认"选项卡"注释"面板中的"标注样式"按钮 或单击"注释"选项卡"标注"面板中的"启动"按钮

【操作步骤】

命令：DIMSTYLE✓

AutoCAD 打开"标注样式管理器"对话框，如图 6-50 所示。在此对话框中可方便直观地设置和浏览尺寸标注样式，包括建立新的标注样式、修改已存在的样式、设置当前尺寸标注样式、样式重命名以及删除一个已存在的样式等。

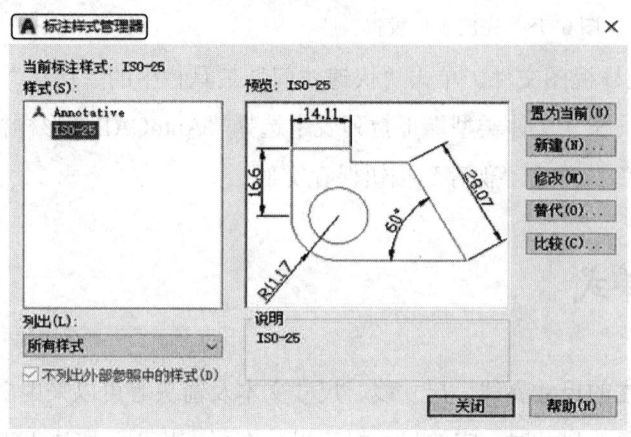

图 6-50   "标注样式管理器"对话框

【选项说明】

（1）"置为当前"按钮：单击此按钮，可以把在"样式"列表框中选中的样式设置为当前样式。

（2）"新建"按钮：定义一个新的尺寸标注样式。单击此按钮，AutoCAD 打开"创建新标注样式"对话框，如图 6-51 所示，利用此对话框可创建一个新的尺寸标注样式。

其中各选项的功能如下：

1）新样式名：给新的尺寸标注样式命名。

2）基础样式：选取创建新样式所基于的标注样式。单击右侧的下三角按钮，显示当前已有的样式列表，可从中选取一个作为定义新样式的基础，新的样式是在这个样式的基础上修改一些特性得到的。

3）用于：指定新样式应用的尺寸类型。单击右侧的下三角按钮，显示尺寸类型列表，如果新建样式应用于所有尺寸则选"所有标注"，如果新建样式只应用于特定的尺寸标注（如只在标注直径时使用此样式）则选取相应的尺寸类型。

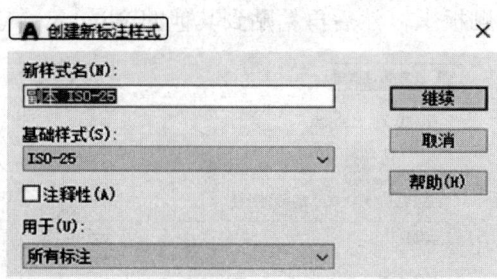

图 6-51　"创建新标注样式"对话框

4）继续：各选项设置好以后，单击"继续"按钮，AutoCAD 打开"新建标注样式"对话框，如图 6-52 所示，利用此对话框可对新样式的各项特性进行设置。该对话框中各部分的含义和功能将在后面介绍。

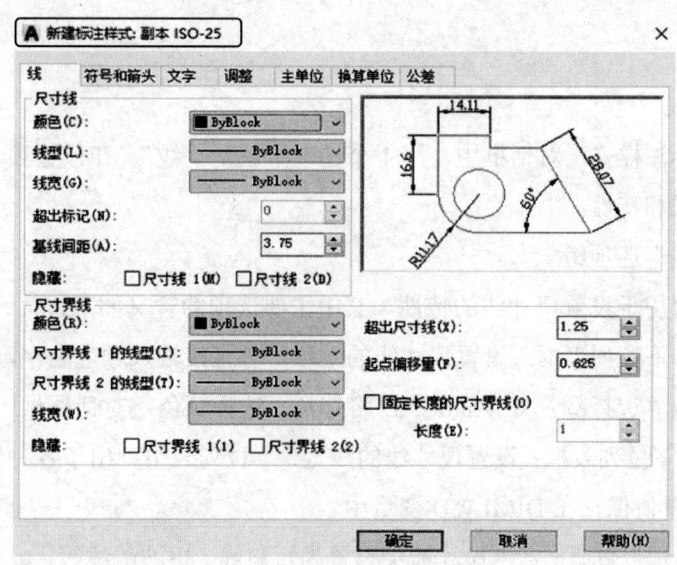

图 6-52　"新建标注样式"对话框

（3）"修改"按钮：修改一个已存在的尺寸标注样式。单击此按钮，AutoCAD 将打开"修改标注样式"对话框，该对话框中的各选项与"新建标注样式"对话框中的完全相同，用户可以在此对已有标注样式进行修改。

（4）"替代"按钮：设置临时覆盖尺寸标注样式。单击此按钮，AutoCAD 打开"替代当前样式"对话框，该对话框中的各选项与"新建标注样式"对话框中的完全相同，用户可改变选项的设置覆盖原来的设置，但这种修改只对指定的尺寸标注起作用，而不影响当前尺寸变量的设置。

（5）"比较"按钮：比较两个尺寸标注样式在参数上的区别，或浏览一个尺寸标注样式的参数设置。单击此按钮，AutoCAD 打开"比较标注样式"对话框，如图 6-53 所示。可以把比较结果复制到剪贴板上，然后再粘贴到其他的 Windows 应用软件上。

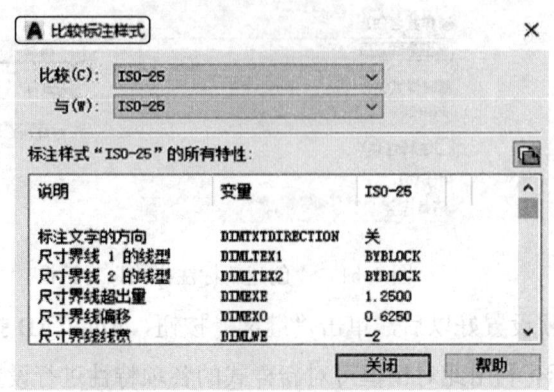

图 6-53 "比较标注样式"对话框

6.5.2 线

在"新建标注样式"对话框中，第 1 个选项卡就是"线"。在该选项卡中可设置尺寸线、尺寸界线的形式和特性。

1. "尺寸线"选项组

该选项组可用于设置尺寸线的特性。其中主要选项的含义如下：

1)"颜色"下拉列表框：设置尺寸线的颜色。可直接输入颜色名字，也可从下拉列表中选择，如果选取"选择颜色"，AutoCAD 将打开"选择颜色"对话框供用户选择其他颜色。

2)"线宽"下拉列表框：设置尺寸线的线宽，下拉列表中列出了各种线宽的名字和宽度。AutoCAD 把设置值保存在 DIMLWD 变量中。

3)"超出标记"微调框：当尺寸箭头设置为短斜线、短波浪线等，或尺寸线上无箭头时，可利用此微调框设置尺寸线超出尺寸界线的距离。其相应的尺寸变量是 DIMDLE。

4)"基线间距"微调框：设置以基线方式标注尺寸时，相邻两尺寸线之间的距离。其相应的尺寸变量是 DIMDLI。

5)"隐藏"复选框组：确定是否隐藏尺寸线及相应的箭头。选中"尺寸线 1"复选框表示隐藏第一段尺寸线，选中"尺寸线 2"复选框表示隐藏第二段尺寸线。相应的尺寸变量为 DIMSD1 和 DIMSD2。

2. "尺寸界线"选项组

该选项组用于确定尺寸界线的形式。其中主要选项的含义如下：

(1)"颜色"下拉列表框：设置尺寸界线的颜色。

（2）"线宽"下拉列表框：设置尺寸界线的线宽，AutoCAD 把其值保存在 DIMLWE 变量中。

（3）"超出尺寸线"微调框：确定尺寸界线超出尺寸线的距离，相应的尺寸变量是 DIMEXE。

（4）"起点偏移量"微调框：确定尺寸界线的实际起始点相对于指定的尺寸界线的起始点的偏移量，相应的尺寸变量是 DIMEXO。

（5）"隐藏"复选框组：确定是否隐藏尺寸界线。选中"尺寸界线 1"复选框表示隐藏第一段尺寸界线，选中"尺寸界线 2"复选框表示隐藏第二段尺寸界线。相应的尺寸变量为 DIMSE1 和 DIMSE2。

（6）"固定长度的尺寸界线"复选框：选中该复选框，系统以固定长度的尺寸界线标注尺寸。可以在下面的"长度"微调框中输入长度值。

3．尺寸样式显示框

在"新建标注样式"对话框的右上方是一个尺寸样式显示框，该框以样例的形式显示用户设置的尺寸样式。

6.5.3　文本

在"新建标注样式"对话框中，第 3 个选项卡是"文字"选项卡，如图 6-54 示。该选项卡中可设置尺寸文本的形式、位置和对齐方式等。

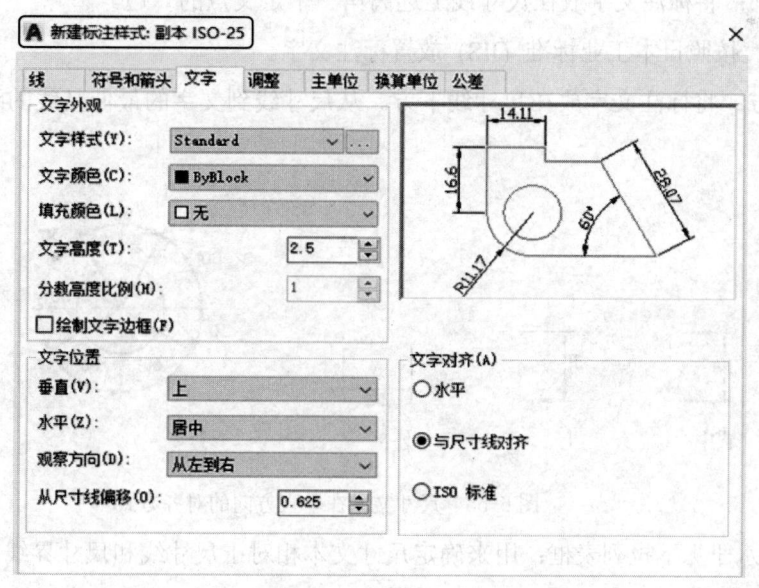

图 6-54　"新建标注样式"对话框中的"文字"选项卡

1."文字外观"选项组

1)"文字样式"下拉列表框：选择当前尺寸文本采用的文本样式。可在下拉列表中选取一个样式，也可单击右侧的按钮 ⬚，打开"文字样式"对话框，在该对话框中创建新的文字样式或对已有的文字样式进行修改。AutoCAD 将当前文字样式保存在 DIMTXSTY 系统变量中。

2)"文字颜色"下拉列表框：设置尺寸文本的颜色，其操作方法与设置尺寸线颜色的方法相同。与其对应的尺寸变量是 DIMCLRT。

3)"文字高度"微调框：设置尺寸文本的字高，相应的尺寸变量是 DIMTXT。如果选用的文字样式中已设置了具体的字高（不是0），则此处的设置无效；如果文字样式中设置的字高为0，将以此处的设置为准。

4)"分数高度比例"微调框：确定尺寸文本的比例系数，相应的尺寸变量是 DIMTFAC。

5)"绘制文字边框"复选框：选中此复选框，AutoCAD 将在尺寸文本的周围加上边框。

2."文字位置"选项组

（1）"垂直"下拉列表框：确定尺寸文本相对于尺寸线在垂直方向的对齐方式。相应的尺寸变量是 DIMTAD。在该下拉列表框中可选择的对齐方式有以下 5 种（见图 6-55）：

1）置中：将标注文字放在尺寸线的两部分中间。

2）上方：将标注文字放在尺寸线上方。从尺寸线到文字的最低基线的距离就是当前的文字间距。

3）外部：将标注文字放在尺寸线上远离第一个定义点的一边。

4）JIS：按照日本工业标准 (JIS) 放置标注文字。

5）下方：将标注文字放在尺寸线下方。从尺寸线到文字的最低基线的距离就是当前的文字间距。

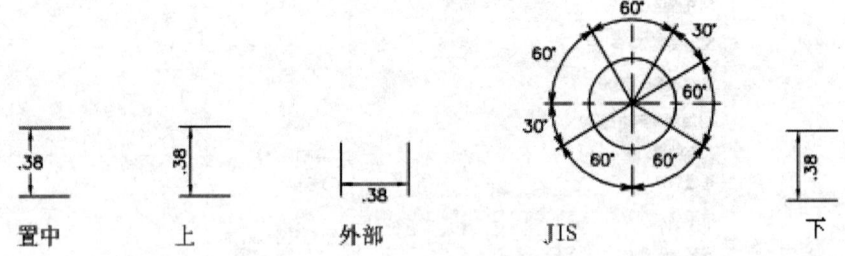

图 6-55　尺寸文本在垂直方向的对齐方式

（2）"水平"下拉列表框：用来确定尺寸文本相对于尺寸线和尺寸界线在水平方向的对齐方式。相应的尺寸变量是 DIMJUST。在下拉列表框中可选择的对齐方式有以下 5 种（见

图 6-56）：居中、第一条尺寸界线、第二条尺寸界线、第一条尺寸界线上方、第二条尺寸界线上方。

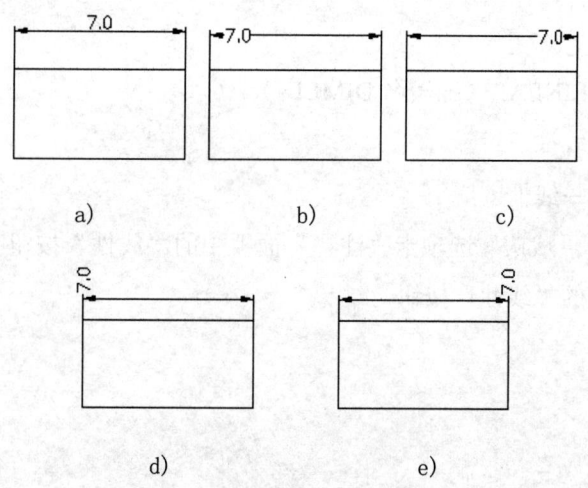

图 6-56　尺寸文本在水平方向的对齐方式

（3）"从尺寸线偏移"微调框：当尺寸文本放在断开的尺寸线中间时，此微调框用来设置尺寸文本与尺寸线之间的距离（尺寸文本间隙），这个值保存在尺寸变量 DIMGAP 中。

3."文字对齐"选项组

该选项组可用来控制尺寸文本排列的方向。当尺寸文本在尺寸界线之内时，与其对应的尺寸变量是 DIMTIH；当尺寸文本在尺寸界线之外时，与其对应的尺寸变量是 DIMTOH。

1）"水平"单选按钮：尺寸文本沿水平方向放置。不论标注什么方向的尺寸，尺寸文本总保持水平。

2）"与尺寸线对齐"单选按钮：尺寸文本沿尺寸线方向放置。

3）"ISO 标准"单选按钮：当尺寸文本在尺寸界线之间时，沿尺寸线方向放置；在尺寸界线之外时，沿水平方向放置。

6.6　标注尺寸

尺寸标注是设计绘图工作中非常重要的一个环节，AutoCAD 2022 提供了方便快捷的尺寸标注方法。尺寸标注可通过执行命令实现，也可利用菜单或工具图标来实现。本节将重点介绍如何对各种类型的尺寸进行标注。

6.6.1 线性

【执行方式】

命令行：DIMLINEAR（缩写名 DIMLIN）

菜单：标注→线性

工具栏：标注→线性 ⊢⊣

功能区：单击"默认"选项卡"注释"面板中的"线性"按钮⊢⊣或单击"注释"选项卡"标注"面板中的"线性"按钮⊢⊣

【操作步骤】

> 命令：DIMLIN↙
>
> 指定第一个尺寸界线原点或〈选择对象〉：

【选项说明】

在此提示下有两种选择，直接按 Enter 键选择要标注的对象或确定尺寸界线的起始点。

（1）直接按 Enter 键：光标变为拾取框，并且在命令行提示如下：

> 选择标注对象：
>
> 用拾取框点取要标注尺寸的线段，AutoCAD 提示：
>
> 指定尺寸线位置或[多行文字(M)/文字(T)/角度(A)/水平(H)/垂直(V)/旋转(R)]：

各选项的含义如下：

1）指定尺寸线位置：确定尺寸线的位置。用户可移动鼠标选择合适的尺寸线位置，然后按 Enter 键或单击鼠标左键，AutoCAD 将自动测量所标注线段的长度并标注出相应的尺寸。

2）多行文字(M)：用多行文字编辑器确定尺寸文本。

3）文字(T)：在命令行提示下输入或编辑尺寸文本。选择此选项后，命令行提示如下：

> 输入标注文字〈默认值〉：

其中的默认值是 AutoCAD 自动测量得到的被标注线段的长度，直接按 Enter 键即可采用此长度值，也可输入其他数值代替默认值。当尺寸文本中包含默认值时，可使用尖括号"<>"表示默认值。

4）角度(A)：确定尺寸文本的倾斜角度。

5）水平(H)：水平标注尺寸，不论标注什么方向的线段，尺寸线均水平放置。

6）垂直(V)：垂直标注尺寸，不论被标注线段沿什么方向，尺寸线总保持垂直。

7）旋转(R)：输入尺寸线旋转的角度值，旋转标注尺寸。

（2）指定第一个尺寸界线原点：指定第一条与第二条尺寸界线的起始点。

6.6.2　对齐

【执行方式】

命令行：DIMALIGNED

菜单：标注→对齐

工具栏：标注→对齐

功能区：单击"默认"选项卡"注释"面板中的"对齐"按钮 或单击"注释"选项卡"标注"面板中的"已对齐"按钮

【操作步骤】

命令：DIMALIGNED↙

指定第一个尺寸界线原点或〈选择对象〉：

这种命令标注的尺寸线与所标注轮廓线平行，标注的是起始点到终点之间的距离尺寸。

6.6.3　基线

基线标注用于产生一系列基于同一条尺寸界线的尺寸标注，适用于长度尺寸标注、角度标注和坐标标注等。在使用基线标注方式之前，应该先标注出一个相关的尺寸。

【执行方式】

命令行：DIMBASELINE

菜单：标注→基线

工具栏：标注→基线

功能区：单击"注释"选项卡"标注"面板中的"基线"按钮

【操作步骤】

命令：DIMBASELINE↙

指定第二个尺寸界线原点或［选择(S)/放弃(U)］〈选择〉：

【选项说明】

1）指定第二个尺寸界线原点：直接确定另一个尺寸的第二条尺寸界线的起点，AutoCAD 以上次标注的尺寸为基准标注出相应尺寸。

2）<选择>：在上述提示下直接按 Enter 键，命令行提示如下：

选择基准标注：（选取作为基准的尺寸标注）

6.6.4 连续

连续标注又叫尺寸链标注，用于产生一系列连续的尺寸标注，后一个尺寸标注均把前一个标注的第二条尺寸界线作为它的第一条尺寸界线，适用于长度尺寸标注、角度标注和坐标标注等。在使用连续标注方式之前，应该先标注出一个相关的尺寸。

 【执行方式】

命令行：DIMCONTINUE

菜单：标注→连续

工具栏：标注→连续 ⊢⊢⊢

功能区：单击"注释"选项卡"标注"面板中的"连续"按钮 ⊢⊢⊢

【操作步骤】

命令：DIMCONTINUE✓

指定第二条尺寸界线原点或［选择(S)/放弃(U)］<选择>：

在此提示下的各选项与基线标注中的完全相同，不再赘述。

连续标注的效果如图 6-57 所示。

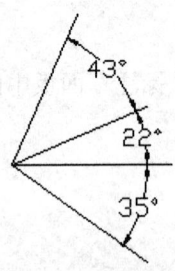

图 6-57　连续标注

6.7 引线

AutoCAD 提供了引线标注功能，利用该功能不仅可以标注特定的尺寸，如圆角、倒角等，还可以在图中添加多行旁注、说明。在引线标注中，指引线可以是折线，也可以是曲线，指引线端部可以有箭头，也可以没有箭头。

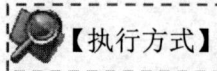【执行方式】

命令行：QLEADER

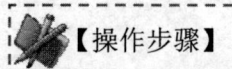【操作步骤】

命令：QLEADER↙
指定第一个引线点或 [设置(S)]〈设置〉：

【选项说明】

（1）指定第一个引线点：在上面的提示下确定一点作为指引线的第一点，命令行提示如下：

指定下一点：（输入指引线的第二点）
指定下一点：（输入指引线的第三点）

AutoCAD 提示用户输入的点的数目由"引线设置"对话框（见图 6-58）确定。输入完指引线的点后命令行提示如下：

指定文字宽度〈0.0000〉：（输入多行文本的宽度）
输入注释文字的第一行〈多行文字(M)〉：

此时，有两种命令输入选择。

1）输入注释文字的第一行：在命令行输入第一行文本。命令行提示如下：

输入注释文字的下一行：（输入另一行文本）
输入注释文字的下一行：（输入另一行文本或按 Enter 键）

2）<多行文字(M)>：打开多行文字编辑器，输入、编辑多行文字。输入全部注释文本后，在此提示下直接按 Enter 键，AutoCAD 结束 QLEADER 命令并把多行文本标注在指引线的末端附近。

（2）<设置>：在上面提示下直接按 Enter 键或键入"S"，AutoCAD 将打开如图 6-58 所示的"引线设置"对话框,在该对话框中可对引线标注进行设置。该对话框中包含"注释""引线和箭头""附着"3个选项卡,下面分别进行介绍。

1)"注释"选项卡(见图 6-58):用于设置引线标注中注释文本的类型、多行文本的格式并确定注释文本是否多次使用。

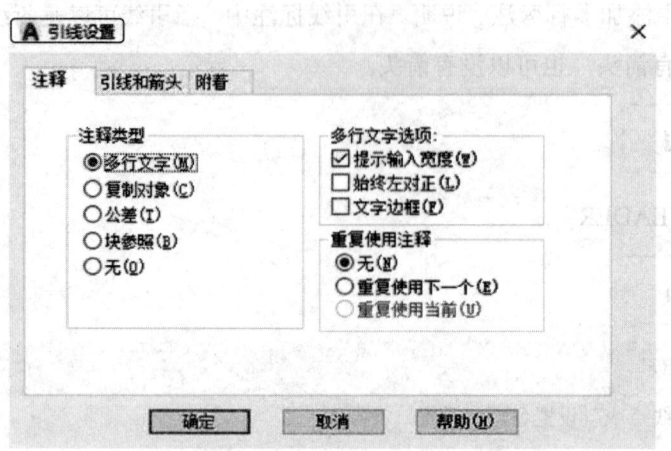

图 6-58　"引线设置"对话框

2)"引线和箭头"选项卡(见图 6-59):用来设置引线标注中指引线和箭头的形式。其中"点数"选项组可用于设置执行"QLEADER"命令时 AutoCAD 提示用户输入的点的数目。例如,设置点数为3(注意,设置的点数要比用户希望的指引线的段数多 1),执行"QLEADER"命令时,当用户在提示下指定 3 个点后,AutoCAD 自动提示用户输入注释文本。可利用微调框进行设置,如果选中"无限制"复选框,AutoCAD 会一直提示用户输入点直到连续按Enter 键两次为止。"角度约束"选项组可用于设置第一段和第二段指引线的角度约束。

图 6-59　"引线和箭头"选项卡

3)"附着"选项卡(见图 6-60):设置注释文本和指引线的相对位置。如果最后一段指引线指向右边,则 AutoCAD 自动把注释文本放在右侧;如果最后一段指引线指向左边,则

AutoCAD 自动把注释文本放在左侧。利用该选项卡中左侧和右侧的单选按钮，分别设置位于左侧和右侧的注释文本与最后一段指引线的相对位置，二者可相同也可不同。

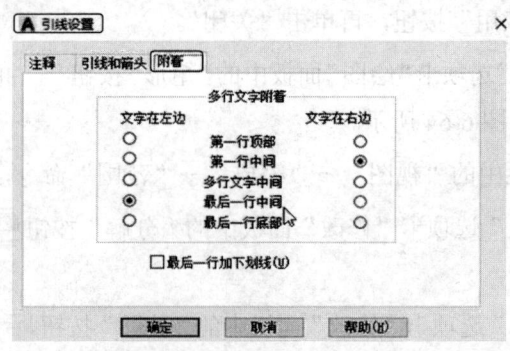

图 6-60 "附着"选项卡

6.8 综合实例——图签模板

本例绘制的建筑图中常用的图签模板如图 6-61 所示。在熟悉基本绘图命令和修改命令的基础上，本例着重介绍"多行文字"命令。

图 6-61 图签模板

01 图层设计。建立如下两个图层：

❶ "图签"图层，所有属性默认。

❷ "文字"图层，所有属性默认。

02 选择菜单栏中的"格式"→"文字样式"命令，打开如图 6-62 所示的"文字样式"对话框。单击"新建"按钮，打开"新建文字样式"对话框，打开如图 6-63 所示的对话框。

在"样式名"对话框中输入"文字标注",单击"确定"按钮。

在图 6-62 所示的对话框中的"字体名"下拉列表框中选择"仿宋_GB2312",设置文字高度为 500,单击"应用"按钮,再单击"关闭"。

03 单击"默认"选项卡"绘图"面板中的"矩形"按钮 ▭,指定矩形长宽分别为 42000、29700,绘制矩形,如图 6-64 所示。

04 选择菜单栏中的"视图"→"缩放"→"范围"命令,将矩形缩放到屏幕中央。

05 单击"默认"选项卡"修改"面板中的"分解"按钮 ▥,将矩形分解成为四条直线。

06 单击"默认"选项卡"修改"面板中的"偏移"按钮 ⊜,将左边的直线偏移 2500,其他三条边各偏移 500,偏移方向均向内。绘制结果如图 6-65 所示。

07 单击"默认"选项卡"修改"面板中的"修剪"按钮 ✄,将偏移处理后的图形进行修剪,结果如图 6-66 所示。

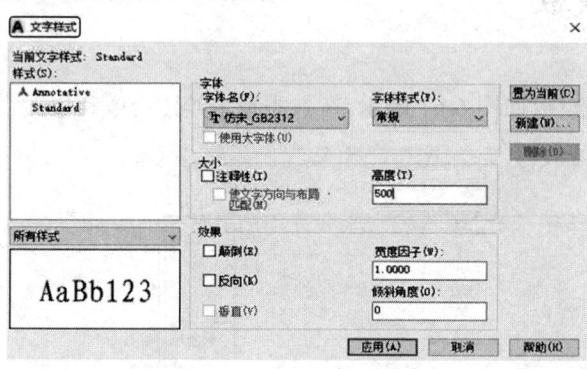

图 6-62 "文字样式"对话框   图 6-63 "新建文字样式"对话框

图 6-64 绘制矩形   图 6-65 偏移处理

08 单击"默认"选项卡"绘图"面板中的"直线"按钮 ╱,以两端点坐标为(36500,500)和(@0,28700)绘制一条直线。

用同样的方法绘制 7 条直线,两端点坐标分别为{(36500,4850),(@5000,0)}、

{（36500,7350），（@5000,0）}、{（36500,12350），（@5000,0）}、{（36500,14850），（@5000,0）}、
{（36500,19850），（@5000,0）}、{（36500,22350），（@5000,0）}、{（36500,27350），（@5000,0）}，
绘制结果如图 6-67 所示。

图 6-66　修剪处理　　　　　　　　　　　图 6-67　绘制直线

09 单击"默认"选项卡"注释"面板中的"多行文字"按钮 **A**，命令行提示如下：

命令：_MTEXT

当前文字样式:"文字标注"　当前文字高度:500.0000　注释性：　否

指定第一角点:36500,29200

指定对角点或 ［高度(H)/对正(J)/行距(L)/旋转(R)/样式(S)/宽度(W) /栏(C)］: h

指定高度 〈500.0000〉: 700

指定对角点或 ［高度(H)/对正(J)/行距(L)/旋转(R)/样式(S)/宽度(W) /栏(C)］: j

输入对正方式 ［左上(TL)/中上(TC)/右上(TR)/左中(ML)/正中(MC)/右中(MR)/左下(BL)/中下(BC)/右下(BR)］〈左上(TL)〉: mc

指定对角点或 ［高度(H)/对正(J)/行距(L)/旋转(R)/样式(S)/宽度(W)/栏(C)］:41500,27350

在图 6-68 所示的对话框内输入"工程名称"。

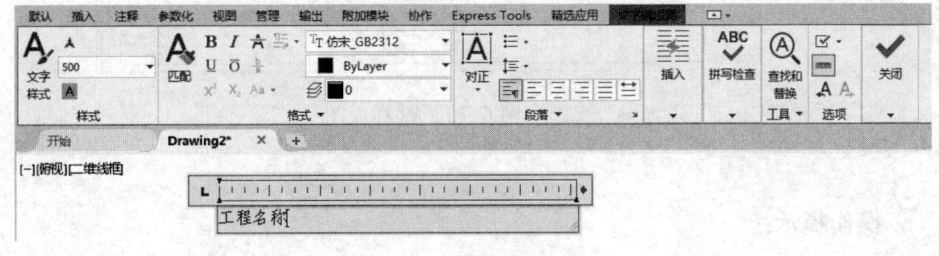

图 6-68 文字输入

重复上述命令，在图签中输入如图 6-61 所示的表头文字。

6.9　上机实验

实验1　绘制会签栏

绘制如图 6-69 所示的会签栏。

专业	姓名	日期

图 6-69　会签栏

操作提示：

1. 利用"表格"命令绘制表格。

2. 利用"多行文字"命令标注文字。

实验2　绘制样板图

绘制如图 6-70 所示的 A3 样板图。

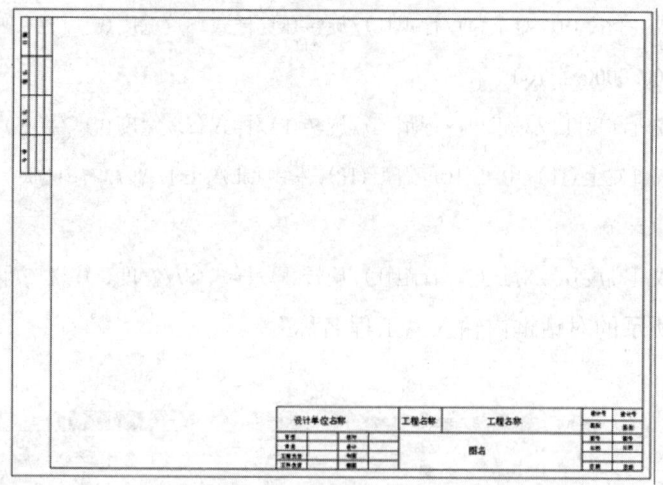

图 6-70　A3 样板图

操作提示：

1. 设置表格样式。

2. 插入空表格，并调整列宽。

3. 输入文字内容。

第 7 章 模块化设计工具

导读

　　在设计绘图过程中经常会遇到一些重复出现的图形,如果每次都重新绘制这些图形,不仅要做大量的重复工作,而且存储这些图形及其信息也会占据大量的磁盘空间。但如果将这些图形制作成图块不仅避免了大量的重复工作,提高了绘图速度和工作效率,而且可大大节省磁盘空间。本章将主要介绍图块,设计中心和工具选项板等知识。

学 习 要 点

◎ 图块操作

◎ 设计中心

◎ 工具选项板

7.1 图块操作

图块也叫块，它是由一组图形对象组成的集合。一组对象一旦被定义为图块，它们将成为一个整体，拾取图块中任意一个图形对象即可选中构成图块的所有对象。AutoCAD 把一个图块作为一个对象进行编辑、修改等操作，用户可根据绘图需要把图块插入到图中任意指定的位置，而且在插入时还可以指定不同的缩放比例和旋转角度。如果需要对组成图块的单个图形对象进行修改，还可以利用"分解"命令把图块分解成若干个对象。图块还可以重新定义，一旦被重新定义，整个图中基于该块的对象都将随之改变。

7.1.1 定义图块

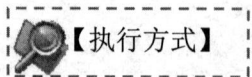【执行方式】

命令行：BLOCK

菜单：绘图→块→创建

工具栏：绘图→创建块 🔲

功能区：单击❶ "默认"选项卡❷ "块"面板中的❸ "创建"按钮🔲（见图 7-1）
或单击❶ "插入"选项卡❷ "块定义"面板中的❸ "创建块"按钮🔲（见图 7-2）

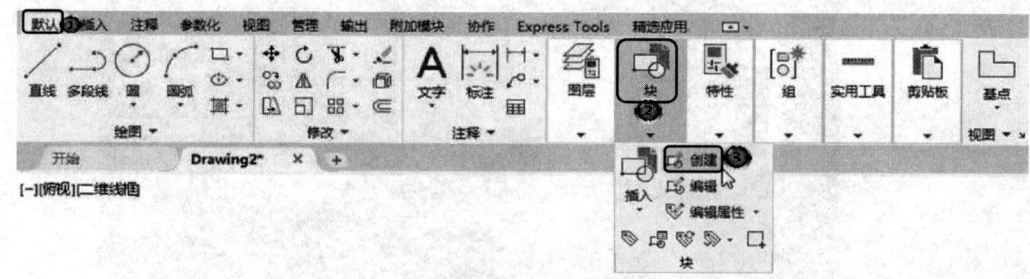

图 7-1 "块"面板

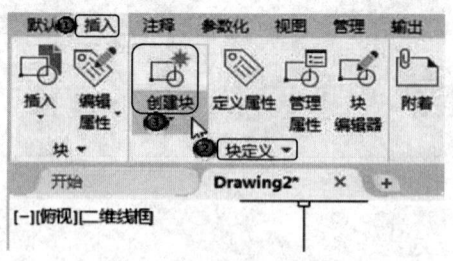

图 7-2 "块定义"面板

【操作步骤】

命令：BLOCK↙

选择相应的菜单命令或单击相应的工具栏图标，或在命令行输入"BLOCK"后按 Enter
键，AutoCAD 打开图 7-3 所示的"块定义"对话框，利用该对话框可定义图块并为之命名。

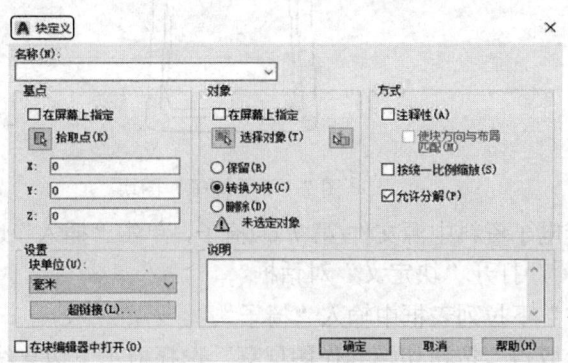

图 7-3 "块定义"对话框

【选项说明】

1)"基点"选项组：确定图块的基点，默认值是（0,0,0）。也可以在下面的 X（Y、Z）
文本框中输入块的基点坐标值。单击"拾取点"按钮，AutoCAD 临时切换到作图屏幕，用
光标在图形中拾取一点后，返回"块定义"对话框，把所拾取的点作为图块的基点。

2)"对象"选项组：该选项组用于选择制作图块的对象以及对象的相关属性。如图 7-4
所示，把图 7-4a 中的正五边形定义为图块，图 7-4b 所示为选中"删除"单选按钮的结果，
图 7-4c 所示为选中"保留"单选按钮的结果。

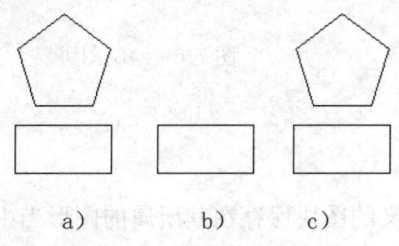

a)　　　　　　　b)　　　　　　　c)

图 7-4 删除图形对象

3)"设置"选项组：指定从 AutoCAD 设计中心拖动图块时用于测量图块的单位，以及
缩放、分解和超链接等设置。

4)"在块编辑器中打开"复选框：选中此复选框，系统打开块编辑器，可以定义动态块。

5)"方式"选项组：指定块的行为。可指定块为注释性，指定在图纸空间视口中的块参
照的方向与布局的方向匹配，指定是否阻止块参照不按统一比例缩放，指定块参照是否可以
被分解。

7.1.2 实例——定义椅子图块

将如图 7-5 所示的图形定义为图块，取名为"椅子"。

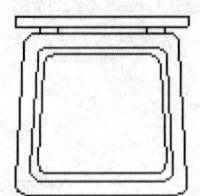

图 7-5　"椅子"图块

01 打开配套电子资料中源文件/第 7 章/椅子，单击"插入"选项卡"块定义"面板中的"创建块"按钮🔳，打开"块定义"对话框。

02 在"名称"下拉列表框中输入"椅子"。

03 单击"拾取点"按钮切换到作图屏幕，选择椅子下边直线边的中点为插入基点，返回"块定义"对话框。

04 单击"选择对象"按钮切换到作图屏幕，选择图 7-6 所示的对象后，按 Enter 键返回"块定义"对话框。

05 单击"确认"按钮，关闭对话框。

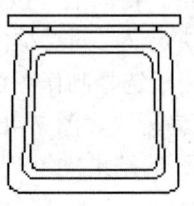

图 7-6　绘制图块

7.1.3　图块的存盘

用"BLOCK"命令定义的图块保存在其所属的图形当中，该图块只能在该图中插入，而不能插入到其他的图中，但是有些图块在许多图中要经常用到，这时可以用"WBLOCK"命令把图块以图形文件的形式（扩展名为.DWG）写入磁盘，图形文件可以在任意图形中用"INSERT"命令插入。

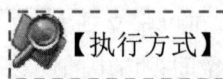【执行方式】

命令行：WBLOCK

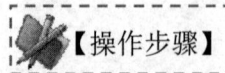【操作步骤】

命令：WBLOCK✓

在命令行输入"WBLOCK"后按 Enter 键，AutoCAD 打开"写块"对话框，如图 7-7 所示，利用此对话框可把图形对象保存为图形文件或把图块转换成图形文件。

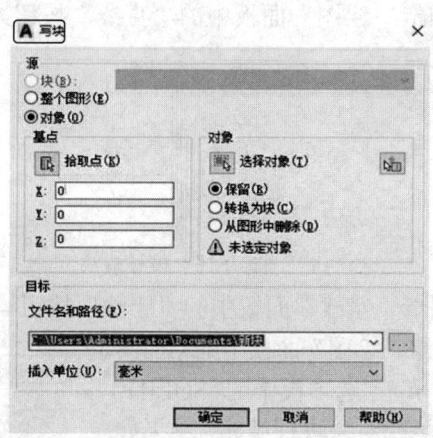

图 7-7　"写块"对话框

1)"源"选项组：确定要保存为图形文件的图块或图形对象。选中"块"单选按钮，单击右侧的下拉按钮，在下拉列表中选择一个图块，可将其保存为图形文件。选中"整个图形"单选按钮，则把当前的整个图形保存为图形文件。选中"对象"单选按钮，则把不属于图块的图形对象保存为图形文件。对象的选取通过"对象"选项组来完成。

2)"目标"选项组：用于指定图形文件的名字、保存路径和插入单位等。

7.1.4　实例——指北针

本实例绘制的指北针图块如图 7-8 所示。本实例将应用二维绘图及编辑命令绘制指北针，利用写块命令将其定义为图块。

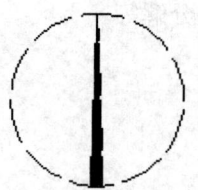

图 7-8　指北针图块

01 绘制指北针。

❶单击"默认"选项卡"绘图"面板中的"圆"按钮⊘，绘制一个直径为 24 的圆。

❷单击"默认"选项卡"绘图"面板中的"直线"按钮╱，绘制竖直直线，结果如图 7-9 所示。

❸单击"默认"选项卡"修改"面板中的"偏移"按钮⊑，使直线向左右两边各偏移 1.5，结果如图 7-10 所示。

❹单击"默认"选项卡"修改"面板中的"修剪"按钮❄，选取圆作为修剪边界，修剪偏移后的直线。

❺单击"默认"选项卡"绘图"面板中的"直线"按钮 ，绘制直线，结果如图 7-11 所示。

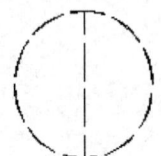

图 7-9　绘制竖直直线

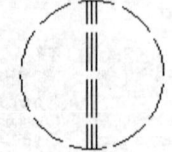

图 7-10　偏移直线

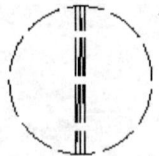

图 7-11　绘制直线

❻单击"默认"选项卡"修改"面板中的"删除"按钮 ，删除多余的直线。

❼单击"默认"选项卡"绘图"面板中的"图案填充"按钮 ，选择"图案填充"选项板中的"SOLID"图标，选择指针作为图案填充对象进行填充，结果如图 7-8 所示。

02 保存图块。

命令: WBLOCK↙

执行上述命令后，AutoCAD❶打开"写块"对话框，如图 7-12 所示。❷单击"拾取点"按钮 ，拾取指北针的顶点为基点；❸单击"选择对象"按钮 ，拾取下面图形为对象；❹输入图块名称"指北针图块"并指定路径，单击"确认"按钮保存。

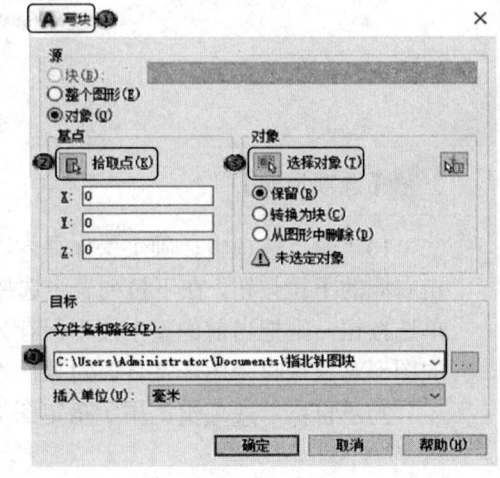

图 7-12　"写块"对话框

7.1.5 图块的插入

在用 AutoCAD 绘图的过程当中，可根据需要随时把已经定义好的图块或图形文件插入到当前图形的任意位置，在插入的同时还可以改变图块的大小、旋转一定角度或把图块分解等。

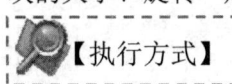
【执行方式】

命令行：INSERT
菜单：插入→"块"选项板
工具栏：插入→插入块 或 绘图→插入块
功能区：单击"默认"选项卡"块"面板中的"插入"下拉菜单或单击"插入"选项卡"块"面板中的"插入"下拉菜单（见图 7-13）。

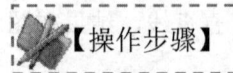
【操作步骤】

命令: INSERT↙

执行上述命令，在下拉菜单中选择"最近使用的块"，❶打开"块"选项板，如图 7-14 所示。利用此选项板❷设置插入点位置、插入比例以及旋转角度，还可以指定要插入的图块及插入位置。

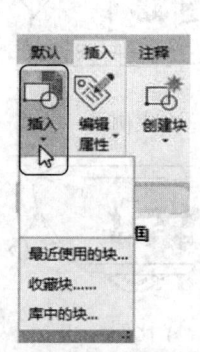

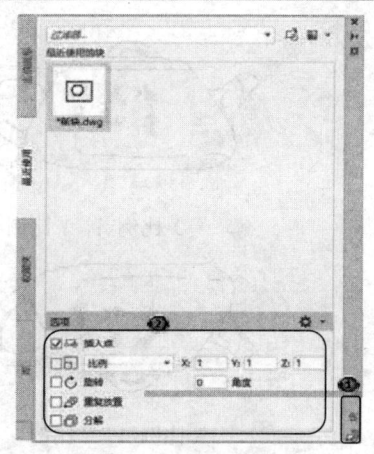

图 7-13 "插入"下拉菜单　　　　　　　图 7-14 "块"选项板

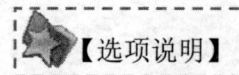【选项说明】

1)"插入点"选项组：指定块的插入点。如果选中该选项，则插入块时使用定点设备或手动输入坐标，即可指定插入点。如果取消选中该选项，将使用之前指定的坐标。

2)"比例"选项组：确定插入图块时的缩放比例。图块被插入到当前图形中的时候，可以以任意比例放大或缩小，如图 7-15 所示。其中图 7-15a 所示为被插入的图块，图 7-15b 所示为取比例系数为 1.5 插入该图块的结果，图 7-15c 所示为取比例系数为 0.5 的结果，X 轴方向和 Y 轴方向的比例系数也可以取不同值，如 X 轴方向的比例系数为 1，Y 轴方向的比例系数为 1.5，如图 7-15d 所示。另外，比例系数还可以是负数，当它为负数时表示插入图块镜像后的图形，效果如图 7-16 所示。

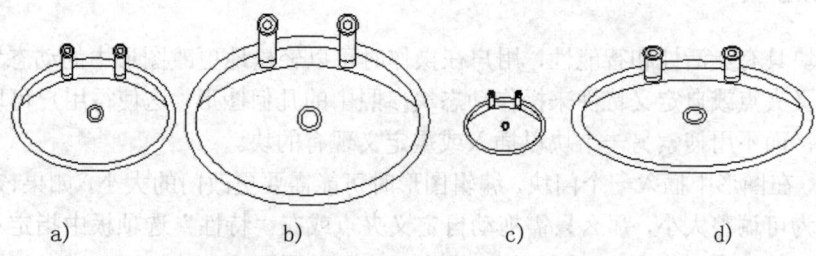

a)　　　　　　　　b)　　　　　　　c)　　　　　　d)

图 7-15 取不同缩放比例插入图块的效果

3)"旋转"选项组：不勾选"旋转"复选框，直接在右侧角度文本框中输入旋转角度。图块被插入到当前图形中的时候，可以绕其基点旋转一定的角度，角度可以是正数（表示沿逆时针方向旋转），也可以是负数（表示沿顺时针方向旋转），如图 7-17b 所示为将图 7-17a 所示的图块旋转 30°后插入的效果，图 7-17c 所示为将图 7-17a 所示的图块旋转−30°后插入的效果。

5)"分解"复选框：选中此复选框，可在插入块的同时将其分解，此时插入到图形中的组成块的对象不再是一个整体，可对每个对象单独进行编辑操作。

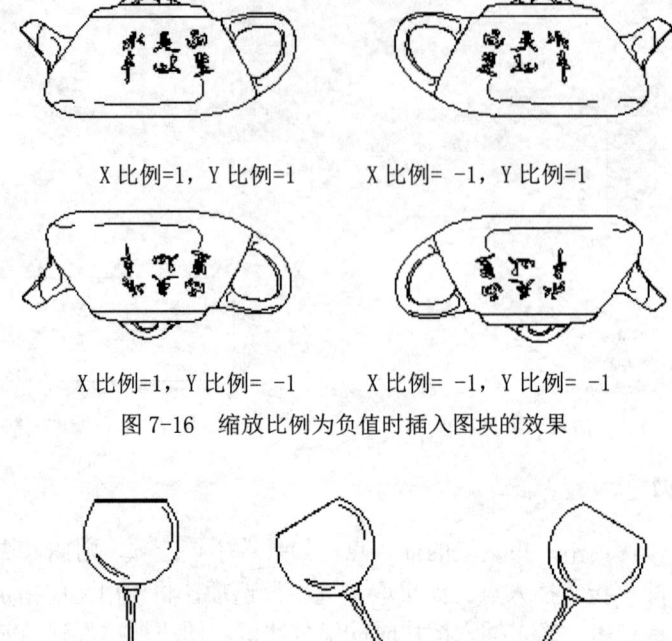

X 比例=1，Y 比例=1 　　　 X 比例= -1，Y 比例=1

X 比例=1，Y 比例= -1 　　 X 比例= -1，Y 比例= -1

图 7-16　缩放比例为负值时插入图块的效果

a)　　　　　　　b)　　　　　　　c)

图 7-17　以不同旋转角度插入图块的效果

7.1.6　动态块

动态块具有灵活性和智能性，用户在操作时可以轻松地更改图形中的动态块参照。可以通过自定义夹点或自定义特性来操作动态块参照中的几何图形，这使得用户可以根据需要在位调整块，而不用搜索另一个块以插入或重定义现有的块。

例如，在图形中插入一个门块，编辑图形时可能需要更改门的大小，如果该块是动态的，并且定义为可调整大小，那么只需拖动自定义夹点或在"特性"选项板中指定不同的大小就可以修改门的大小，如图 7-18 所示。 用户可能还需要更改门的打开角度，如图 7-19 所示。该门块还可能会包含对齐夹点，使用对齐夹点可以轻松地将门块与图形中的其他几何图形对齐，如图 7-20 所示。

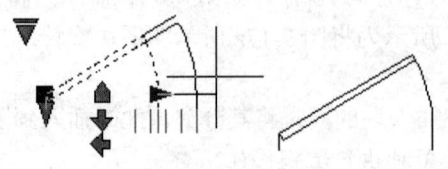

图 7-18　改变大小

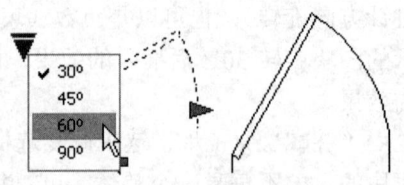

图 7-19　改变角度

可以使用块编辑器创建动态块。块编辑器是一个专门的编写区域，用于添加能够使块成为动态块的元素。用户可以重新创建块，也可以向现有的块定义中添加动态行为。 也可以像在绘图区域中一样创建几何图形。

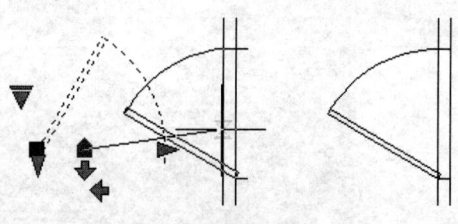

图 7-20　对齐

【执行方式】

命令行：BEDIT

菜单：工具→块编辑器

具栏：标准→块编辑器 ㄷ

快捷菜单：选择一个块参照。 在绘图区域中单击鼠标右键。选择"块编辑器"项

功能区：单击"默认"选项卡"块"面板中的"编辑"按钮 ㄷ（或单击"插入"选项卡"块定义"面板中的"块编辑器"按钮 ㄷ）

【操作步骤】

命令：BEDIT✓

系统❶打开"编辑块定义"对话框，如图 7-21 所示，❷在"要创建或编辑的块"文本框中输入块名称或在列表框中选择已定义的块或当前图形。❸单击"确定"后，系统打开❹"块编写选项板"和❺"块编辑器"工具栏，如图 7-22 所示。用户可以在该工具栏中进行动态块编辑。

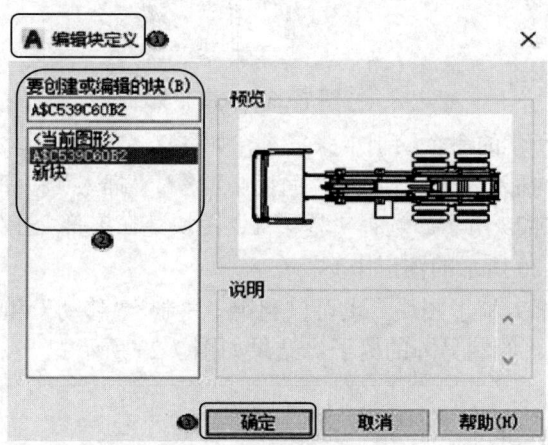

图 7-21　"编辑块定义"对话框

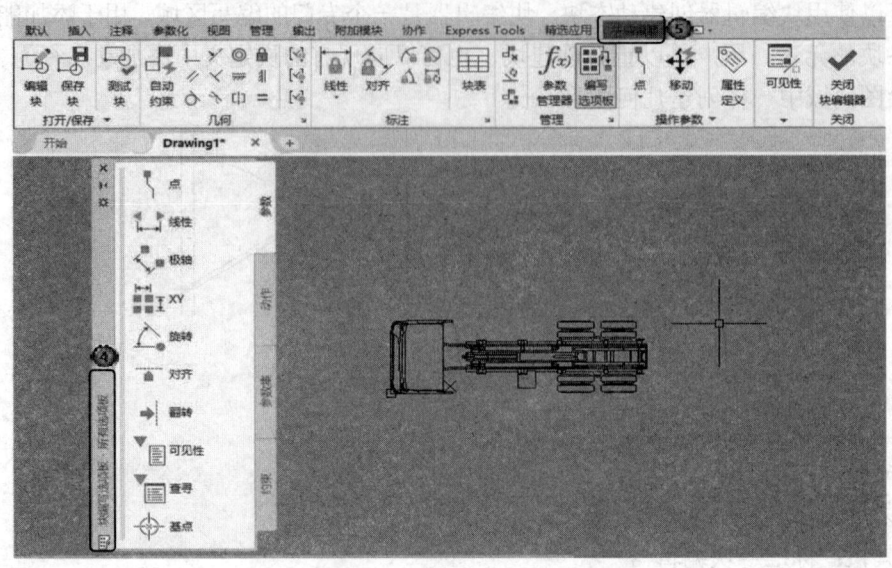

图 7-22　"块编写选项板"和"块编辑器"工具栏

7.1.7　实例——家庭餐桌布局

本实例绘制如图 7-23 所示的家庭餐桌布局。

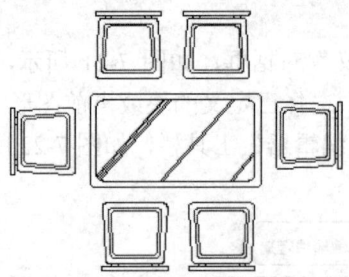

图 7-23　家庭餐桌布局

01 利用前面所学的命令绘制一张餐桌，如图 7-24 所示。

02 单击❶ "插入"选项卡"块"面板中的❷ "插入"按钮下拉菜单中的❸ "最近使用的块"，如图 7-25 所示。选择"椅子 1"图块，在屏幕上指定插入点和旋转角度，将该图块插入到如图 7-26 所示的图形中。

03 可以继续插入椅子图块，也可以利用"复制""移动"和"旋转"命令复制、移动和旋转已插入的图块，绘制另外的椅子，结果如图 7-23 所示。

7.2　图块的属性

图块除了包含图形对象以外，还可以具有非图形信息，如把一个椅子的图形定义为图块后，还可把椅子的号码、材料、重量、价格以及说明等文本信息一并加入到图块当中。图块的这些非图形信息，叫作图块的属性。它是图块的一个组成部分，与图形对象一起构成一个整体，在插入图块时 AutoCAD 把图形对象连同属性一起插入到图形中。

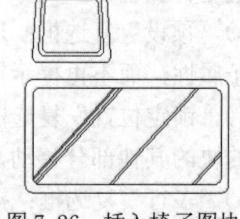

图 7-24　餐桌　　　　　图 7-25　"插入"下拉菜单　　　　图 7-26　插入椅子图块

7.2.1　定义图块属性

【执行方式】

命令行：ATTDEF
菜单：绘图→块→定义属性
功能区：单击"默认"选项卡"块"面板中的"定义属性"按钮或单击"插入"选项卡"块定义"面板中的"定义属性"按钮

【操作步骤】

命令：ATTDEF✓
执行上述操作，打开"属性定义"对话框，如图 7-27 所示。

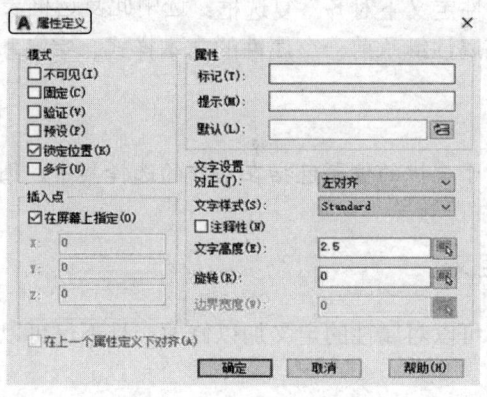

图 7-27　"属性定义"对话框

【选项说明】

(1)"模式"选项组:确定属性的模式。

1)"不可见"复选框:选中此复选框,则属性为不可见显示方式,即插入图块并输入属性值后,属性值在图中并不显示出来。

2)"固定"复选框:选中此复选框,则属性值为常量,即属性值在属性定义时给定,在插入图块时 AutoCAD 不再提示输入属性值。

3)"验证"复选框:选中此复选框,当插入图块时 AutoCAD 重新显示属性值让用户验证该值是否正确。

4)"预设"复选框:选中此复选框,当插入图块时 AutoCAD 自动把事先设置好的默认值赋予属性,而不再提示输入属性值。

5)"锁定位置"复选框:锁定块参照中属性的位置。解锁后,属性可以相对于使用夹点编辑的块的其他部分移动,并且可以调整多行文字属性的大小。

6)"多行"复选框:指定属性值可以包含多行文字。选定此选项后,可以指定属性的边界宽度。

(2)"属性"选项组:用于设置属性值。在每个文本框中,AutoCAD 允许输入不超过256 个字符。

1)"标记"文本框:输入属性标签。属性标签可由除空格和感叹号以外的所有字符组成,AutoCAD 自动把小写字母改为大写字母。

2)"提示"文本框:输入属性提示。属性提示是插入图块时 AutoCAD 要求输入属性值的提示。如果不在此文本框内输入文本,则以属性标签作为提示。如果在"模式"选项组选中"固定"复选框,即设置属性为常量,则不需设置属性提示。

3)"默认"文本框:设置默认的属性值。可把使用次数较多的属性值作为默认值,也可不设默认值。

(3)"插入点"选项组:确定属性文本的位置。可以在插入时由用户在图形中确定属性文本的位置,也可在 X、Y、Z 文本框中直接输入属性文本的位置坐标。

(4)"文字设置"选项组:设置属性文本的对正方式、文本样式、字高和倾斜角度。

(5)"在上一个属性定义下对齐"复选框:选中此复选框表示把属性标签直接放在前一个属性的下面,而且该属性继承前一个属性的文本样式、字高和倾斜角度等特性。

注意:

在动态块中,由于属性的位置包括在动作的选择集中,因此必须将其锁定。

7.2.2 修改属性的定义

在定义图块之前,可以对属性的定义加以修改,且不仅可以修改属性标签,还可以修改属性提示和属性默认值。

【执行方式】

命令行：DDEDIT

菜单：修改→对象→文字→编辑

快捷方法：双击要修改的属性定义

 【操作步骤】1

命令：DDEDIT↙

选择注释对象或 [放弃(U)]:

在此提示下选择要修改的属性定义，AutoCAD 打开"编辑属性定义"对话框，如图 7-28 所示。在该对话框中要修改的属性的标记为"文字"，提示为"数值"，无默认值，可在各文本框中对各项进行修改。

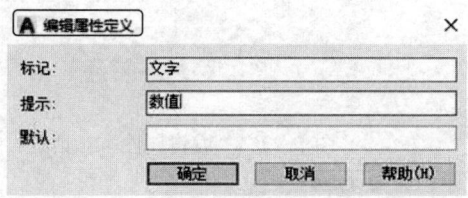

图 7-28　"编辑属性定义"对话框

7.2.3　图块属性编辑

当属性被定义到图块中，甚至图块被插入到图形中之后，用户还可以对属性进行编辑。利用"ATTEDIT"命令可以通过对话框对指定图块的属性值进行修改。利用"ATTEDIT"命令不仅可以修改属性值，而且可以对属性的位置、文本等其他设置进行编辑。

 【执行方式】

命令行：ATTEDIT

菜单：修改→对象→属性→单个

工具栏：修改 II→编辑属性  【操作步骤】

命令：ATTEDIT↙

选择块参照：

选择块参照后光标变为拾取框，选择要修改属性的图块，则 AutoCAD 打开图 7-29 所示的"编辑属性"对话框。该对话框中显示出所选图块中包含的各个属性的值，用户可对这些属性值进行修改。如果该图块中还有其他的属性，可单击"上一个"和"下一个"按钮对它们进行观察和修改。

当用户通过菜单或工具栏执行上述命令时，系统打开"增强属性编辑器"对话框，如图 7-30 所示。在该对话框中不仅可以编辑属性值，还可以编辑属性的文字选项和图层、线型、颜色等特性值。

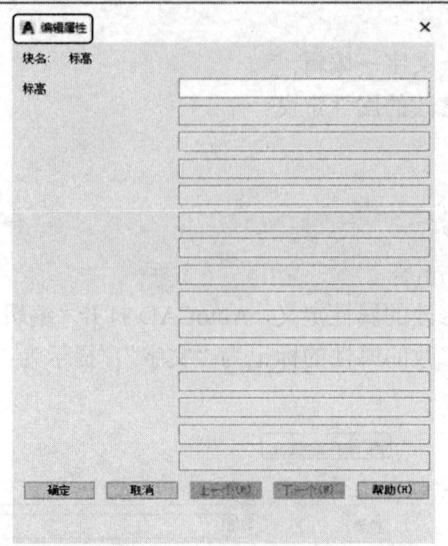

图 7-29 "编辑属性"对话框

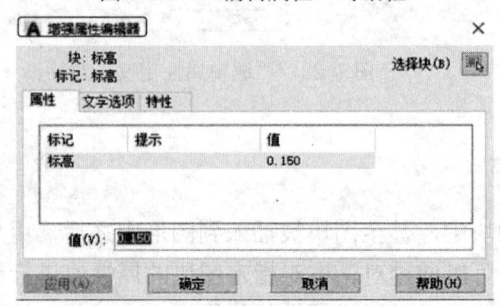

图 7-30 "增强属性编辑器"对话框

另外，还可以通过"块属性管理器"对话框来编辑属性，方法是：在功能区："插入"选项卡→"块定义"面板→"管理属性"按钮。执行此命令后，系统打开"块属性管理器"对话框，如图 7-31 所示。单击"编辑"按钮，系统打开"编辑属性"对话框，如图 7-32 所示。可以通过该对话框编辑属性。

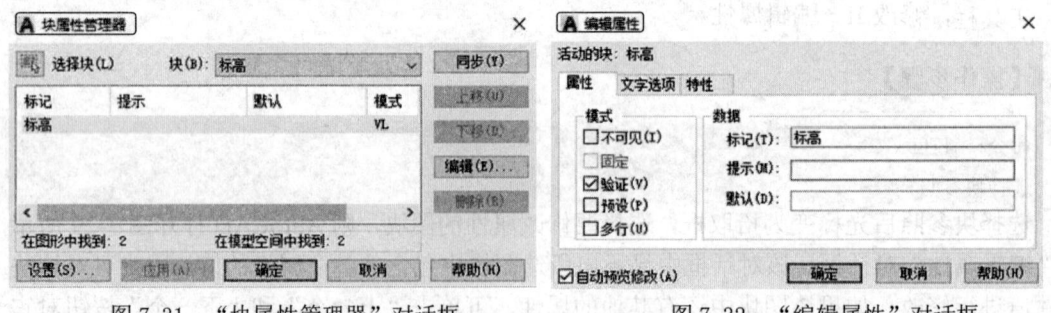

图 7-31 "块属性管理器"对话框　　　　　图 7-32 "编辑属性"对话框

7.2.4 实例——标注标高符号

本实例标注的标高符号如图 7-33 所示。

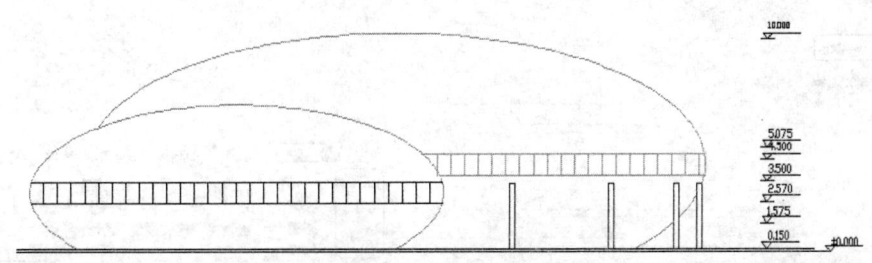

图 7-33   标注标高符号

01 单击"默认"选项卡"绘图"面板中的"直线"按钮 ╱，绘制如图 7-34 所示的标高符号。

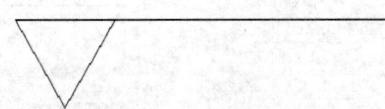

图 7-34   绘制标高符号

02 选择菜单栏中的"绘图"→"块"→"定义属性"命令，系统打开"属性定义"对话框，进行如图 7-35 所示的设置，其中"模式"设置为"验证"，"属性"的"标记"设置为"标高"，单击"确认"按钮退出。

03 单击"默认"选项卡"块"面板中的"创建"按钮 ⬚，打开如图 7-36 所示的"块定义"对话框，拾取图 7-34 图形中的下尖点为基点，选择绘制的三角形和标高文字作为对象，输入图块名称并指定路径，单击"确定"按钮，打开如图 7-37 所示的"编辑属性"对话框，输入标高的数值，单击"确定"按钮。

04 ❶单击"插入"选项卡"块"面板中的❷ "插入"按钮 ⬚，❸双击"插入"下拉菜单中的标高图块，如图 7-38 所示，在屏幕上指定插入点和旋转角度，将该图块插入到如图 7-33 所示的图形中。这时，命令行会提示输入属性，并要求验证属性值，此时输入标高数值 0.150，就完成了一个标高的标注。

05 插入标高符号图块，并输入不同的属性值作为标高数值，直到完成所有标高符号标注。

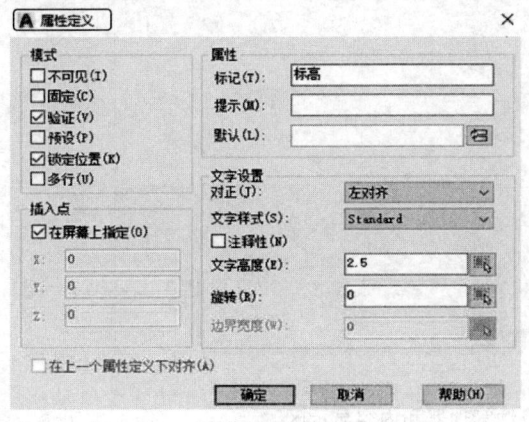

图 7-35   "属性定义"对话框

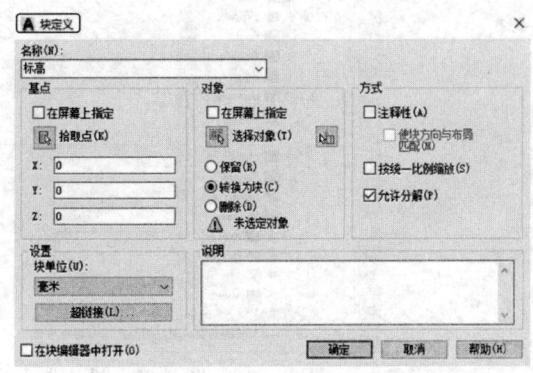

图 7-36   "块定义"对话框

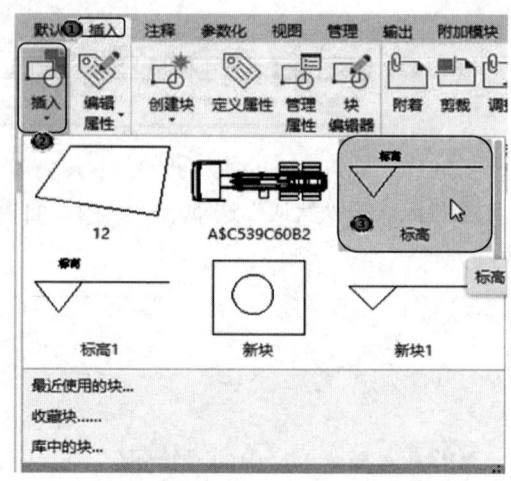

图 7-37 "编辑属性"对话框   图 7-38 "插入"下拉菜单

7.3 设计中心

使用设计中心可以很容易地组织设计内容，并把它们拖动到自己的图形中。可以使用设计中心窗口的内容显示区，来观察用设计中心的资源管理器所浏览资源的细目，如图 7-39 所示。左边为设计中心的资源管理器，右边为设计中心的内容显示框，其中上面为文件显示窗口，中间为图形预览显示窗口，下面为说明文本显示窗口。

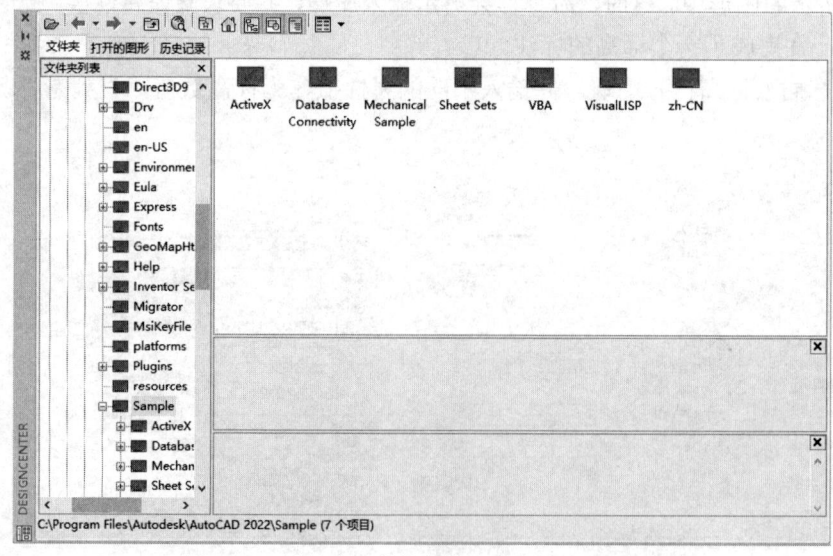

图 7-39 设计中心的资源管理器和内容显示区

7.3.1 启动设计中心

【执行方式】

命令行：ADCENTER
菜单：工具→选项板→设计中心
工具栏：标准→设计中心
快捷键：Ctrl+2
功能区：单击"视图"选项卡"选项板"面板中的"设计中心"按钮

【操作步骤】

命令：ADCENTER↙

系统打开设计中心。第一次启动设计中心时，默认打开的选项卡为"文件夹"。内容显示区采用大图标显示，左边的资源管理器采用 tree view 显示方式显示系统的树形结构，在浏览资源的同时，在内容显示区可显示所浏览资源的有关细目或内容，如图 7-39 所示。

可以通过用鼠标拖动边框来改变设计中心资源管理器和内容显示区以及 AutoCAD 绘图区的大小，但内容显示区的最小尺寸应能显示两列大图标。

如果要改变设计中心的位置，可以按住鼠标左键拖动设计中心工具条，松开鼠标后，设计中心便处于当前位置，到新位置后，仍可以用鼠标改变各窗口的大小。也可以通过设计中心边框左上方的"自动隐藏"按钮来自动隐藏设计中心。

7.3.2 插入图块

可以将图块插入到图形中。当将一个图块插入到图形中的时候，块定义就被复制到图形数据库当中。在一个图块被插入图形之后，如果原来的图块被修改，则插入到图形中的图块也随之改变。

当其他命令正在执行时，不能插入图块到图形中。例如，如果在插入块时，在提示行正在执行一个命令，此时光标变成一个带斜线的圆，提示操作无效。另外，一次只能插入一个图块。设计中心提供了插入图块的两种方法："利用鼠标指定比例和旋转方式"和"精确指定坐标、比例和旋转角度方式"。

1. 利用鼠标指定比例和旋转方式插入图块

系统根据鼠标拉出线段的长度与角度确定比例与旋转角度。插入图块的步骤如下：

1）从文件夹列表或查找结果列表选择要插入的图块，按住鼠标左键，将其拖动到打开的图形。松开鼠标左键，此时被选择的对象被插入到当前被打开的图形中。利用当前设置的捕捉方式，可以将对象插入到任何存在的图形中。

2）按下鼠标左键，指定一点作为插入点，移动鼠标，则光标位置点与插入点之间的距离即为缩放比例。按下鼠标左键即可确定比例。用同样的方法移动鼠标，光标指定位置与插入点连线与水平线之间的角度为旋转角度。被选择的对象将根据光标指定的比例和角度插入到图形中。

2．精确指定的坐标、比例和旋转角度插入图块

利用该方法可以设置插入图块的参数，具体方法如下：

1）从文件夹列表或查找结果列表框中选择要插入的对象，拖动对象到打开的图形。

2）单击鼠标右键，从弹出的快捷菜单中选择"比例""旋转"等命令。

3）在相应的命令行提示下输入比例和旋转角度等数值。被选择的对象即可根据指定的参数插入到图形中。

7.3.3　图形复制

1．在图形之间复制图块

利用设计中心可以浏览和装载需要复制的图块。此时可将图块复制到剪贴板，然后利用剪贴板将图块粘贴到图形中。具体方法如下：

1）在内容显示区中选择需要复制的图块，右击打开快捷菜单，选择"复制"命令。

2）将图块复制到剪贴板上，然后通过"粘贴"命令粘贴到当前图形上。

2．在图形之间复制图层

利用设计中心可以从任何一个图形复制图层到其他图形。例如，如果已经绘制了一个包括设计所需的所有图层的图形，在绘制新的图形时，可以新建一个图形，然后通过设计中心将已有的图层复制到新的图形中。这样可以节省时间，并保证图形间的一致性。

1）拖动图层到已打开的图形：确认要复制图层的目标图形文件已打开，并且是当前的图形文件。在控制板或查找结果列表框中选择要复制的一个或多个图层。拖动图层到打开的图形文件，松开鼠标后被选择的图层即可被复制到打开的图形中。

2）复制或粘贴图层到打开的图形：确认要复制的图层的图形文件已打开，并且是当前的图形文件。在内容显示区或查找结果列表框中选择要复制的一个或多个图层，右击打开快捷菜单，在快捷菜单中选择"复制到粘贴板"命令。如果要粘贴图层，应确认粘贴的目标图形文件已打开并为当前文件，然后右击打开快捷菜单，在快捷菜单选择"粘贴"命令。

7.4　工具选项板

工具选项板可用于组织、共享和放置块及填充图案。

工具选项板还可以包含由第三方开发人员提供的自定义工具。

7.4.1　打开工具选项板

【执行方式】

命令行：TOOLPALETTES

菜单：工具→选项板→工具选项板

工具栏：标准→工具选项板窗口按钮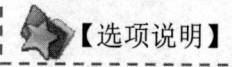

功能区：单击"视图"选项卡"选项板"面板中的"工具选项板"按钮

快捷键：Ctrl+3

【操作步骤】

命令：TOOLPALETTES✓

系统自动打开工具选项板，如图 7-40 所示。

【选项说明】

在工具选项板中，系统设置了一些常用图形，这些常用图形可以方便用户绘图。

注意：

在绘图中还可以将常用命令添加到工具选项板。"自定义"对话框打开后，就可以将工具从工具栏拖到工具选项板上，或者将工具从"自定义用户界面"（CUI）编辑器拖到工具选项板上。

7.4.2 新建工具选项板

用户可以建立新的工具选项板，这样有利于个性化作图，也能够满足特殊作图需要。

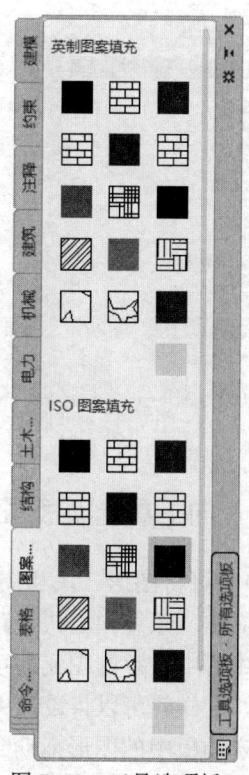

图 7-40　工具选项板

【执行方式】

命令行：CUSTOMIZE

菜单：工具→自定义→工具选项板

快捷菜单：在任意工具选项板上单击鼠标右键，然后选择"自定义选项板"

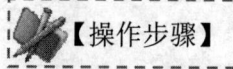【操作步骤】

命令：CUSTOMIZE✓

系统打开"自定义"对话框，如图 7-41 所示。在"选项板"列表框中单击鼠标右键，弹出快捷菜单，如图 7-42 所示，选择"新建选项板"命令，在"自定义"对话框中可以为新建的工具选项板命名。

确定后，工具选项板中将增加一个新的选项卡，如图 7-43 所示。

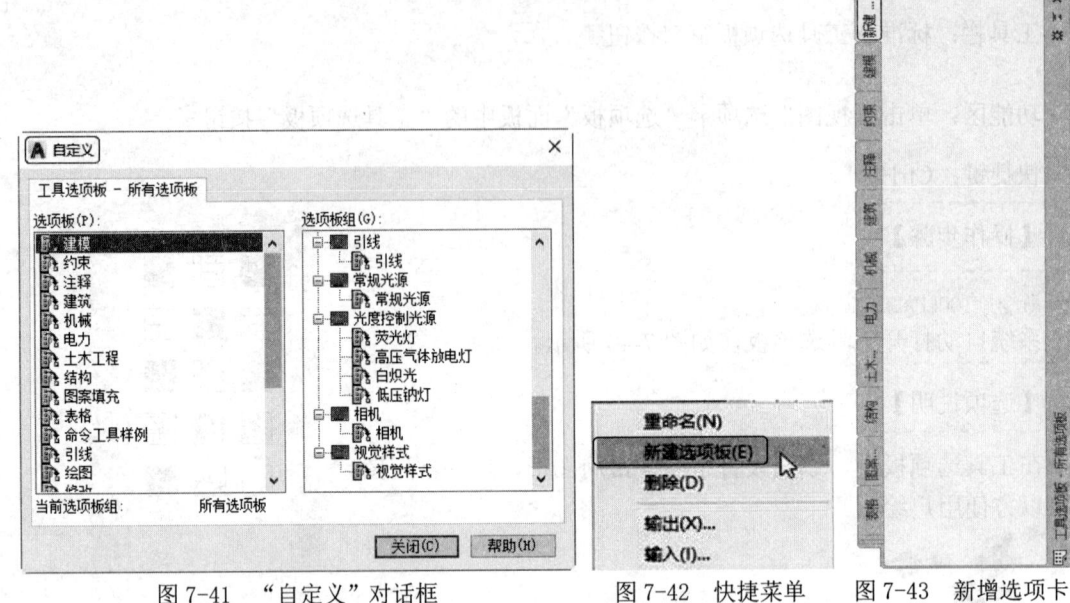

图 7-41　"自定义"对话框　　　　图 7-42　快捷菜单　　图 7-43　新增选项卡

7.4.3　向工具选项板添加内容

1）可将图形、块和图案填充从设计中心拖动到工具选项板上。例如，在设计中心文件夹上右击，系统弹出快捷菜单，从中选择"创建块的工具选项板"命令，如图 7-44a 所示。设计中心中储存的图元即可出现在工具选项板中新建的"Designcenter"选项卡上，如图 7-44b 所示，这样就可以将设计中心与工具选项板结合起来，建立一个快捷方便的工具选项板。将工具选项板中的图形拖动到另一个图形中时，图形将作为块插入。

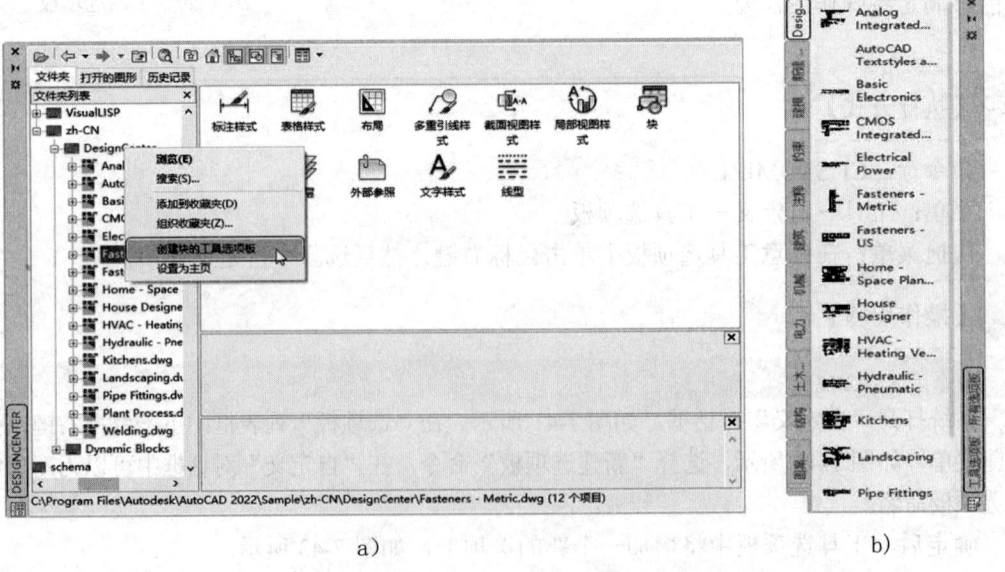

a)　　　　　　　　　　　　　　　　b)

图 7-44　将储存图元移动到新建的"Designcenter"选项卡

2）框使用"剪切""复制"和"粘贴"命令将一个工具选项板中的工具移动或复制到另一个工具选项板中。

7.5 综合实例——住房布局截面图

本实例绘制的住房布局如图 7-45 所示。

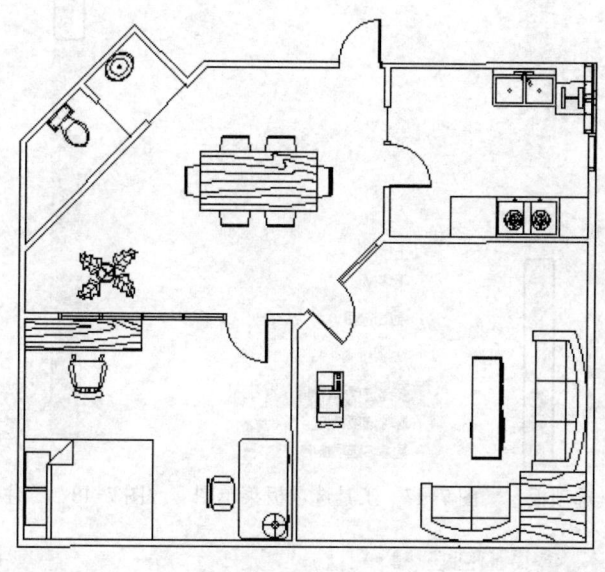

图 7-45 住房布局

01 打开工具选项板。单击"视图"选项卡"选项板"面板中的"工具选项板"按钮，打开工具选项板，如图 7-46 所示。在工具选项板名称列表处右击，打开工具选项板菜单，如图 7-47 所示。

02 新建工具选项板。在工具选项板菜单中选择"新建选项板"命令，建立新的工具选项板选项卡。在新建工具栏名称栏中输入"住房"，确认后新建的"住房"工具选项板选项卡如图 7-48 所示。

03 向工具选项板中插入设计中心图块。单击"标准"工具栏中的"设计中心"按钮，打开如图 7-49 所示的设计中心，将设计中心中的"Kitchens""House Designer""Home Space Planner"图块拖动到工具选项板的"住房"选项卡中，如图 7-50 所示。

04 绘制住房结构截面图。利用以前学过的绘图命令与编辑命令绘制住房结构截面图，如图 7-51 所示。其中，从大门进来首先是餐厅，左边为厨房，右边为卫生间，正对大门为客厅，客厅左边为寝室。

05 布置餐厅。将工具选项板中的"Home Space Planner"图块拖动到当前图形中，然后利用缩放命令调整所插入图块的大小，使其适合当前图形的相对大小，如图 7-52 所示。

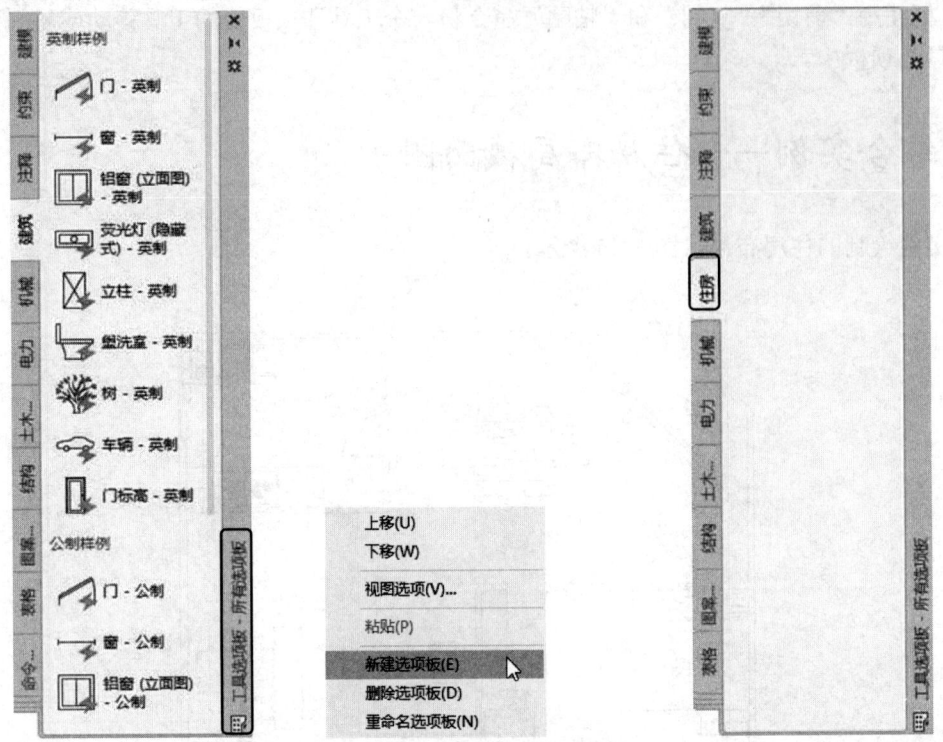

图 7-46　工具选项板　　图 7-47　工具选项板菜单图　　图 7-48　"住房"工具选项板选项卡

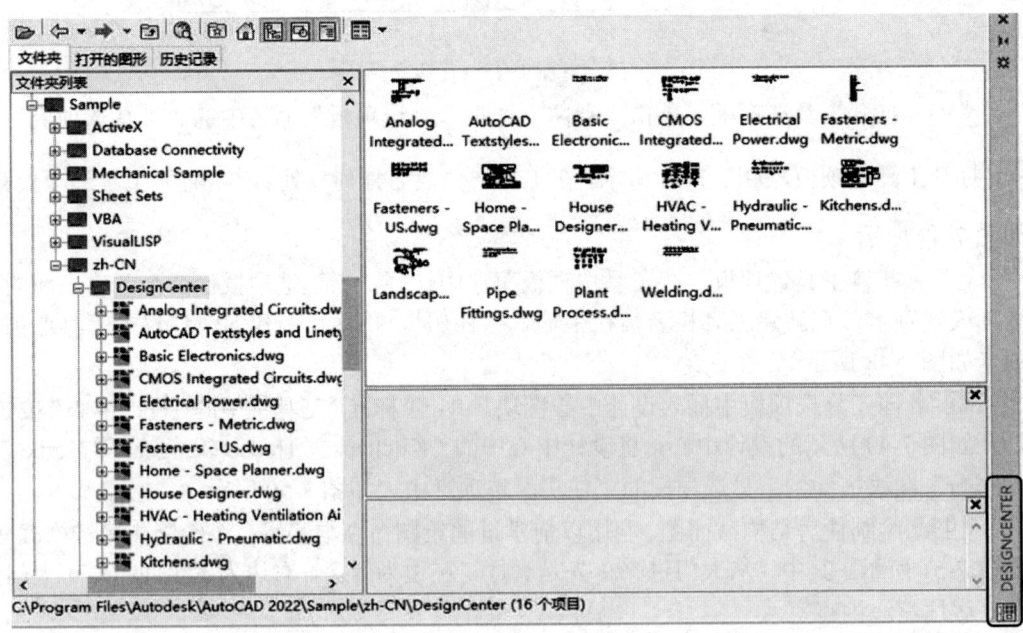

图 7-49　设计中心

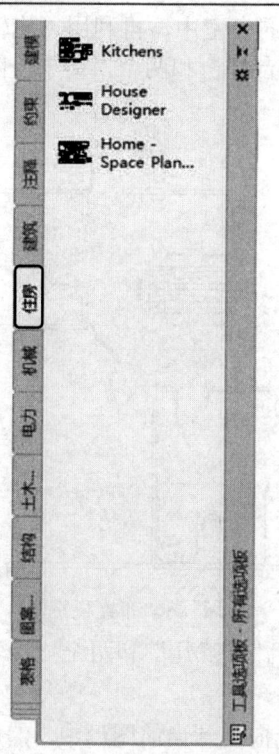

图 7-50　向工具选项板中插入设计中心图块

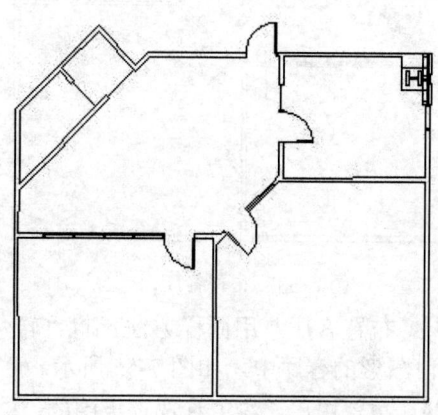

图 7-51　住房结构截面图

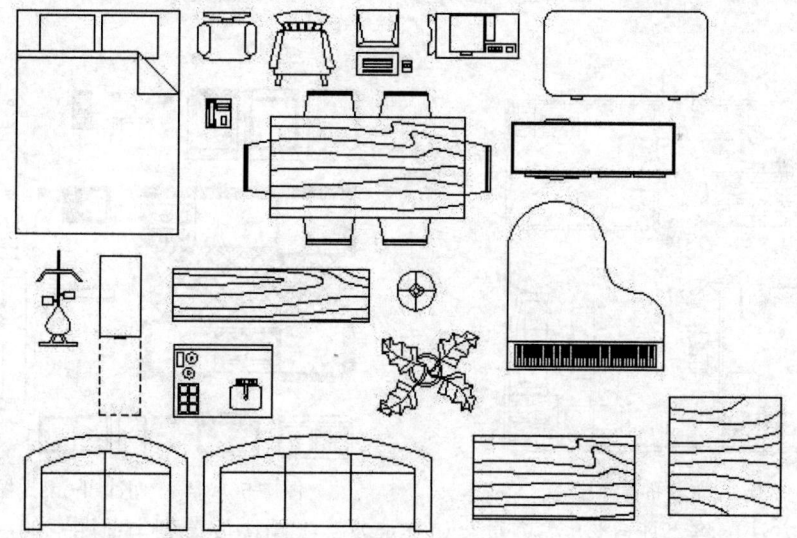

图 7-52　将 "Home Space Planner" 图块拖动到当前图形中

执行分解命令，将 "Home Space Planner" 图块分解成单独的小图块集，然后将图块集中的 "饭桌" 和 "植物" 图块拖动到餐厅适当位置，如图 7-53 所示。

06 布置寝室。将"双人床"图块移动到当前图形的寝室中，再利用"旋转"和"移动"命令进行位置调整。用同样方法将"琴桌""书桌""台灯"和两个"椅子"图块放置到当前图形的寝室中，如图 7-54 所示。

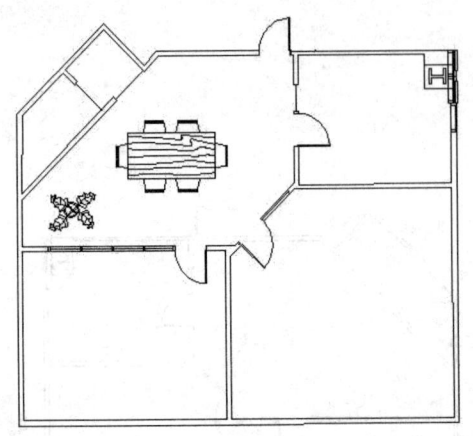

图 7-53　布置餐厅　　　　　　　图 7-54　布置寝室

07 布置客厅。用同样方法，将"转角桌""电视机""茶几"和两个"沙发"图块放置到当前图形的客厅中，如图 7-55 所示。

08 布置厨房。将工具选项板中的"Kitchens"图块拖动到当前图形中，然后利用缩放命令调整所插入图块的大小，使其适合当前图形，如图 7-56 所示。

执行行分解命令，将"Kitchens"图块分解成单独的小图块集。

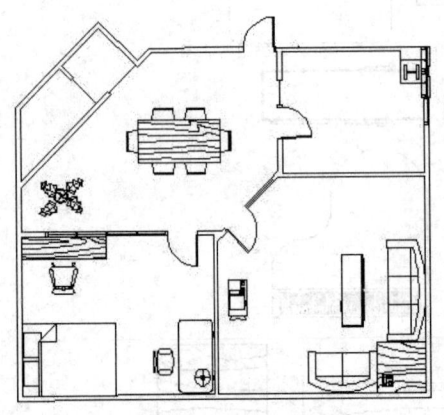

图 7-55　布置客厅

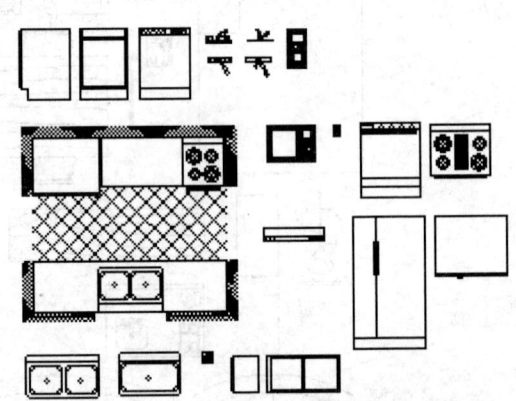

图 7-56　插入"Kitchens"图块

用同样方法，将"灶台""洗菜盆"和"水龙头"图块放置到当前图形的厨房中，如图 7-57 所示。

09 布置卫生间。用同样方法，将"坐便器"和"洗脸盆"放置到当前图形的卫生间中，然后复制"水龙头"图块并旋转移动到洗脸盆上。删除当前图形中没有用到的图块，最终绘制出的图形如图 7-45 所示。

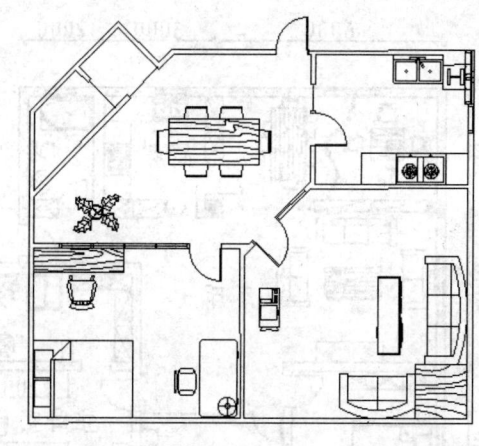

图 7-57　布置厨房

7.6　上机实验

实验 1　绘制办公室平面图

绘制如图 7-58 所示的办公室平面布置图。

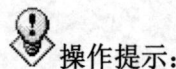操作提示：

1. 利用图块属性功能绘制一张办公桌。
2. 利用插入块命令布置办公室，使每一张办公桌都对应人员的编号、姓名和电话。

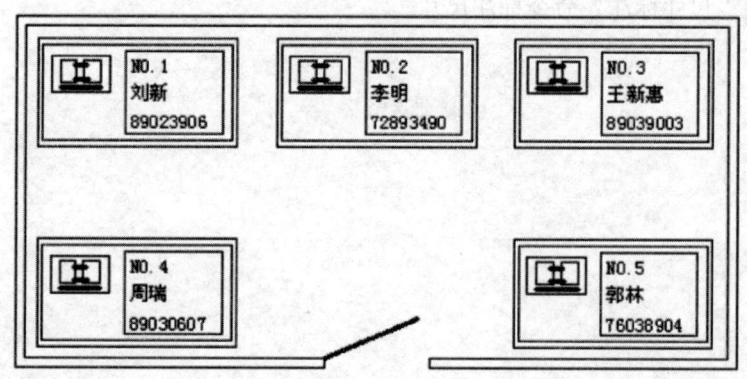

图 7-58　办公室平面布置图

实验 2　绘制居室布置图

利用图块插入的方法绘制如图 7-59 所示的居室布置图。

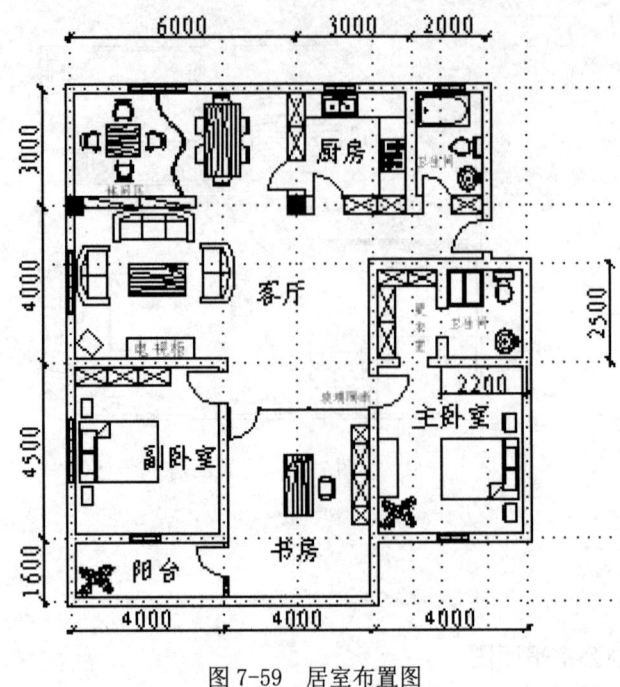

图 7-59　居室布置图

操作提示：

1. 利用设计中心创建新的工具选项板。
2. 将图块插入居室到平面图中适当的位置。
3. 利用"文字"命令标注文字。
4. 利用"尺寸标注"命令标注尺寸。

第 8 章　居室室内设计实例

 导读

本章将以三居室室内设计为例，详细介绍室内设计平图的绘制过程以及关于住宅平面设计的相关知识和技巧，包括平面图的绘制、装饰图块的插入、尺寸和文字标注等内容。

学 习 要 点

◎　平面图绘制

◎　顶棚图绘制

◎　地面图绘制

◎　立面图绘制

8.1 住宅室内设计简介

现代居室不仅仅是人类居住的环境和空间，同时也是房屋居住者的一种品位的体现，一种生活理念的象征。不同风格的住宅能给居住者提供不同的居住环境，而且还能营造不同的生活气氛。一个好的室内设计方案是经过设计师仔细考虑、精心雕琢，根据一定的设计理念和设计风格完成的。

典型的住宅装饰风格有中式风格、古典主义风格、新古典主义风格、现代简约风格、实用主义风格等。本章将主要介绍现代简约风格的住宅室内设计图的绘制，其他风格读者可参考相关的书籍。

住宅室内装饰设计有以下几点原则：

1）住宅室内装饰设计应遵循实用、安全、经济、美观的基本设计原则。

2）住宅室内装饰设计时，必须确保建筑物安全，不得任意改变建筑物承重结构和建筑构造。

3）住宅室内装饰设计时，不得破坏建筑物外立面，若开安装孔洞，在设备安装后，必须修整，保持原建筑立面效果。

4）住宅室内装饰设计应在住宅的分户门以内的住房面积范围进行，不得占用公用部位。

5）住宅装饰室内设计时，在考虑客户的经济承受能力的同时，宜采用新型的节能型和环保型装饰材料及用具，不得采用有害人体健康的伪劣建材。

6）住宅室内装饰设计应贯彻国家颁布、实施的建筑、电气等设计规范的相关规定。

7）住宅室内装饰设计必须贯彻现行的国家和地方有关防火、环保、建筑、电气、给水排水等标准。

8.2 平面图绘制

本节将介绍如图 8-1 所示三居室（大户型）的室内装饰设计思路及其相关装饰图的绘制方法与技巧，包括：三居室装修前的建筑墙体、轴线和门窗的绘制；房间的开间和进深及其尺寸标注；各个房间的名称及文字标注方法；门厅、餐厅和起居室的餐桌与沙发等相关家具的布置方法，主卧室、次卧室中的床、衣柜和书柜等家具的布置方法，厨房操作台、灶具和洗菜盆等厨具的安排；主要卫生间中的坐便器、洗脸盆和淋浴设施等洁具的布置方法。

8.2.1 三室两厅建筑平面图

在三居室中，其功能房间有起居室、餐厅、主卧室及其卫生间、次卧室、书房、厨房、公用卫生间（客卫）、阳台等。通常所说的三居室类型有三室两厅一卫、三室两厅两卫等。其建筑平面图的绘制方法与一居室和二居室类似，同样是先建立各个功能房间的开间和进深轴线，然后按轴线位置绘制各个功能房间墙体及相应的门窗洞口的平面造型，最后绘制阳台及管道等辅助空间的平面图形，同时标注相应的尺寸和文字说明。

住宅的基本功能不外乎睡眠、休息、饮食、盥洗、家庭团聚、会客、视听、娱乐、学习、工作等。这些功能是相对的，其中又有静或闹、私密或开放等不同特点，如睡眠、学习要求静，睡眠又有私密性的要求。下面介绍如图 8-2 所示的三居室的建筑平面图设计相关知识及其绘图方法与技巧。

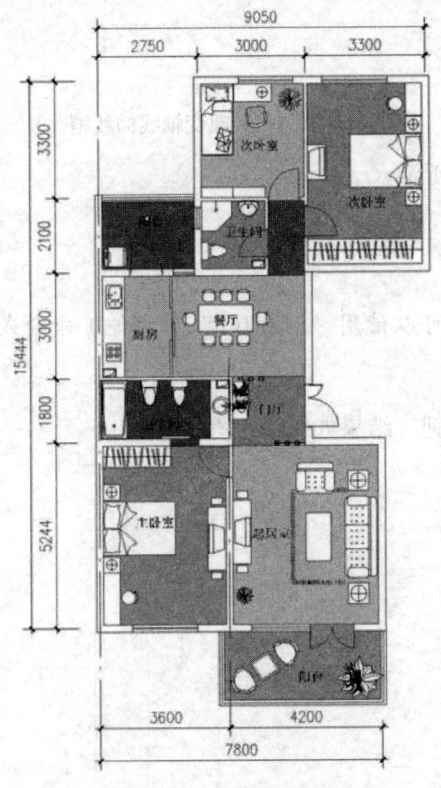

图 8-1　三居室平面图

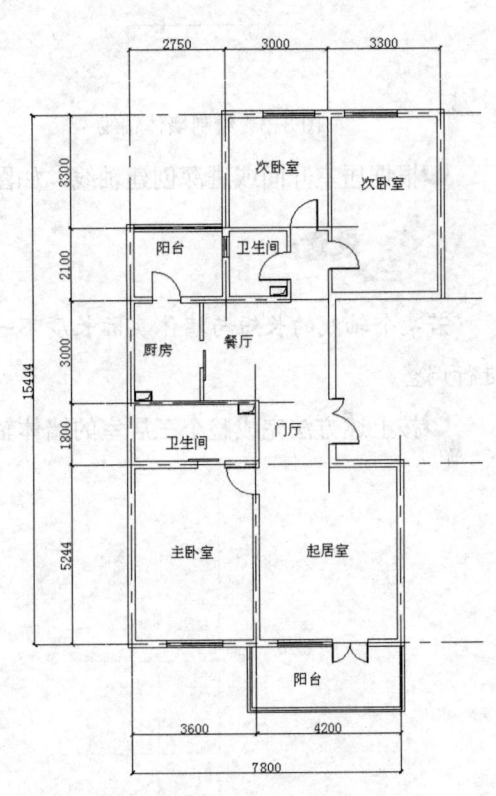

图 8-2　三居室建筑平面

01 墙体绘制。这里介绍居室的各个房间的墙体轮廓线的绘制方法与技巧。

❶居室墙体的轴线的绘制，所绘制的轴线长度要略大于居室的总长度或总宽度尺寸，如图 8-3 所示。

注意：

在建筑绘图中，轴线的长度一般要略大于房间墙体水平方向或垂直方向的总长度尺寸。

❷将轴线的线型由实线线型改为点画线线型，如图 8-4 所示。

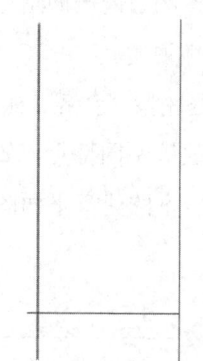

图 8-3　绘制墙体轴线　　　　　　　　　　　图 8-4　改变轴线的线型

❸根据居室开间或进深创建轴线，如图 8-5 所示。

注意：

若某个轴线的长短与墙体实际长度不一致，可以使用 "STRETCH" （拉伸）命令或热键进行调整。

❹按上述方法完成整个三居室的墙体轴线绘制，结果如图 8-6 所示。

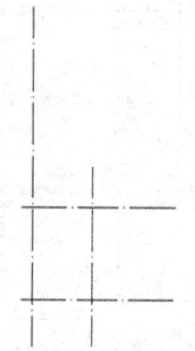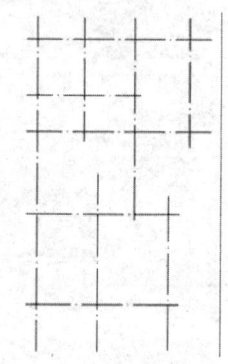

图 8-5　按开间或进深创建轴线　　　　　　　图 8-6　完成轴线绘制

❺标注轴线尺寸（可通过尺寸标注命令来完成），结果如图 8-7 所示。

❻按上述方法完成三居室所有相关轴线尺寸的标注，结果如图 8-8 所示。

❼使用多线编辑命令完成三居室墙体的绘制，墙体厚度设置为 200mm，结果如图 8-9

所示。

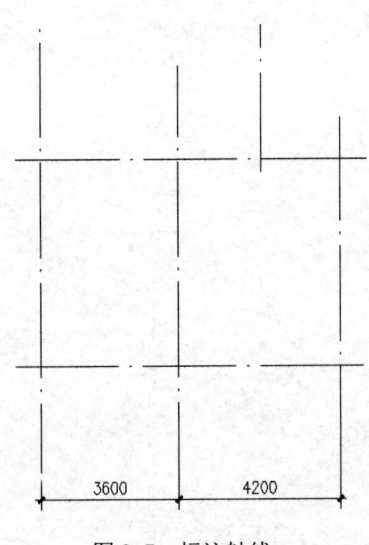

图 8-7　标注轴线

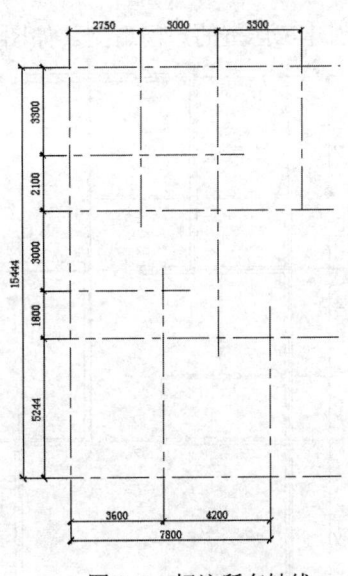

图 8-8　标注所有轴线

注意：

高层住宅建筑的墙体一般情况下是钢筋混凝土剪力墙，厚度为 200~500mm。

❽通过调整多线的比例绘制厚度比较薄的隔墙，如卫生间、过道等位置的墙体，如图 8-10 所示。

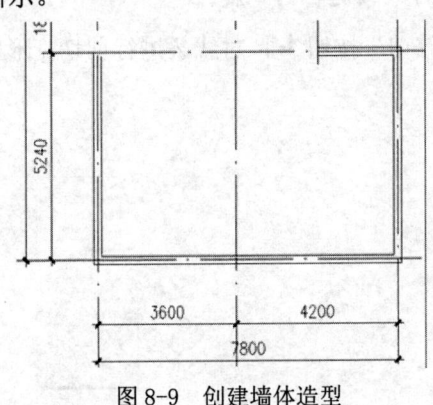

图 8-9　创建墙体造型

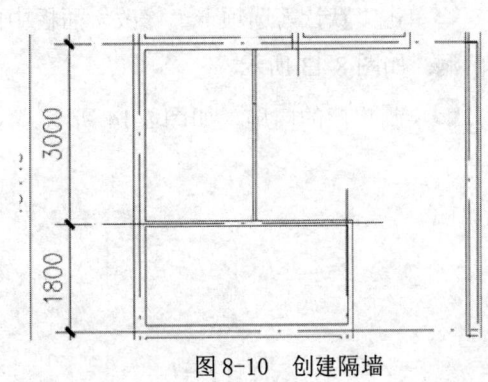

图 8-10　创建隔墙

注意：

墙体的厚度根据建筑高度、结构型式和建筑类型等因素设计确定。

❾按照三居室的各个房间开间与进深，继续进行其他位置的墙体的创建，绘制完成的整个墙体造型如图 8-11 所示。

02 门窗绘制。

❶创建三居室的户门造型，如图 8-12 所示。

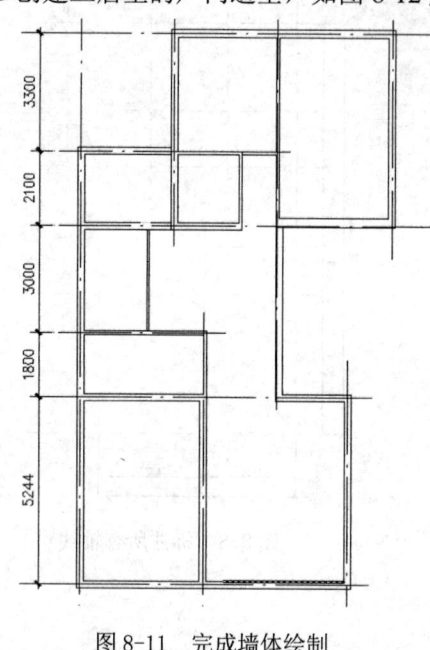

图 8-11　完成墙体绘制

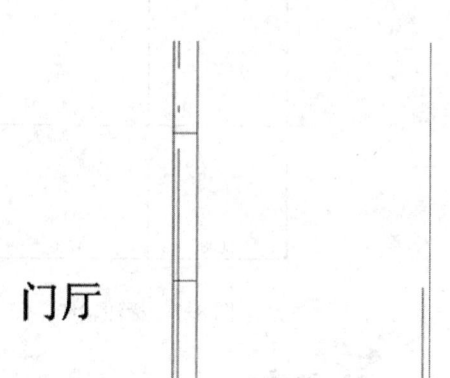

门厅

图 8-12　创建户门造型

 注意：

按户门的大小，绘制两条与墙体垂直的平行线确定户门宽度。

❷单击"默认"选项卡"修改"面板中的"修剪"按钮，对线条进行剪切，形成户门的门洞，如图 8-13 所示。

❸绘制户门的门扇，如图 8-14 所示。

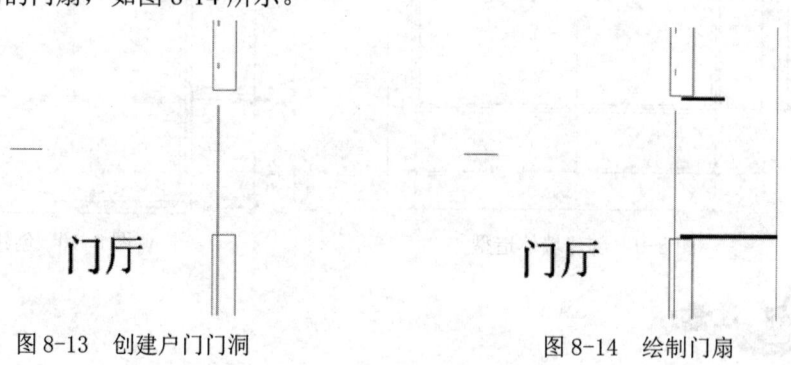

门厅

图 8-13　创建户门门洞

门厅

图 8-14　绘制门扇

 注意：

该户门的门扇造型为一大一小。

④绘制两段长度不一样的弧线，完成户门的造型，如图 8-15 所示。

⑤在阳台门联窗户的位置绘制三段短线，如图 8-16 所示。

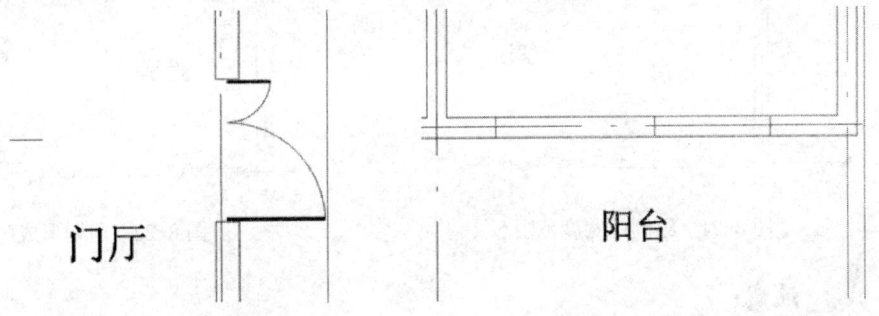

图 8-15　绘制两段弧线　　　　　　　　　　　　图 8-16　绘制三段短线

⑥单击"默认"选项卡"修改"面板中的"修剪"按钮，在门的位置剪切边界线，形成门洞，如图 8-17 所示。

⑦在门洞旁边绘制窗户造型，如图 8-18 所示。

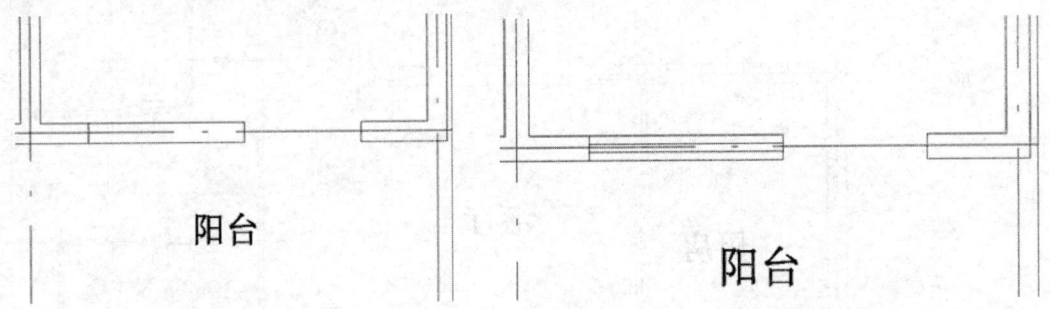

图 8-17　绘制门洞　　　　　　　　　　　　　　图 8-18　绘制窗户造型

⑧按门大小的一半绘制其中一扇门扇，如图 8-19 所示。

⑨单击"默认"选项卡"修改"面板中的"镜像"按钮，绘制阳台门扇造型，完成门联窗户造型的绘制，如图 8-20 所示。

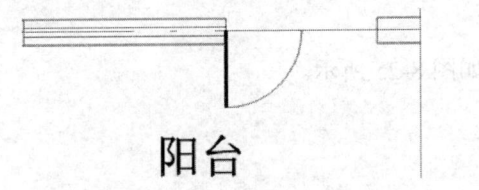
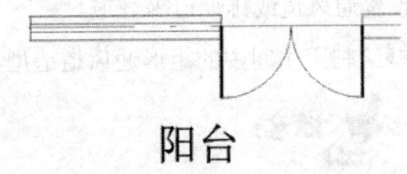

图 8-19　绘制门窗　　　　　　　　　　　　图 8-20　完成门联窗户造型的绘制

⑩绘制餐厅与厨房之间的推拉门造型。先绘制门的宽度范围，如图 8-21 所示。

⑪剪切多余的图线，形成门洞形状，如图 8-22 所示。

⑫在靠餐厅一侧绘制矩形推拉门，结果如图 8-23 所示。

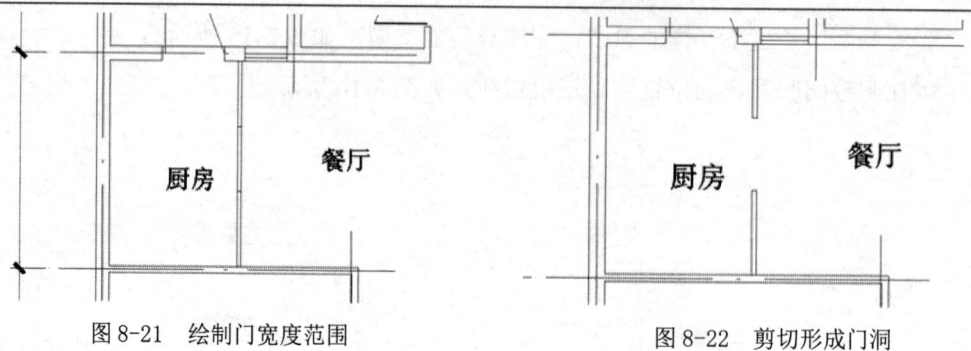

图 8-21　绘制门宽度范围　　　　　　　图 8-22　剪切形成门洞

 注意：

推拉门造型在住宅建筑中也经常会用到，如衣柜门也常设计成推拉门形式。

⓲参照上述方法，创建其他位置的门扇和窗户造型，结果如图 8-24 所示。

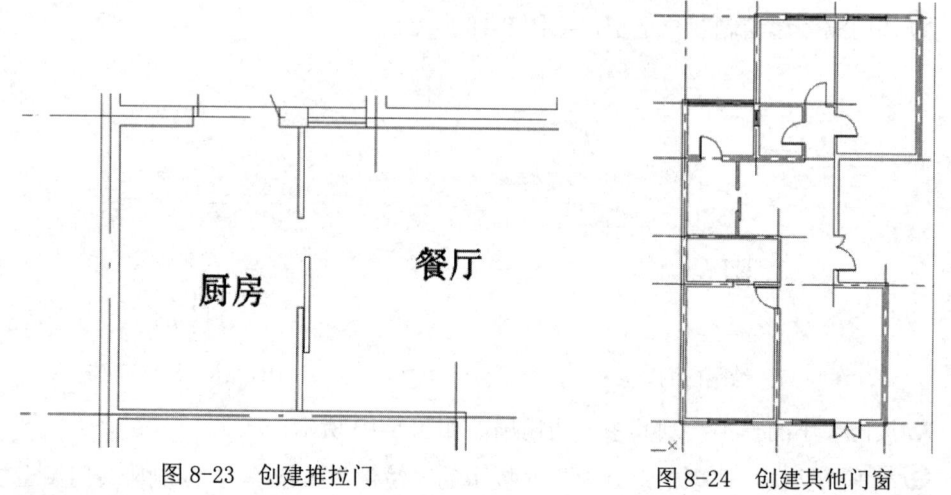

图 8-23　创建推拉门　　　　　　　图 8-24　创建其他门窗

03 绘制阳台/管道井等辅助空间。无论是小户型，还是大户型，在卫生间和厨房中，都需设置通风道或排烟道等管道。

❶绘制卫生间中的矩形通风道造型，如图 8-25 所示。

 注意：

卫生间和厨房的通风道作用有所不同，卫生间主要用于通风和排气，而厨房主要用于排油烟。

❷单击"默认"选项卡"修改"面板中的"偏移"按钮 ⊆，绘制通风道墙体造型，如图 8-26 所示。

❸在通风道内绘制折线，如图 8-27 所示。

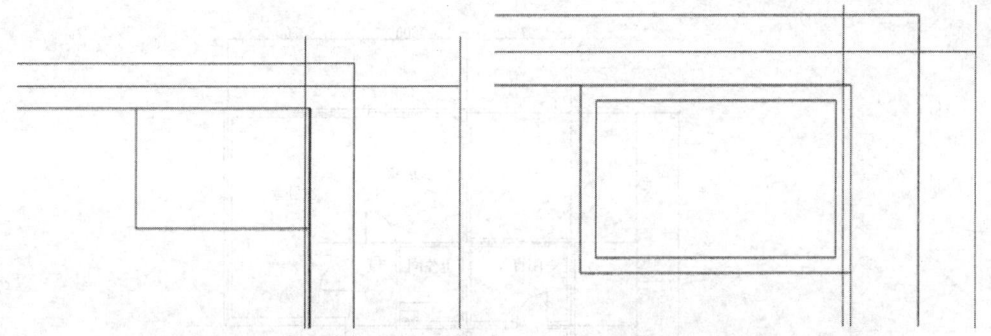

图 8-25　绘制通风道造型　　　　　　　　　　图 8-26　创建通风道墙体

❹按上述方法创建其他卫生间和厨房的通风道及排烟道等管道造型，如图 8-28 所示。

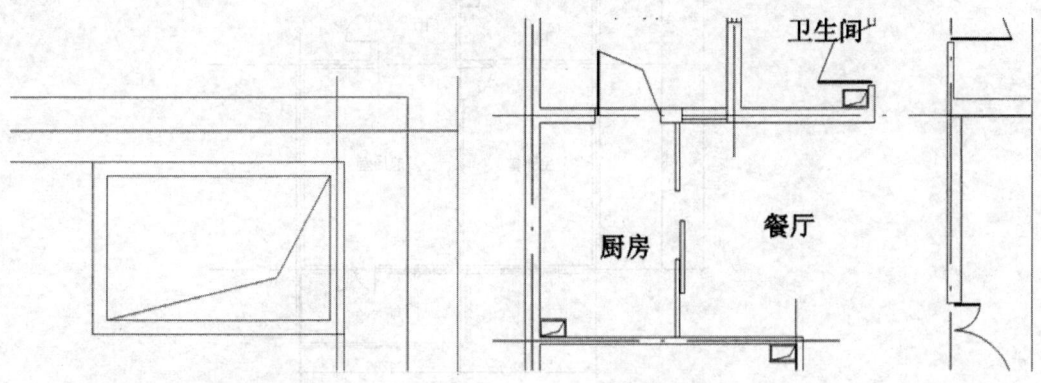

图 8-27　绘制折线　　　　　　　　　　　　　图 8-28　绘制其他管道造型

❺按阳台的尺寸绘制其外轮廓，如图 8-29 所示。

❻单击"默认"选项卡"修改"面板中的"偏移"按钮 ⊆，偏移图样，形成阳台栏杆造型，如图 8-30 所示。

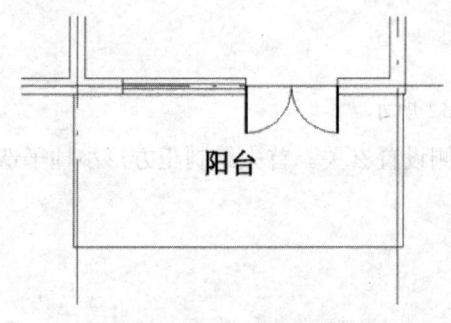

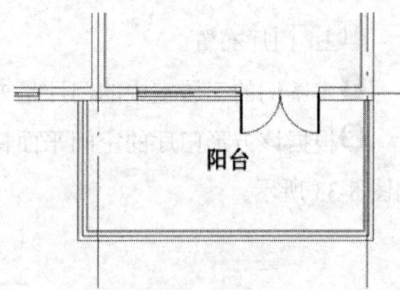

图 8-29　绘制阳台外轮廓　　　　　　　　　　图 8-30　创建阳台栏杆造型

❼绘制完成的三居室建筑平面图如图 8-31 所示。可以通过缩放观察图形，然后将其保存。

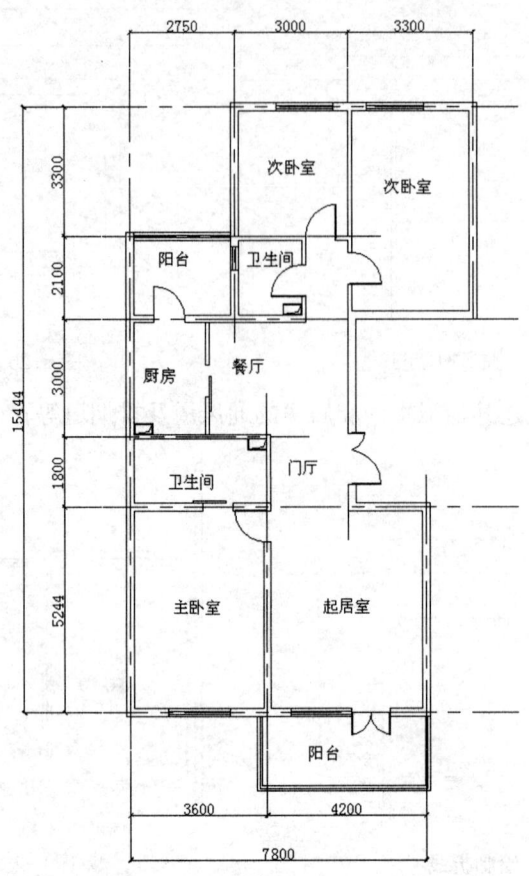

图 8-31　绘制完成三居室建筑平面图

8.2.2　三室两厅装饰平面图

01 门厅布置。

❶本案例的三居室中的门厅呈方形，如图 8-32 所示。

❷根据该方形门厅的空间平面特点，在其两侧设置玄关。首先绘制正方形小柱子造型，如图 8-33 所示。

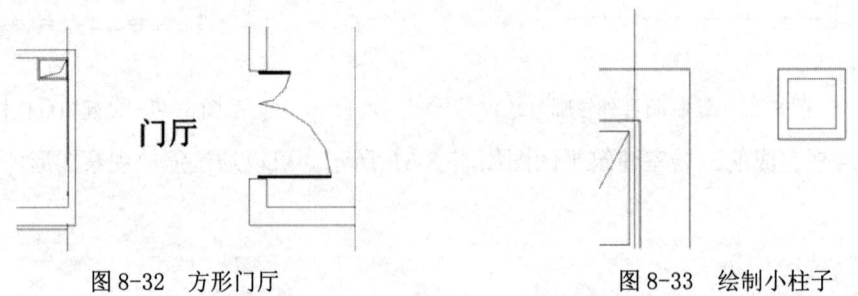

图 8-32　方形门厅　　　　　　　　　　　　　　　图 8-33　绘制小柱子

❸复制小柱子，结果如图 8-34 所示。

❹绘制中间连线，如图 8-35 所示。

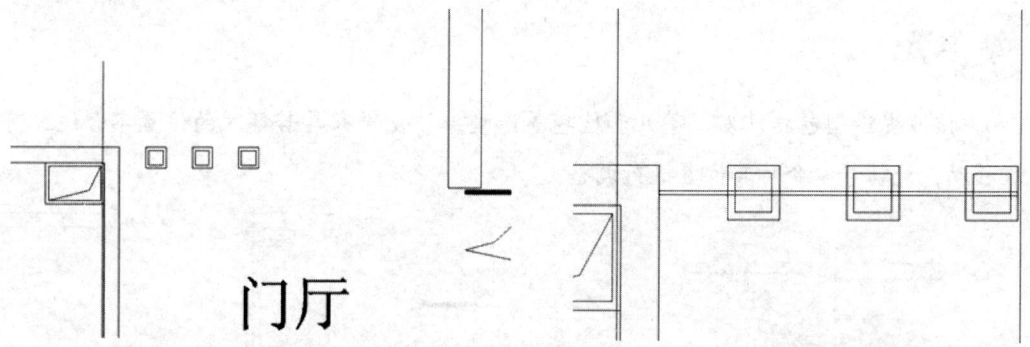

图 8-34　复制小柱子　　　　　　　　　　　　　图 8-35　绘制中间连线

❺单击"默认"选项卡"修改"面板中的"复制"按钮🔗，复制出另外一侧的造型，结果如图 8-36 所示。

注意：

各个造型的位置可以通过移动等命令进行调整。

❻单击"插入"选项卡"块"面板中的"插入"下拉菜单中的"最近使用的块"，系统弹出"块"选项板，在"预览列表"中选择 "鞋柜"，在门厅处插入鞋柜，如图 8-37 所示。

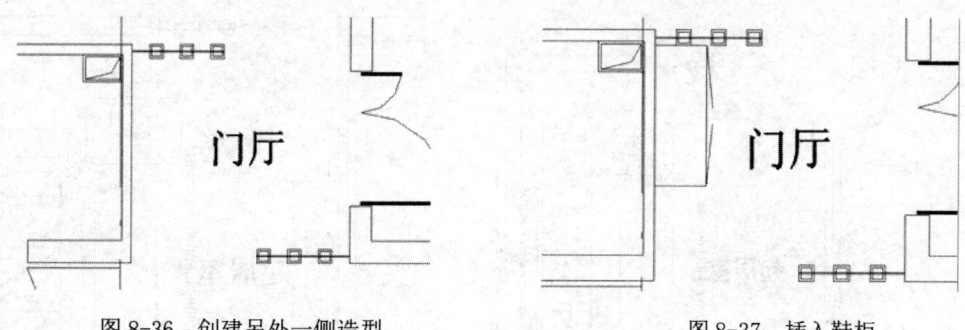

图 8-36　创建另外一侧造型　　　　　　　　　　图 8-37　插入鞋柜

❼在鞋柜上布置花草进行装饰，如图 8-38 所示。

注意：

花草造型可采用已有图库中的图形。

02 起居室及餐厅布置。

❶起居室（即起居室）平面图，如图 8-39 所示。

❷单击"插入"选项卡"块"面板中的"插入"下拉菜单中的"最近使用的块"选项，

系统弹出"块"选项板,在"预览列表"中选择 "沙发"、"茶几"、"地毯"等,在起居室平面上插入沙发造型等,如图 8-40 所示。

注意:

该沙发造型包括沙发、茶几和地毯等造型。沙发等家具若插入的位置不合适,可以通过移动、旋转等命令对其位置进行调整。

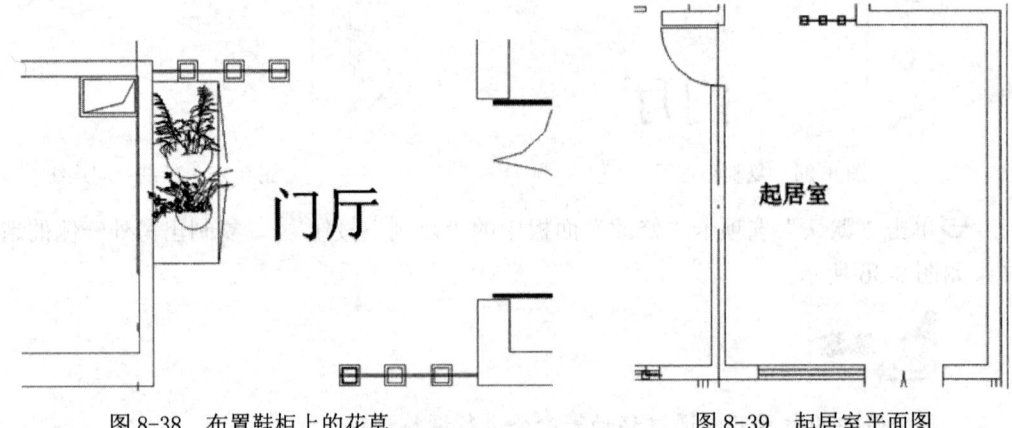

图 8-38　布置鞋柜上的花草　　　　　　　图 8-39　起居室平面图

❸在起居室插入电视柜造型,如图 8-41 所示。

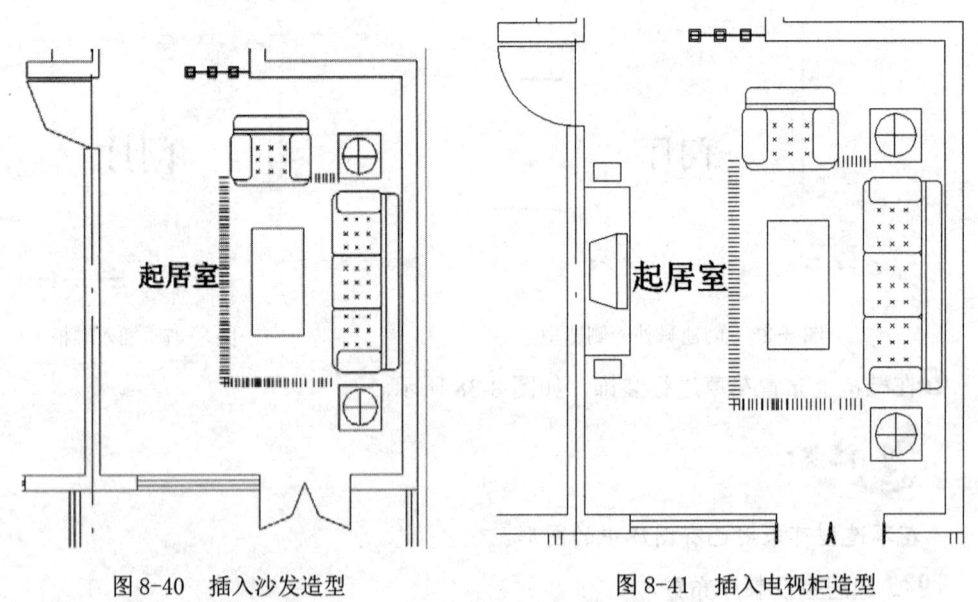

图 8-40　插入沙发造型　　　　　　　图 8-41　插入电视柜造型

❹在起居室布置适当的花草进行美化,如图 8-42 所示。

❺没有布置餐桌等家具的餐厅空间平面图,如图 8-43 所示。

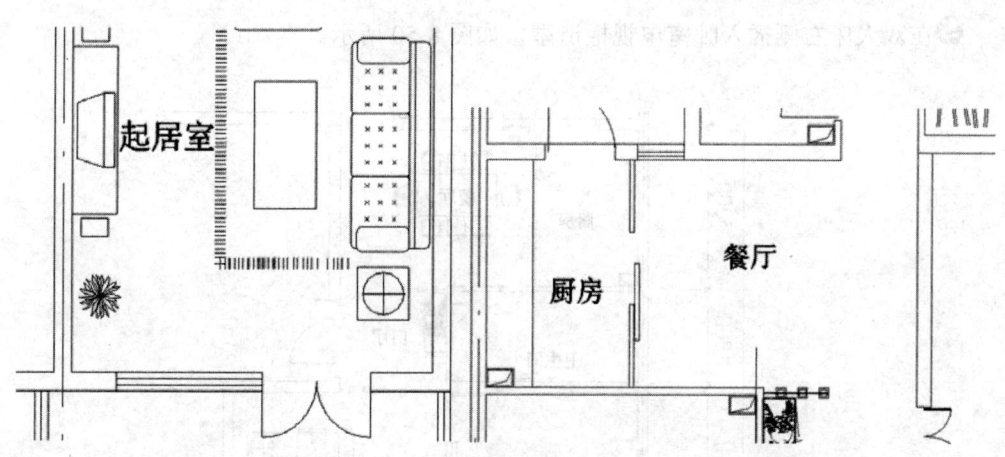

图 8-42　布置花草　　　　　　　　图 8-43　餐厅空间平面图

❻在餐厅平面图上插入餐桌，如图 8-44 所示。

❼完成家具布置的起居室及餐厅，如图 8-45 所示。

 注意：

可通过局部缩放视图进行效果观察，注意保存图形。

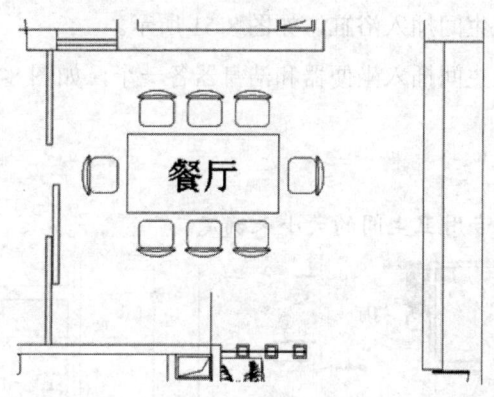

图 8-44　插入餐桌

03 卧室的平面布置。卧室在功能上比较简单，基本上都是以满足睡眠、更衣的生活需要为主。在卧室的设计上，要做到满足其使用功能并不难，但要做到精致、别致、独具风采则需要下一番功夫。

❶主卧室及其专用卫生间平面图，如图 8-46 所示。

❷在主卧室中插入双人床及床头柜造型，如图 8-47 所示。

❸插入卧室的衣柜，如图 8-48 所示。

❹插入梳妆台及椅子造型，如图 8-49 所示。

❺在双人床右侧插入卧室电视柜造型，如图 8-50 所示。

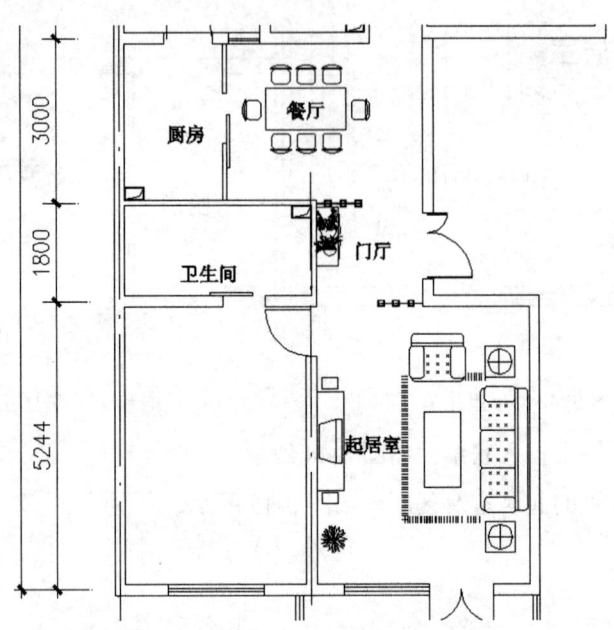

图 8-45　完成家具布置的起居室与餐厅

❻为主卧室专用卫生间插入浴缸，如图 8-51 所示。

❼为主卧室专用卫生间插入坐便器和洁身器各一个，如图 8-52 所示。

注意:

洁具数量需根据专用卫生间的大小来确定。

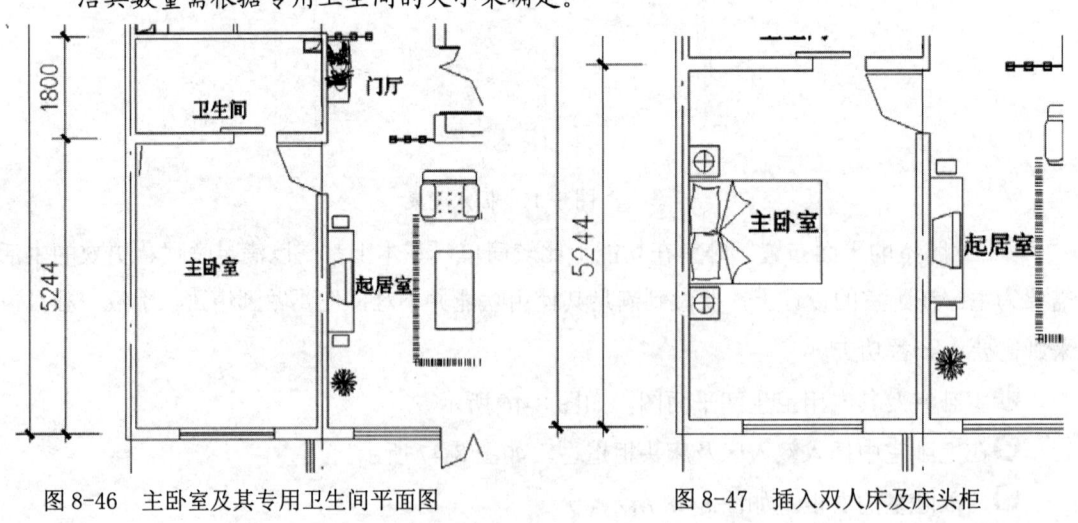

图 8-46　主卧室及其专用卫生间平面图　　　　图 8-47　插入双人床及床头柜

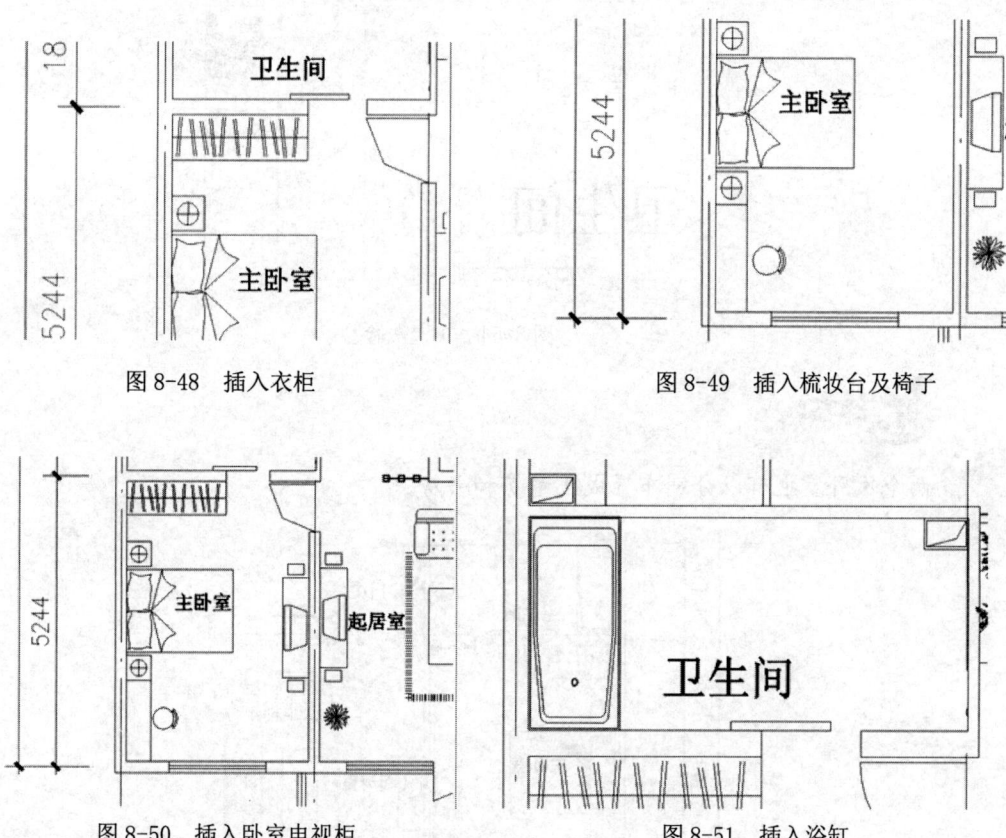

图 8-48　插入衣柜

图 8-49　插入梳妆台及椅子

图 8-50　插入卧室电视柜

图 8-51　插入浴缸

❽创建主卧室洗脸盆台面，如图 8-53 所示。

❾在台面上布置一个洗脸盆造型，如图 8-54 所示。

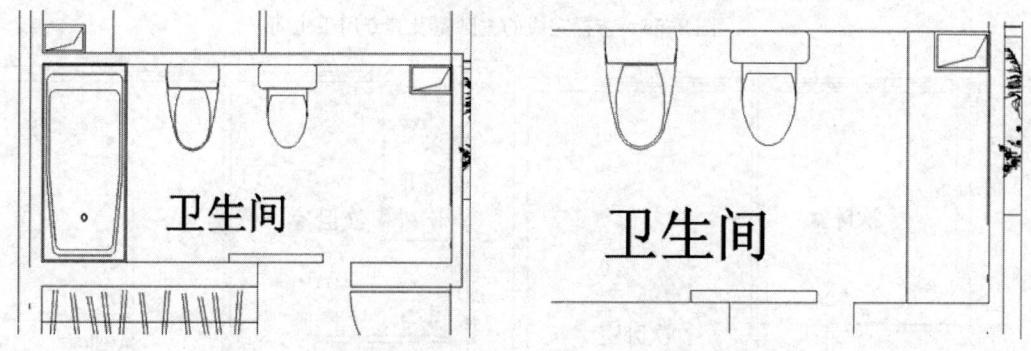

图 8-52　插入坐便器和洁身器

图 8-53　创建洗脸盆台面

❿主卧室及其专用卫生间布置完成后的图形如图 8-55 所示。

⓫两个次卧室空间平面图如图 8-56 所示。

⓬为两个次卧室分别布置一个双人床和一个单人床，如图 8-57 所示。

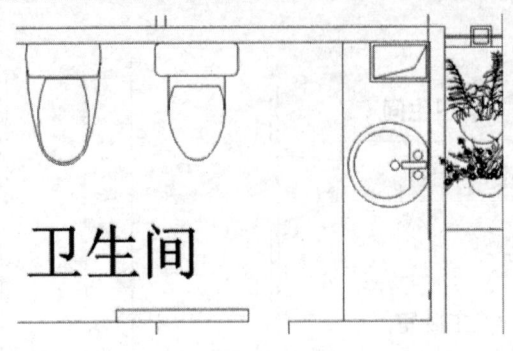

图 8-54　布置洗脸盆

 注意:

两个次卧室也可以分别布置成儿童房和书房。

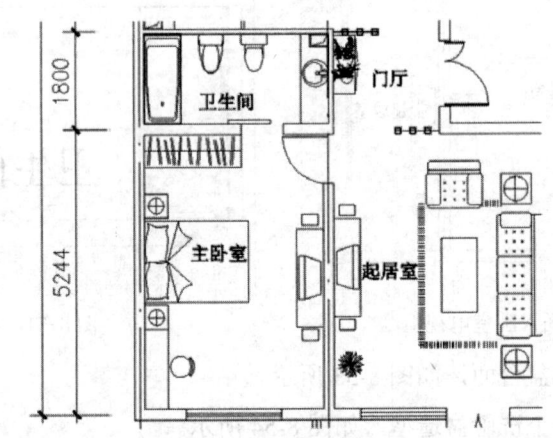

图 8-55　布置完成的主卧室及其专用卫生间

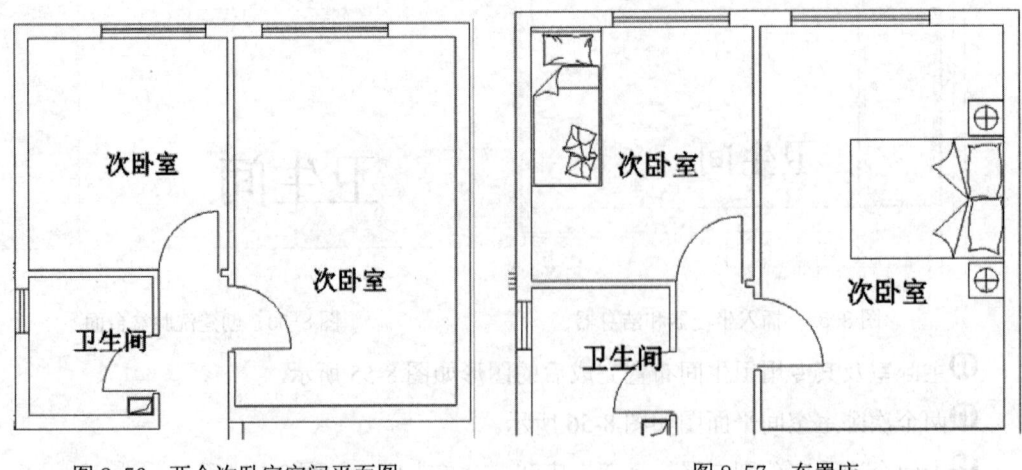

图 8-56　两个次卧室空间平面图　　　　　　　图 8-57　布置床

⓭为两个次卧室分别布置不同的桌子和椅子，如图 8-58 所示。

⓮为两个次卧室分别布置电视柜、衣柜和书柜，如图 8-59 所示。

⓯绘制完成的主、次卧室平面装饰图，如图 8-60 所示。可以通过缩放观察图形，然后将其保存。

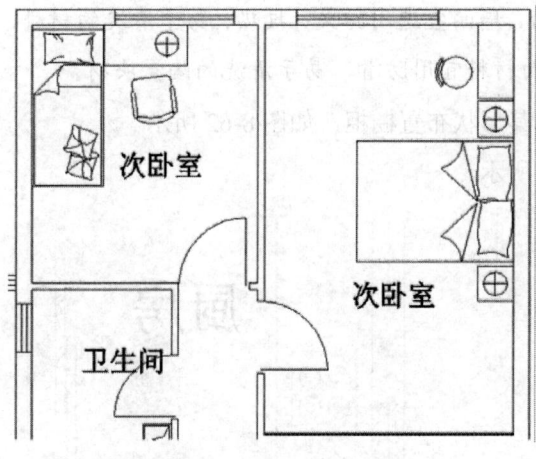

图 8-58　布置桌子和椅子

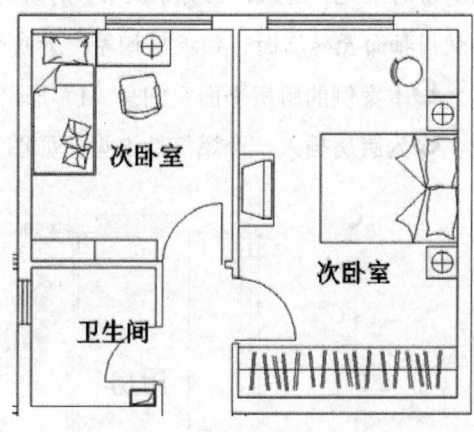

图 8-59　布置电视柜、衣柜和书柜

04 厨房布置。

❶厨房空间平面图如图 8-61 所示。

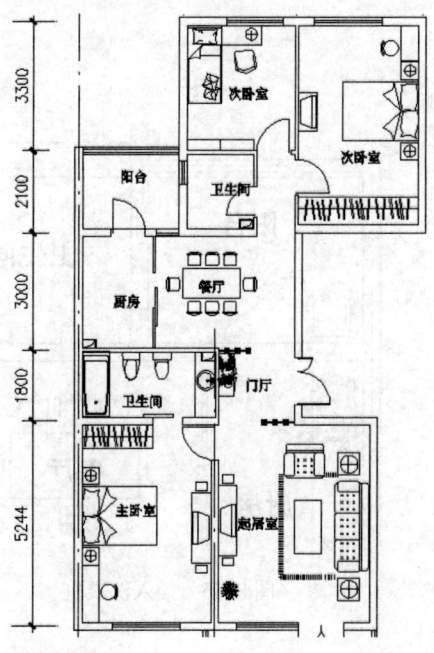

图 8-60　绘制完成的主、次卧室平面装饰图

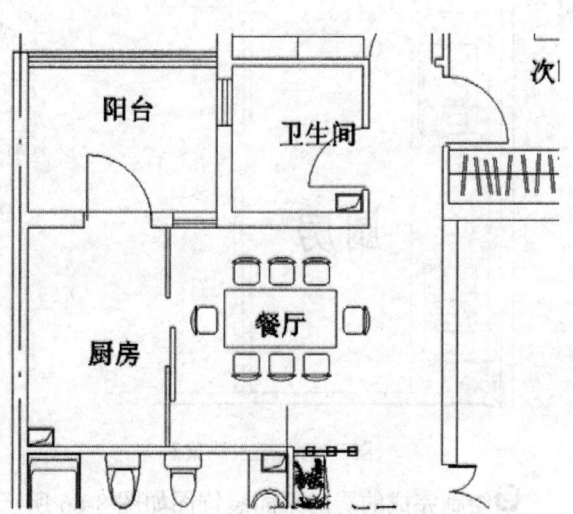

图 8-61　厨房空间平面图

注意:

厨房设计应合理布置灶具、排油烟机和热水器等设备,必须充分考虑这些设备的安装、维修及使用安全。厨房的装饰材料应色彩素雅,表面光洁,易于清洗。厨房装饰设计不应影响厨房的采光、通风、照明等效果。厨房的顶面、墙面宜选用防火、抗热、易于清洗的材料,如使用釉面瓷砖墙面、铝板顶棚等。厨房的地面材料宜用防滑、易于清洗的陶瓷块材。

❷本案例的厨房平面空间呈"I"形,需按其形状布置橱柜,如图 8-62 所示。

❸为厨房插入一个燃气灶造型,如图 8-63 所示。

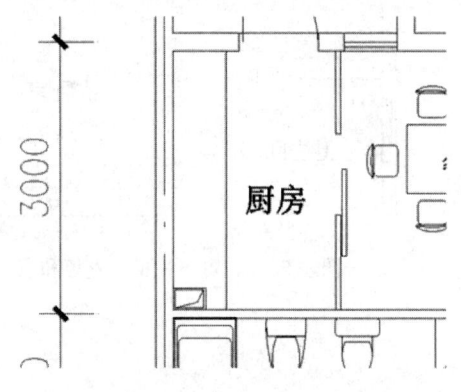

图 8-62 绘制橱柜

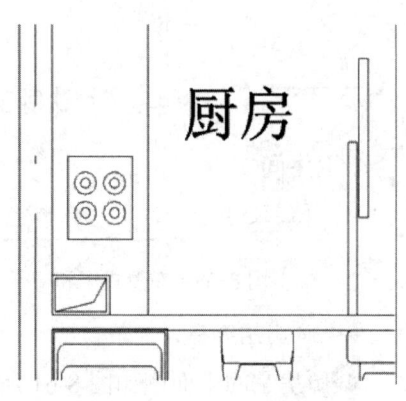

图 8-63 插入燃气灶

❹为厨房插入一个洗菜盆,如图 8-64 所示。

❺在厨房阳台处插入洗衣机,如图 8-65 所示。

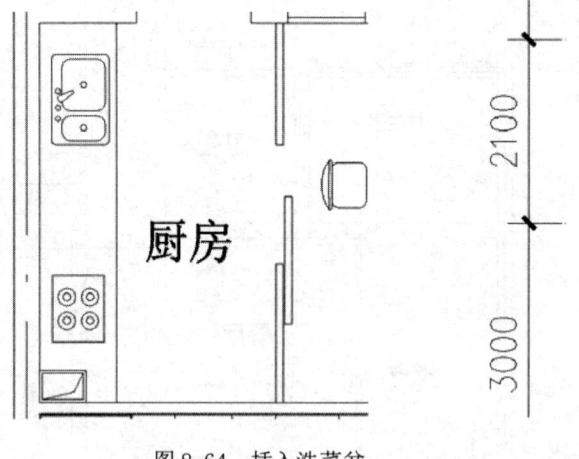

图 8-64 插入洗菜盆

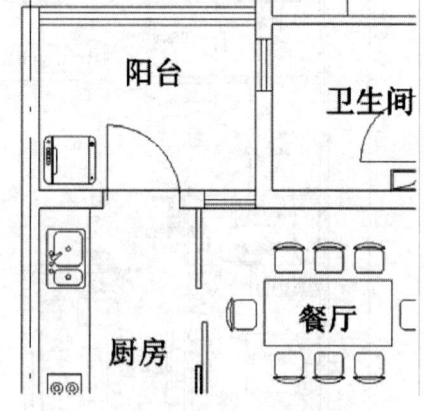

图 8-65 插入洗衣机

❻绘制完成的厨房平面装饰图如图 8-66 所示。

05 卫生间(客卫)布置。

❶客卫的空间平面图如图 8-67 所示。

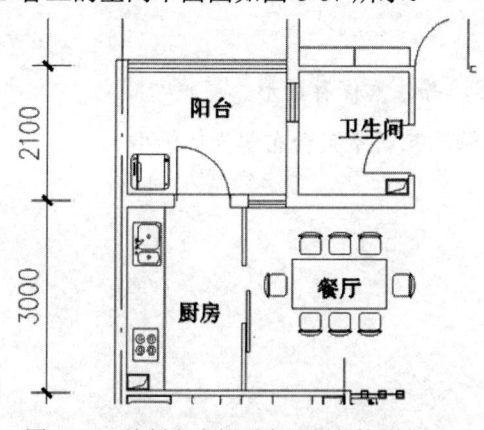

图 8-66　绘制完成的厨房平面装饰图

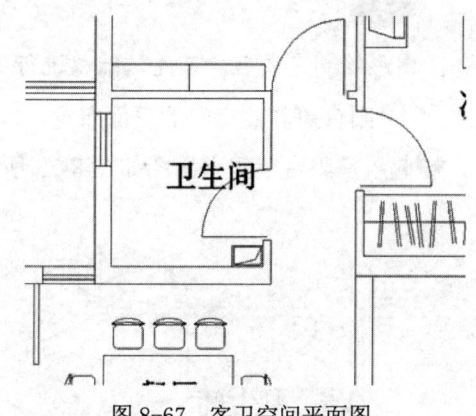

图 8-67　客卫空间平面图

❷绘制整体淋浴设施外轮廓，如图 8-68 所示。

❸绘制淋浴水龙头造型，如图 8-69 所示。

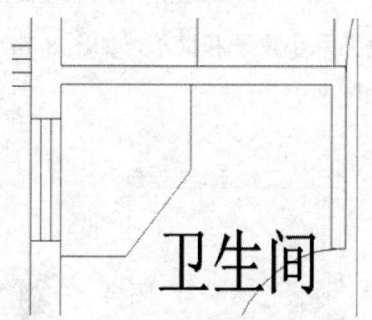

图 8-68　绘制整体淋浴设施外轮廓

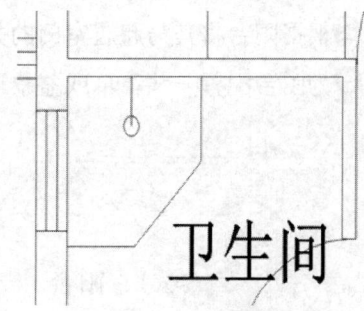

图 8-69　绘制淋浴水龙头

❹为客卫插入坐便器，如图 8-70 所示。

❺在客卫整体淋浴设施的另外一侧插入洗脸盆，如图 8-71 所示。

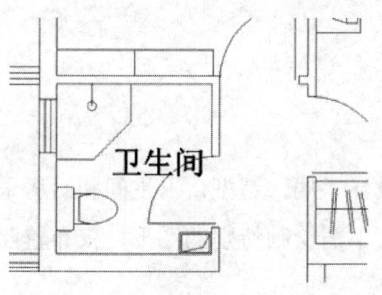

图 8-70　插入坐便器

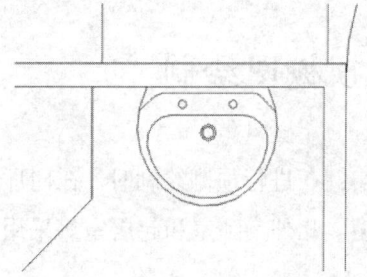

图 8-71　插入洗脸盆

❻布置完成的客卫平面装饰图如图 8-72 所示。

图形绘制完成后，可通过缩放进行观察，并注意保存图形。

06 阳台等其他空间的平面布置。本案例的起居室阳台布置为休闲型。

❶起居室阳台空间平面图如图 8-73 所示。

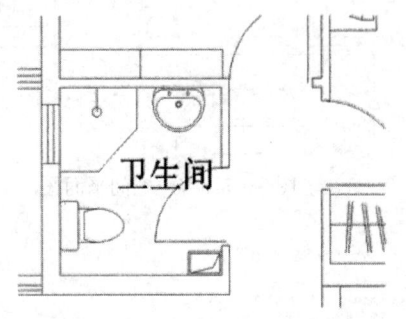

图 8-72　布置完成的客卫平面装饰图

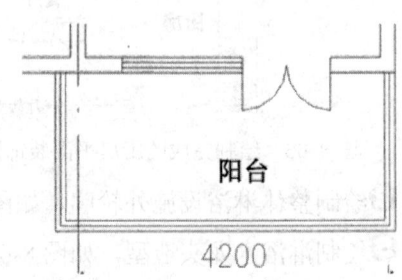

图 8-73　起居室阳台空间平面图

❷根据阳台将其与起居室门的关系，在阳台右侧插入小桌子和椅子，如图 8-74 所示。

❸为阳台配置一些花草或盆景进行室内美化，如图 8-75 所示。

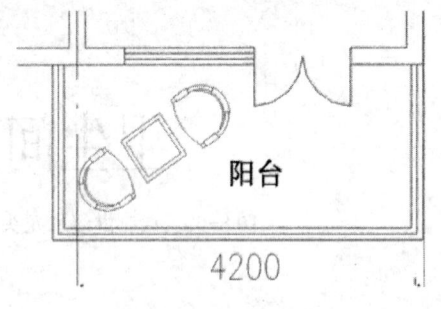

图 8-74　插入小桌子和椅子

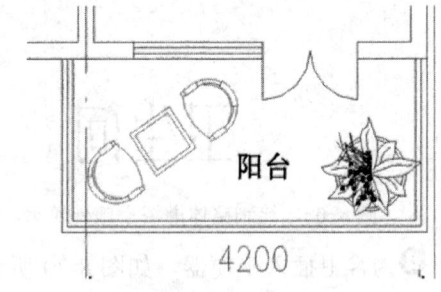

图 8-75　配置花草

8.3　顶棚图绘制

本实例在进行顶棚绘制时，在门厅和餐厅设计了局部造型，卫生间和厨房采用了铝扣板顶棚造型。此外，卧室和起居室等采用乳胶漆，不需绘制特别的图形，仅布置照明灯或造型灯即可。

本节将主要介绍门厅、起居室和厨卫等顶棚造型及顶棚照明灯具的绘制方法，绘制结果如图 8-76 所示。

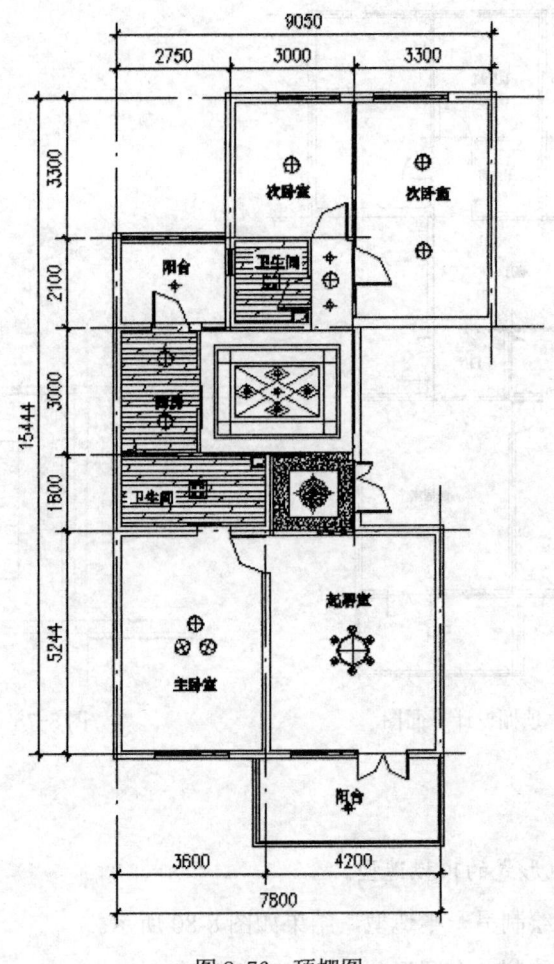

图 8-76 顶棚图

8.3.1 绘制门厅顶棚

01 顶棚设计所采用的空间平面图如图 8-77 所示。

 **注意：**

　　基于工程建设的经济成本等考虑，目前国内城市的住房层高普遍较低（为 2700~2900mm）。若在顶棚增加过多装饰则可能会使人感到压抑和沉闷。为避免这种压抑感，普通住宅的顶面大部分空间一般不加修饰。

02 在门厅顶棚范围内绘制一个矩形造型，如图 8-78 所示。

03 在矩形内勾画一个门厅顶棚特别的造型，如图 8-79 所示。

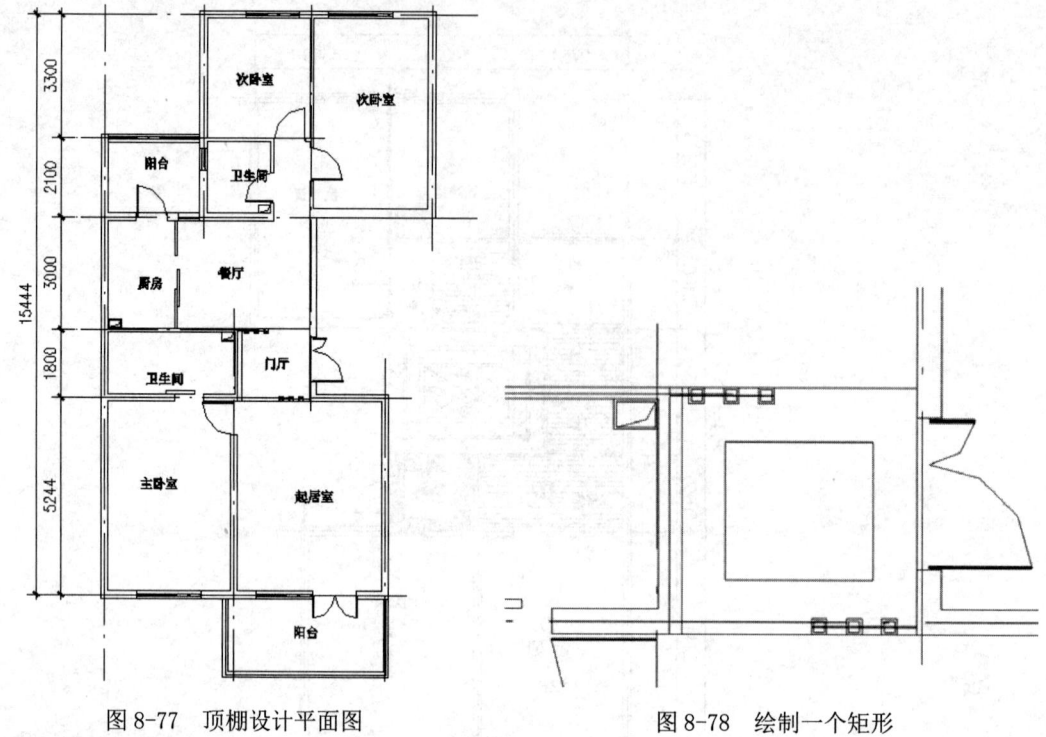

图 8-77 顶棚设计平面图

图 8-78 绘制一个矩形

![注意]

可以创建其他形式的顶棚造型。

04 通过镜像绘制另一半造型，结果如图 8-80 所示。

05 在造型处绘制一个圆形，如图 8-81 所示。

06 进行图线剪切，得到需要的造型效果，如图 8-82 所示。

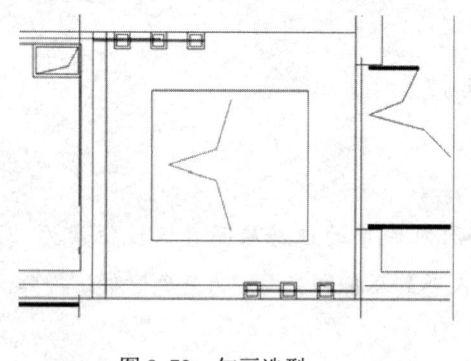

图 8-79 勾画造型

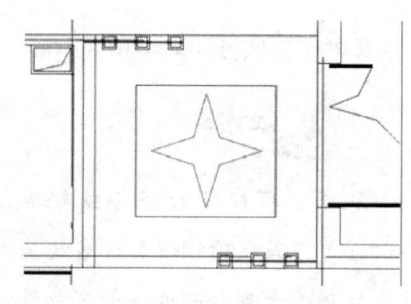

图 8-80 镜像生成造型

07 选择填充图案，对该图形进行填充，结果如图 8-83 所示。

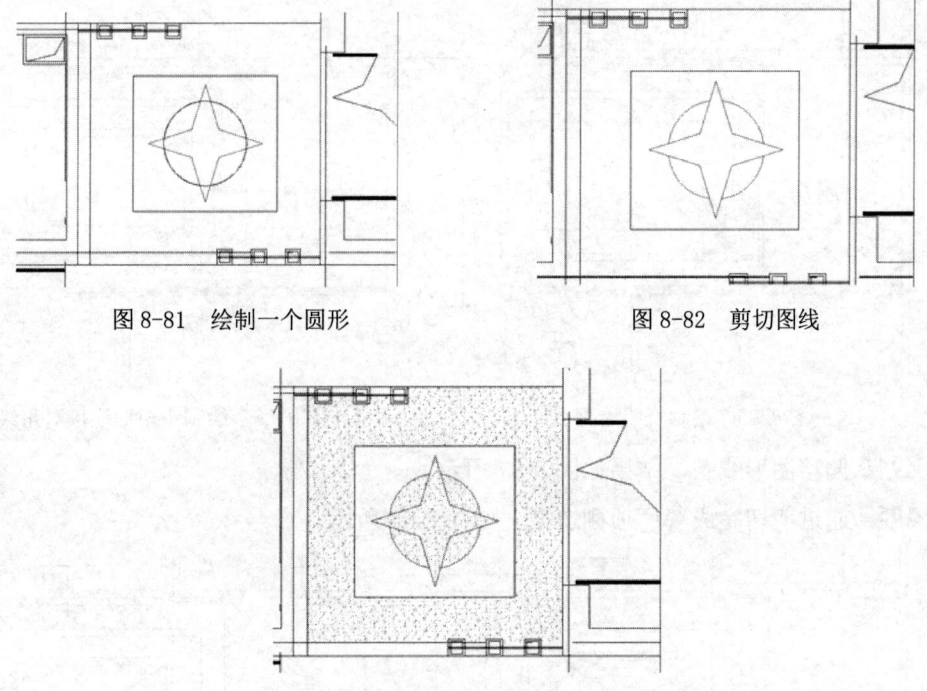

图 8-81　绘制一个圆形　　　　　　　　　　　图 8-82　剪切图线

图 8-83　填充图案

8.3.2　绘制餐厅顶棚

01 绘制两个矩形作为餐厅顶棚造型轮廓线，如图 8-84 所示。

注意：

无论是在餐厅或门厅，顶棚造型以简洁为宜。

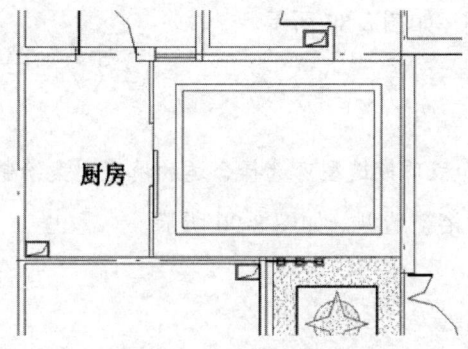

厨房

图 8-84　绘制矩形轮廓线

02 在矩形内绘制水平方向和垂直方向的直线造型，如图 8-85 所示。

03 在内侧绘制一个小矩形，并连接对角线，如图 8-86 所示。

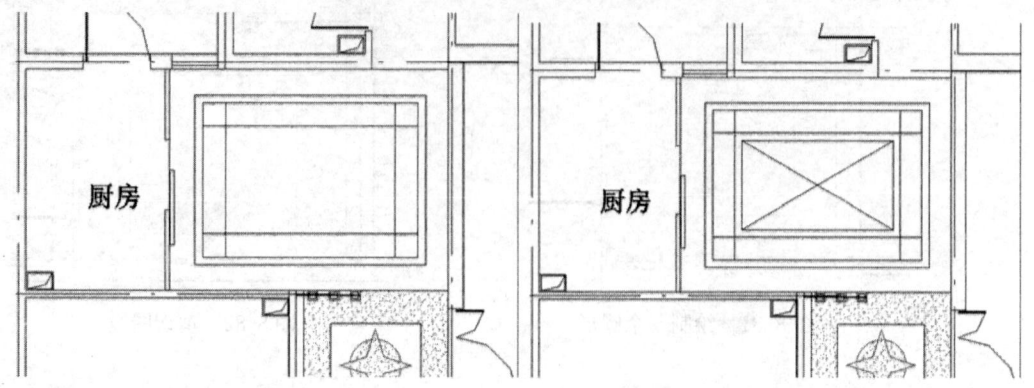

图 8-85　绘制直线造型　　　　　　　　　图 8-86　绘制小矩形连接对角线

04 偏移图形线条，结果如图 8-87 所示。

05 通过剪切完成餐厅顶棚造型，如图 8-88 所示。

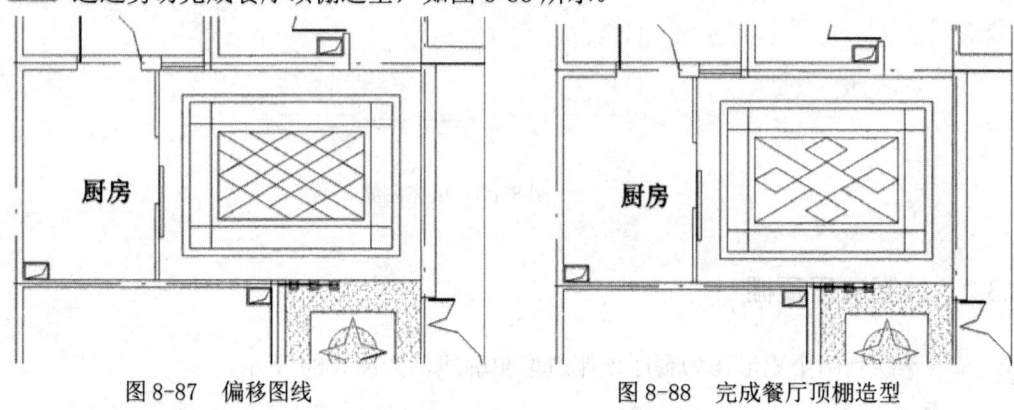

图 8-87　偏移图线　　　　　　　　　　　图 8-88　完成餐厅顶棚造型

8.3.3　绘制厨卫顶棚

01 创建厨卫顶棚，如图 8-89 所示。

注意：

厨房或卫生间铝扣板顶棚造型可选择合适的填充图案绘制。

02 在卫生间配置浴霸造型，如图 8-90 所示。

8.3.4　绘制灯

01 布置厨房和过道的造型灯，如图 8-91 所示。

02 配置餐厅灯，如图 8-92 所示。

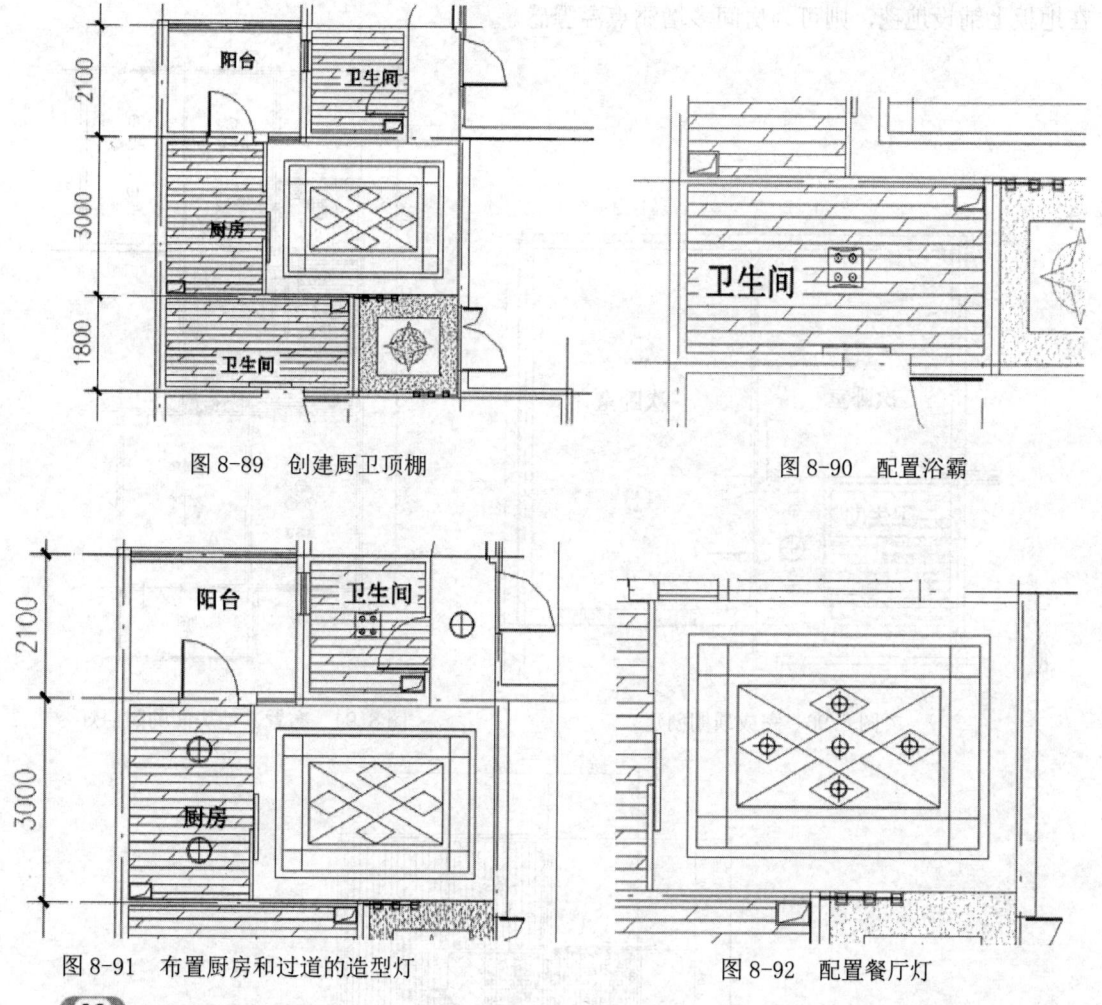

图 8-89　创建厨卫顶棚

图 8-90　配置浴霸

图 8-91　布置厨房和过道的造型灯

图 8-92　配置餐厅灯

03 本案例的顶棚造型创建完成。可以根据做法使用折线引出标注相应的说明文字，在此从略，结果如图 8-93 所示。

04 按上述方法，布置其他房间的照明灯，如卧室、阳台等，结果如图 8-94 所示。

8.4　地面图绘制

本实例的地面装修材料为地砖、实木地板和复合木地板等，其中门厅、餐厅、起居室、厨房、卫生间等的地面采用地砖，而主、次卧室地面则采用地板，不同的材质可通过不同的图案填充来表示，如图 8-95 所示。

对居室地面选材来说，安全与舒适两个要求同等重要。地砖、软木地板、橡胶和合成橡胶地板或硬质纤维板等地面材料都是不错的选择，它们均符合安全原则，而且易于清理。若在地板上铺设地毯，则可为房间多增添点温馨感。

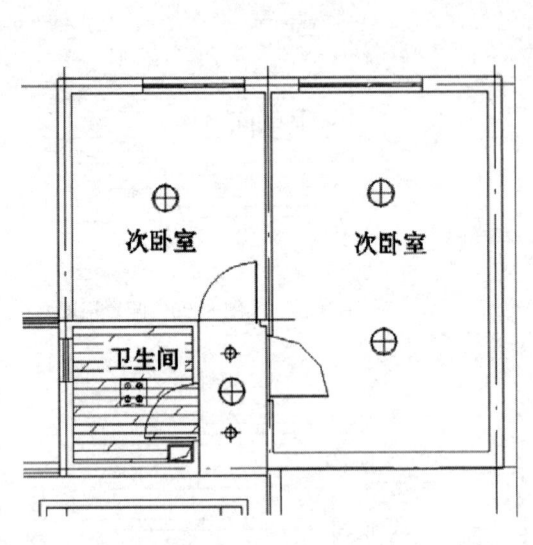

图 8-93　完成顶棚创建

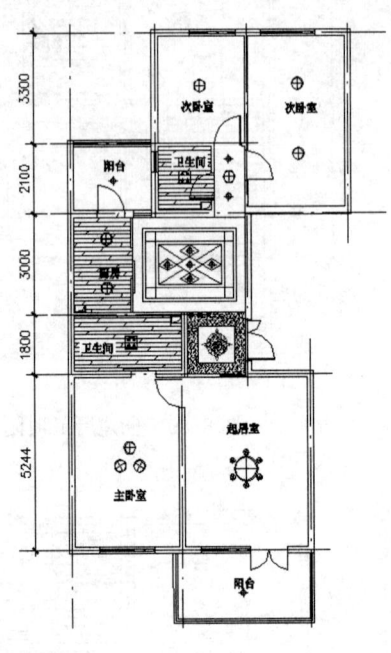

图 8-94　布置其他房间的照明灯

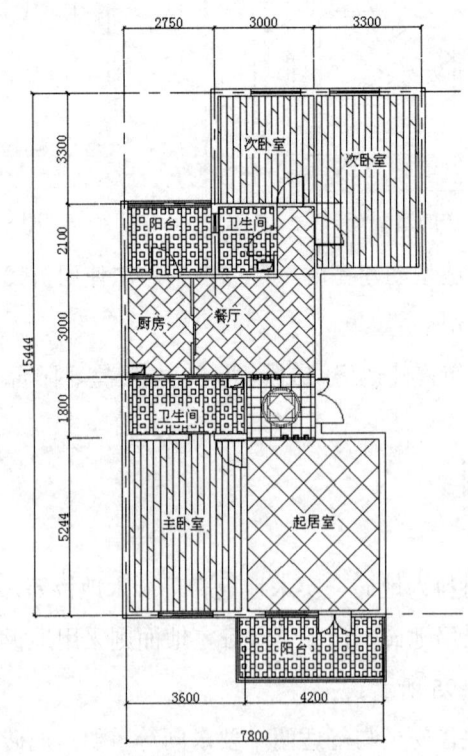

图 8-95　地面装饰图

8.4.1　布置门厅地面图

01 本案例的门厅地面范围如图 8-96 所示。

02 在门厅地面中部绘制一条直线，如图 8-97 所示。

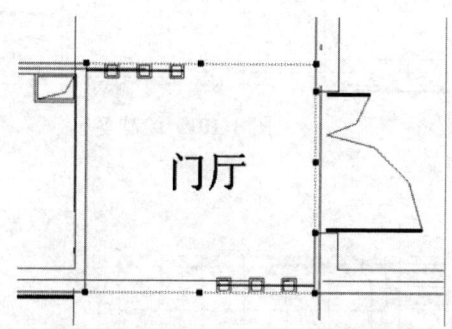

图 8-96　门厅地面范围

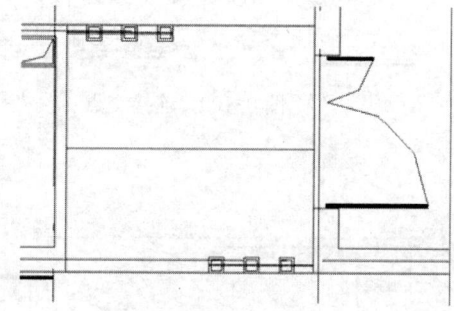

图 8-97　绘制一条直线

03 以直线中心为圆心绘制两个同心圆，如图 8-98 所示。

04 以直线中心为中心绘制一个正方形，如图 8-99 所示。

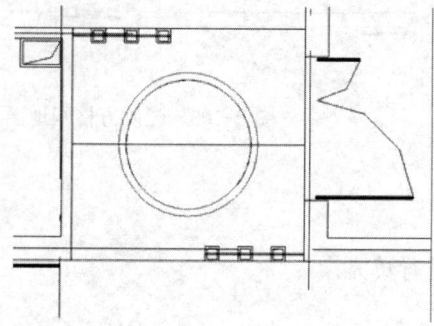

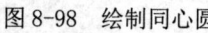

图 8-98　绘制同心圆

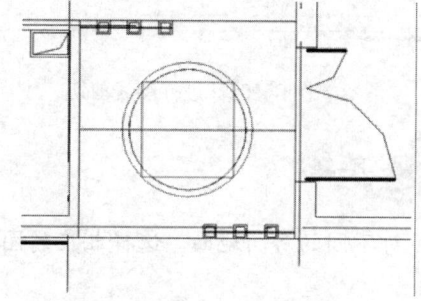

图 8-99　绘制正方形

 注意：

正方形中心与同心圆圆心一致。

05 连接正方形与圆形的不同交点，如图 8-100 所示。

06 在内侧绘制一个菱形，如图 8-101 所示。

07 进行图形剪切，剪切图线，结果如图 8-102 所示。

08 绘制方格网地面，如图 8-103 所示。

09 对图线进行修剪，得到门厅地面的拼花图案造型，结果如图 8-104 所示。

10 选择起居室地面进行图案填充，得到其地面装修效果，如图 8-105 所示。

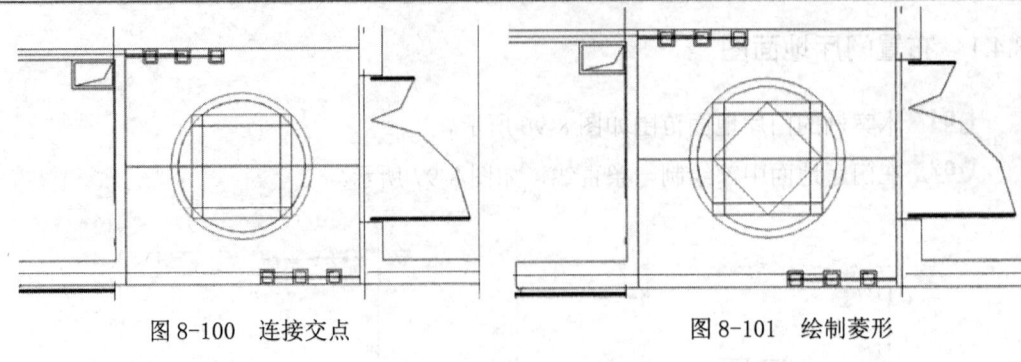

图 8-100　连接交点　　　　　　　　　　　图 8-101　绘制菱形

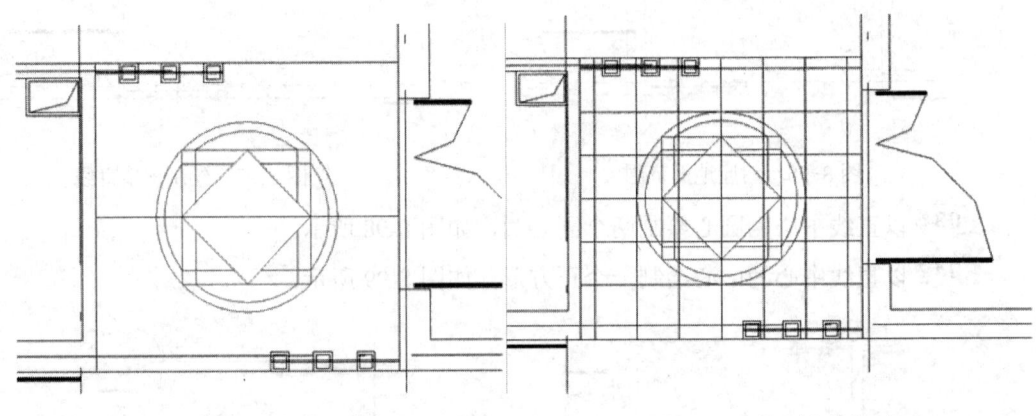

图 8-102　进行图线剪切　　　　　　　　　图 8-103　绘制方格网地面

 注意：

对不同的房间地面，选择相应的图案进行填充。

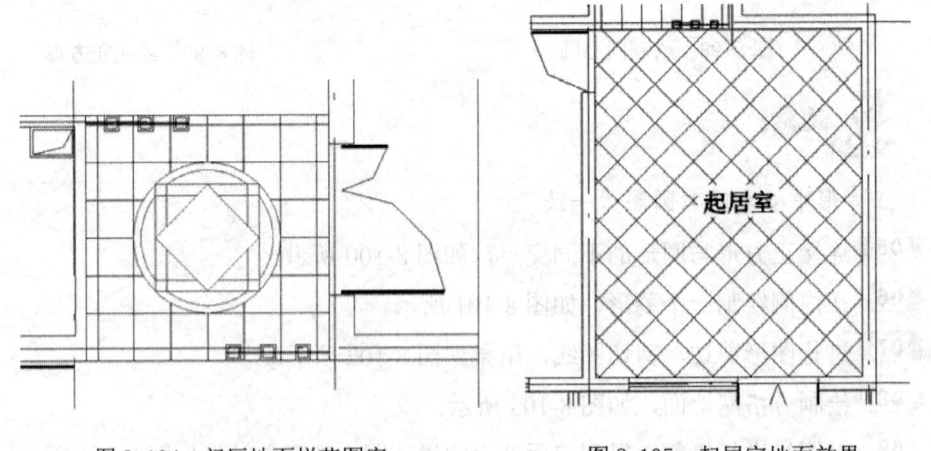

图 8-104　门厅地面拼花图案　　　　　　　图 8-105　起居室地面效果

8.4.2 布置其他地面图

01 选择厨房和餐厅的地面进行图案填充，得到其地面铺装效果，如图 8-106 所示。

02 对卫生间和阳台的地面，选择适合的图案进行填充，结果如图 8-107 所示。

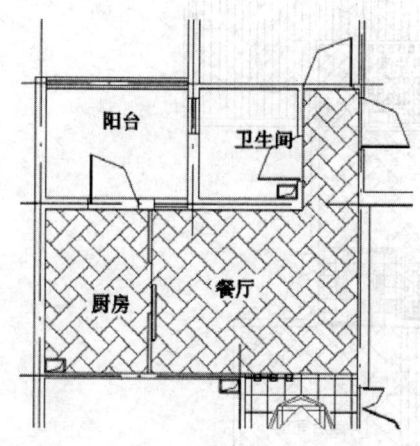

图 8-106　厨房和餐厅地面效果　　　　　图 8-107　卫生间和阳台地面效果

03 主卧室和两个次卧室的地面一般采用木地板装修，图案填充的结果，如图 8-108 所示。

04 本案例的地面绘制完成的结果如图 8-109 所示。

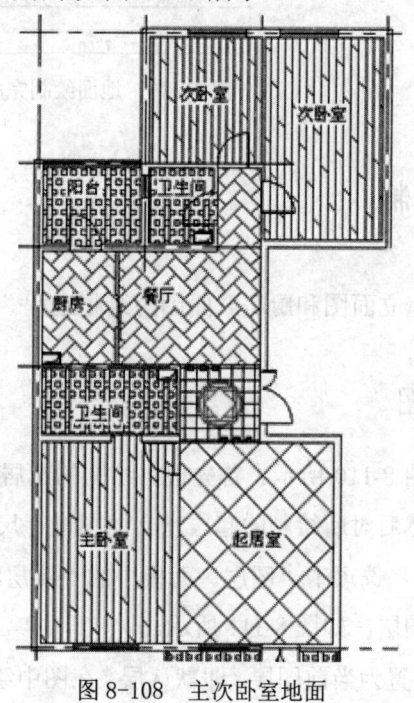

图 8-108　主次卧室地面

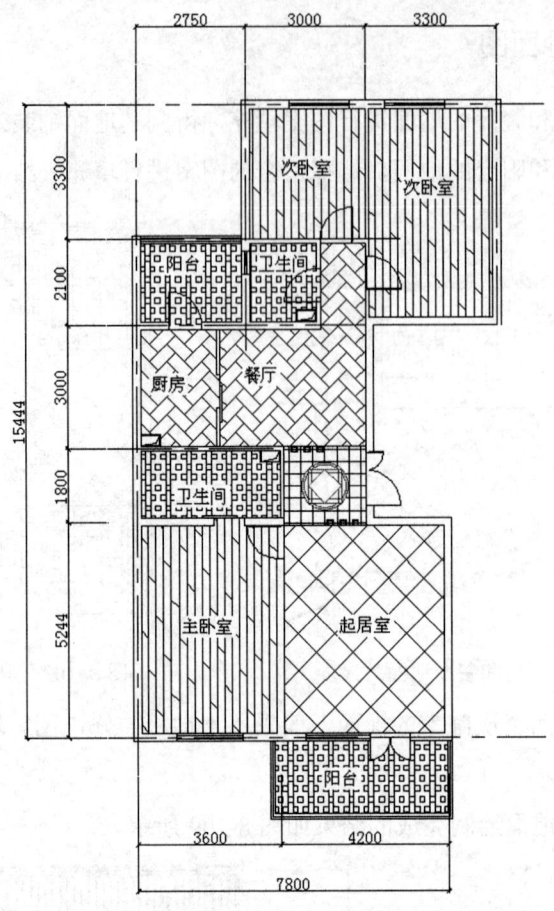

图 8-109　地面绘制完成

8.5　立面图绘制

本节将介绍起居室立面图和厨房立面图的绘制过程。

8.5.1　起居室立面图

起居室立面图如图 8-110 所示。首先根据绘制的起居室平面图绘制立面图轴线，并绘制窗帘以及墙上饰物，然后对所绘制的起居室立面图进行尺寸标注和文字说明。

01 单击"默认"选项卡"图层"面板中的"图层特性"按钮，弹出"图层特性管理器"对话框，设置图层，如图 8-111 所示。

02 将 0 图层设置为当前图层，即默认层。在图中绘制尺寸为 4930mm×2700mm 的矩形，作为正立面的绘图区域，如图 8-112 所示。

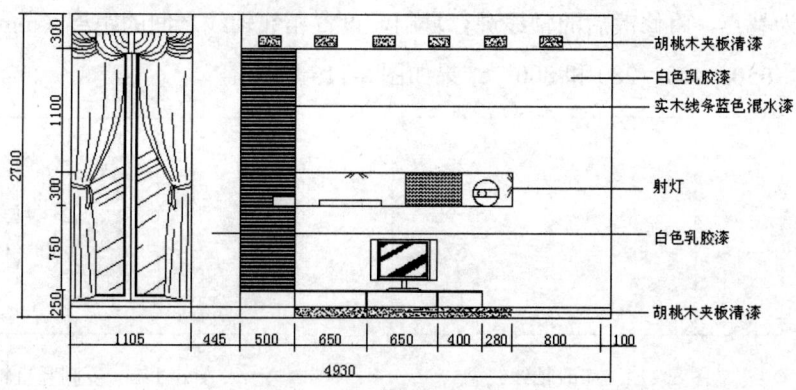

图 8-110　起居室立面图

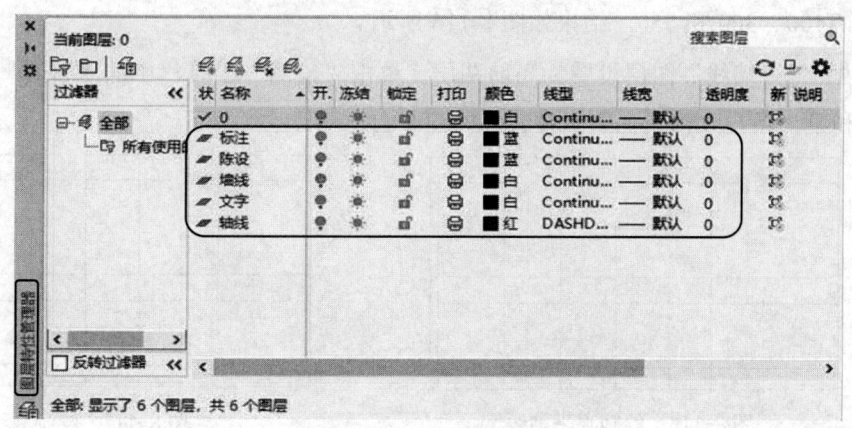

图 8-111　设置图层

03 将"轴线"图层设置为当前图层。单击"默认"选项卡"绘图"面板中的"直线"按钮 ⟍，在矩形的左下角点单击，然后在命令行中依次输入"@1105,0""@0,2700"，绘制轴线，如图 8-113 所示。此时轴线的线型虽设置为"点画线"，但是由于线型比例设置的问题，在图中仍然显示为实线。选择刚刚绘制的直线，单击鼠标右键，选择"特性"，打开"特性"对话框，将"线型比例"修改为 10，修改后的轴线如图 8-114 所示。

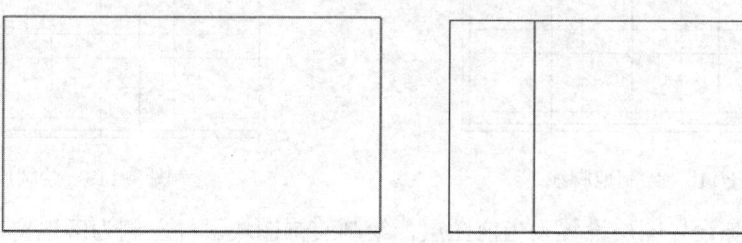

图 8-112　绘制矩形　　　　　　图 8-113　绘制轴线

04 单击"默认"选项卡"修改"面板中的"复制"按钮 ⬚⬚，选择绘制的竖直轴线，以下端点为基点，将修改后的轴线进行复制，设置相邻轴线之间的距离（mm）依次为 445、500、650、650、400、280 和 800，结果如图 8-115 所示。

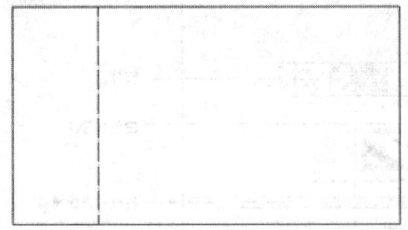

图 8-114　修改轴线线型　　　　　　　　　图 8-115　复制竖直轴线

05 用同样的方法绘制水平轴线，设置水平轴线之间的间距（mm）（由上至下）依次为 300、1100、300 和 750，结果如图 8-116 所示。

06 将"墙线"图层设置为当前图层。单击"绘图"工具栏中的"直线"按钮 ⟋，在第一条和第二条垂直轴线上绘制柱线，如图 8-117 所示。

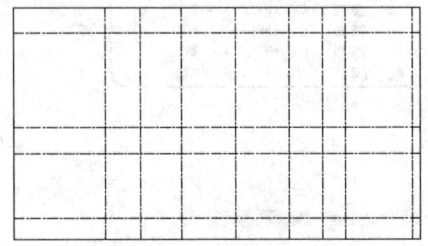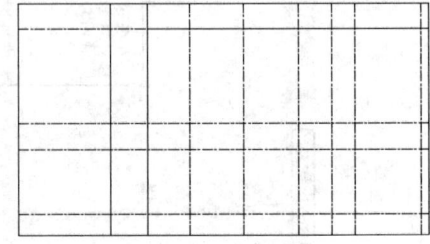

图 8-116　绘制水平轴线　　　　　　　　　图 8-117　绘制柱线

07 单击"默认"选项卡"绘图"面板中的"直线"按钮 ⟋，在矩形地面绘制一条距底边为 100mm 的直线，作为地脚线，如图 8-118 所示。

08 重复"直线"命令，在距柱左侧距上边缘 150mm 处绘制直线，作为屋顶线，如图 8-119 所示。

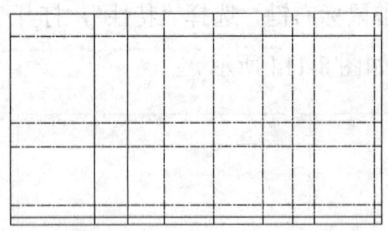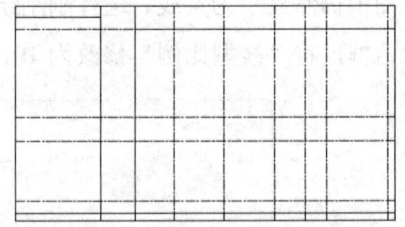

图 8-118　绘制地脚线　　　　　　　　　图 8-119　绘制屋顶线

09 将"陈设"图层设置为当前图层，绘制装饰图块。柱左侧为落地窗，需绘制窗框和窗帘。首先绘制辅助线，打开捕捉工具栏，单击"捕捉到中点"命令，绘制一条通过左侧屋顶线中点的竖直直线，如图8-120所示。单击"默认"选项卡"绘图"面板中的"矩形"按钮 □ ，在其上部绘制一个长为50mm，高为200mm的矩形，作为窗帘夹，如图8-121所示。

图8-120 绘制辅助线

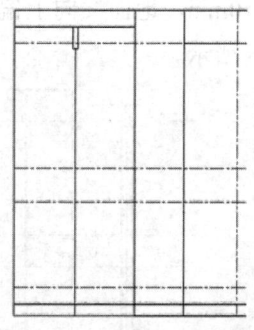

图8-121 绘制窗帘夹

10 单击"默认"选项卡"绘图"面板中的"直线"按钮 ，在窗户下的地脚线上50mm处绘制一条水平直线，作为窗户的下边缘轮廓线，如图8-122所示。单击"默认"选项卡"修改"面板中的"修剪"按钮 ，修剪多余直线，结果如图8-123所示。

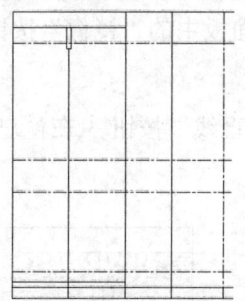

图8-122 绘制窗户下边缘轮廓线

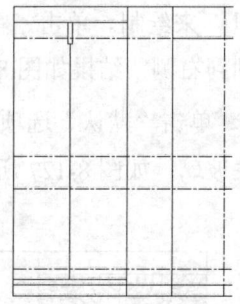

图8-123 修剪图形

11 单击"默认"选项卡"修改"面板中的"偏移"按钮 ，将垂直线和窗户下边缘线分别偏移50mm的距离，结果如图8-124所示。命令行提示如下：

```
命令：_offset
当前设置：删除源=否  图层=源  OFFSETGAPTYPE=0
指定偏移距离或[通过(T)/删除(E)/图层(L)]<通过>：50（设置偏移距离为50mm）
选择要偏移的对象或[退出(E)/放弃(U)]<退出>：（选择竖直中线）
指定要偏移的那一侧上的点或[退出(E)/多个(M)/放弃(U)]<退出>：（在中线左侧单击）
选择要偏移的对象或[退出(E)/放弃(U)]<退出>：（选择竖直中线）
指定要偏移的那一侧上的点或[退出(E)/多个(M)/放弃(U)]<退出>：（在中线右侧单击）
选择要偏移的对象或[退出(E)/放弃(U)]<退出>：（选择窗户下边缘）
```

指定要偏移的那一侧上的点或[退出(E)/多个(M)/放弃(U)]<退出>：（在上侧单击）

选择要偏移的对象或[退出(E)/放弃(U)]<退出>：↙

12 单击"默认"选项卡"修改"面板中的"偏移"按钮 ⊑，将中线两侧的线段分别向两侧偏移 10mm，地面线向上偏移 10mm。单击"修剪"命令按钮 ￥，修剪多余线段，结果如图 8-125 所示。

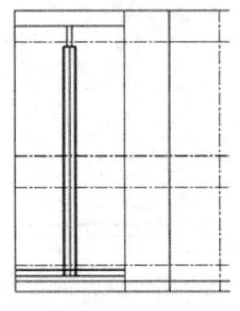

图 8-124　偏移线段

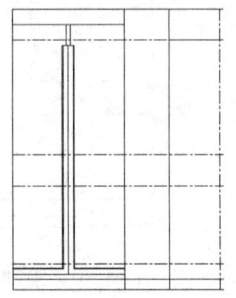

图 8-125　偏移并修剪图线

13 单击"默认"选项卡"绘图"面板中的"圆弧"按钮 ⌒，绘制窗帘的轮廓线，注意绘制时要细心，其中有些特殊的曲线可以单击"默认"选项卡"绘图"面板中的"样条曲线"按钮 ∿ 来绘制。单击"默认"选项卡"修改"面板中的"镜像"按钮 ⚖，将左侧窗帘镜像复制到右侧，结果如图 8-126 所示。

14 单击"默认"选项卡"绘图"面板中的"直线"按钮 ╱，在窗户的中间绘制倾斜直线，代表玻璃，如图 8-127 所示。

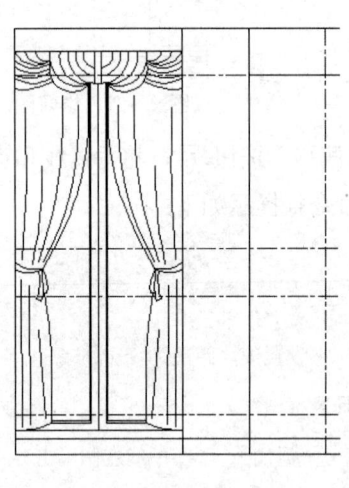

图 8-126　绘制窗帘

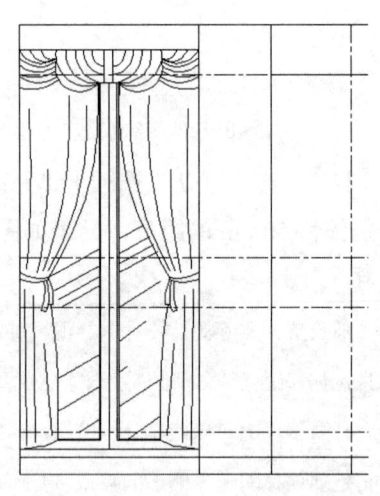

图 8-127　绘制玻璃装饰

15 绘制柱右侧的电视柜。首先绘制顶电视柜上部 6 个 200mm×100mm 装饰小矩形，如图 8-128 所示。

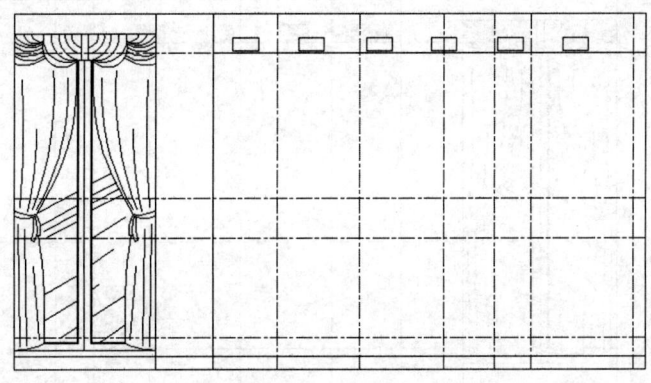

图 8-128　绘制矩形

16 单击"绘图"工具栏中的"图案填充"按钮▨，❶打开"图案填充创建"选项卡，
❷选择"AR-SAND"，并设置相关参数，如图 8-129 所示，❸单击"拾取点"按钮，选择相
应区域内一点，进行填充，结果如图 8-130 所示。

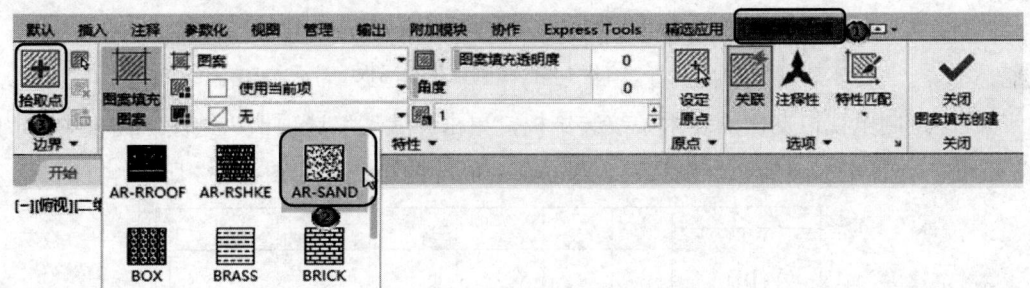

图 8-129　"图案填充创建"选项卡

17 单击水平轴线和垂直轴线，绘制电视柜的外轮廓线，如图 8-131 所示。

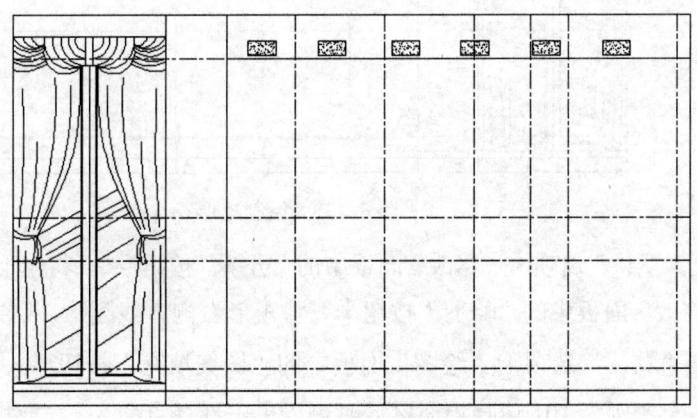

图 8-130　图案填充

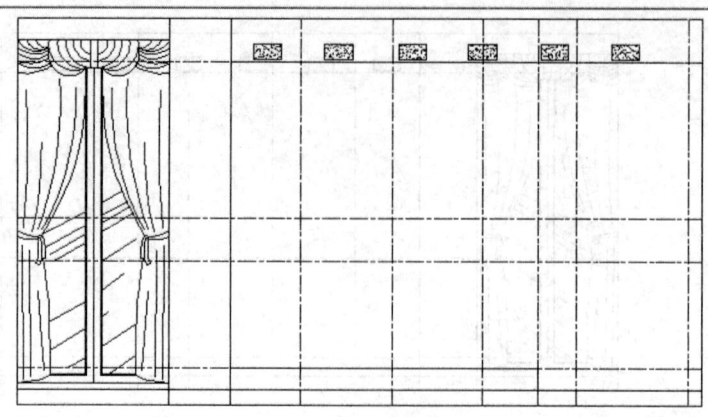

图 8-131　绘制电视柜外轮廓线

18 单击"默认"选项卡"绘图"面板中的"直线"按钮╱和"默认"选项卡"修改"面板中的"偏移"按钮⊆，绘制电视柜的隔板（偏移距离均设置为 10mm），如图 8-132 所示。

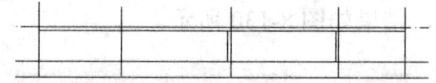

图 8-132　绘制电视柜隔板

19 绘制电视柜左侧的实木条纹装饰板，单击"默认"选项卡"绘图"面板中的"矩形"按钮▭，在中部绘制一个尺寸为 200mm×80mm 的矩形，如图 8-133 所示。

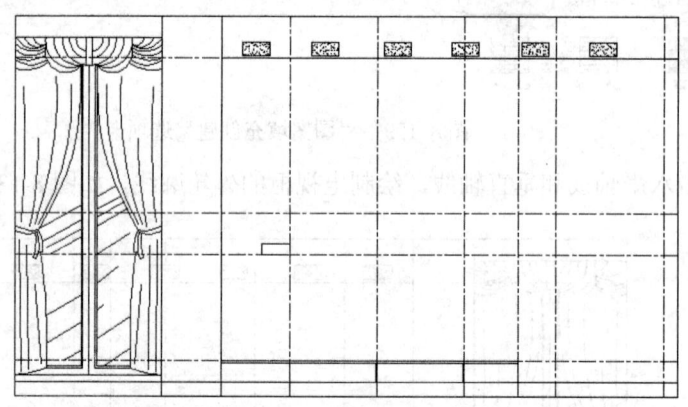

图 8-133　绘制矩形

20 单击"默认"选项卡"修改"面板中的"分解"按钮◻，将矩形分解，再单击"默认"选项卡"修改"面板中的"修剪"按钮✂，将矩形右侧直线删除，结果如图 8-134 所示。

21 单击"默认"选项卡"绘图"面板中的"图案填充"按钮▦，❶选择填充图案为"LINE"，❷填充比例为 10，选择填充区域时可以单击选择点命令，在要填充区域内部单击，如图 8-135 所示，填充装饰木板后如图 8-136 所示。

22 本住宅在起居室正面墙面中部设计了凹陷部分，作为装饰。单击轴线的交点，以适当尺寸绘制矩形，如图 8-137 所示。

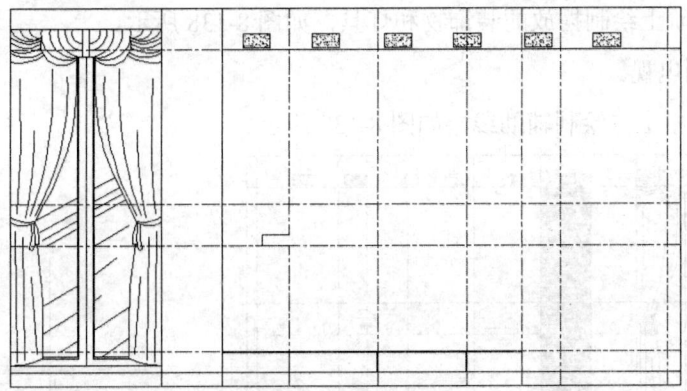

图 8-134　删除直线

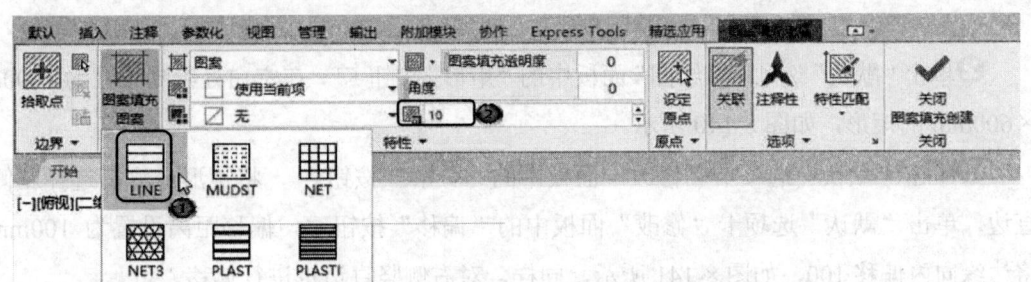

图 8-135　填充设置

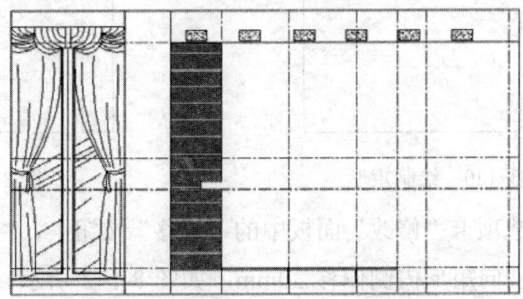

图 8-136　选择填充装饰图案

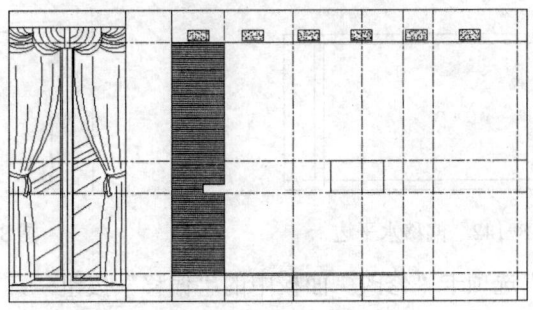

图 8-137　绘制矩形

㉓ 将步骤 ㉒ 中绘制的矩形进行填充，选择填充图案为"DOTS"，设置填充比例为 20，然后在台阶上绘制摆放的装饰物和灯具，如图 8-138 所示。

㉔ 绘制电视。

❶ 在电视柜上方绘制辅助线，如图 8-139 所示。

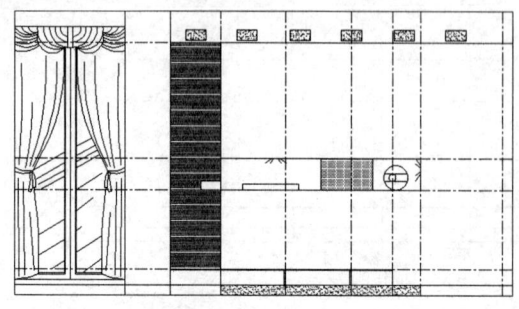

图 8-138 绘制墙壁装饰

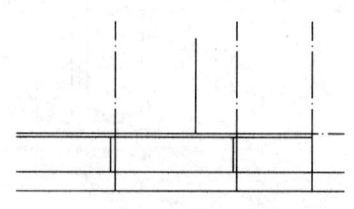

图 8-139 绘制辅助线

❷ 单击"默认"选项卡"绘图"面板中的"矩形"按钮 ▭，在空白处绘制尺寸为 1000mm ×600mm 的矩形，如图 8-140 所示。

❸ 单击"默认"选项卡"修改"面板中的"分解"按钮 ⬚，将矩形分解。选择左侧竖直边，单击"默认"选项卡"修改"面板中的"偏移"按钮 ⬚，偏移距离设置为 100mm，将边缘向内偏移 100，如图 8-141 所示。同样，对右侧竖直边也进行偏移。

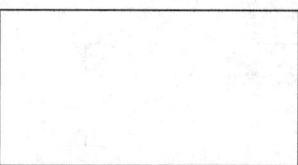

图 8-140 绘制矩形

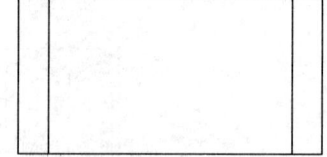

图 8-141 偏移边

❹ 单击"默认"选项卡"修改"面板中的"偏移"按钮 ⬚，将矩形水平的两个边及偏移后的内侧两个竖线分别向矩形内侧偏移 30mm，如图 8-142 所示。单击"默认"选项卡"修改"面板中的"修剪"按钮 ✂，将多余部分修剪掉，结果如图 8-143 所示。

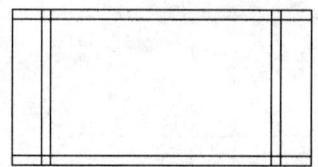

图 8-142 偏移水平边

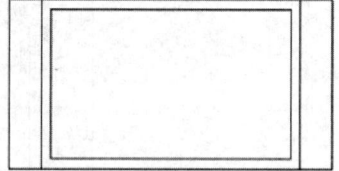

图 8-143 修剪图形

❺ 单击"默认"选项卡"修改"面板中的"偏移"按钮 ⬚，设置偏移距离为 20mm，将内侧的矩形向内偏移，结果如图 8-144 所示。

❻单击"默认"选项卡"绘图"面板中的"直线"按钮，在内侧矩形中绘制斜向直线（可以先绘制一条斜线，然后再进行复制），结果如图 8-145 所示。

图 8-144　偏移内侧矩形

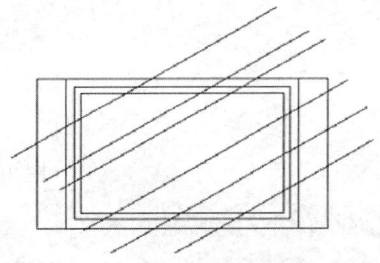

图 8-145　绘制斜向直线

❼单击"绘图"工具栏中的"图案填充"按钮，❶打开"图案填充创建"选项卡，❷选择填充图案为"AR-SAND"（见图 8-146），❸将图案填充的比例设置为 0.5，然后，❹单击"拾取点"按钮，在斜线中空白处选择填充区域内一点（间隔选取），按 Enter 键确认，填充后删除斜向直线，绘制完成的电视屏幕如图 8-147 所示。

❽调用"矩形"和"直线"命令，在电视屏幕下部绘制台座，绘制完成后将电视插入到立面图中，然后删除辅助线，结果如图 8-148 所示。

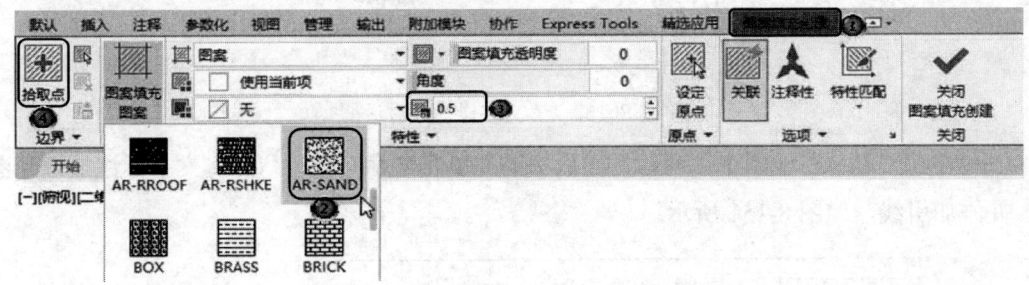

图 8-146　选择填充图案

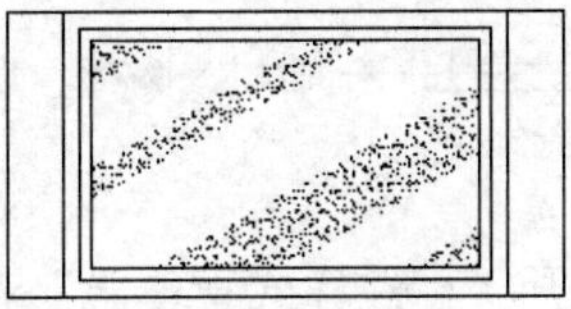

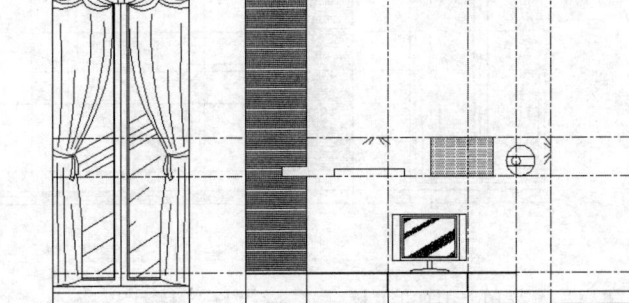

图 8-147　绘制完成的电视屏幕

图 8-148　插入电视

㉕将"文字"图层设置为当前图层。选择菜单栏中的"格式"→"文字样式"命令，

打开"文字样式"对话框，单击"新建"按钮，弹出"新建文字样式"对话框，新建文字"样式名"为"文字标注"，如图 8-149 所示。

图 8-149　"新建文字样式"对话框

26 ❶不勾选"使用大字体"复选框，❷在"字体名"下拉列表中选择"宋体"，❸设置文字高度为 100，如图 8-150 所示。

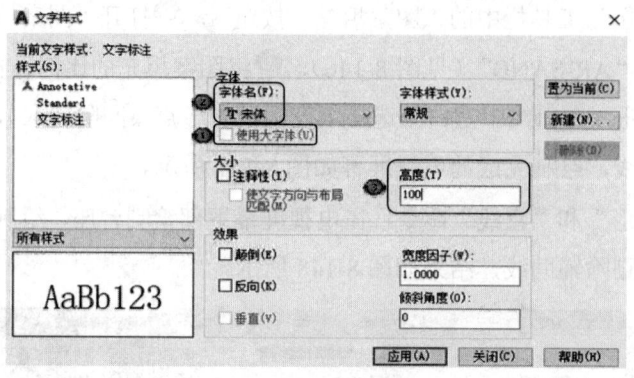

图 8-150　"文字样式"对话框

27 单击"默认"选项卡"注释"面板中的"单行文字"按钮 **A**，将文字标注插入到图中，并添加引线，如图 8-151 所示。

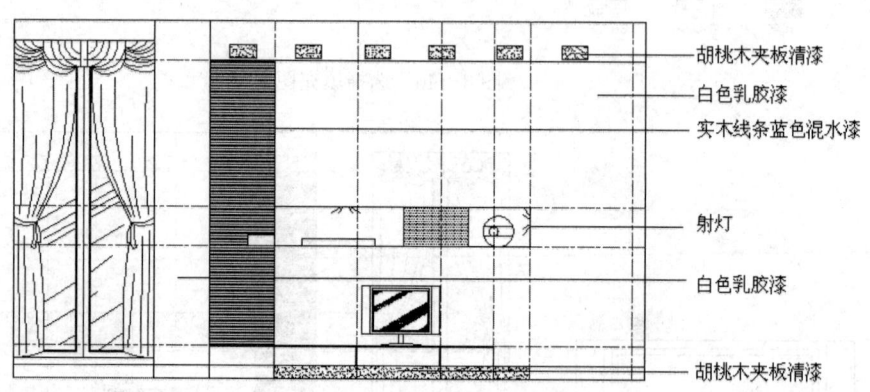

图 8-151　添加文字标注

28 选择菜单栏中的"格式"→"标注样式"命令，打开"标注样式管理器"对话框，单击"新建"按钮，❶命名为"立面标注"，如图 8-152 所示。

29 ❷单击"继续"按钮，编辑标注样式，如图 8-153～图 8-155 所示。

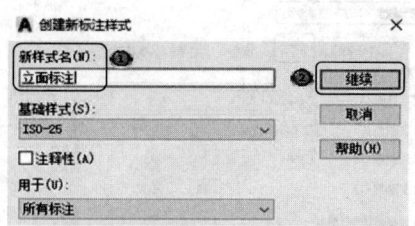

图 8-152 创建新标注样式

30 标注的基本参数："超出尺寸线"为 50；"起点偏移量"为 50、"箭头样式"为"建筑标记"、"箭头大小"为 25、"文字高度"为 100。

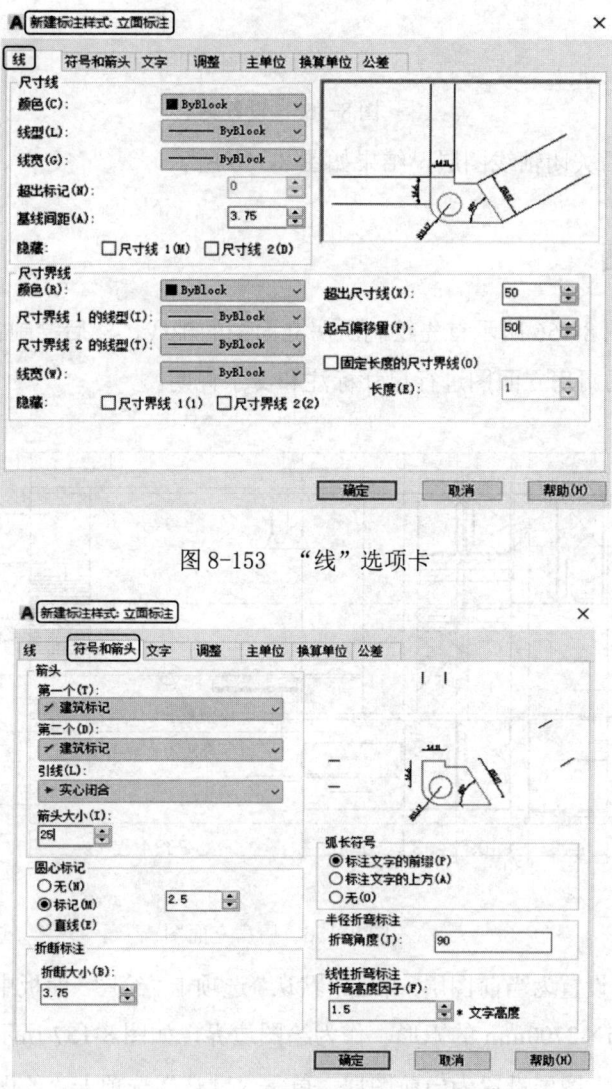

图 8-153 "线"选项卡

图 8-154 "符号和箭头"选项卡

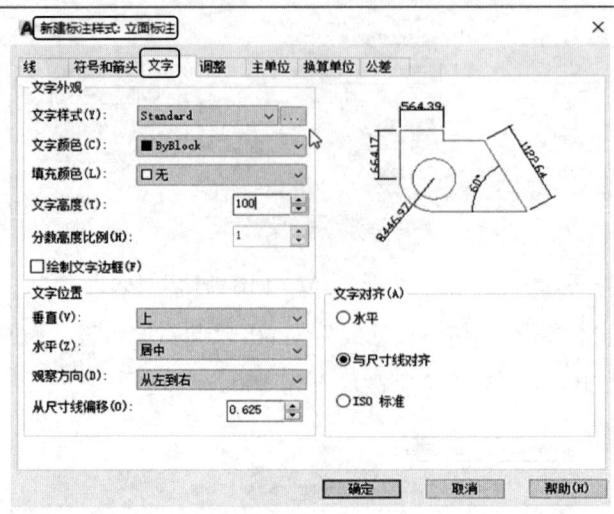

图 8-155　设置文字

31 标注完成后关闭轴线图层，结果如图 8-110 所示。

8.5.2　厨房立面图

厨房立面图如图 8-156 所示首先绘制厨房立面图的轴线，然后绘制各家具和厨具的立面图，最后对所绘制的厨房立面图进行尺寸标注和文字说明。

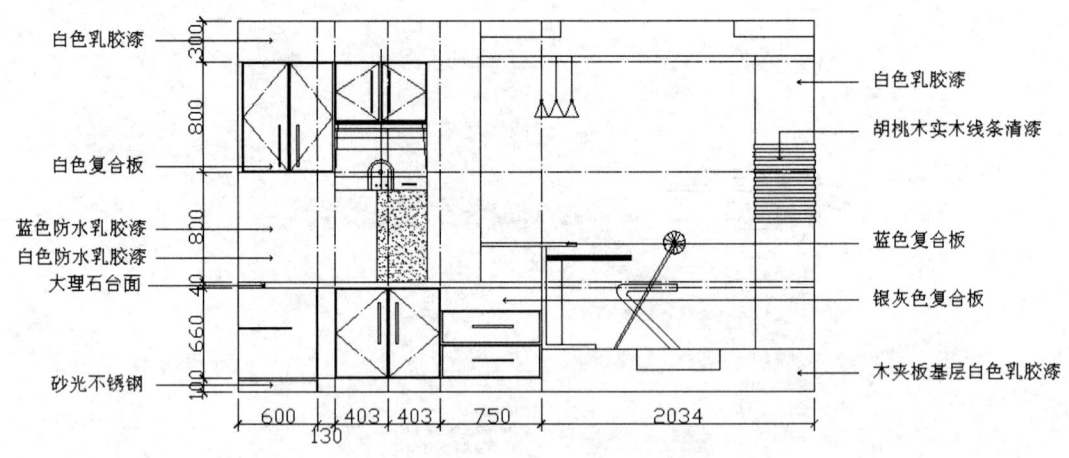

图 8-156　厨房立面图

01 将 0 图层设置为当前图层。单击"默认"选项卡"绘图"面板中的"矩形"按钮 □ ，绘制尺寸为 4320mm×2700mm 的矩形，作为绘图边界，如图 8-157 所示。

02 将"轴线"图层设置为当前图层。单击"默认"选项卡"绘图"面板中的"直线"按钮 ∕ ，绘制轴线，如图 8-158 所示。

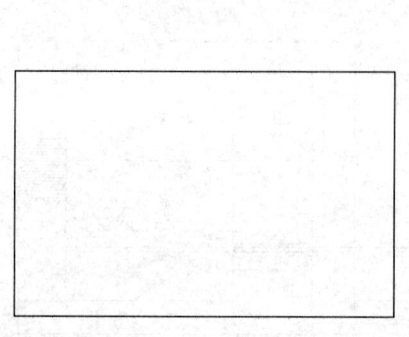

图 8-157　绘制矩形

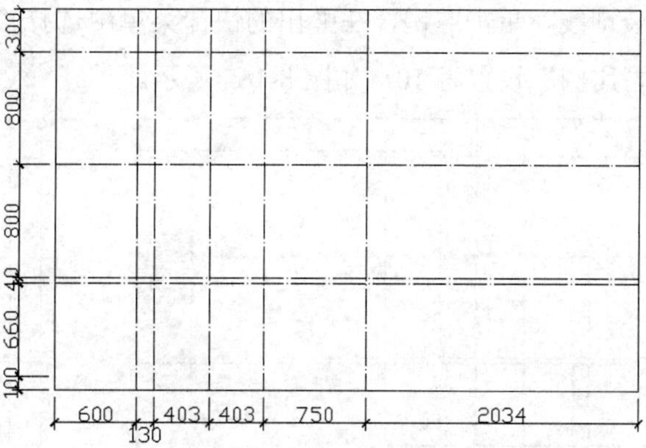

图 8-158　绘制轴线

03 单击"默认"选项卡"修改"面板中的"复制"按钮，将起居室立面图中的柱子图形复制到此图右侧，如图 8-159 所示。

04 单击"默认"选项卡"绘图"面板中的"直线"按钮，在顶棚和地面绘制装饰线和踢脚线，如图 8-160 所示。

05 将"陈设"图层设置为当前图层，单击"默认"选项卡"绘图"面板中的"矩形"按钮，通过轴线的交点绘制灶台的边缘线，并删除多余的柱线，如图 8-161 所示。

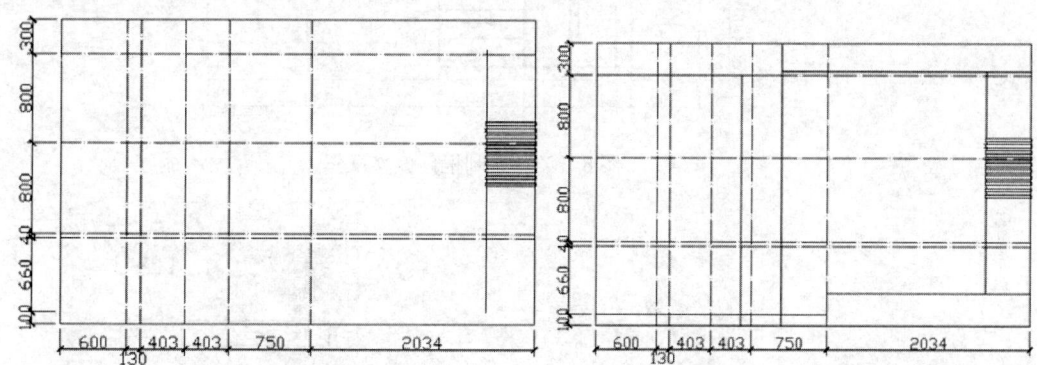

图 8-159　复制柱子

图 8-160　绘制顶棚装饰线和踢脚线

06 单击"默认"选项卡"绘图"面板中的"矩形"按钮，单击轴线的边界，绘制灶台下面的柜门以及分割空间的挡板，如图 8-162 所示。

07 单击"默认"选项卡"修改"面板中的"偏移"按钮，选择柜门，将其向内偏移 10mm，如图 8-163 所示。单击"线型"下拉菜单，从菜单中选择"点画线"线型（如果没有，可以选择"其他"进行加载）。

08 单击柜门中间的上角点（图 8-164 中的 A 点），然后单击"捕捉对象"中的"捕捉到中点"按钮，选择柜门侧边的中点，绘制柜门的装饰线，如图 8-164 所示。选取刚刚绘

制的装饰线，单击右键，在弹出的快捷菜单中选择"特性"，打开"特性"选项板，然后将
"线型比例"设置为 10，如图 8-165 所示。

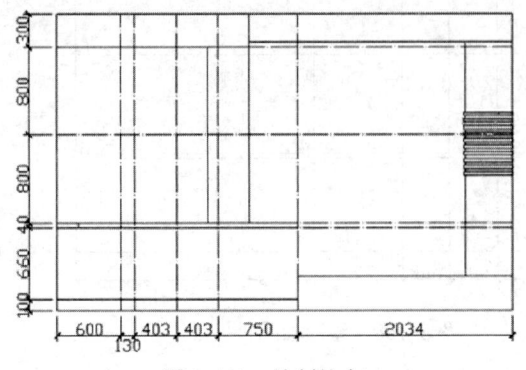

图 8-161　绘制灶台

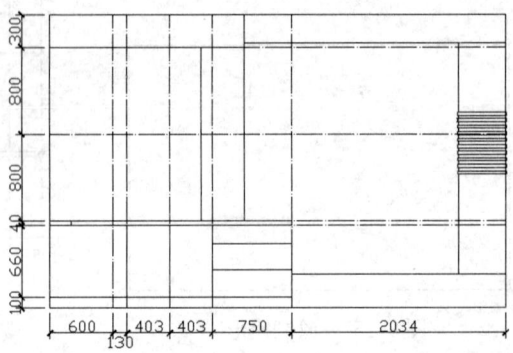

图 8-162　绘制柜门及挡板

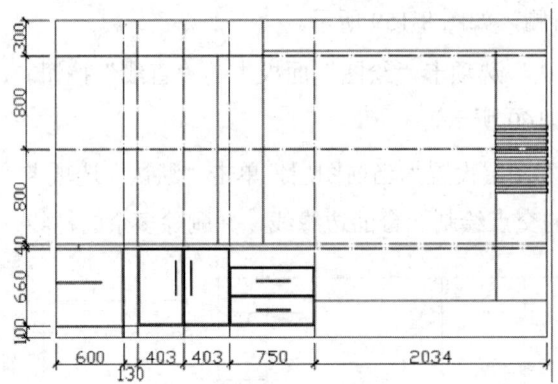

图 8-163　绘制柜门偏移操作

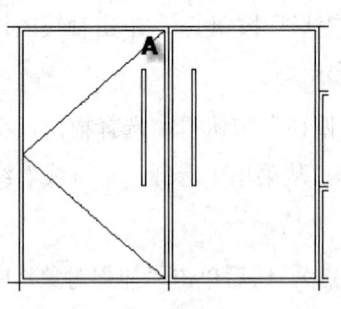

图 8-164　绘制柜门装饰线

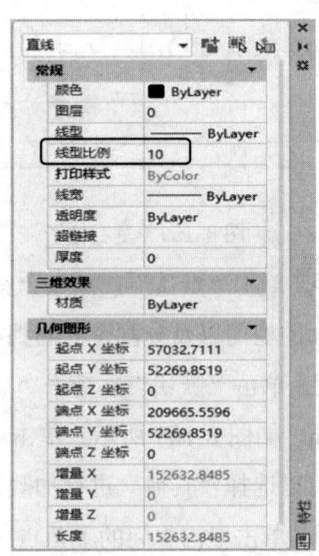

图 8-165　修改线型比例

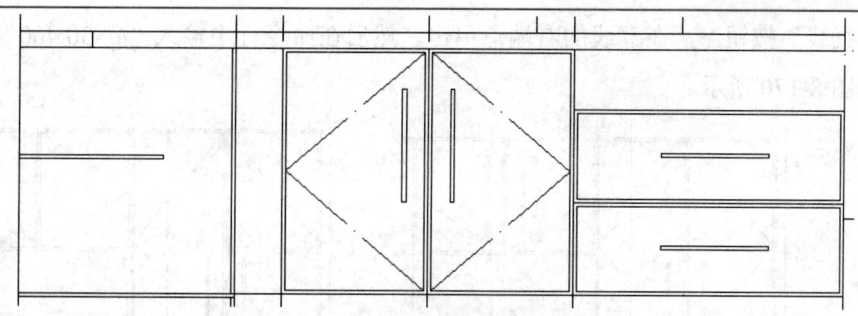

图 8-166 镜像装饰线

09 单击"默认"选项卡"修改"面板中的"镜像"按钮 ⚎ ，以柜门的中轴线为镜像线，选取刚刚绘制的装饰线，镜像到另外一侧，结果如图 8-166 所示。**10** 用同样的方法，绘制灶台上的壁柜，结果如图 8-167 所示。

11 以上壁柜的交点为起始点，绘制一个尺寸为 700mm×500mm 的矩形，作为抽油烟机的外轮廓，如图 8-168 所示。

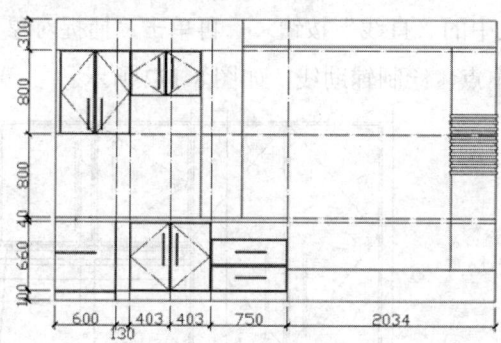

图 8-167 绘制壁柜

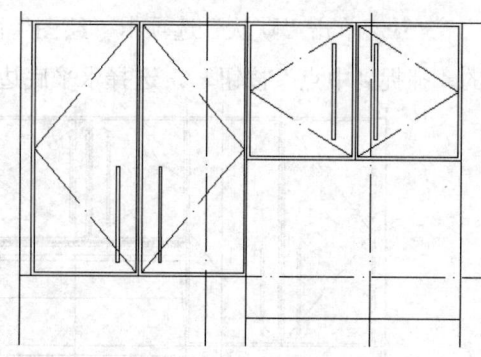

图 8-168 绘制抽油烟机外轮廓

12 选取刚刚绘制的矩形，单击"默认"选项卡"修改"面板中的"分解"按钮 🗗 ，将矩形分解。再单击"默认"选项卡"修改"面板中的"偏移"按钮 ⊂ ，命令行提示如下：

```
命令：_offset
当前设置：删除源=否  图层=源  OFFSETGAPTYPE=0
指定偏移距离或[通过(T)/删除(E)/图层(L)]<通过>：100（设置偏移距离 100mm）
选择要偏移的对象或[退出(E)/放弃(U)]<退出>：（选择矩形的下边）
指定要偏移的那一侧上的点或[退出(E)/多个(M)/放弃(U)]<退出>：（在矩形内部单击）
选择要偏移的对象或[退出(E)/放弃(U)]<退出>：✓
```

绘制结果如图 8-169 所示。

13 单击"默认"选项卡"绘图"面板中的"直线"按钮 ╱ ，选择偏移后直线的左侧端点，在命令行中输入"@30,400"，按 Enter 键确认，再单击"默认"选项卡"绘图"面板中的"直线"按钮 ，在直线的右端点单击，然后在命令行中输入"@-30,400"，绘制斜线，结果如图 8-170 所示。

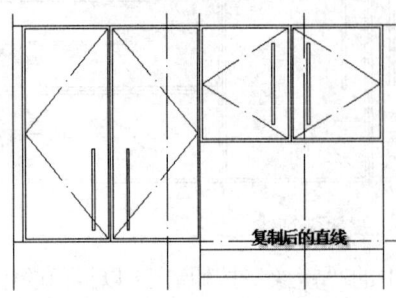

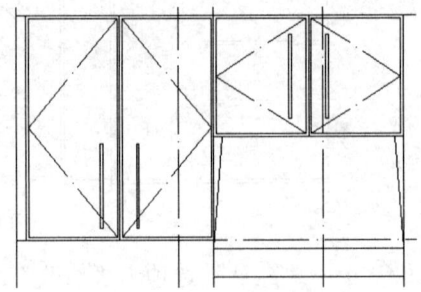

图 8-169　偏移直线　　　　　　　　图 8-170　绘制斜线

14 选择下部的水平直线，单击"默认"选项卡"修改"面板中的"复制"按钮 ，选择直线的左端点，然后在命令行中输入复制图形移动的距离@0,200、@0,280、@0,330、@0,350、@0,380、@0,390、@0,395，复制直线，结果如图 8-171 所示。

15 单击"默认"选项卡"绘图"面板中的"直线"按钮 ，再单击"捕捉对象"中的"捕捉到中点"按钮 ，选择水平底边的中点，绘制辅助线，如图 8-172 所示。

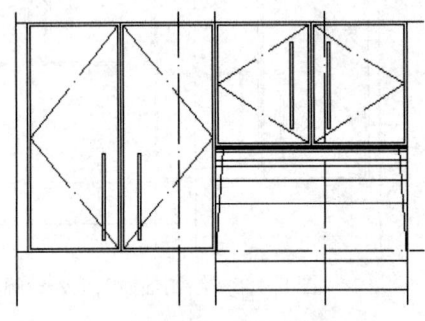

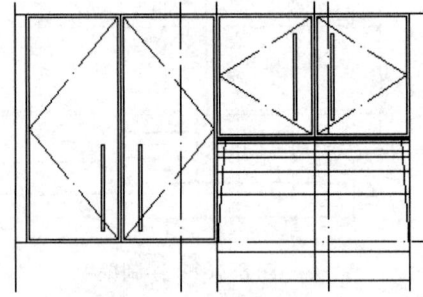

图 8-171　复制直线　　　　　　　　图 8-172　绘制辅助线

16 在中线左边绘制一长度为 200mm 的垂直线，然后单击"默认"选项卡"修改"面板中的"镜像"按钮 ，镜像复制到另外一侧。命令行提示如下：

命令：_line

指定第一个点：（在底边左侧单击一点）

指定下一点或[放弃(U)]：@0,200（输入下一点坐标）

指定下一点或[放弃(U)]：*取消*（按 Enter 键取消）

命令：_mirror

选择对象：找到 1 个（选择刚刚绘制的直线）

选择对象：✓

指定镜像线的第一点：

指定镜像线的第二点：（选择辅助中线为对称轴）

要删除源对象吗？[是(Y)/否(N)]<否>：✓

17 单击"默认"选项卡"绘图"面板中的"圆弧"按钮 ⌒，以两个短竖直线的上端点作为圆弧两个端点，在辅助线上指定一点作为中间点，绘制弧线，如图 8-173 所示。再单击"默认"选项卡"修改"面板中的"偏移"按钮 ⧉，设置偏移距离为 20mm，选择两个短垂直线和弧线，然后在内部单击，结果如图 8-174 所示。

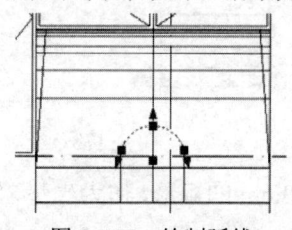

图 8-173 绘制弧线

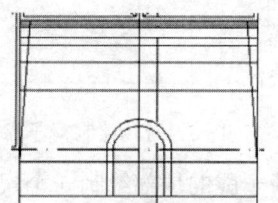

图 8-174 偏移弧线及垂直线

18 在弧线下面绘制直径为 30mm 和 10mm 的圆形，作为抽油烟机的指示灯，再在右侧绘制开关，如图 8-175 所示。

19 在右侧绘制椅子模块。

❶单击"默认"选项卡"绘图"面板中的"矩形"按钮 ▭，在右侧绘制一个尺寸为 20mm×900mm 的矩形，如图 8-176 所示。

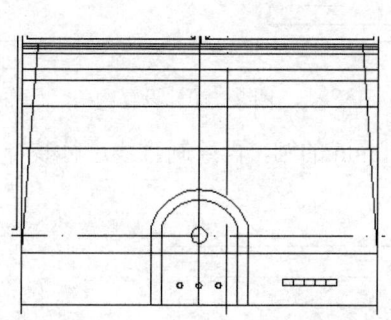

图 8-175 绘制指示灯和开关

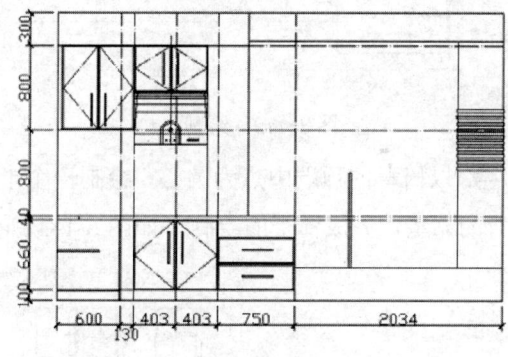

图 8-176 绘制矩形

❷选择矩形，单击"默认"选项卡"修改"面板中的"旋转"按钮 ↻，命令行提示如下：

命令：_rotate

UCS 当前的正角方向：　ANGDIR=逆时针　ANGBASE=0

找到 1 个（选择矩形）

指定基点：（选择图 8-177 中 A 点作为旋转轴）

指定旋转角度，或[复制(C)/参照(R)]<0>：-30（顺时针旋转 30°）

绘制完成的椅子靠背如图 8-177 所示。

❸单击"默认"选项卡"修改"面板中的"修剪"按钮 ，修剪椅子靠背下部多余的图线。

❹单击"默认"选项卡"绘图"面板中的"矩形"按钮 □ ，在右侧绘制一个尺寸为 50mm×600mm 的矩形，并将其逆时针旋转 40°，作为椅子腿，如图 8-178 所示。

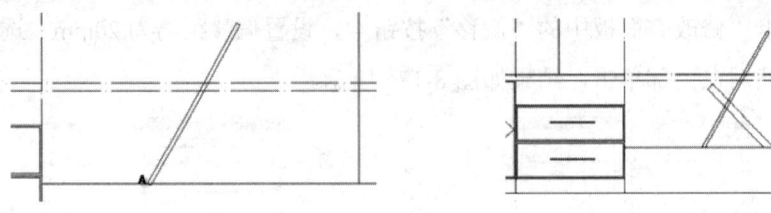

图 8-177　绘制椅子靠背　　　　　　图 8-178　绘制椅子腿

❺在椅子腿的顶部绘制一个尺寸为 400mm×50mm 的矩形，作为坐垫，如图 8-179 所示。

❻单击"默认"选项卡"修改"面板中的"分解"按钮 ，将矩形分解，然后单击"默认"选项卡"修改"面板中的"圆角"按钮 ，选择相交的边，将外侧圆角半径设置为 50mm，内侧圆角半径设置为 20mm，连接椅子腿和坐垫，结果如图 8-180 所示。

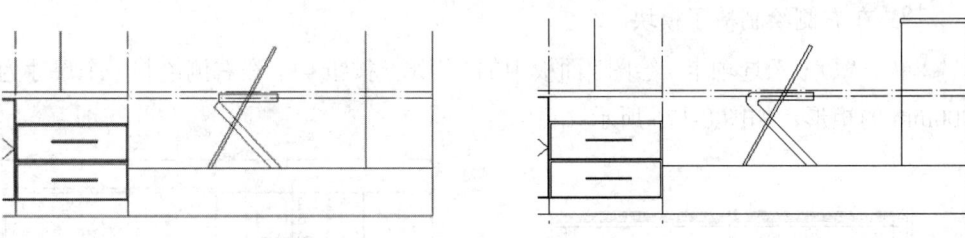

图 8-179　绘制坐垫　　　　　　　图 8-180　设置倒角

❼以椅背的顶端中点为圆心，绘制一个半径为 80mm 的圆，再绘制直线进行装饰，作为椅背的靠垫，完成椅子的绘制，如图 8-181 所示。

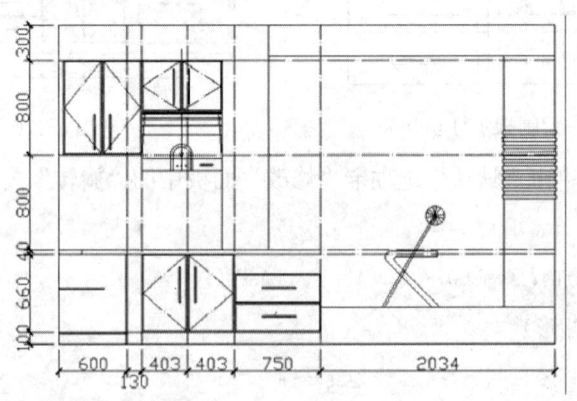

图 8-181　绘制完成椅子

⑳用同样的方法，绘制此立面图的其他设施，结果如图 8-182 所示。

21 将"文字"图层设置为当前图层,添加文字标注,结果如图 8-156 所示。

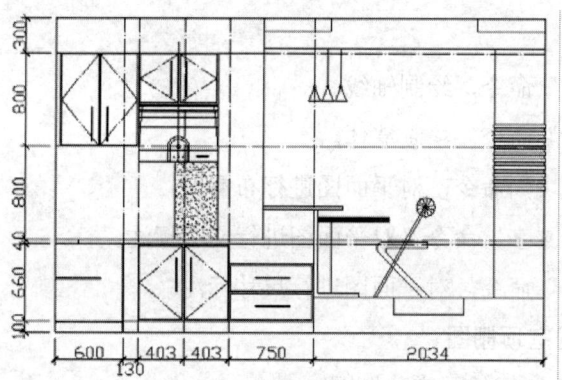

图 8-182 绘制其他设施

8.6 上机实验

实验 1 绘制居室平面图

绘制如图 8-183 所示的居室平面图。

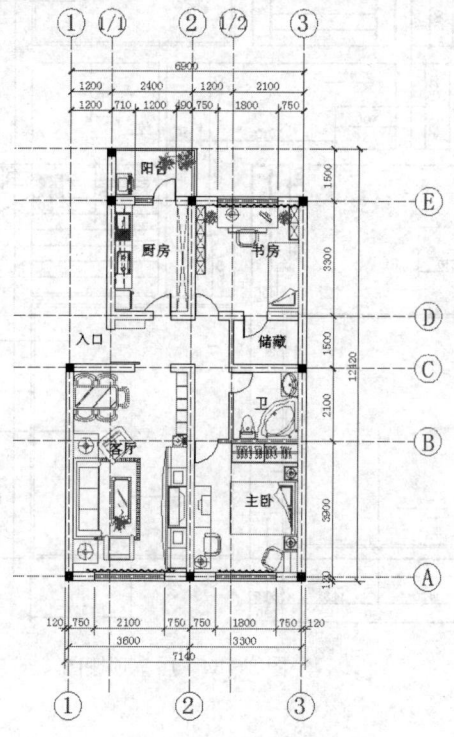

图 8-183 居室平面图

![操作提示图标] **操作提示：**

1. 利用"直线"命令，绘制轴线。

2. 利用"多线"命令，绘制墙体。

3. 利用"插入块"命令，对平面图进行布置。

4. 利用"多行文字"命令，对平面图进行文字标注。

5. 利用"标注"命令，对平面图进行尺寸标注。

实验2　绘制居室顶棚图

绘制如图 8-184 所示的居室顶棚图。

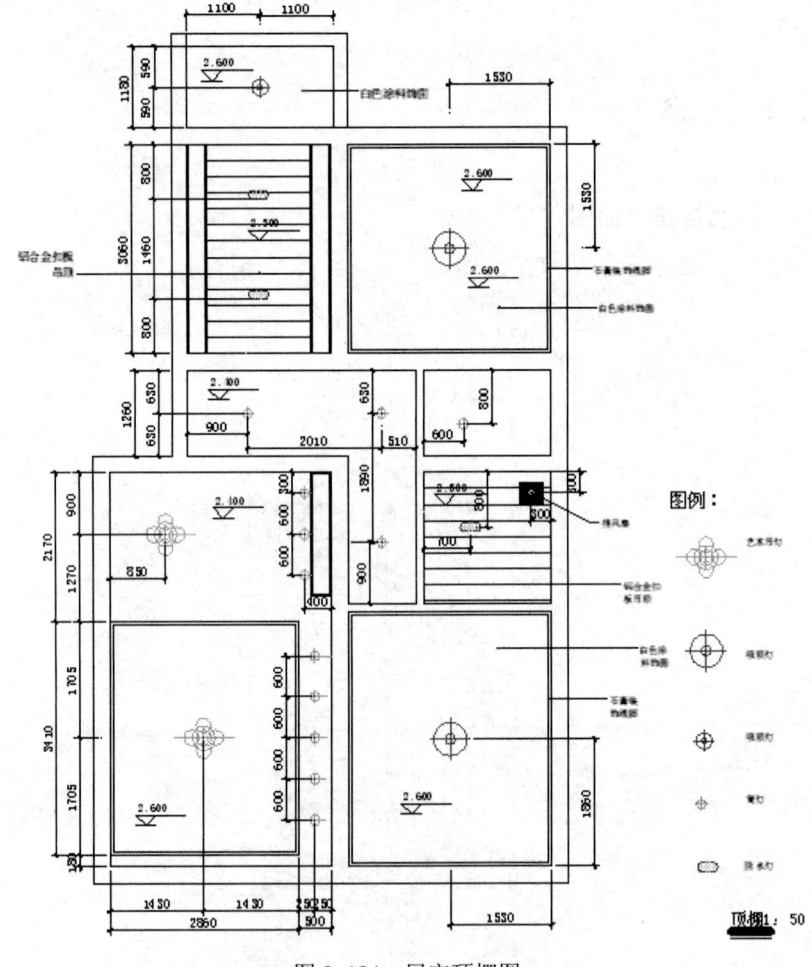

图 8-184　居室顶棚图

操作提示：

1. 利用"直线"命令，绘制轴线。

2. 利用"多线"命令，绘制墙体。

3. 利用"插入块"命令，对顶棚图进行布置。

4. 利用"多行文字"命令，对顶棚图进行文字标注。

5. 利用"标注"命令，对顶棚图进行尺寸标注。

实验 3　绘制居室地坪图

绘制如图 8-185 所示的居室地坪图。

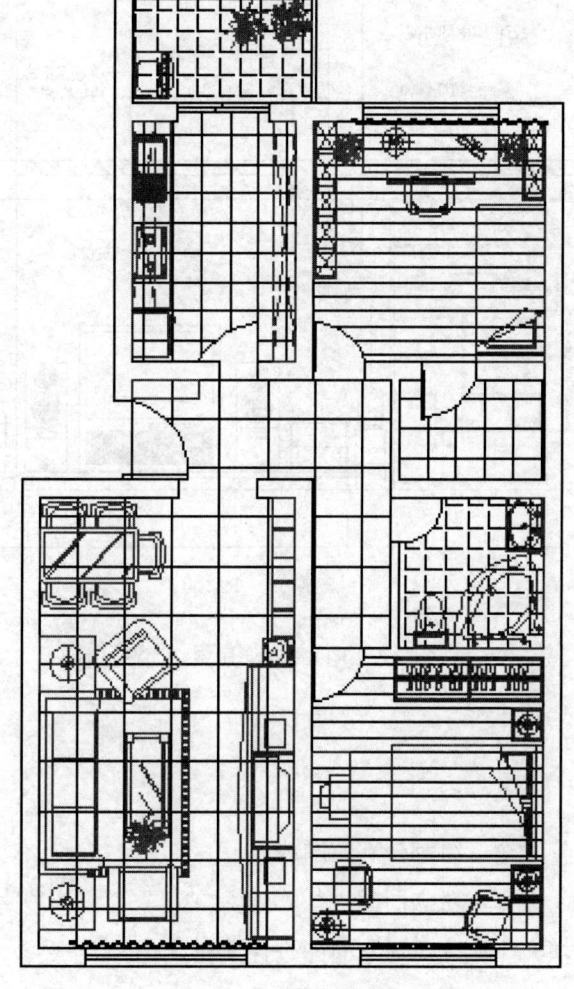

图 8-185　居室地坪图

操作提示:

1．利用"直线"命令，绘制轴线。

2．利用"多线"命令，绘制地坪图墙体。

3．利用"插入块"命令，对地坪图进行布置。

4．利用"图案填充"命令，对地坪图进行填充。

实验 4　绘制居室立面图

绘制如图 8-186 所示的居室立面图。

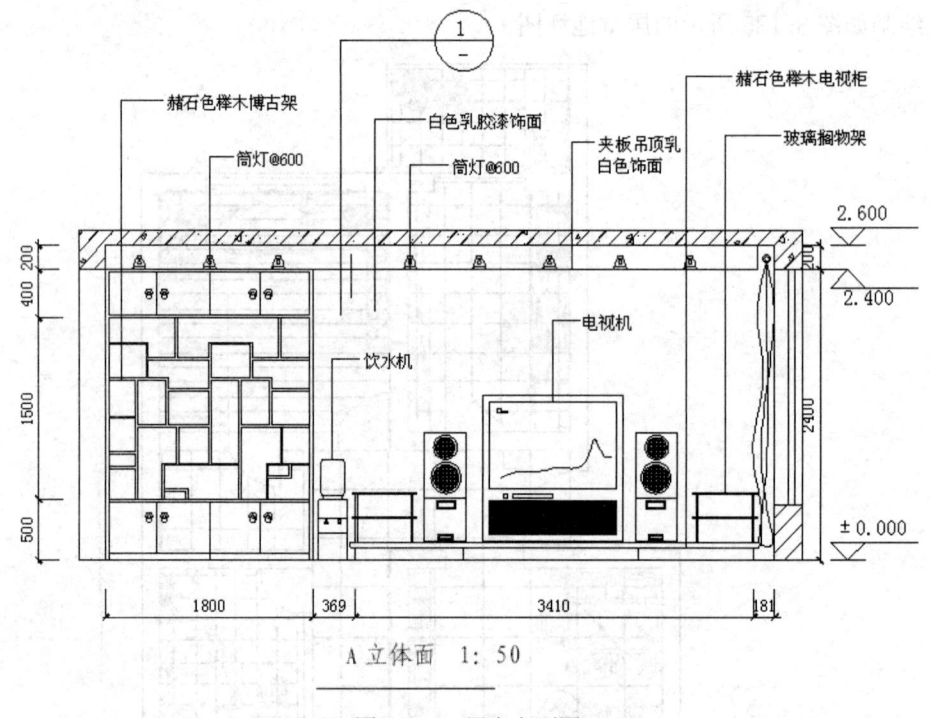

图 8-186　居室立面图

操作提示:

1．利用"直线"命令，绘制外部轮廓线。

2．利用"阵列"命令，对立面图进行阵列。

3．利用"图案填充"命令，对立面图进行填充。

4．利用"多行文字"命令，为立面图添加文字说明。

5．利用"标注"命令，对立面图进行尺寸标注。

第 9 章　会议室室内设计实例

 导读

　　会议室是办公建筑或公共建筑中常见的组成部分。会议室设计需要考虑多方面的问题，涉及科学、技术、人文、艺术等诸多因素。会议室室内设计的目标就是要为与会人员创造一个宽敞、明亮、整齐、安全、高效的交流环境。

　　本章将以一个大型会议室室内设计为例，介绍会议室这类建筑的室内设计思路和方法。

学 习 要 点

◎ 会议室建筑平面图绘制

◎ 会议室装饰平面图绘制

◎ 会议室顶棚平面图的绘制

◎ 会议室立面图绘制

◎ 剖面图绘制

9.1 设计思想

    会议室是供企业开会用 的办公配套用房，一般分为大、中、小三种类型，有的企业中、小会议室有多间。大的会议室常采用教室或报告厅式布局，座位分主席台和听众席；中小会议室常采用圆桌或长条桌式布局，与会人员围坐，利于开展讨论。

    会议室布置应简单朴素，光线充足，空气流通。可以采用企业标准色装修墙面，或在里面悬挂企业旗帜，或在讲台、会议桌上摆放企业标志（物），以突出本企业特点。

    图 9-1 所示为一个简单的大型会议室室内设计方案，室内空间非常宽敞，可容纳大量人员。主体空间分为主席台和听众席两部分。主席台略高，通过两级台阶与听众席分隔开来，圆弧形主席桌可使主席台就座的人，尤其是两侧的人与听众保持亲近的感觉，有利于拉近主席台上的人与听众之间的距离；听众席采用传统的联排椅和简易联体桌，既节省空间，又可供听众摆放用具和记录笔记。正对门的过道摆放了少量简单的休息座椅和桌几、盆景植物，供听众在会议间隙休息或供旁听人员就座。

    下面讲解具体设计过程。

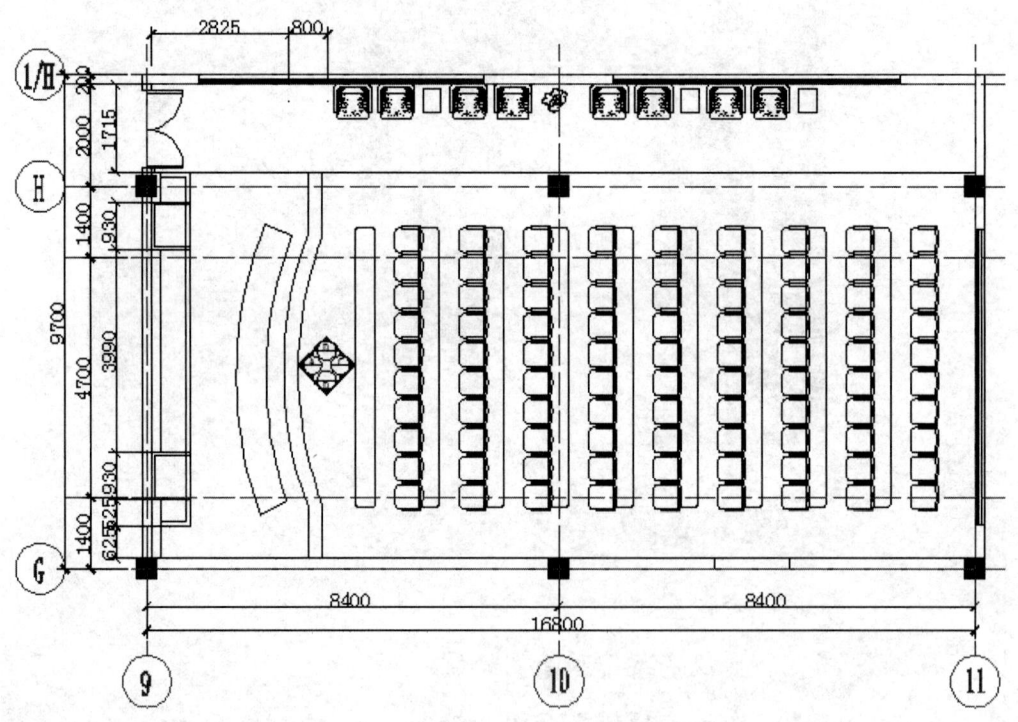

图 9-1 大型会议室室内设计平面图

9.2　会议室建筑平面图绘制

　　室内平面图的绘制是在建筑平面图的基础上逐步细化展开的，因此建筑平面图的绘制是一个必备的和基础的环节。本节将介绍如何应用 AutoCAD 2022 绘制如图 9-2 所示的会议室建筑平面图。

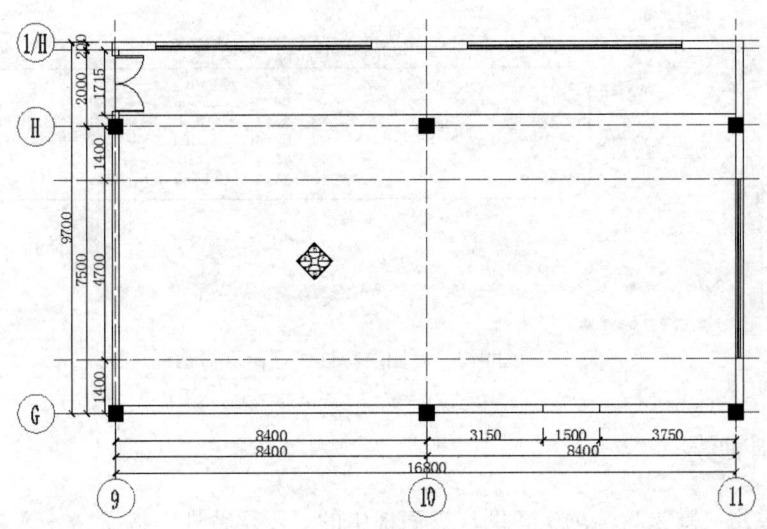

图 9-2　会议室建筑平面图

9.2.1　设置绘图区域

　　01 创建名为"会议室建筑平面图绘制"的图形文件。

　　02 设置图形界限。AutoCAD 的绘图空间很大，绘图时要设定绘图区域。可以通过以下两种方法设定绘图区域：

　　❶绘制一个已知长度的矩形，将图形充满程序窗口，估计出当前的绘图区域大小。

　　❷选择菜单栏中的"格式"→"图形界限"命令，设定绘图区的大小。命令行提示如下：

命令：LIMITS

重新设置模型空间界限：

指定左下角点或 [开(ON)/关(OFF)] 〈0.0000,0.0000〉：

指定右上角点 〈420.0000,297.0000〉：42000,29700

　　03 设置图层。单击"默认"选项卡"图层"面板中的"图层特性"按钮，❶打开"图层特性管理器"对话框，❷设置图层如图 9-3 所示。

注意：

　　（1）在绘图时，使所有图元的各种属性都尽量跟随图层。尽量保持图元和图层的属性一致，也就是说尽可能使图元属性都是ByLayer，这样有助于使图面清晰、准确和提高效率。

（2）图层设置的几个原则：

1）图层设置的第一原则是在够用的基础上越少越好。如果图层太多，会给绘制过程造成不便。

2）一般不在0图层上绘制图线。

3）不同的图层一般采用不同的颜色。这样可利用颜色对图层进行区分。

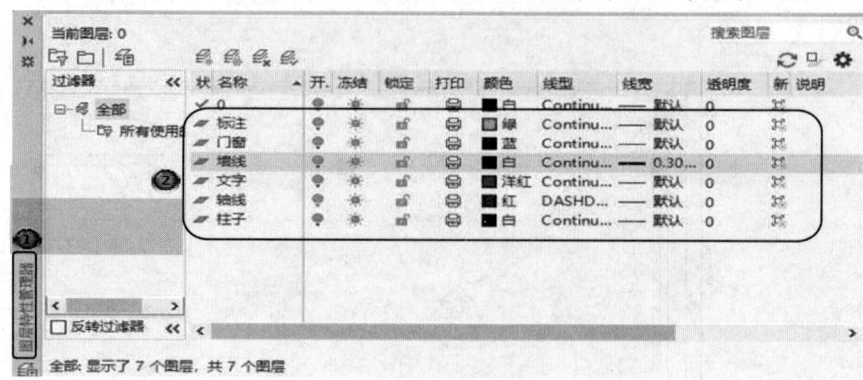

图 9-3　"图层特性管理器"对话框

9.2.2　绘制轴线

01 单击"默认"选项卡"图层"面板中的"图层特性"按钮，在其下拉列表中选择"轴线，将其设置为当前图层。

注意：

初学者务必首先学会灵活运用图层。图层设置合理，可使图样的修改很方便。在修改一个图层的时候可以把其他的图层都关闭，因此需要掌握"冻结"和"关闭"命令的使用。把图层设置成不同颜色，可避免画错图层。

02 单击"默认"选项卡"绘图"面板中的"直线"按钮，在状态栏中单击"正交"按钮，绘制长度为 16800mm 的水平轴线和长度为 12000mm 的竖直轴线。

03 选中上步创建的轴线，单击鼠标右键，❶在弹出的快捷菜单中选择"特性"，如图9-4 所示，❷在打开的"特性"选项卡修改"线型比例"为 30，如图 9-5 所示。轴线修改结果如图 9-6 所示。

04 单击"默认"选项卡"修改"面板中的"偏移"按钮，将竖直轴线向右偏移 8400mm。命令行提示如下：

```
命令：_offset
当前设置：删除源=否　图层=源　OFFSETGAPTYPE=0
指定偏移距离或 [通过(T)/删除(E)/图层(L)] <通过>：8400
选择要偏移的对象，或 [退出(E)/放弃(U)] <退出>：
指定要偏移的那一侧上的点，或 [退出(E)/多个(M)/放弃(U)] <退出>：
选择要偏移的对象，或 [退出(E)/放弃(U)] <退出>：
```

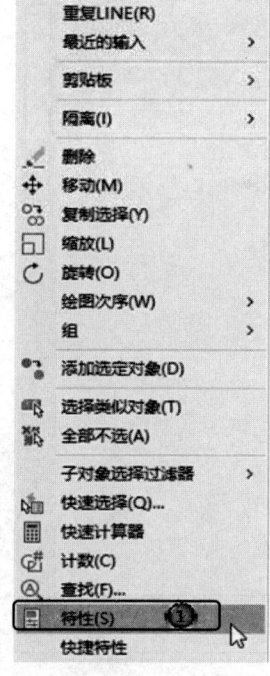

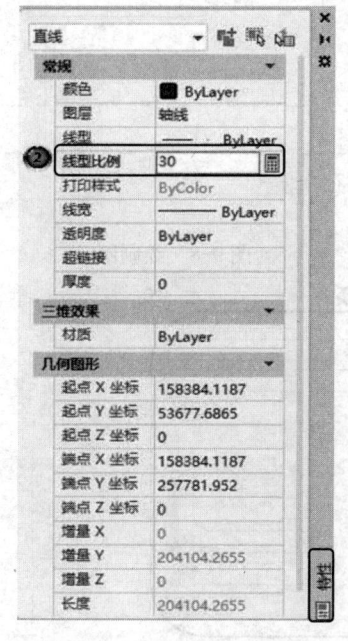

图 9-4 快捷菜单	图 9-5 "特性"选项板	图 9-6 绘制轴线

重复"偏移"命令，将竖直轴线向右偏移，设置偏移距离为 3150mm、5250mm，然后将水平轴线向上偏移，设置偏移距离为 1400mm、4700mm、1400mm、2000mm、200mm，结果如图 9-7 所示。

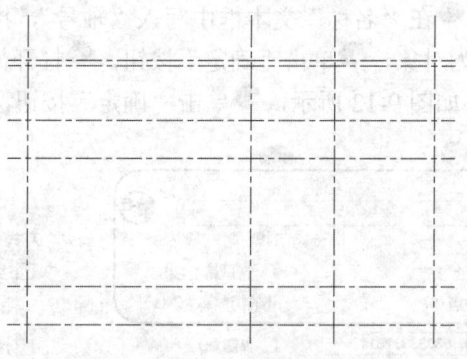

图 9-7 添加轴网

05 绘制轴号。

❶单击"默认"选项卡"绘图"面板中的"圆"按钮 ⊙，设置圆心为最左侧竖直轴线的下端点，绘制一个半径为 500mm 的圆，然后单击"默认"选项卡"修改"面板中的"移动"按钮 ✛，将绘制的圆向下移动 500mm，结果如图 9-8 所示。

❷选取菜单栏中的"绘图"→"块"→"定义属性"命令，❶打开"属性定义"对话框，❷设置如图 9-9 所示，❸单击"确定"按钮，在圆心位置，写入一个块的属性值，结果如图

9-10 所示。

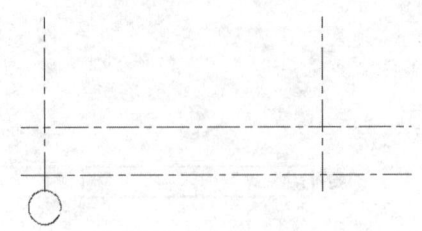

图 9-8 绘制圆

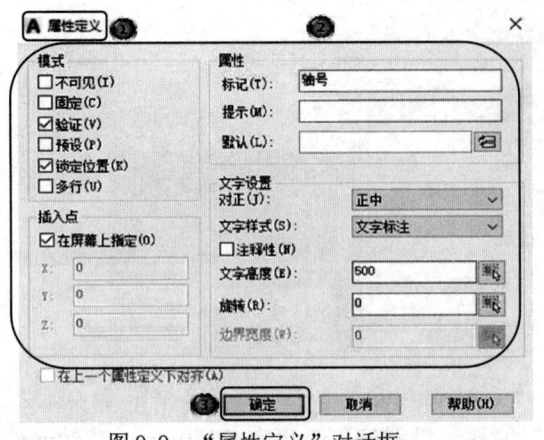

图 9-9 "属性定义"对话框

图 9-10 在圆心位置写入属性值

❸单击"插入"选项卡"块定义"面板中的"创建块"按钮，❶打开"块定义"对话框，如图 9-11 所示。❷在"名称"文本框中写入"轴号"，指定圆心为基点；选择整个圆和刚才的"轴号"标记为对象，❸单击"确定"按钮，❹打开如图所示的"编辑属性"对话框，❺输入轴号为 9， 如图 9-12 所示，❺单击"确定"按钮，轴号效果图如图 9-13 所示。

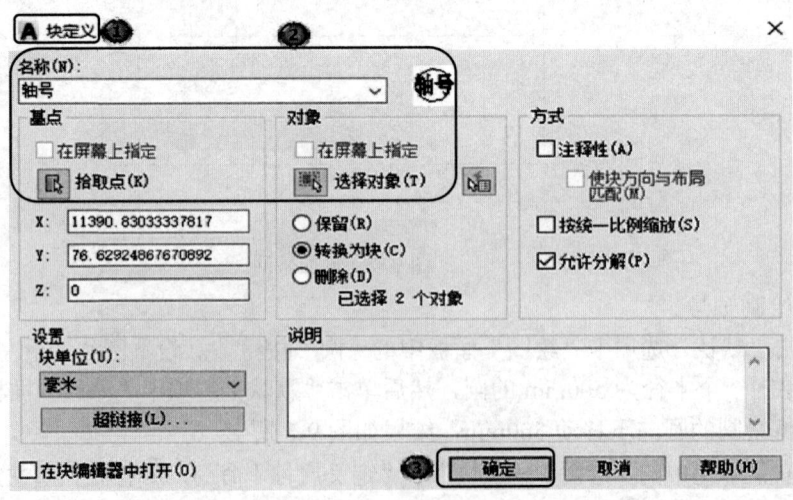

图 9-11 "块定义"对话框

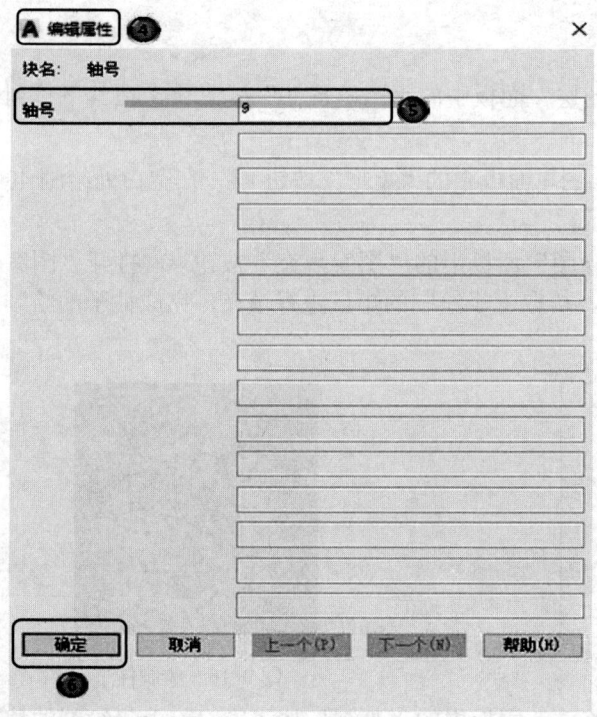

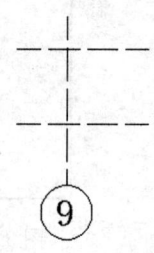

图 9-12　"编辑属性"对话框　　　　　　　　　图 9-13　完成轴号修改

❹利用上述方法绘制出所有轴号，结果如图 9-14 所示。

注意：

轴线的长度可以使用"STRETCH"（拉伸）命令或热键进行调整。

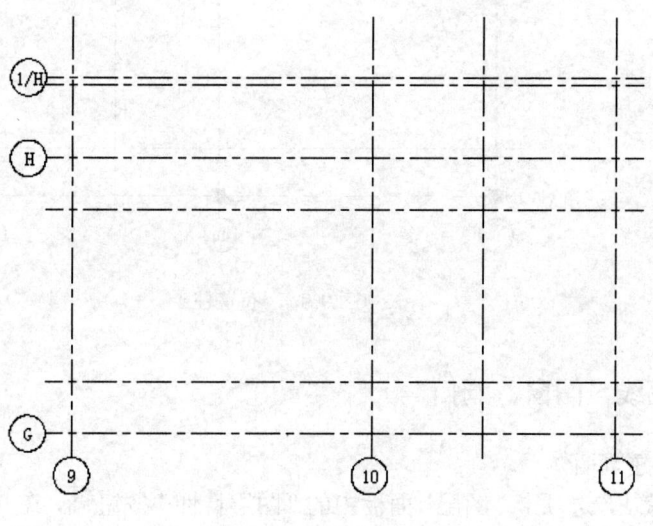

图 9-14　绘制所有轴号

9.2.3　绘制柱子

01 单击"默认"选项卡"图层"面板中的"图层特性"按钮，在其下拉列表中选择"柱子"，将其设置为当前图层。

02 单击"默认"选项卡"绘图"面板中的"矩形"按钮 □，在空白处绘制 400mm× 400mm 的矩形，结果如图 9-15 所示。

03 单击"默认"选项卡"绘图"面板中的"图案填充"按钮，打开"图案填充创建"选项卡，选择"SOLID"图案，拾取上步绘制的矩形进行填充，完成柱子的绘制，结果如图 9-16 所示。

图 9-15　绘制矩形

图 9-16　绘制柱子

04 单击"默认"选项卡"修改"面板中的"复制"按钮，将上步绘制的柱子复制到图 9-14 中相应的位置，结果如图 9-17 所示。

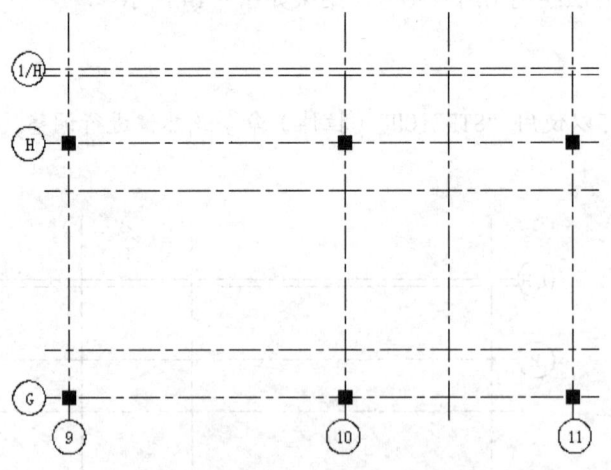

图 9-17　布置柱子

9.2.4　绘制墙线、门窗、洞口

01 绘制建筑墙体。

❶单击"默认"选项卡"图层"面板中的"图层特性"按钮，在其下拉列表中选择"墙

线",将其设置为当前图层。

❷选择菜单栏中的"格式"→"多线样式"命令,❶打开如图 9-18 所示的"多线样式"对话框,❷单击"新建"按钮,❸打开如图 9-19 所示的"创建新的多线样式"对话框,❹输入"新样式名"为 200,❺单击"继续"按钮,❻打开如图 9-20 所示的"新建多线样式:200"对话框,❼在"偏移"文本框中输入 100 和-100,❽单击"确定"按钮,返回"多线样式"对话框。

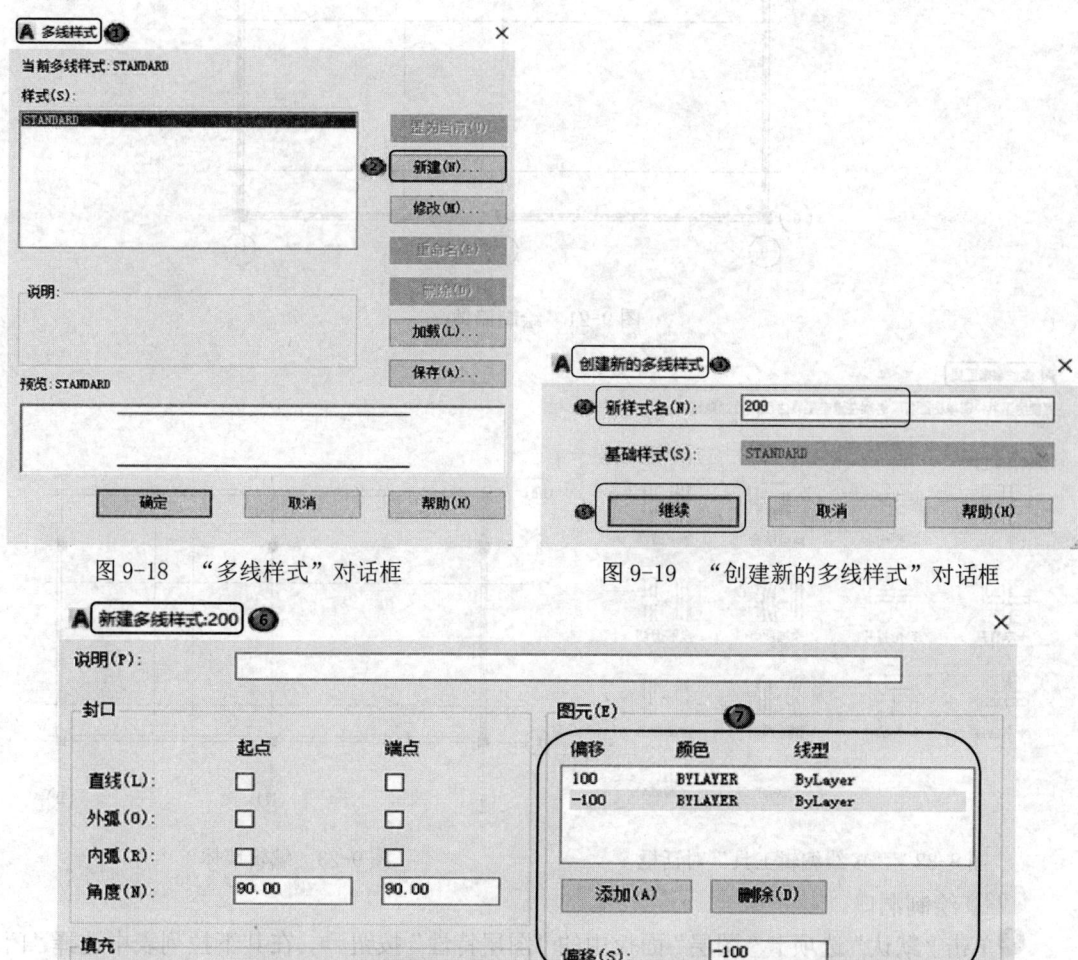

图 9-18 "多线样式"对话框   图 9-19 "创建新的多线样式"对话框

图 9-20 "新建多线样式:200"对话框

❸选择菜单栏中的"绘图"→"多线"命令,绘制墙体。结果如图 9-21 所示。

❹选择菜单栏中的"修改"→"对象"→"多线"命令,打开"多线编辑工具"对话框

如图 9-22 所示。对墙体多线进行编辑，结果如图 9-23 所示。

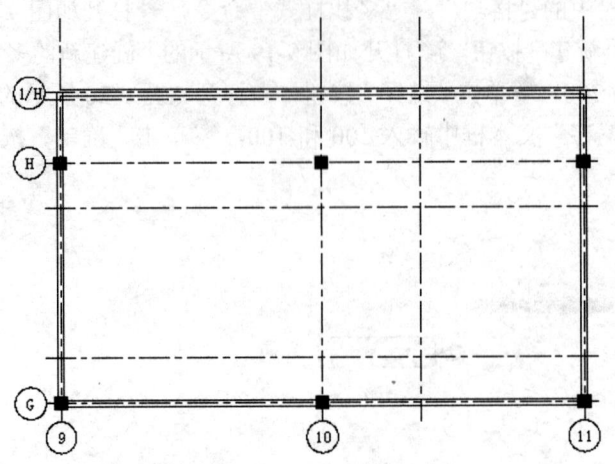

图 9-21　绘制墙体

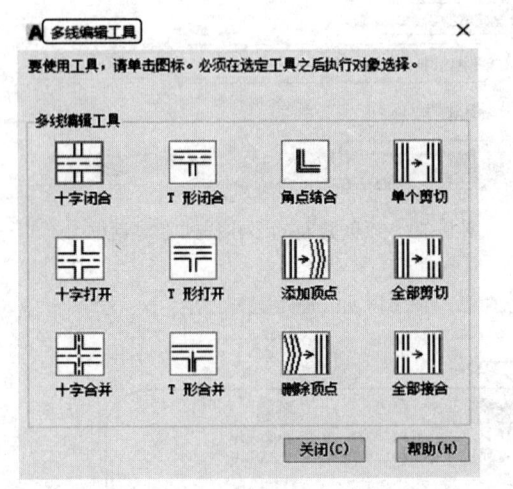

图 9-22　"多线编辑工具"对话框

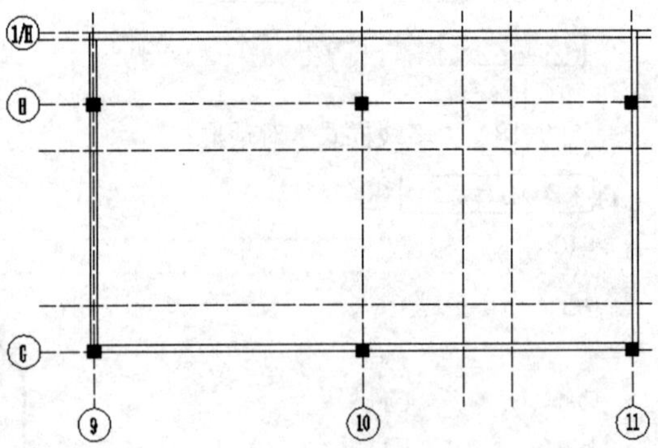

图 9-23　编辑墙体

02 绘制洞口。

❶单击"默认"选项卡"图层"面板中的"图层特性"按钮，在其下拉列表中选择"门窗"，将其设置为当前图层，然后关闭"轴线"图层。

❷单击"默认"选项卡"修改"面板中的"分解"按钮，将墙线进行分解。

❸单击"默认"选项卡"修改"面板中的"偏移"按钮，将左侧内墙线向内偏移 1200mm、5800mm、2600mm、5800mm，再将下边内墙线向内偏移 850mm、5800mm，结果如图 9-24 所示。

❹单击"默认"选项卡"修改"面板中的"修剪"按钮，修剪掉多余图形，结果如图 9-25 所示。

03 绘制窗线。

❶单击"默认"选项卡"绘图"面板中的"直线"按钮 ╱，绘制一段直线，如图 9-26 所示。

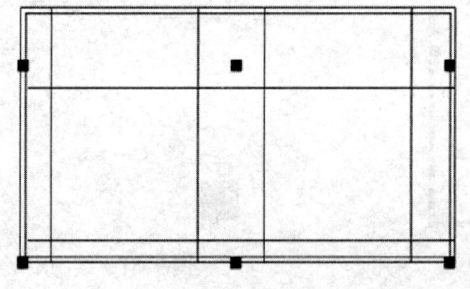

图 9-24 偏移直线

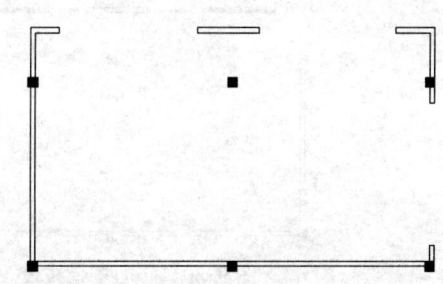

图 9-25 修剪图形

❷单击"默认"选项卡"修改"面板中的"偏移"按钮 ⊆，选择上步绘制的直线向下偏移，设置偏移距离（mm）为 80，40、40，40，如图 9-27 所示。

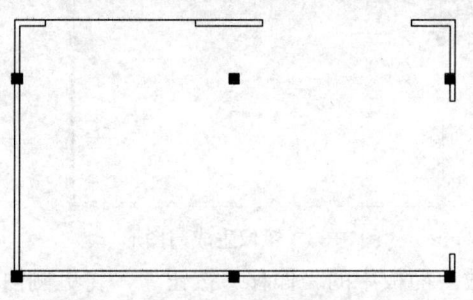

图 9-26 绘制直线

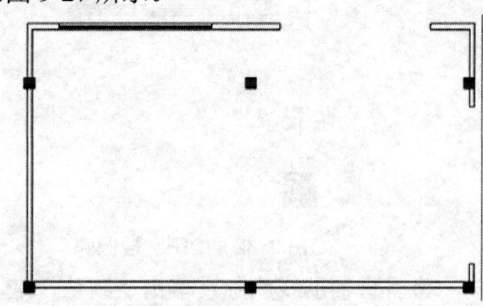

图 9-27 偏移直线

❸利用上述方法绘制其它窗线，结果如图 9-28 所示。

04 绘制单扇门。

❶单击"默认"选项卡"修改"面板中的"偏移"按钮 ⊆，将右侧内墙线向左偏移 3750mm、1500mm，再将上边内墙线向内偏移 125mm、1500mm，结果如图 9-29 所示。

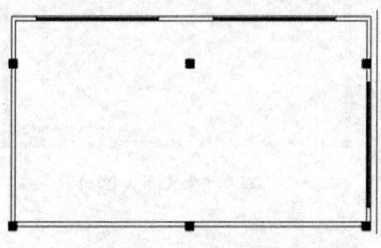

图 9-28 完成窗线绘制

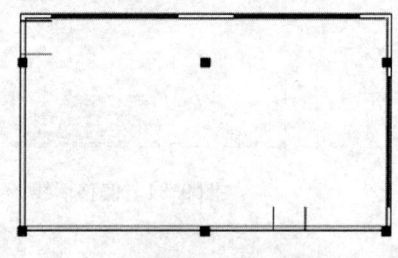

图 9-29 偏移直线

❷单击"默认"选项卡"修改"面板中的"修剪"按钮 ，修剪掉多余线段，结果如图 9-30 所示。

❸单击"默认"选项卡"绘图"面板中的"矩形"按钮 ▭，绘制一个 750mm×40mm 的矩形，如图 9-31 所示。

❹单击"默认"选项卡"绘图"面板中的"直线"按钮 ╱，绘制一条竖直辅助线，再单击"默认"选项卡"绘图"面板中的"圆弧"按钮 ⌒，绘制一个角度为 90°的弧线，如图

9-32 所示。

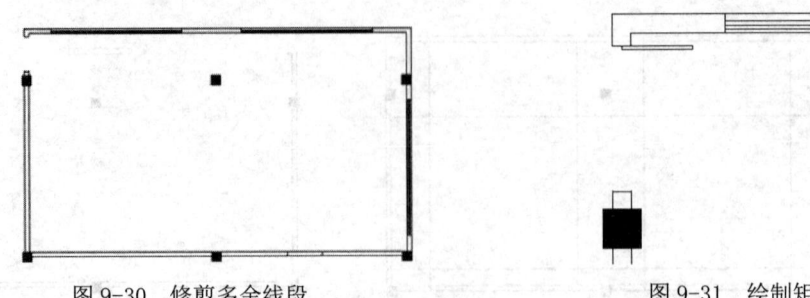

图 9-30　修剪多余线段　　　　　　　　　　　　图 9-31　绘制矩形

❺单击"默认"选项卡"修改"面板中的"镜像"按钮⚊，选取竖直辅助线中点为镜像点，选取上步绘制的矩形和圆弧进行镜像，生成门图形，结果如图 9-33 所示。

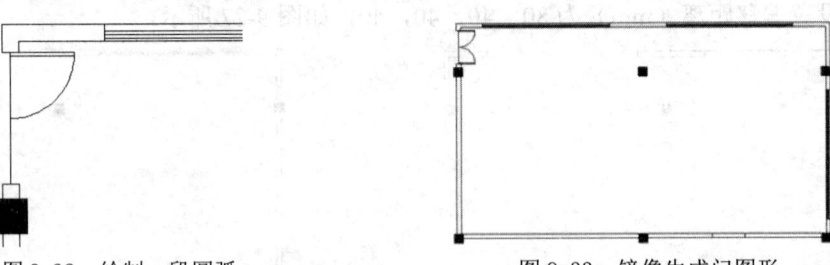

图 9-32　绘制一段圆弧　　　　　　　　　　　　图 9-33　镜像生成门图形

　　将竖直辅助线删除，单击"默认"选项卡"修改"面板中的"偏移"按钮⊜，将上侧内墙线向下偏移 1715mm，如图 9-34 所示。

❻单击"插入"选项卡"块"面板中的"插入"下拉菜单中的"最近使用的块"选项，插入"源文件/图库/方向符号"，如图 9-35 所示。

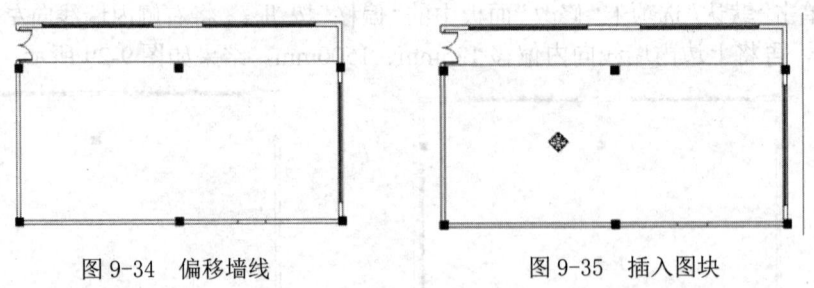

图 9-34　偏移墙线　　　　　　　　　　　　图 9-35　插入图块

9.2.5　标注尺寸

01 设置标注样式。

❶单击"默认"选项卡"图层"面板中的"图层特性"按钮🖳，将"标注"图层设置为当前图层。

❷单击"默认"选项卡"注释"面板中的"标注样式"按钮🖽，❶打开"标注样式管理器"对话框，如图 9-36 所示。

❸❷单击"新建"按钮，❸打开"创建新标注样式"对话框，❹输入"新样式名"为

"建筑平面图"，如图 9-37 所示。

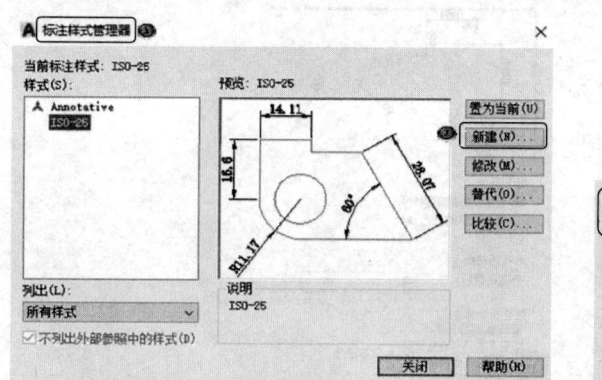

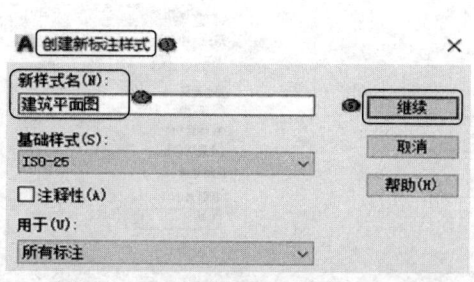

图 9-36 "标注样式管理器"对话框   图 9-37 "创建新标注样式"对话框

❹❺单击"继续"按钮，❻打开"新建标注样式：建筑平面图"对话框，❼各个选项卡中的参数设置如图 9-38 所示。设置完参数后，❽单击"确定"按钮，返回到"标注样式管理器"对话框，将"建筑"样式置为当前。

02 标注图形。

❶单击"注释"选项卡"标注"面板中的"线性"按钮├┤和"连续"按钮├┤├，标注第一道尺寸，如图 9-39 所示。

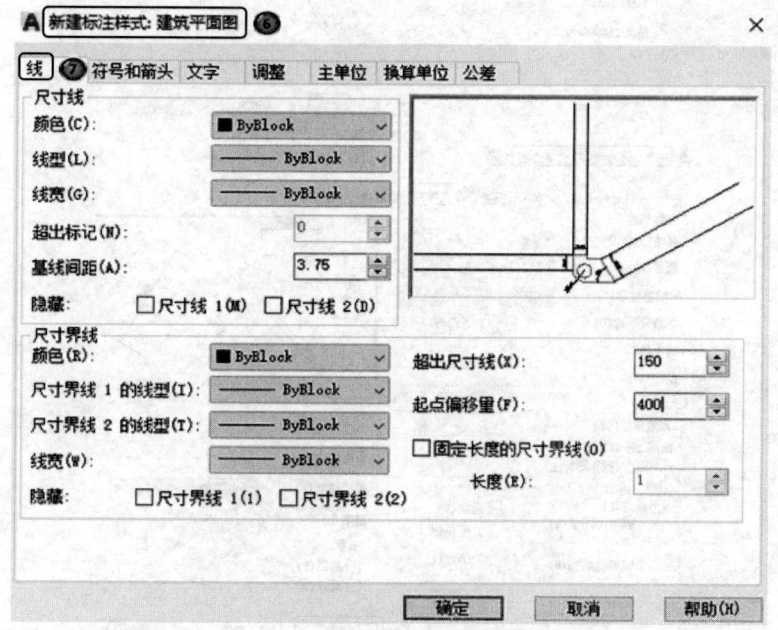

图 9-38 "新建标注样式：建筑平面图"对话框

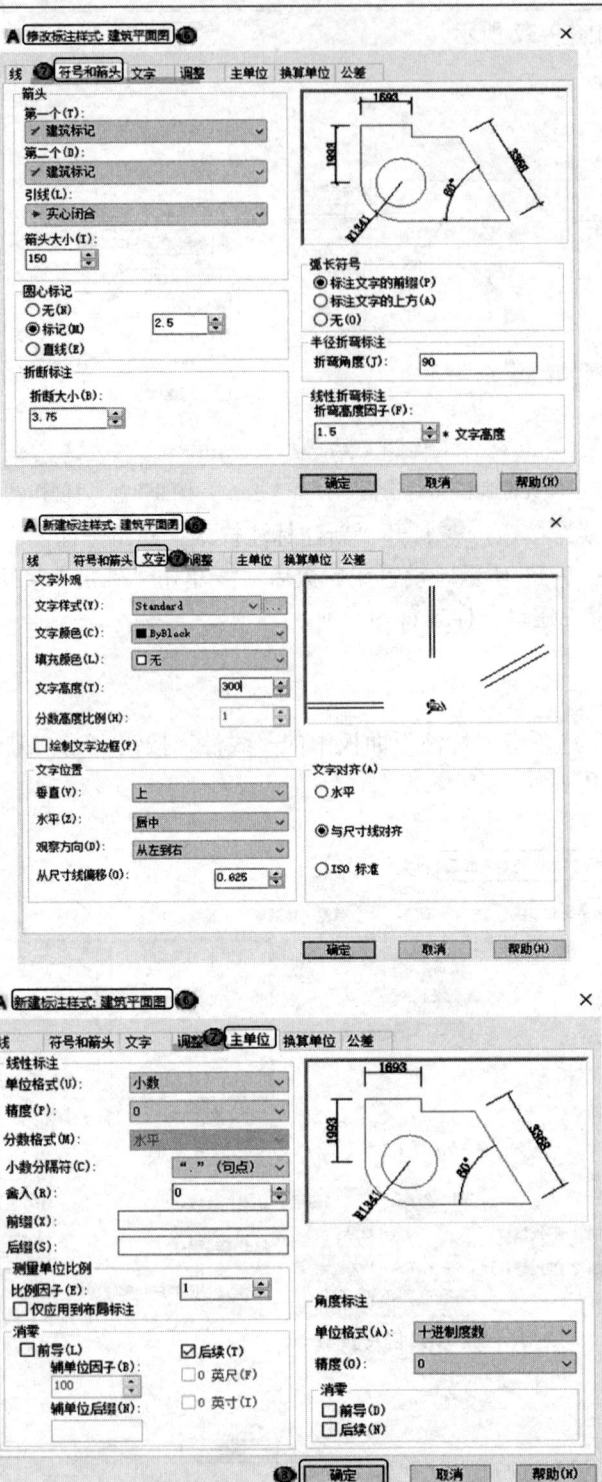

图 9-38 "新建标注样式：建筑平面图"对话框（续）

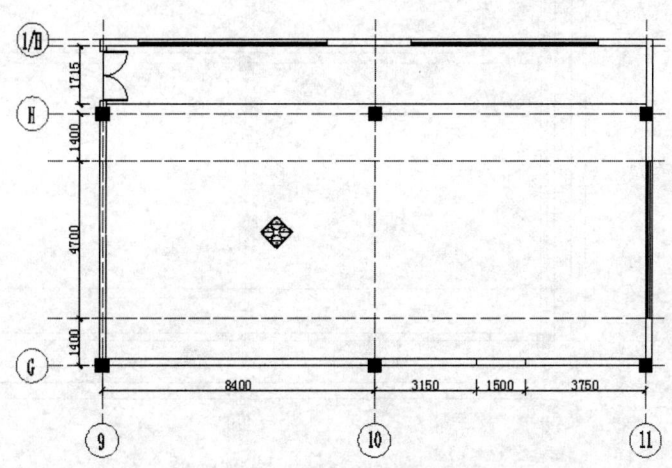

图 9-39　标注第一道尺寸

❷单击"注释"选项卡"标注"面板中的"线性"按钮⊢⊣和"连续"按钮⊹⊹，标注第二道尺寸，如图 9-40 所示。

注意：

一幅工程图中可能涉及几种标注样式，此时读者可建立不同的标注样式，进行"新建"或"修改"或"替代"，然后在使用某种标注样式时，可直接单击选用"样式名"下拉列表中的样式。如果用户对于设置标注样式的各个细节有不理解的地方，可随时调用帮助（F1）文档进行了解。

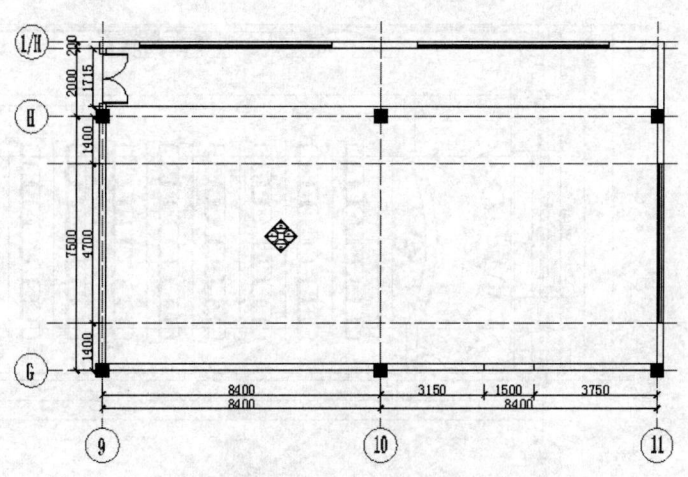

图 9-40　标注第二道尺寸

❸单击"标注"工具栏中的"线性"按钮⊢⊣，标注总尺寸，如图 9-41 所示。

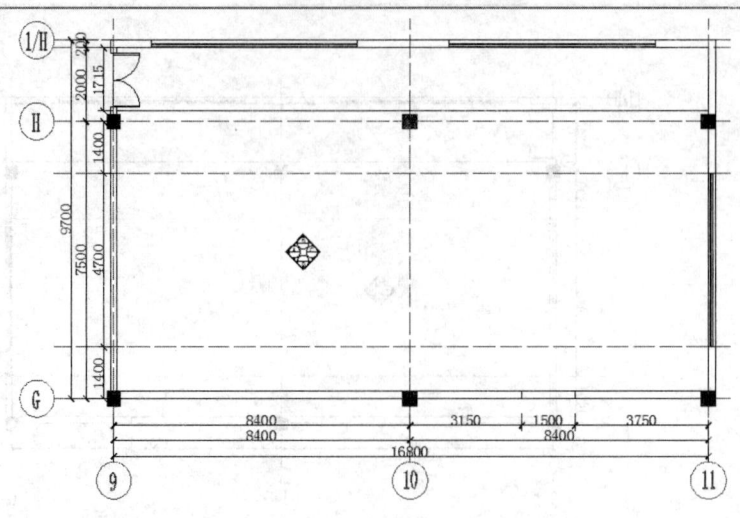

图 9-41　标注总尺寸

9.3　会议室装饰平面图绘制

在 9.2 节绘制的建筑平面图的基础上，本节将通过如图 9-42 所示的会议室装饰平面图的绘制，依次介绍各个室内空间布局、桌椅布置、装饰元素及细部处理、地面材料绘制、尺寸标注、文字说明及其他符号标注等内容。

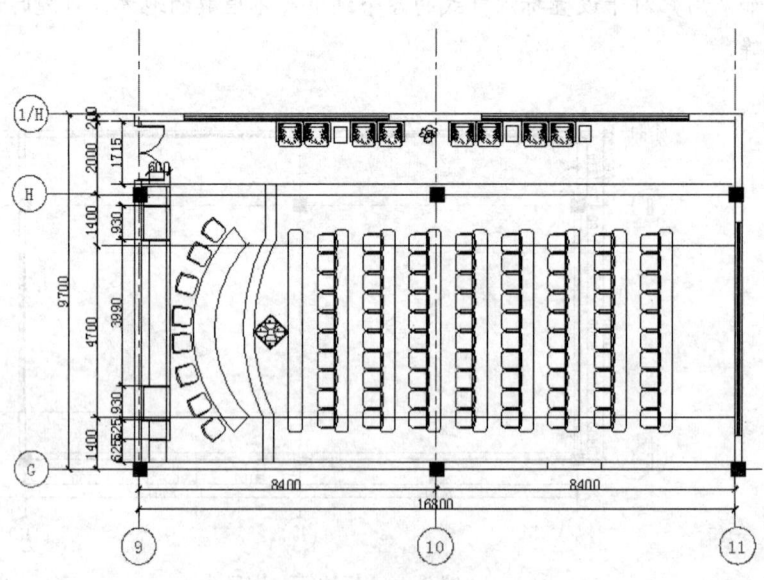

图 9-42　会议室装饰平面图

9.3.1 布置会议室

01 单击"默认"选项卡"图层"面板中的"图层特性"按钮🖅,将"标注"图层设置为当前图层,然后关闭"轴线"图层。

02 单击"默认"选项卡"修改"面板中的"偏移"按钮⊜,将下边内墙线向内偏移625mm、525mm、930mm、3990mm、930mm、525mm,再将左侧内墙线向右偏移200、600。

03 单击"默认"选项卡"修改"面板中的"偏移"按钮⊜,将上步偏移的最右侧墙线向内偏移100mm,再选取部分线段向内偏移50mm。结果如图 9-43 所示。

04 单击"默认"选项卡"修改"面板中的"修剪"按钮🖑,修剪图形,结果如图 9-44 所示。

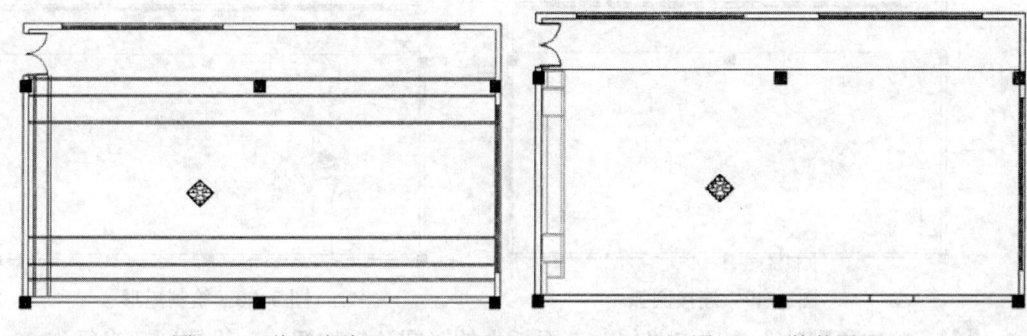

图 9-43　偏移直线　　　　　　　　　　　　　图 9-44　修剪图形

05 单击"默认"选项卡"绘图"面板中的"多段线"按钮⤳,绘制一段连续的多段线,如图 9-45 所示。

06 单击"默认"选项卡"修改"面板中的"偏移"按钮⊜,将上步绘制的多段线向内偏移 300mm,如图 9-46 所示。

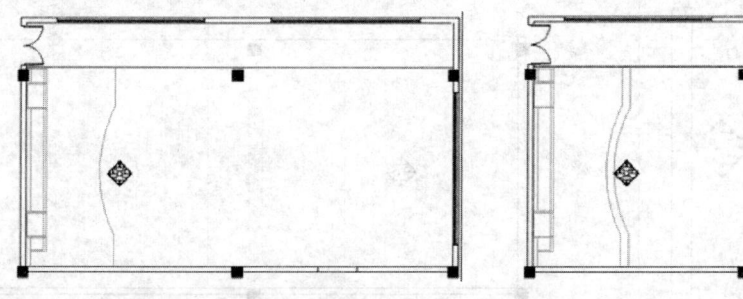

图 9-45　绘制多段线　　　　　　　　　　　　图 9-46　偏移多段线

07 单击"默认"选项卡"绘图"面板中的"圆弧"按钮⌒,绘制一段角度为 90°的圆弧,如图 9-47 所示。

08 单击"默认"选项卡"修改"面板中的"偏移 "按钮⊜,选取上步绘制的圆弧向内偏移,设置偏移距离为 600mm,如图 9-48 所示。

09 单击"默认"选项卡"绘图"面板中的"直线"按钮╱,绘制直线连接圆弧,如图 9-49 所示。

10 单击"默认"选项卡"绘图"面板中的"矩形"按钮 □，绘制一个 400mm×5500mm 的矩形，如图 9-50 所示。

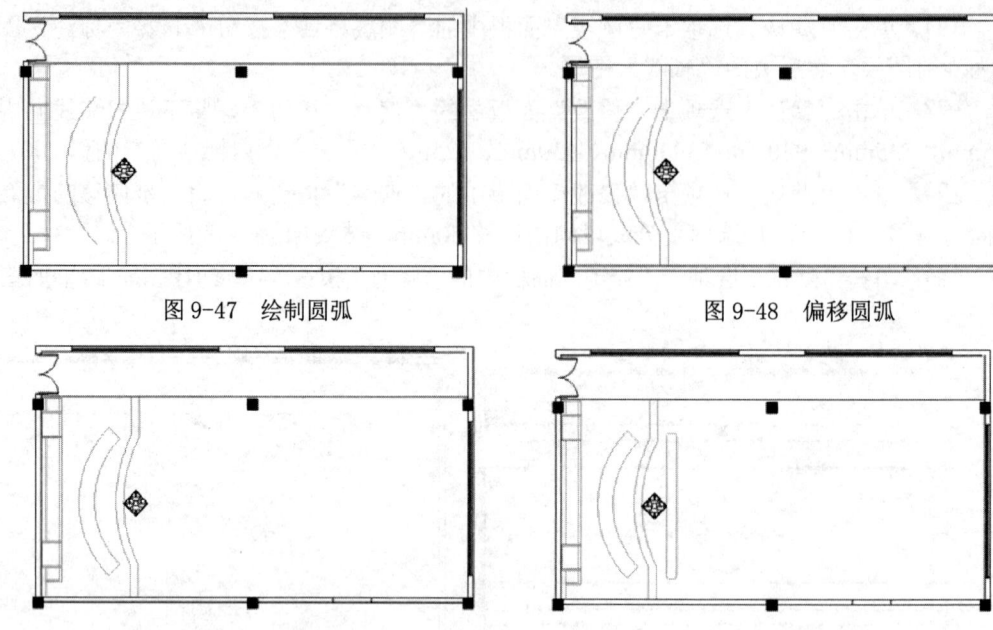

图 9-47　绘制圆弧　　　　　　　　　图 9-48　偏移圆弧

图 9-49　连接圆弧　　　　　　　　　图 9-50　绘制矩形

11 单击"默认"选项卡"修改"面板中的"圆角"按钮 ⌒，设置圆角半径为 80mm，对上步绘制的矩形四边进行圆角处理，结果如图 9-51 所示。

12 单击"默认"选项卡"修改"面板中的"复制"按钮 ⅏，设置复制距离为 1300mm，选取上步圆角的矩形向右复制 8 个，如图 9-52 所示。

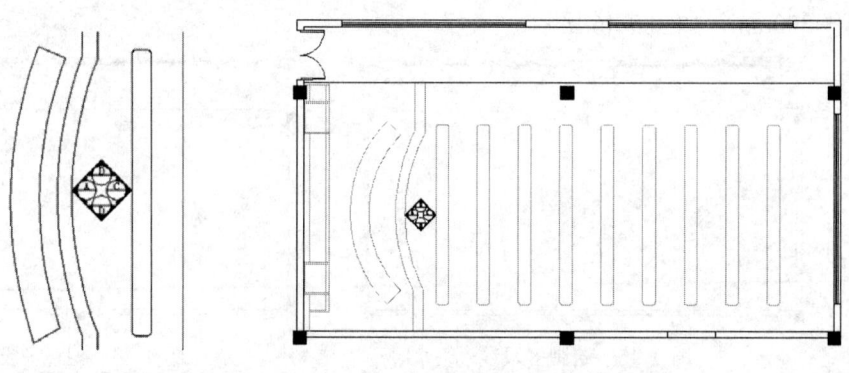

图 9-51　圆角处理　　　　　　　　　图 9-52　复制矩形

13 单击"插入"选项卡"块"面板中的"插入"下拉菜单中的"最近使用的块"选项，插入"源文件/图库/椅子"，结果如图 9-53 所示。

 注意：

在实际设计中，虽然组成图块的各对象都有自己的图层、颜色、线型和线宽等特性，但

插入到图形中后，图块各对象原有的图层、颜色、线型和线宽特性常常会发生变化。图块组成对象的图层、颜色、线型和线宽的变化涉及图层特性（包括图层设置和图层状态）。图层设置是指在图层特性管理器中对图层的颜色、线型和线宽的设置。图层状态是指图层的打开与关闭状态、解冻与冻结状态、解锁与锁定状态以及可打印与不可打印状态等。

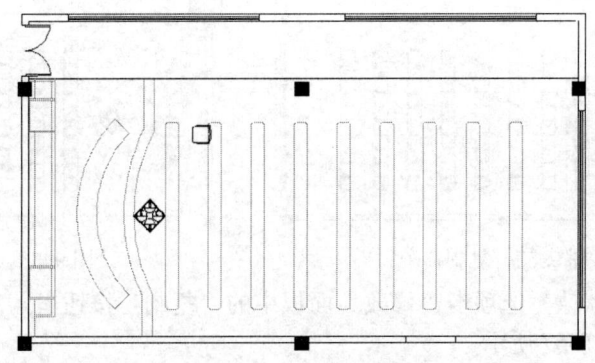

图 9-53　插入椅子

用户应该掌握ByLayer（随层）与ByBlock（随块）的应用。两者的运用涉及图块组成对象图层的继承性与图块组成对象颜色、线型和线宽的继承性。

ByLayer设置就是在绘图时把当前颜色、当前线型或当前线宽设置为ByLayer。如果当前颜色（当前线型或当前线宽）使用ByLayer设置，则所绘对象的颜色（线型或线宽）与所在图层的图层颜色（图层线型或图层线宽）一致，所以ByLayer设置也称为随层设置。

ByBlock设置就是在绘图时把当前颜色、当前线型或当前线宽设置为ByBlock。如果当前颜色使用ByBlock设置，则所绘对象的颜色为白色（White）；如果当前线型使用ByBlock设置，则所绘对象的线型为实线（Continuous）；如果当前线宽使用Byblock设置，则所绘对象的线宽为默认线宽（Default），一般默认线宽为0.25mm，默认线宽也可以重新设置，ByBlock设置也称为随块设置，如图9-54所示。

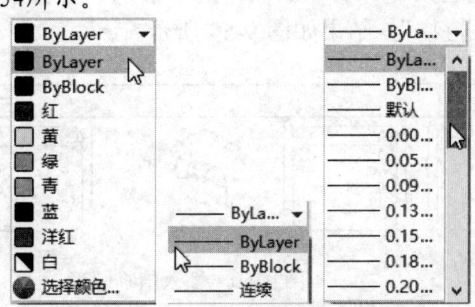

图 9-54　特性的随层与随块

图块还有内部图块与外部图块之分。内部图块是在一个文件内定义的图块，可以在该文件内部自由作用，内部图块一旦被定义，它就和文件同时被存储和打开。外部图块将图块以主文件的形式写入磁盘，其他图形文件也可以使用它，这是外部图块和内部图块的一个重要区别。

14 单击"默认"选项卡"修改"面板中的"复制"按钮，对椅子进行复制，结果如图 9-55 所示。

15 单击"插入"选项卡"块"面板中的"插入"下拉菜单中的"最近使用的块"选项，插入"源文件/图块/沙发"，结果如图 9-56 所示。

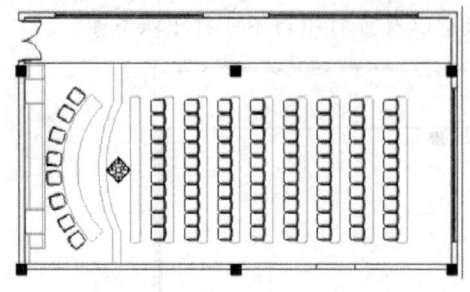

图 9-55　复制椅子　　　　　　　　　　　　图 9-56　插入沙发

16 单击"默认"选项卡"修改"面板中的"复制"按钮 ✧，选择上步绘制的沙发进行复制，结果如图 9-57 所示。

17 单击"默认"选项卡"绘图"面板中的"矩形"按钮 ▭，在图形空白处绘制三个 350mm×450mm 的矩形，如图 9-58 所示。

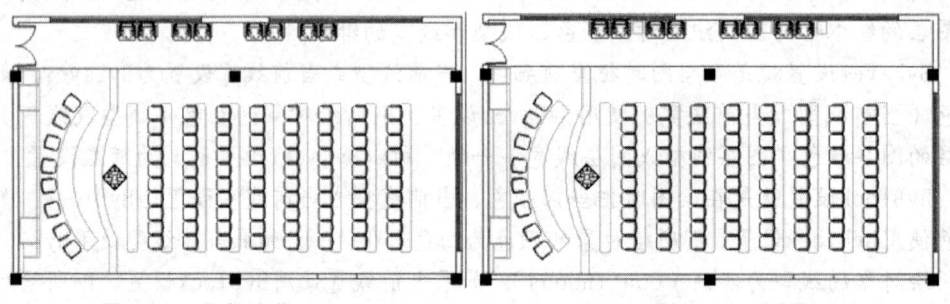

图 9-57　复制沙发　　　　　　　　　　　　图 9-58　绘制矩形

18 单击"插入"选项卡"块"面板中的"插入"下拉菜单中的"最近使用的块"选项，插入"源文件/图库/植物"，结果如图 9-59 所示。

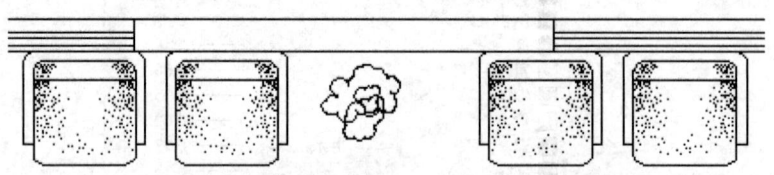

图 9-59　插入植物图形

 注意：

当图形文件经过多次修改，特别是插入多个图块以后，文件占用的空间会越来越大，电脑运行的速度将会变慢，图形处理的速度也会变慢。此时可以通过选择❶"文件"菜单中的❷"图形实用工具"→❸"清理"命令（见图9-60），清除无用的图块、字型、图层、标注样式、复线型式等，经过清理后，图形文件也会随之变小。

308

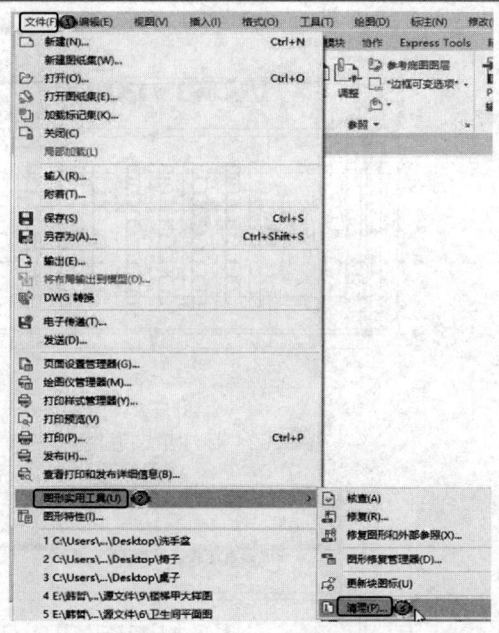

图 9-60 选择"清理"命令

9.3.2 标注图形

01 单击"默认"选项卡"图层"面板中的"图层特性"按钮，将"标注"图层设置为当前图层，并开启"轴线"图层。

02 单击"注释"选项卡"标注"面板中的"线性"按钮和"连续"按钮，标注第一道尺寸，如图 9-61 所示。

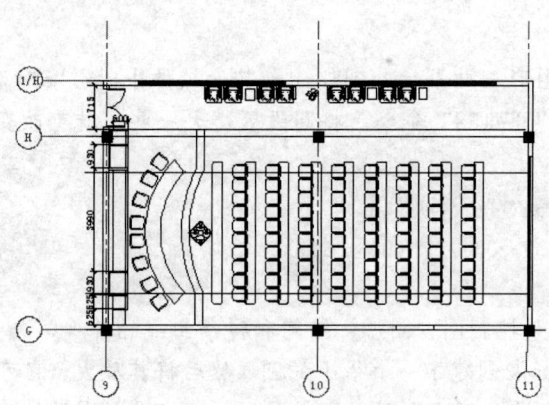

图 9-61 标注第一道尺寸

03 单击"注释"选项卡"标注"面板中的"线性"按钮和"连续"按钮，标注第二道尺寸，如图 9-62 所示。

04 单击"默认"选项卡"注释"面板中的"线性"按钮，标注图形总尺寸，如图 9-63 所示。

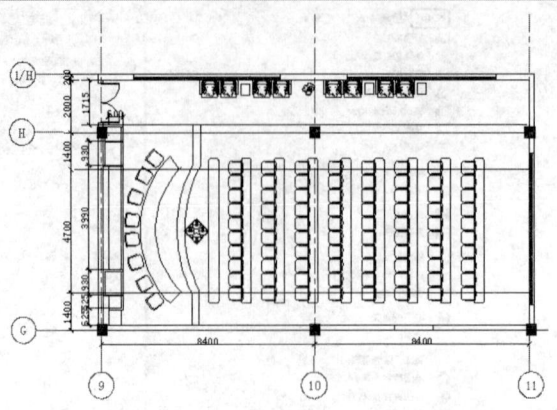

图 9-62 标注第二道尺寸

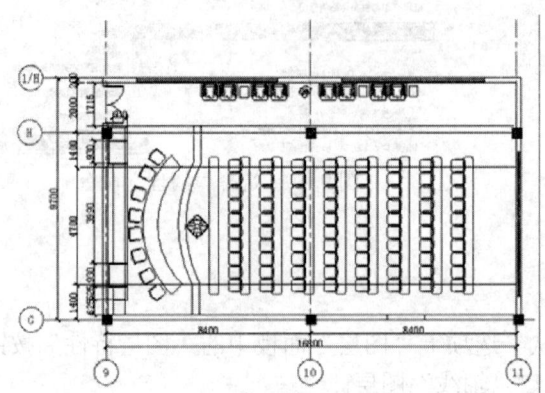

图 9-63 标注图形总尺寸

 注意：

在将AutoCAD中的图形粘贴或插入到Word或其他软件中时，有时会发现圆变成了正多边形。此时，只需调用 "VIEWRES" 命令，将圆设置得大一些，就可改变图形质量。

命令：VIEWRES
是否需要快速缩放？[是(Y)/否(N)] <Y>：
输入圆的缩放百分比（1-20000）<1000>：5000
正在重生成模型。

VIEWRES 使用短矢量控制圆、圆弧、椭圆和样条曲线的外观，矢量数目越大，圆或圆弧的外观越平滑。例如，如果创建了一个很小的圆，然后将其放大，它可能显示为一个多边形，此时使用 VIEWRES 增大缩放百分比并重生成图形，可以更新圆的外观并使其平滑。 减小缩放百分比会有相反的效果。

上述操作也可以如下路径实现：菜单栏：工具→❶选项→❷显示→❸显示精度（见图9-64）。

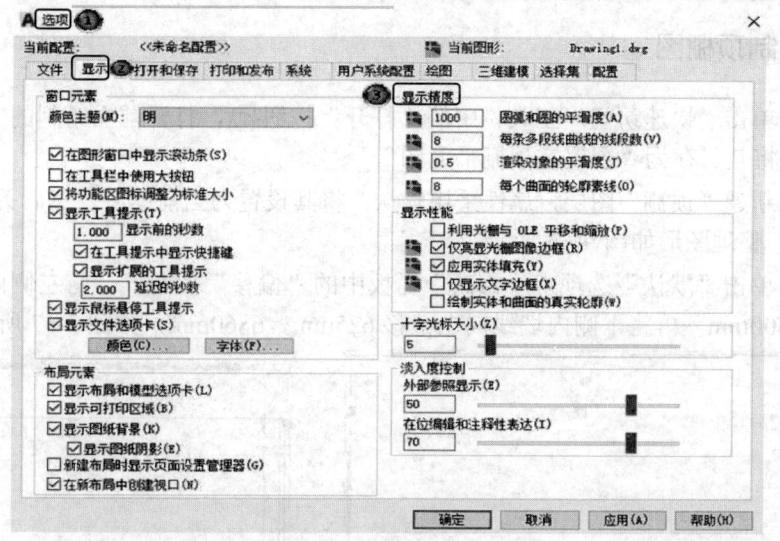

图 9-64　"显示精度"选项

9.4　会议室顶棚平面图绘制

顶棚图用于表达室内顶棚造型、灯具及相关电器布置。在绘制顶棚图时，可以利用室内平面图墙线形成的空间分隔，通过删除其门窗洞口图线来完成。

顶棚图的绘制可按照室内平面图修改、顶棚造型绘制、灯具布置、文字尺寸标注、符号标注及线宽设置的顺序进行。本实例绘制的会议室顶棚平面图如图 9-65 所示。

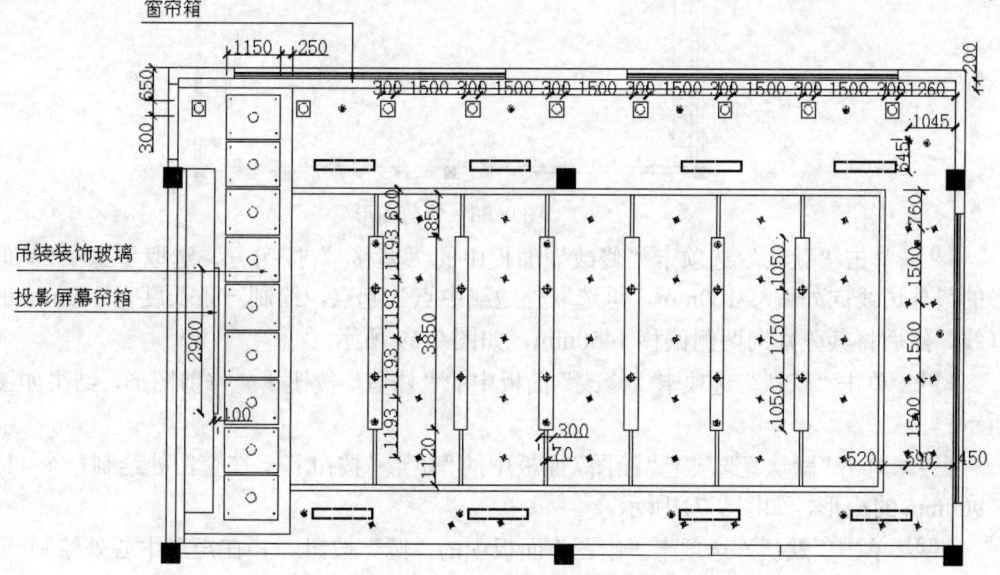

图 9-65　会议室顶棚平面图

9.4.1 绘制顶棚图

01 单击"快速访问"工具栏中的"打开"按钮 🗁，打开前面绘制的"会议室建筑平面图"，并将其另存为"会议室顶棚平面图"。

02 新建"顶棚"图层，属性采用默认，将其设置为当前图层，然后关闭"轴线""标注"图层。整理图形如图 9-66 所示。

03 单击"默认"选项卡"修改"面板中的"偏移"按钮 ⋐，将左侧内墙线向右偏移 200mm、600mm。再将下侧内墙线向上偏移 625mm、6860mm，如图 9-67 所示。

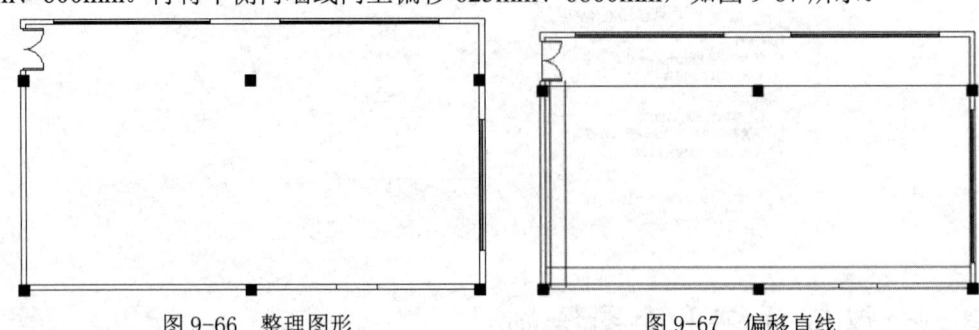

图 9-66 整理图形 图 9-67 偏移直线

04 单击"默认"选项卡"修改"面板中的"修剪"按钮 ✂，对偏移后的直线进行修剪，结果如图 9-68 所示。

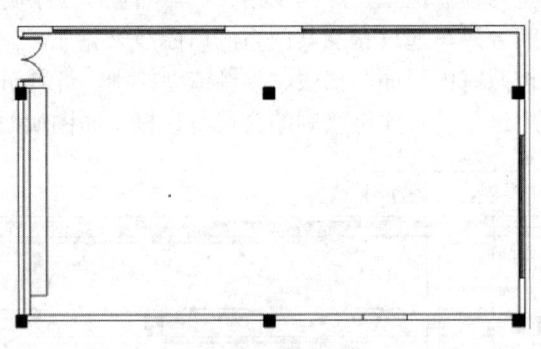

图 9-68 修剪图形

05 单击"默认"选项卡"修改"面板中的"偏移"按钮 ⋐，选取步骤 **04** 偏移图形的最外边线向外偏移 100mm，再选取外边线中点为起点，绘制一条长度为 300mm 的水平直线，然后将其分别向两侧偏移 1450mm，如图 9-69 所示。

06 单击"默认"选项卡"修改"面板中的"修剪"按钮 ✂，修剪图形，结果如图 9-70 所示。

07 单击"默认"选项卡"绘图"面板中的"矩形"按钮 ▭，在空白处绘制一个 1150mm ×900mm 的矩形，如图 9-71 所示。

08 单击"默认"选项卡"绘图"面板中的"圆"按钮 ⊙，在矩形中心处绘制一个圆，半径为 100mm，再绘制 4 个小圆，半径为 10mm，如图 9-72 所示。

09 单击"默认"选项卡"修改"面板中的"矩形阵列"按钮 ▦，命令行提示如下：

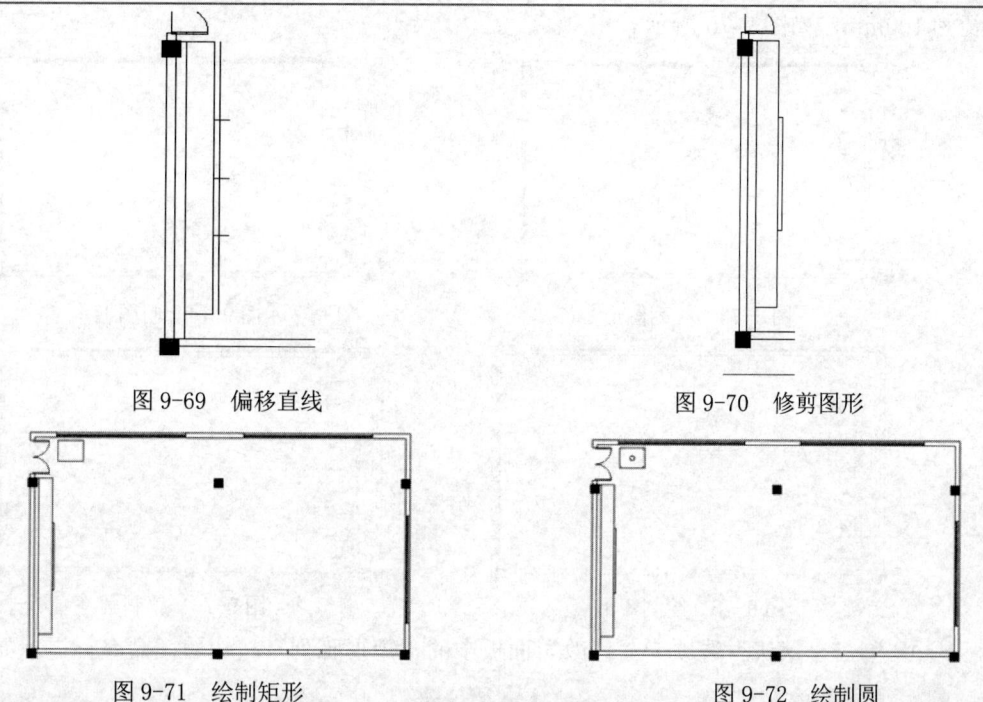

图 9-69　偏移直线　　　　　　　　　　　　　图 9-70　修剪图形

图 9-71　绘制矩形　　　　　　　　　　　　　图 9-72　绘制圆

命令：_ARRAYRECT

选择对象：（选取绘制的矩形和圆）

类型 = 矩形　关联 = 是

选择夹点以编辑阵列或 [关联(AS)/基点(B)/计数(COU)/间距(S)/列数(COL)/行数(R)/层数(L)/退出(X)] <退出>：R

输入行数数或 [表达式(E)] <3>：9

指定 行数 之间的距离或 [总计(T)/表达式(E)] <817.8279>：-950

指定 行数 之间的标高增量或 [表达式(E)] <0>：

选择夹点以编辑阵列或 [关联(AS)/基点(B)/计数(COU)/间距(S)/列数(COL)/行数(R)/层数(L)/退出(X)] <退出>：COL

输入列数数或 [表达式(E)] <4>：1

指定 列数 之间的距离或 [总计(T)/表达式(E)] <1074.0845>：1

选择夹点以编辑阵列或 [关联(AS)/基点(B)/计数(COU)/间距(S)/列数(COL)/行数(R)/层数(L)/退出(X)] <退出>：

结果如图 9-73 所示。

(10) 单击"默认"选项卡"修改"面板中的"删除"按钮 ，删除门图形，并将其封闭，如图 9-74 所示。

(11) 单击"默认"选项卡"绘图"面板中的"矩形"按钮 □，在空白处绘制一个 30mm0×300mm 的矩形，如图 9-75 所示。

(12) 单击"默认"选项卡"绘图"面板中的"圆"按钮 ，在矩形中心绘制一个圆，半径为100mm，如图9-76所示。

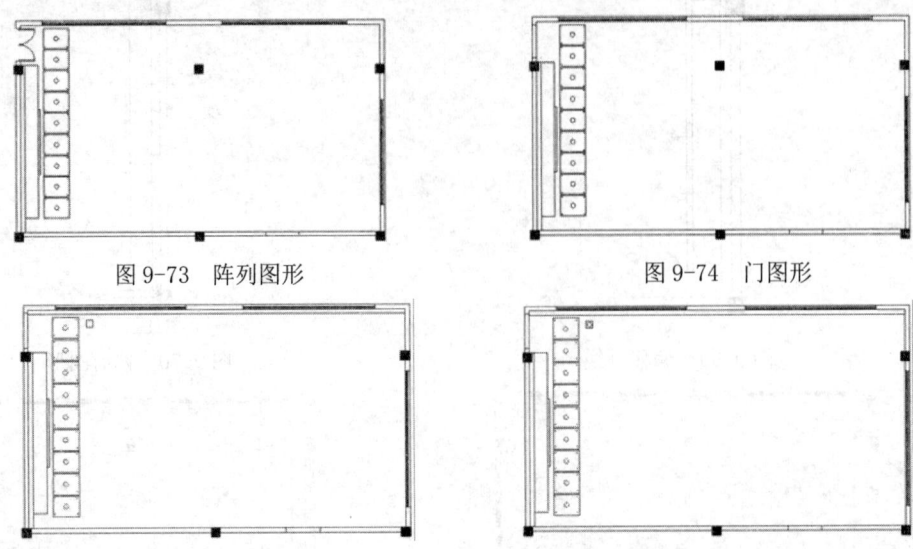

图 9-73　阵列图形　　　　　　　　　　图 9-74　门图形

图 9-75　绘制矩形　　　　　　　　　　图 9-76　绘制圆

13 单击"默认"选项卡"修改"面板中的"矩形阵列"按钮 品，命令行提示如下：

> 命令：_ARRAYRECT
>
> 选择对象：（选择绘制的小矩形和圆）
>
> 选择对象：
>
> 类型 = 矩形　关联 = 是
>
> 选择夹点以编辑阵列或［关联(AS)/基点(B)/计数(COU)/间距(S)/列数(COL)/行数(R)/层数(L)/退出
> (X)］〈退出〉：COL
>
> 输入列数数或［表达式(E)］〈4〉：8
>
> 指定 列数 之间的距离或［总计(T)/表达式(E)］〈4〉:1800
>
> 选择夹点以编辑阵列或［关联(AS)/基点(B)/计数(COU)/间距(S)/列数(COL)/行数(R)/层数(L)/退出
> (X)］〈退出〉：R
>
> 输入行数数或［表达式(E)］〈3〉：1
>
> 指定 行数 之间的距离或［总计(T)/表达式(E)］〈4〉：
>
> 指定 行数 之间的标高增量或［表达式(E)］〈0〉：
>
> 选择夹点以编辑阵列或［关联(AS)/基点(B)/计数(COU)/间距(S)/列数(COL)/行数(R)/层数(L)/退出
> (X)］〈退出〉：

结果如图9-77所示。

14 单击"默认"选项卡"修改"面板中的"复制"按钮 🗗，向左侧复制一个图形，
如图9-78所示。

15 单击"默认"选项卡"修改"面板中的"偏移"按钮 ⊆，将上边内墙线向下偏移
200mm，如图9-79所示。

16 单击"默认"选项卡"绘图"面板中的"直线"按钮 ╱，在图形空白处绘制一条

竖直直线和一条水平直线，如图 9-80 所示。

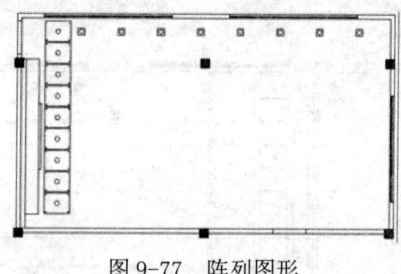

图 9-77 阵列图形

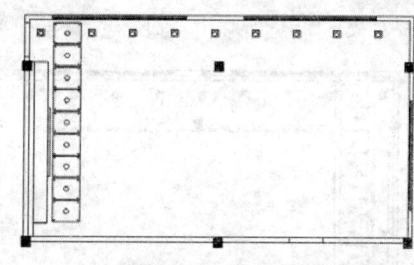

图 9-78 复制图形

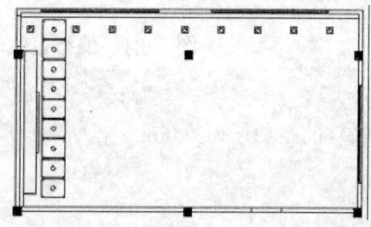

图 9-79 偏移墙线

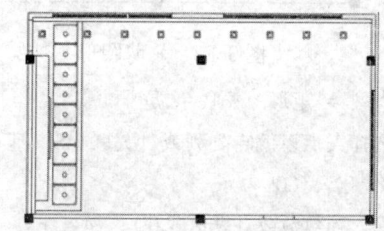

图 9-80 绘制直线

17 单击"默认"选项卡"修改"面板中的"偏移"按钮 ⊆，将上边内墙线向下偏移 2200mm，下边内墙线向上偏移 1080mm，右侧内墙线向左偏移 1560mm，如图 9-81 所示。

18 单击"默认"选项卡"修改"面板中的"修剪"按钮 ＼，修剪图形，结果如图 9-82 所示。

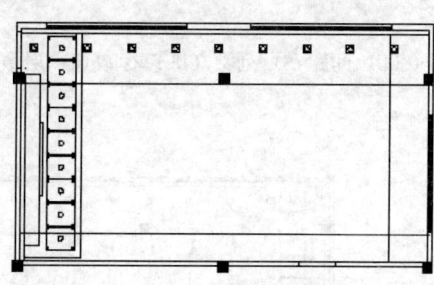

图 9-81 偏移直线

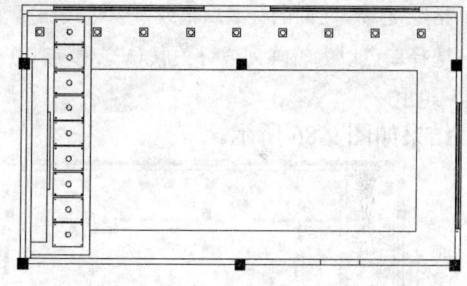

图 9-82 修剪图形

19 单击"修改"工具栏中的"偏移"按钮 ⊆，将刚修剪的图线向内偏移 100mm，再单击"默认"选项卡"修改"面板中的"修剪"按钮 ＼，修剪多余线段，结果如图 9-83 所示。

20 单击"默认"选项卡"修改"面板中的"偏移 "按钮 ⊆，将上边内墙线向下偏移 3150mm、3850mm，左边墙线向右偏移 4100mm、115mm、70mm、115mm，结果如图 9-84 所示。

21 单击"默认"选项卡"修改"面板中的"修剪"按钮 ＼，修剪图形，结果如图 9-85 所示。

22 单击"默认"选项卡"修改"面板中的"矩形阵列"按钮 ⊞，命令行提示如下：

```
命令: _ARRAYRECT
```

选择对象：（修剪后的图形）

选择对象：

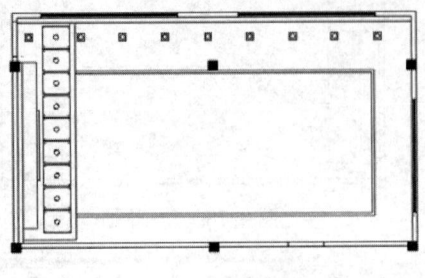

图 9-83　修剪图形

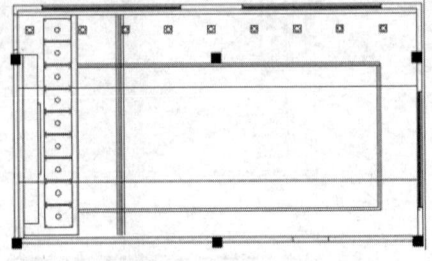

图 9-84　偏移直线

类型 = 矩形　关联 = 是

选择夹点以编辑阵列或［关联(AS)/基点(B)/计数(COU)/间距(S)/列数(COL)/行数(R)/层数(L)/退出(X)］〈退出〉：COL

输入列数数或［表达式(E)］〈4〉：6

指定 列数 之间的距离或［总计(T)/表达式(E)］〈4〉:1826

选择夹点以编辑阵列或［关联(AS)/基点(B)/计数(COU)/间距(S)/列数(COL)/行数(R)/层数(L)/退出(X)］〈退出〉：R

输入行数数或［表达式(E)］〈3〉：1

指定 行数 之间的距离或［总计(T)/表达式(E)］〈4〉：

指定 行数 之间的标高增量或［表达式(E)］〈0〉：

选择夹点以编辑阵列或［关联(AS)/基点(B)/计数(COU)/间距(S)/列数(COL)/行数(R)/层数(L)/退出(X)］〈退出〉：

结果如图 9-86 所示。

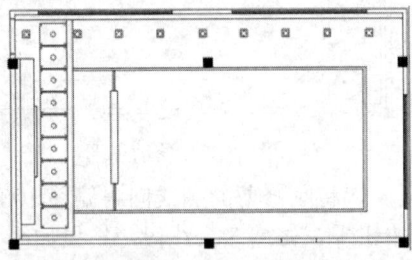

图 9-85　修剪图形

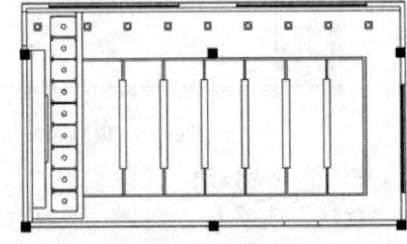

图 9-86　阵列图形

23 单击"默认"选项卡"绘图"面板中的"矩形"按钮 □ ，绘制一个 1300mm×200mm 的矩形，再单击"默认"选项卡"修改"面板中的"偏移"按钮 ⊆ ，选取矩形向内偏移，偏移距离为 20mm，如图 9-87 所示。

24 选取内部矩形，将线型更改为"ACAD_ISO02W100"线型，修改其线型比例为 10，如图 9-88 所示。

25 单击"默认"选项卡"修改"面板中的"复制"按钮 ％ ，选取矩形进行复制，结果如图 9-89 所示。

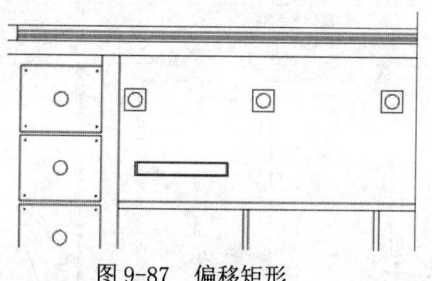

图 9-87 偏移矩形

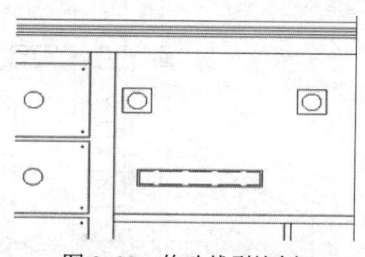

图 9-88 修改线型比例

26 单击"默认"选项卡"绘图"面板中的"圆"按钮 ⊙，绘制两个同心圆，半径分别为 68mm、35mm，如图 9-90 所示。

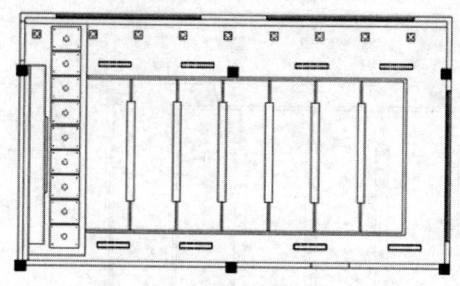

图 9-89 复制矩形

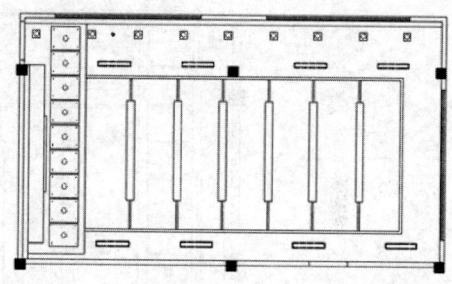

图 9-90 绘制同心圆

27 单击"默认"选项卡"绘图"面板中的"图案填充"按钮 ▨，选择"SOLID"图案，拾取上步绘制的内圆，按 Enter 键，完成填充，结果如图 9-91 所示。

28 单击"默认"选项卡"修改"面板中的"复制"按钮 ℃，对填充的圆进行复制，如图 9-92 所示。

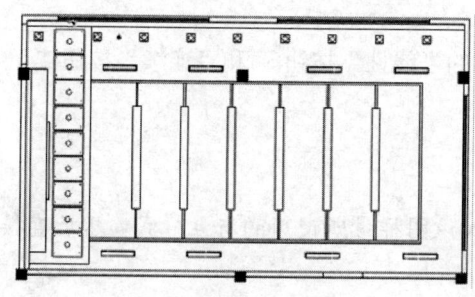

图 9-91 图案填充

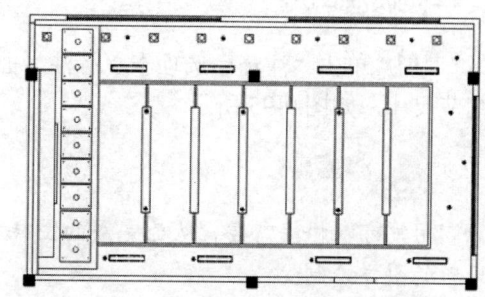

图 9-92 复制圆

29 单击"插入"选项卡"块"面板中的"插入"下拉菜单中的"最近使用的块"选项，插入"源文件/图库/筒灯"，在图中相应位置插入所有筒灯，结果如图 9-93 所示。

30 单击"插入"选项卡"块"面板中的"插入"下拉菜单中的"最近使用的块"选项，插入"源文件/图库/大筒灯"，在图中相应位置插入所有筒灯，结果如图 9-94 所示。

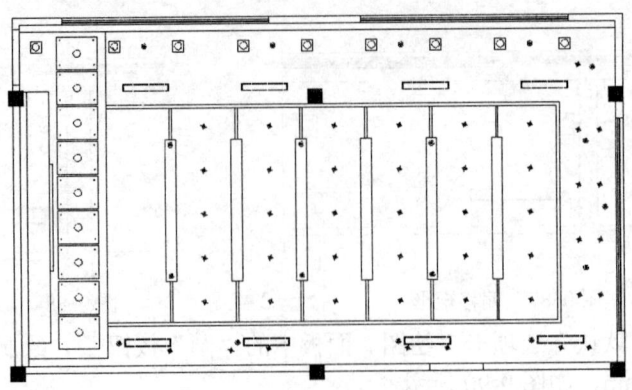

图 9-93　插入筒灯

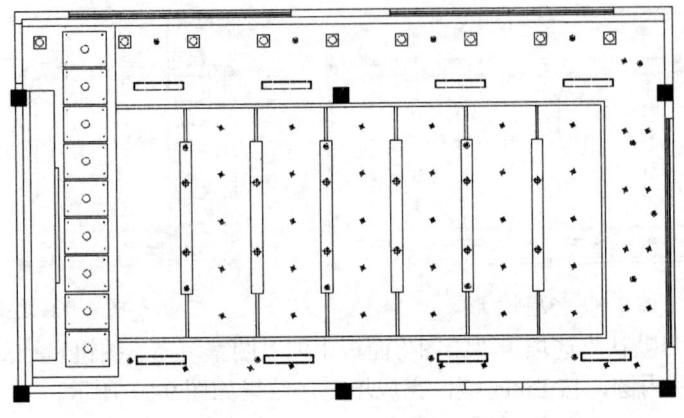

图 9-94　插入大筒灯

9.4.2　标注图形

01 单击"注释"选项卡"标注"面板中的"线性"按钮和"连续"按钮，标注细节尺寸，如图 9-95 所示。

注意：

用户可以根据需要，从已完成的图样中导入该图样中所使用的标注样式，然后直接应用于新的图样绘制。

02 添加文字说明。

❶单击"默认"选项卡"注释"面板中的"文字样式"按钮，打开"文字样式"对话框，新建"说明"文字样式，设置高度为 150，并将其置为当前。

❷在命令行中输入 QLEADER 命令，标注文字说明，如图 9-96 所示。

注意：

在"文字样式"对话框中勾选"使用大字体"复选框，如图 9-97 所示，即可激活大字体文件。可以选择两种字体,左侧选择西文,右侧选择中文,而且两种字体都必须为.shx字体。如果不使用大字体,则只能选择一种字体,该字体可以是.shx字体,也可以是.ttf字体。建筑制图推荐使用txt.shx+hztxt.shx 两种大字体结合。

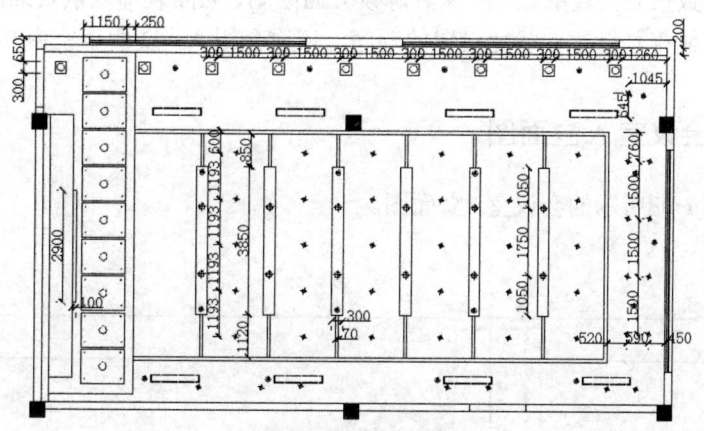

图 9-95　标注细节尺寸

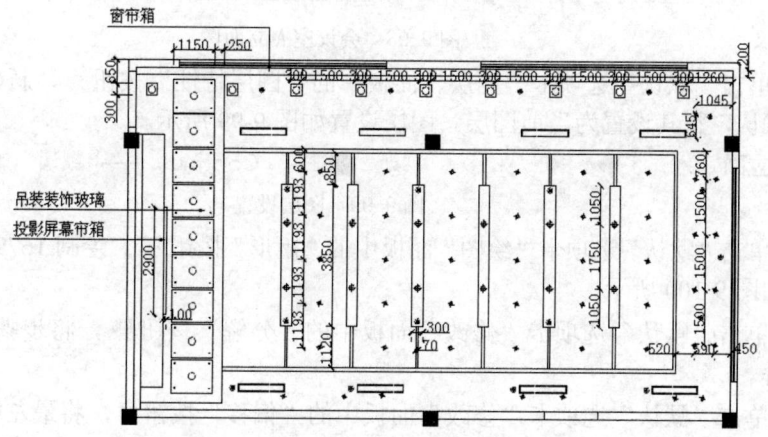

图 9-96　标注文字说明

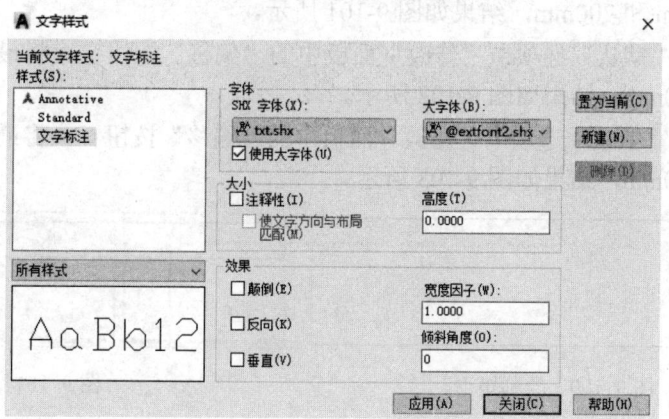

图 9-97　勾选"使用大字体"复选框

9.5　会议室立面图绘制

本节将大致按立面轮廓绘制、家具陈设立面绘制、立面装饰元素及细部处理、尺寸标注、文字说明及其他符号标注、线宽设置的顺序。依次介绍 A、D 两个室内立面图的绘制。

9.5.1　绘制会议室 A 立面图

绘制如图9-98所示的会议室A立面图。

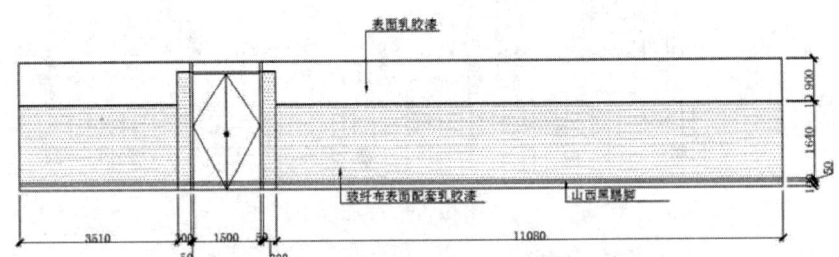

图 9-98　会议室 A 立面图

01 单击"默认"选项卡"图层"面板中的"图层特性"按钮，新建"立面"图层属性采用默认，将其设置为当前图层。图层设置如图 9-99 所示。

图 9-99　图层设置

02 单击"默认"选项卡"绘图"面板中的"矩形"按钮 ，绘制 16790mm×2700mm 的矩形，如图 9-100 所示。

03 单击"默认"选项卡"修改"面板中的"分解"按钮 ，将步骤 **02** 绘制的矩形进行分解。

04 单击"默认"选项卡"修改"面板中的"偏移"按钮 ，将最左端竖直线向右偏移 3510mm、300mm、50mm、1500mm、50mm 和 300mm。再将矩形下边线向上偏移 100mm、50mm、1650mm 和 700mm，结果如图 9-101 所示。

05 单击"默认"选项卡"修改"面板中的"偏移"按钮 ，将最上边直线向下偏移，偏移距离为 250mm，结果如图 9-102 所示。

06 单击"默认"选项卡"修改"面板中的"偏移"按钮 ，将最上边直线向下偏移，偏移距离为 190mm，结果如图 9-103 所示。

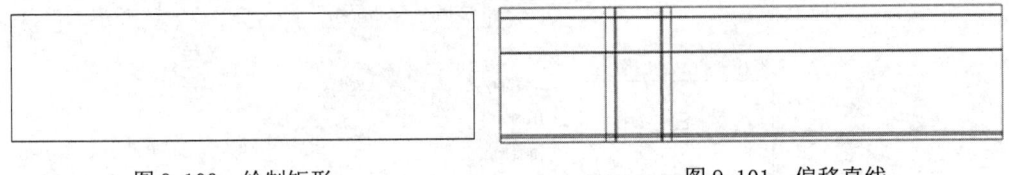

图 9-100　绘制矩形　　　　　　　　　　　　　　图 9-101　偏移直线

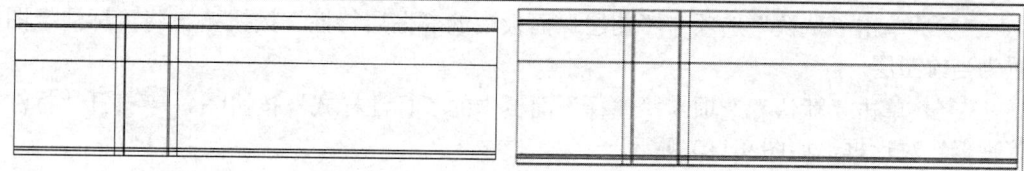

图 9-102 偏移直线   图 9-103 偏移直线

07 单击"默认"选项卡"修改"面板中的"偏移"按钮 ⊆，将最上边直线向下偏移，偏移距离为 910mm，结果如图 9-104 所示。

08 单击"默认"选项卡"修改"面板中的"修剪"按钮 ，修剪直线，结果如图 9-105 所示。

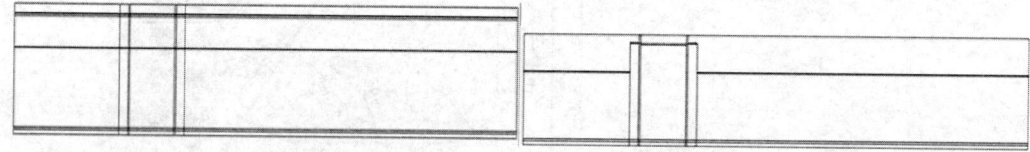

图 9-104 偏移直线   图 9-105 修剪直线

09 单击"默认"选项卡"绘图"面板中的"直线"按钮 ，绘制直线，如图 9-106 所示。

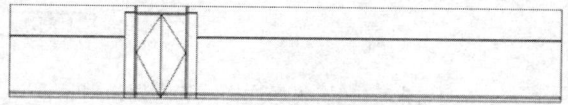

图 9-106 绘制直线

10 单击"默认"选项卡"绘图"面板中的"矩形"按钮 □，在图形内绘制一个矩形，单击"默认"选项卡"绘图"面板中的"多段线"按钮 ，在矩形内绘制一段连续线段，如图 9-107 所示。

11 单击"默认"选项卡"修改"面板中的"镜像"按钮 ⚏，镜像图形，结果如图 9-108 所示。

图 9-107 绘制连续线段   图 9-108 镜像图形

12 单击"默认"选项卡"绘图"面板中的"图案填充"按钮 ，设置填充图案为"DOTS"设置角度为 0，设置比例为 50，进行图案填充，结果如图 9-109 所示。

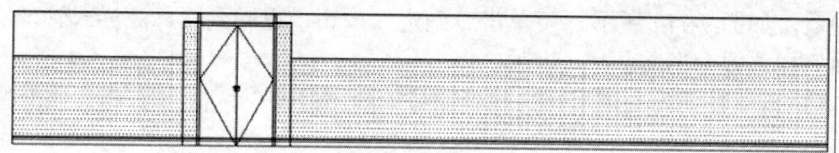

图 9-109 填充图案

13 单击"默认"选项卡"图层"面板中的"图层特性"按钮🏷️，将"标注"图层设置为当前图层。

14 单击"默认"选项卡"注释"面板中的"标注样式"按钮🖊️，❶打开"标注样式管理器"对话框，如图 9-110 所示。

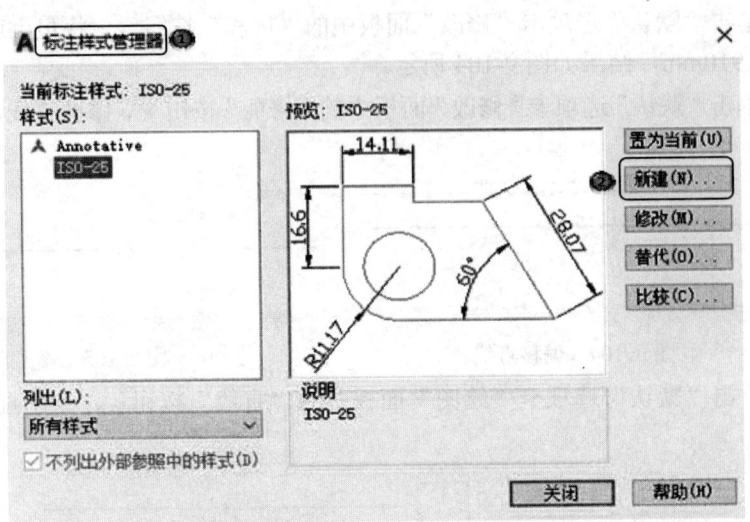

图 9-110 "标注样式管理器"对话框

15 ❷单击"新建"按钮，❸打开"创建新标注样式"对话框，❹输入"新样式名"为"立面"，如图 9-111 所示

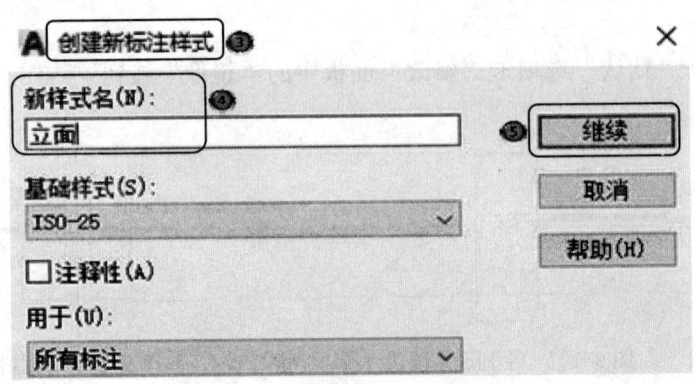

图 9-111 "创建新标注样式"对话框

16 ❺单击"继续"按钮，❻打开"新建标注样式：立面"对话框，❼在各个选项卡中设置参数，如图 9-112 所示。❽单击"确定"按钮，返回到"标注样式管理器"对话框，将"立面"样式置为当前。

17 单击"默认"选项卡"注释"面板中的"线性"按钮🖊️，标注立面图尺寸，如图 9-113 所示。

18 单击"默认"选项卡"注释"面板中的"文字样式"按钮 A, 弹出"文字样式"对话框, 新建"说明"文字样式, 设置高度为150, 并将其置为当前。

19 在命令行中输入 QLEADER 命令, 标注文字说明, 结果如图9-98所示。

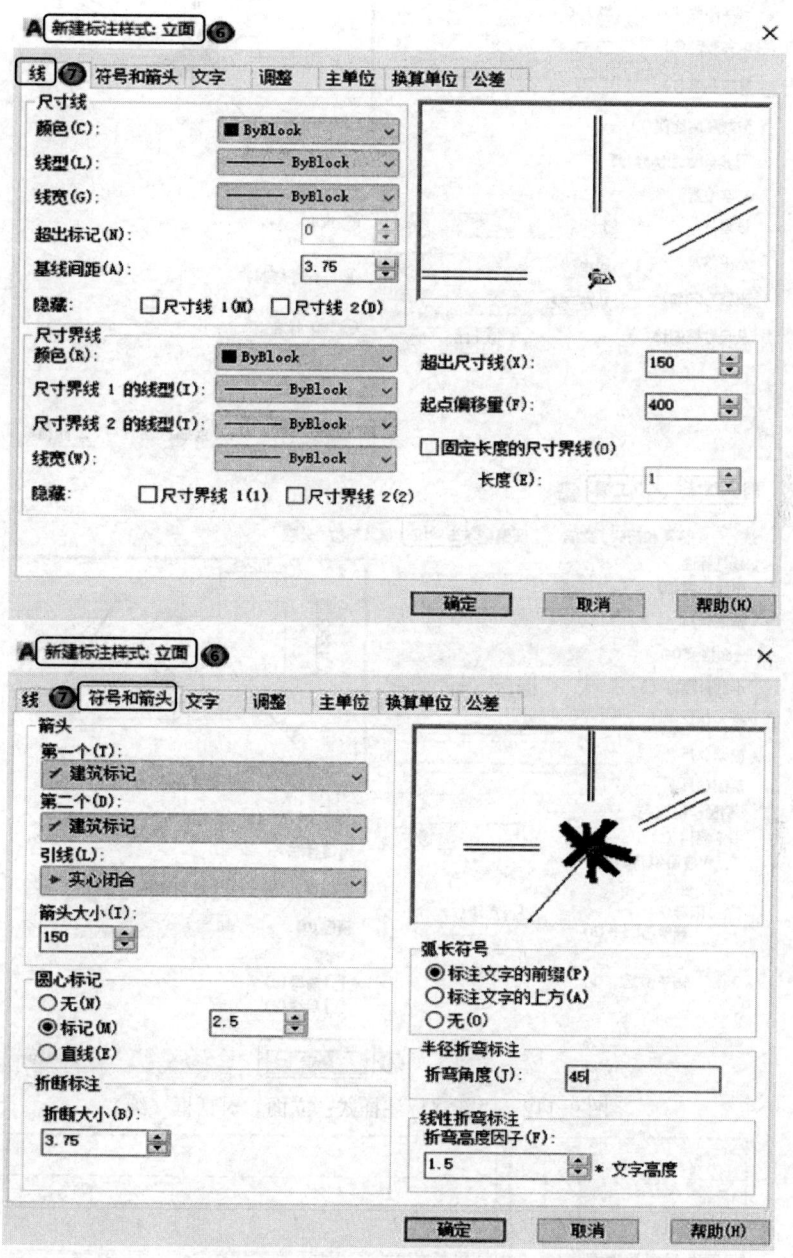

图9-112　"新建标注样式：立面"对话框

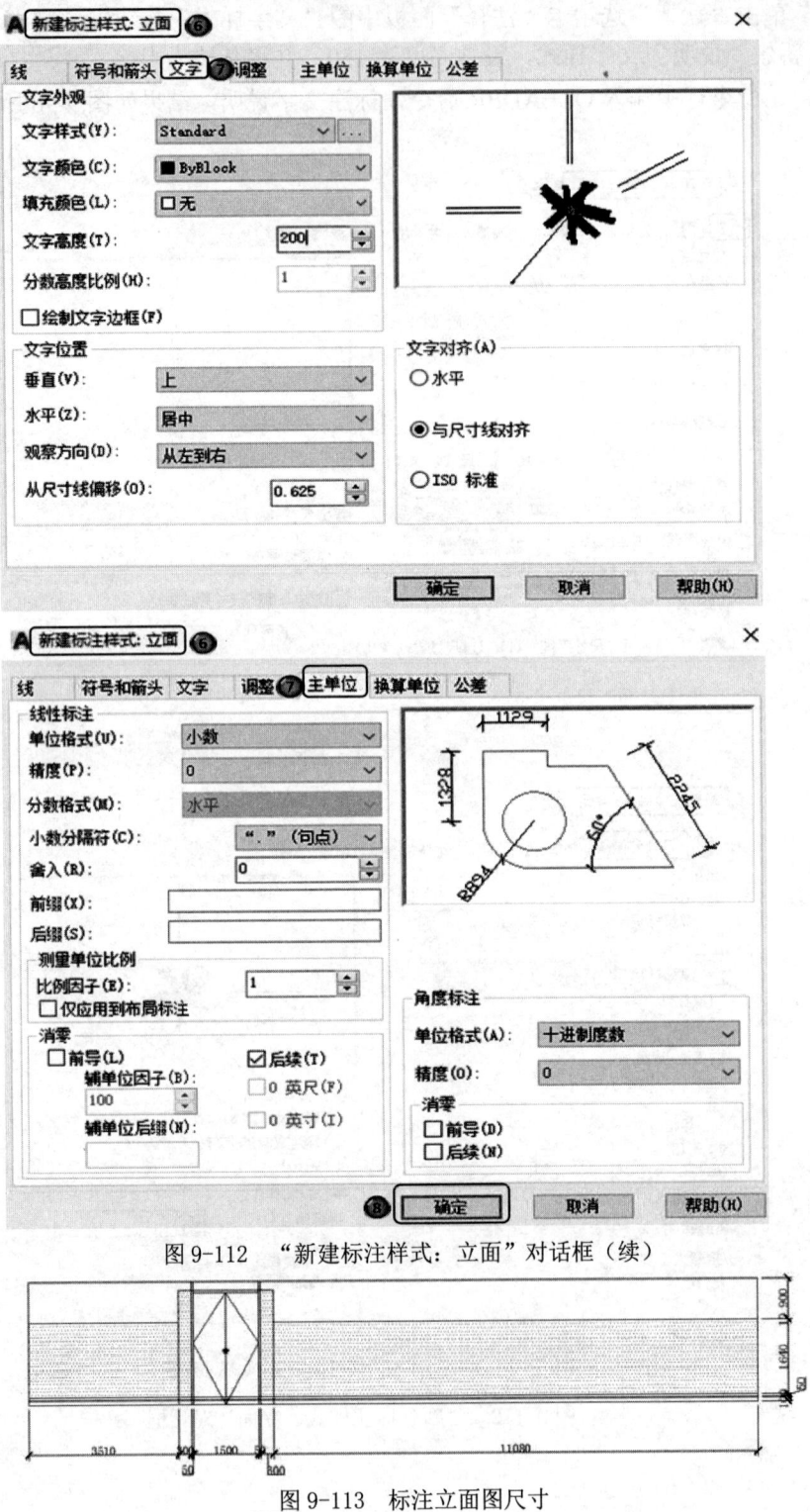

图9-112 "新建标注样式：立面"对话框（续）

图9-113 标注立面图尺寸

注意：

可利用DWT模板文件创建专业CAD制图的统一文字及标注样式，这样在下次制图时便可直接调用，而不必重复设置样式。用户也可以从CAD设计中心查找所需的标注样式，直接导入至新建的图样中。

9.5.2 绘制会议室 D 立面图

绘制如图 9-114 所示的会议室 D 立面图。

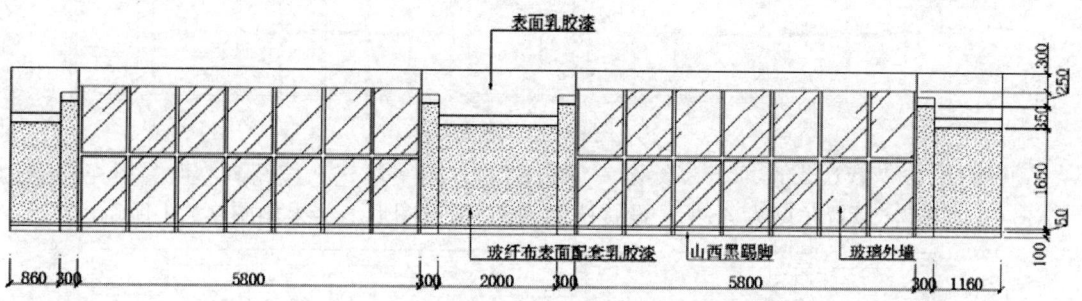

图 9-114　会议室 D 立面图

01 单击"默认"选项卡"绘图"面板中的"矩形"按钮 ▭，绘制 16820mm×2700mm 的矩形，如图 9-115 所示。

02 单击"默认"选项卡"修改"面板中的"分解"按钮 ⬚，将上步绘制的矩形进行分解。

03 单击"默认"选项卡"修改"面板中的"偏移"按钮 ⬖，将最左端竖直线向右偏移 860mm、300mm、5800mm、300mm、2000mm、300mm、5800mm 和 300mm，再将最下端水平直线向上偏移 100mm、50mm、1650mm、350mm 和 250mm，结果如图 9-116 所示。

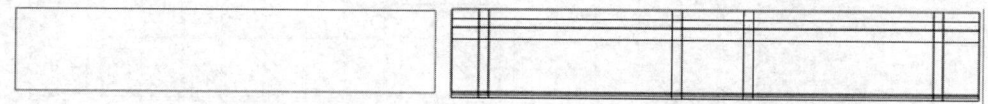

图 9-115　绘制矩形　　　　　　　　　　图 9-116　偏移直线

04 单击"默认"选项卡"修改"面板中的"修剪"按钮 ⬚，修剪多余图形，结果如图 9-117 所示。

05 单击"默认"选项卡"绘图"面板中的"直线"按钮 ⟋，绘制细部图形，结果如图 9-118 所示。

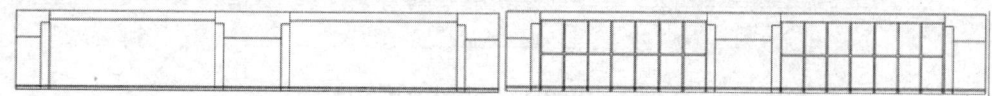

图 9-117　修剪图形　　　　　　　　　　图 9-118　绘制细部图形

06 单击"默认"选项卡"修改"面板中的"偏移"按钮 ⬖，将最上端水平直线向下偏移，偏移距离为410mm、350mm，如图 9-119 所示。

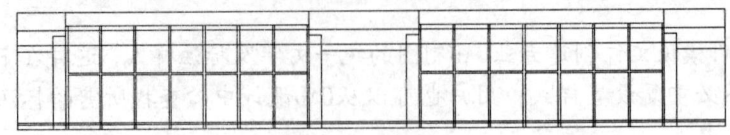

图 9-119　偏移直线

07 单击"默认"选项卡"修改"面板中的"修剪"按钮，修剪图形，结果如图 9-120 所示。

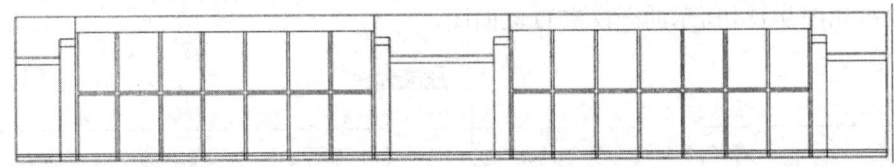

图 9-120　修剪图形

08 单击"默认"选项卡"绘图"面板中的"图案填充"按钮，设置填充图案为 "AR-RROOF"，设置角度为 45°，设置比例为 40 填充图形，结果如图 9-121 所示。

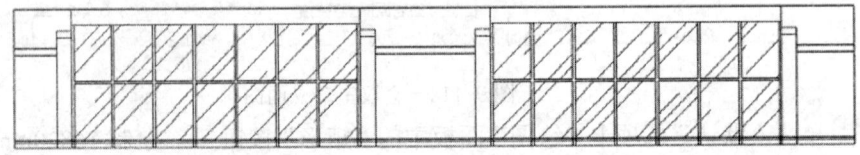

图 9-121　填充图形

09 单击"默认"选项卡"绘图"面板中的"图案填充"按钮，设置填充图案为"DOTS" 设置角度为 0，设置比例为 50，填充图形，结果如图 9-122 所示。

10 单击"默认"选项卡"注释"面板中的"线性"按钮，标注立面图尺寸，如图 9-123 所示。

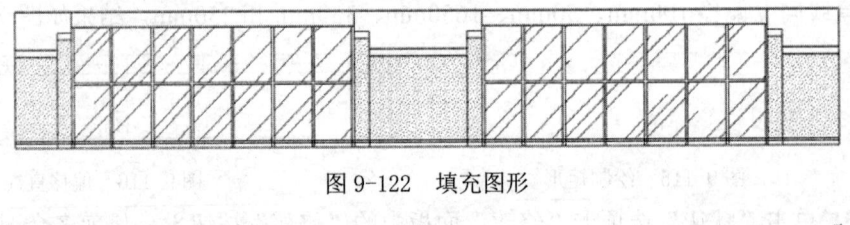

图 9-122　填充图形

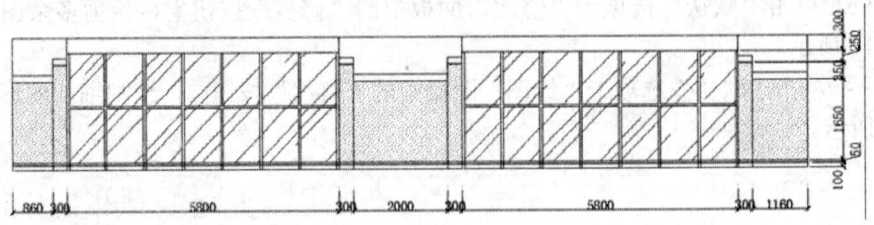

图 9-123　标注立面图尺寸

11 单击"默认"选项卡"注释"面板中的"文字样式"按钮，打开"文字样式"

对话框，新建"说明"文字样式，设置高度为150，并将其置为当前。

12 在命令行中输入"QLEADER"命令，标注文字说明，结果如图9-114所示。

 注意：

标注图样尺寸及文字时，一个好的制图习惯是先设置完成文字样式，即先准备好写字的字体。

9.6 会议室剖面图绘制

室内设计中，在其他图样对室内设计具体结构表达不够充分时，可使用剖面图作为补充。这里简要介绍会议室剖面图（见图9-124）的绘制方法。

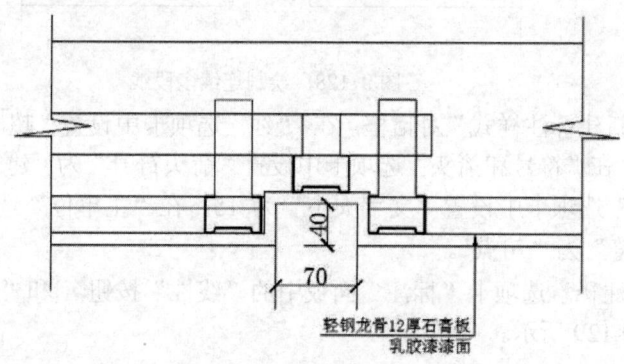

图9-124 会议室剖面图

01 单击"默认"选项卡"绘图"面板中的"直线"按钮和"默认"选项卡"修改"面板中的"偏移"按钮，绘制轮廓线，如图9-125所示。

02 单击"默认"选项卡"绘图"面板中的"直线"按钮和"默认"选项卡"修改"面板中的"修剪"按钮，绘制折弯线，如图9-126所示。

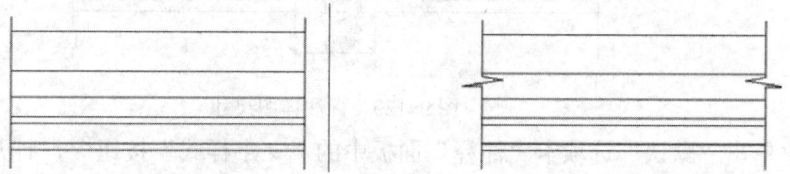

图9-125 绘制轮廓线　　　　图9-126 绘制折弯线

03 单击"默认"选项卡"绘图"面板中的"直线"按钮和"默认"选项卡"修改"面板中的"修剪"按钮，修剪图形，结果如图9-127所示

04 单击"默认"选项卡"绘图"面板中的"多段线"按钮，绘制连续多段线，如图9-128所示。

05 单击"默认"选项卡"注释"面板中的"标注样式"按钮，打开"标注样式管理器"对话框，新建"详图"标注样式。

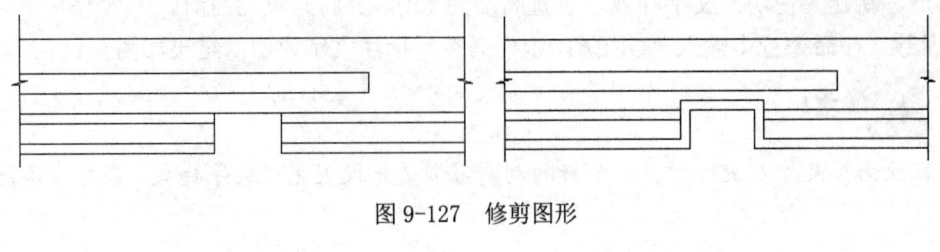

图 9-127 修剪图形

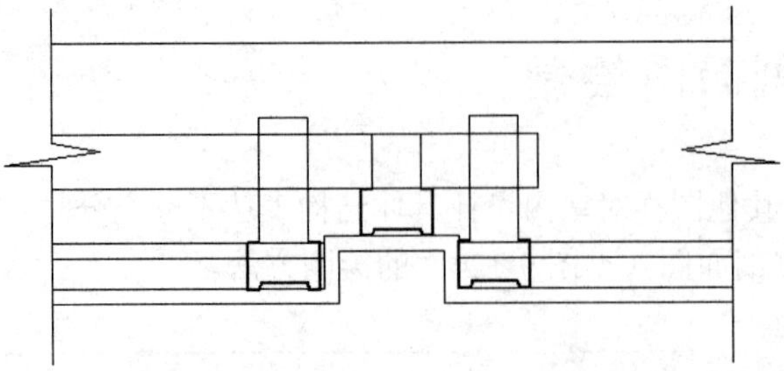

图 9-128 绘制连续多段线

06 打开"新建标注样式"对话框，在 "线"选项卡中设置"超出尺寸线"为 10、"起点偏移量"为 10，在"符号和箭头"选项卡中设置"箭头符号"为"建筑标记"、"箭头大小"为 10，在"文字"选项卡中设置"文字大小"为 15，在"主单位"选项卡中设置"精度"为 0、"小数分割符"为"句点"。

07 单击"注释"选项卡"标注"面板中的"线性"按钮┝┤和"连续"按钮┼┼┼，标注详图尺寸，如图 9-129 所示。

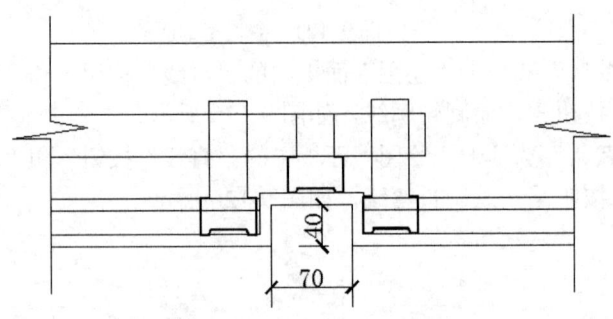

图 9-129 标注详图尺寸

08 单击"默认"选项卡"注释"面板中的"文字样式"按钮 A，打开"文字样式"对话框，新建"说明"文字样式，设置高度为 30，并将其置为当前。

09 在命令行中输入"QLEADER"命令，并通过"引线设置"对话框中设置参数，标注说明文字，结果如图 9-124 所示。

9.7 上机实验

实验 1 绘制某剧院接待室平面图

绘制如图 9-130 所示的某剧院接待室建筑平面图。

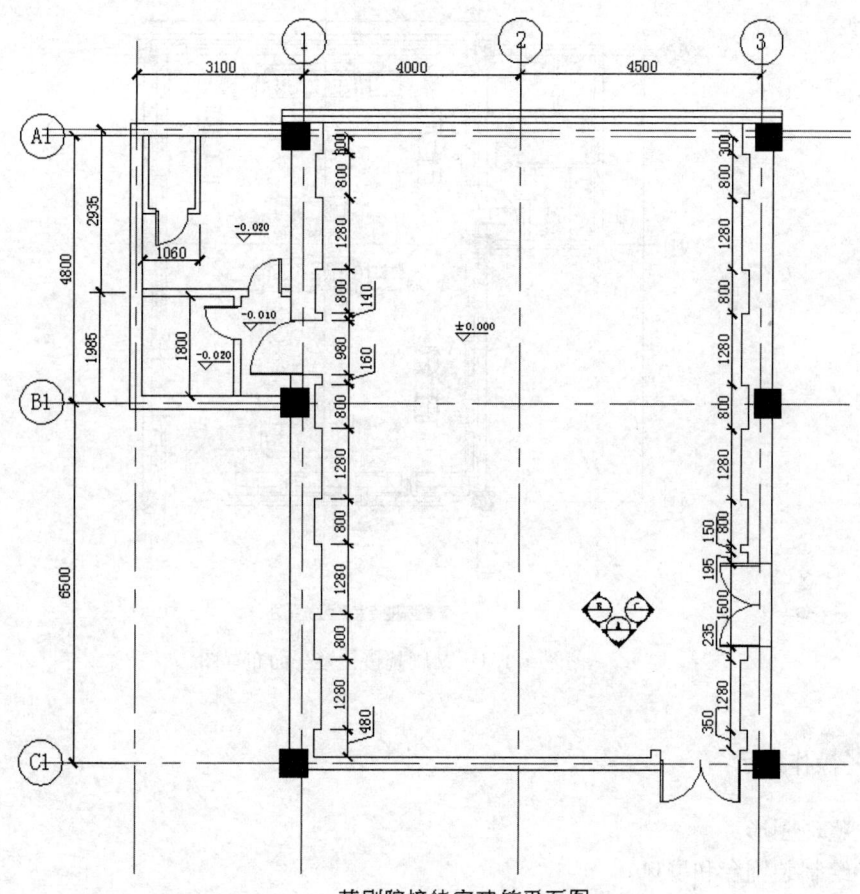

某剧院接待室建筑平面图

图 9-130　某剧院接待室建筑平面图

操作提示：

1. 图层设置。
2. 绘制轴线。
3. 绘制柱子。
4. 绘制墙体和隔断。
5. 绘制门洞、凹槽和门。
6. 尺寸标注。

实验 2　绘制某剧院接待室平面布置图

绘制如图 9-131 所示的某剧院接待室平面布置图。

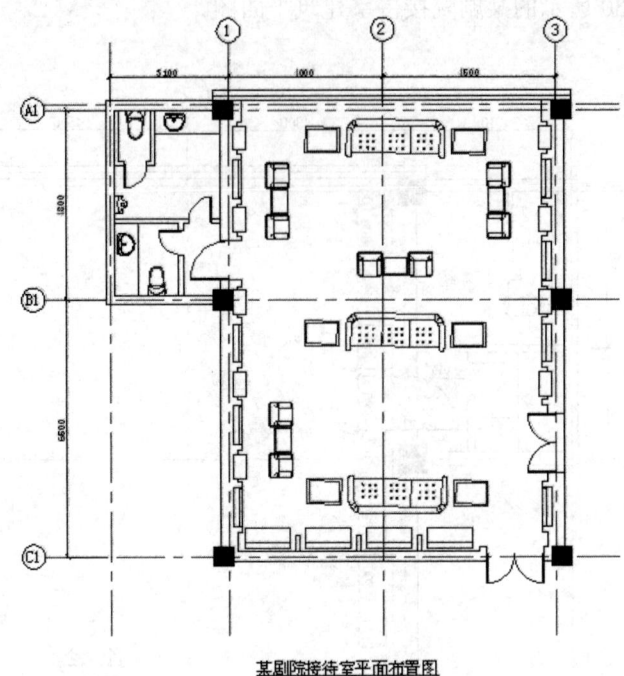

图 9-131　某剧院接待室平面布置图

操作提示：

1．整理图形。
2．绘制装饰台和屏风。
3．布置沙发和茶几。
4．布置卫生间。

实验 3　绘制某剧院接待室顶棚布置图
绘制如图 9-132 所示的某剧院接待室顶棚布置图。

操作提示：

1．整理图形。
2．绘制吊顶。
3．绘制灯具。
4．标注尺寸和文字。

实验 4　绘制剧院接待室立面图
绘制如图 9-133 所示的某剧院接待室立面图。

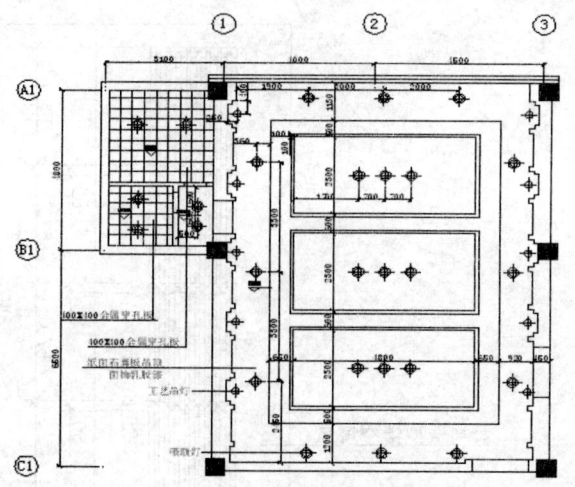

某剧院接待室顶棚布置图

图 9-132　某剧院接待室顶棚布置图

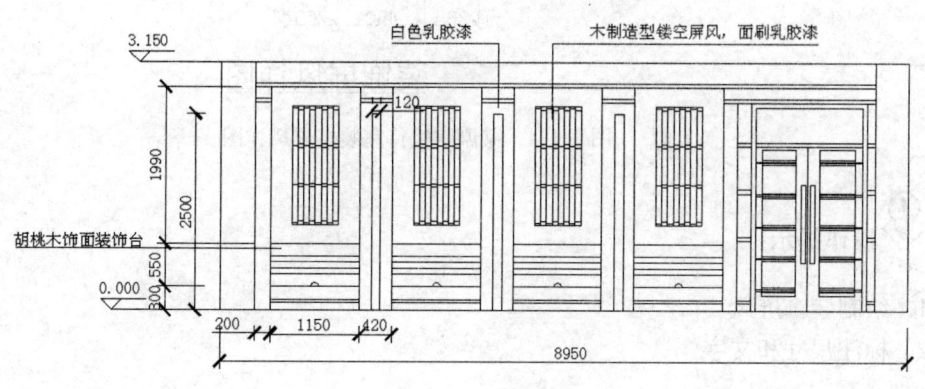

A立面图

图 9-133　某剧院接待室立面图

操作提示：

1. 绘制装饰台。
2. 绘制镂空屏风。
3. 绘制门和装饰条。
4. 标注尺寸和文字。

实验 5　绘制某剧院接待室装饰屏风详图

绘制如图 9-134 所示的某剧院接待室装饰屏风详图。

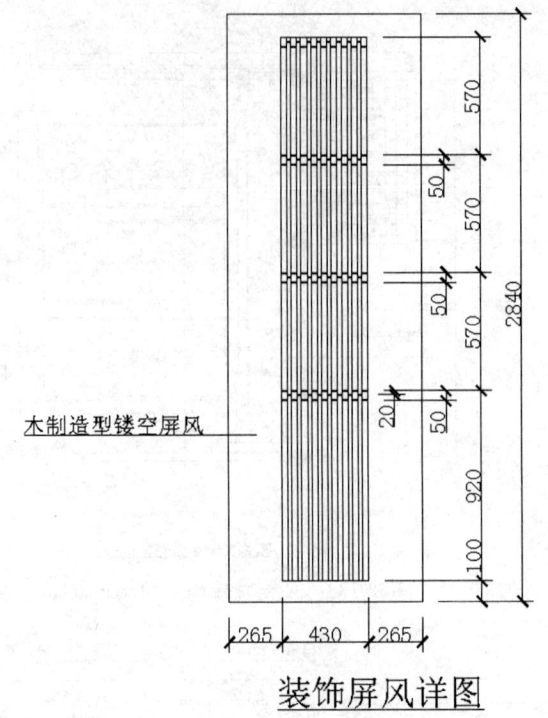

装饰屏风详图

图 9-134　某剧院接待室装饰屏风详图

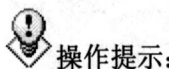操作提示：

1．绘制装饰屏风。
2．标注尺寸和文字。